Modernes Marketing für Studium und Praxis
Herausgeber Hans Christian Weis

Prof. Dr. Hans Jürgen Rogge
Werbung

W0087931

umweltfreundlich

... weil auf chlor- und säurefrei
gefertigtem Papier gedruckt

MODERNES MARKETING FÜR STUDIUM UND PRAXIS

Herausgeber Hans Christian Weis

Werbung

von
Professor Dr. Hans-Jürgen Rogge

6. Auflage

Prof. Dr. Hans-Jürgen Rogge studierte Betriebswirtschafts-
lehre an den Universitäten Münster und Göttingen, nach dem
Abschluss als Dipl.-Kfm. zunächst Mitarbeiter an einem DFG-
Forschungsprojekt zu Fragen der Absatzprognose, danach
Wissenschaftlicher Assistent am Lehrstuhl für Absatzwirtschaft I der Universität Mannheim, Promotion zum Dr.
rer. pol., Beratungstätigkeit und Durchführung zahlreicher
Projekte zu Fragen des Marketing in Zusammenarbeit mit
Unternehmen aus dem Konsumgüter-, Investitionsgüter- und
Dienstleistungsbereich, Professor für Betriebswirtschaftsleh-
re, insbesondere Marketing, am Fachbereich Wirtschaftswissenschaften der Fachhochschule Osnabrück, Verfasser mehrerer Bücher sowie Aufsätze zum Marketing, Hauptarbeits-
gebiete Kommunikation und Informationsverarbeitung im
Marketing.

ISBN 3 470 **42516** 7 · 6. Auflage · 2004
© Friedrich Kiehl Verlag GmbH, Ludwigshafen (Rhein) 1988
Druck: Präzis-Druck GmbH, Karlsruhe – wi

Modernes Marketing für Studium und Praxis

Die Fachbuchreihe „Modernes Marketing für Studium und Praxis" will das aktuelle und praktisch anwendbare Wissen des Marketing anwendungsbezogen, anschaulich und übersichtlich darstellen und vermitteln.

Die einzelnen Bände sind so konzipiert, dass sie einzeln und in sich abgeschlossen über ein Teilgebiet des Marcketing ausführlich informieren. Alle Bände der Reihe sind einheitlich gestaltet und wie folgt gegliedert:

- Der Textteil will das jeweilige Wissen vermitteln. Beispiele und grafische Darstellungen sollen die Veranschaulichung erleichtern. Den Abschluss bilden Kontrollfragen, die dem Leser zur Wissenskontrolle dienen. Jedem Kapitel ist ein Literaturverzeichnis angefügt, das die wesentlichen Literaturhinweise enthält.

- Der Übungsteil am Ende des Buches enthält Aufgaben/Fälle, die zur Vertiefung und zur Anwendung des im Textteil dargestellten Stoffgebietes dienen sollen.

Die Reihe „Modernes Marketing für Studium und Praxis" wendet sich an alle Marketinginteressierten, insbesondere an

- Studenten an Universitäten, Gesamthochschulen, Fachhochschulen sowie sonstigen Instituten, denen eine anwendungsbezogene und aktuelle Einführung in Teilgebiete des Marketing vermittelt werden soll

- in der betrieblichen Praxis Tätige, die sich über die verschiedenen Gebiete des Marketing informieren wollen.

Den einzelnen Autoren, die sowohl in der Praxis als auch durch langjährige Lehrtätigkeit im Hochschulbereich sowie im Managementtraining ausgewiesen sind, gilt mein besonderer Dank.

Für weitere Anregungen, durch die diese Fachbuchreihe verbessert werden kann, danke ich allen Lesern.

Hans Christian Weis

Benutzungshinweis

.
.
.

Diese Zahlen im Textteil
verweisen auf den Übungs-
teil am Schluss des Buches.

38
39
40

Vorwort zur 6. Auflage

Das Buch bietet eine Einführung in die Werbung im Gesamtzusammenhang des modernen Marketing. Es legt die Grundlagen für das Verständnis werblicher Planungsvoraussetzungen, der gesellschaftlichen und betrieblichen Rahmen- bzw. Umweltbedingungen sowie der Werbung als Wirkungsprozess. Es soll die Voraussetzungen schaffen, um selbst Werbung inhaltlich oder prozessmäßig gestalten oder beurteilen zu können. Die Werbung soll dabei grundsätzlich sowohl hinsichtlich der Gestaltung und Planung als auch in der Wirkung als Gesamtheit gesehen werden.

Aus didaktischen Gründen wird der Stoff in mehrere Teile gegliedert, die sich jeweils bestimmten Teilaspekten widmen. Eine integrierende Sichtweise wird dabei jedoch stets im Auge behalten. Auf Zusammenhänge und Querverbindungen zwischen den Teilaufgaben wird hingewiesen. Die Auswahl der behandelten Sachverhalte ist in erster Linie betriebswirtschaftlich zu verstehen. Die Schwerpunkte wurden nach ihrer Wichtigkeit für die Werbung als betriebswirtschaftliche Funktion gelegt. Die Anordnung der Kapitel kann als Vorschlag für eine Ordnung der Werbeaufgaben in planerischer Hinsicht verstanden werden.

Die Einordnung des Werbebegriffs in das Unternehmen und seine Beurteilung in der Umwelt bildet den Ausgangspunkt der Darstellung. Die Ableitung und Planung von Werbezielen ist Grundlage jeder planerischen Arbeit. Die Zusammenarbeit mit Werbeexperten in und außerhalb des Unternehmens stellt häufig ein eigenes Kommunikationsproblem dar. Zielgruppen kennzeichnen ein Zentralproblem in Marketing und Werbung. Die Bestimmung bzw. Bereitstellung der finanziellen Mittel schließlich ist Voraussetzung für die Realisierung von Werbemaßnahmen. Sie beeinflusst nicht zuletzt den Planungsspielraum. Werbeträgergestaltung und Auswahl ebenso wie die Planung der einzusetzenden Werbeträger im Zusammenhang mit der Werbemittelauswahl und Gestaltung schaffen die Voraussetzungen für die eigentliche Kontaktaufnahme und Verarbeitung der Kommunikationsinhalte bei den Umworbenen. Die Erfolgskontrolle schließt den Kreis und überprüft seinerseits die Effektivität der Werbemaßnahmen. Sie stellt die Ausgangsbasis für einen neuen (Ziel-)Planungszyklus dar und kennzeichnet Werbung als permanenten und notwendigen Prozess.

Das Buch ist gedacht für Studenten an Fachhochschulen, Universitäten und anderen Hochschulen, für Studierende an Berufs- und Werbeakademien ebenso wie für Praktiker, die eine ausführlichere Einführung in Werbefragen suchen. Der Text ist so konzipiert, dass die notwendigen theoretischen Grundlagen eingearbeitet sind. Der Leser soll so in die Lage versetzt werden, den Nutzen realer Werbemaßnahmen zu erkennen und diese gegebenenfalls sinnvoller einsetzen. Entsprechend dem Einführungscharakter sind die Literaturverweise im Text kurz gehalten, das kapitelweise geordnete Literaturverzeichnis ermöglicht jedoch im Bedarfsfall das Finden weiterführender Spezialliteratur. Der Text wird durch zahlreiche

Abbildungen und Tabellen ergänzt und unterstützt. Insbesondere wurde die vorliegende Auflage um anschauliches Bildmaterial und Beispiele aus der Werbepraxis erweitert.

Der relativ kurze Zeitraum zwischen dem Erscheinen der Auflagen zeugt von der guten Resonanz dieses Buches. Die 6. Auflage wurde durchgesehen, in wesentlichen Abschnitten erweitert, die Inhalte wurden den neuesten Entwicklungen angepasst, aktualisiert und das Datenmaterial wurde, so weit möglich, auf den neuesten Stand gebracht.

Osnabrück, im August 2004

Hans-Jürgen Rogge

Inhaltsverzeichnis

A. Grundlagen

1. Begriffsabgrenzungen

1.1 Kommunikation im engeren Sinne

Werbung bezeichnet den Bereich des Marketing, der sich mit der Übermittlung von Informationen aus dem Unternehmen an den Markt bzw. die Marktteilnehmer befasst. Daneben steht der Bereich der Marktforschung, der die Gewinnung von Informationen über den Markt zum Ziele hat. Einmal werden Informationen und Nachrichten nach außen gegeben, einmal werden sie hereingeholt. Die Sammlung und der Austausch von Informationen fallen unter den Oberbegriff der Kommunikation. Die Definition der Werbung als (reine) Information führt leicht zu Missverständnissen. Daher soll hier kurz etwas näher auf das Umfeld eingegangen werden. Werbung und andere Formen der Kommunikation sind im Gesamtzusammenhang des Marketing zu sehen.

Marketing ist die **absatzwirtschaftliche Funktion** des Unternehmens und dient in erster Linie der Gewinnung von finanziellen Ressourcen auf dem Wege der Leistungsverwertung. Auf andere Zielsetzungen z.B. vor dem Hintergrund anderer gesellschaftlicher und wirtschaftlicher Systeme soll hier nicht weiter eingegangen werden. Marketing dient der Leistungsverwertung unter Verfolgung des Rationalprinzips (Gewinn, optimale Versorgung, Kostendeckung usw.) im Austausch gegen eine Gegenleistung. Der Markt stellt dabei das Handlungsfeld dar. Einerseits setzt er die Rahmenbedingungen, unter denen das absatzwirtschaftliche Handeln sich vollzieht, andererseits versucht das Marketing, den Markt unmittelbar zu verändern (*Rogge*, 1975).

Im Mittelpunkt steht der gewerbliche oder private Nachfrager mit seiner Kaufentscheidung. Grundlage von Entscheidungen sind Informationen, die in der Regel über **Kommunikation** gewonnen werden. Die werbliche Kommunikation versucht, die zur Entscheidung **notwendigen Informationen** in einer Form an den Markt zu geben, dass sie für Kaufentscheidungen verwendet werden können, und zwar in einer für das werbende Unternehmen positiven Art. Das bedeutet **Anpassung** an den Markt. Gleichzeitig wird versucht, durch Informationen das Verhalten der Marktteilnehmer zu verändern (Erziehungsfunktion).

Nach Behrens ist Werbung „die verkaufspolitischen Zwecken dienende, absichtliche und zwangfreie Einwirkung auf Menschen mittels spezieller Kommunikationsmittel" (*Behrens*, 1963, S. 14). Die speziellen **Kommunikationsmittel** werden in der Regel durch Aufzählung der Werbemedien benannt (z.B. Zeitungen, Zeitschriften, Rundfunk usw.). Bei *Kotler* umfasst „Werbung" nichtpersonale Formen der Kommunikation, die von bezahlten Medien unter eindeutiger Identifikation der Kommunikationsquelle übermittelt werden." (*Kotler*, 1974, S. 655) Andere Definitionen lauten ähnlich. Allen gemeinsam ist, dass Werbung nicht als Produkt des Zufalls gesehen wird, sondern bewusst von Seiten des Werbetreibenden geplant werden muss und das absatzwirtschaftliche Ziele damit verfolgt werden.

Werbung ist keine unmittelbare persönliche Kommunikation von Person zu Person mit den Möglichkeiten des interaktiven Kommunizierens, sondern eine unpersönliche, d.h. eine vom Einzelnen losgelöste verallgemeinerte Form der einseitigen Kommunikation. Die Nachrichten und Informationen fließen in der Regel nur in einer Richtung. Eine Rückkoppelung ist nicht möglich. D.h., ein Dialog zwischen Werbetreibenden und Umworbenen findet nicht statt.

Schließlich scheint uns das Prädikat „zwangfrei" im Zusammenhang mit der Behandlung der Werbung sehr wichtig zu sein. Die Diskussion um die Einordnung der Werbung in das gesellschaftliche **Wertesystem** ist wesentlich dadurch bestimmt. Aber auch die Bewertung der Wirkungsweise der Werbung ist davon betroffen. Es gibt Meinungen, in denen Werbung als Manipulation bezeichnet wird (*Rogge*, 1979, S. 21 f.). Wir wollen aber nicht so weit gehen und jegliche Einflussnahme auf Meinung und Verhalten anderer als Manipulation definieren. Ein einfaches Gespräch wäre dann bereits Manipulation. Wenn man sich darauf einigt, dass die Personen und Institutionen, die mit Werbung in Berührung kommen, in ihren Entscheidungen frei sind und sich auch der Werbung entziehen können, dann sind durchaus unterschiedliche Grade der Zielerreichung möglich. Die Problematik der unterschwelligen Werbung wird hier nicht behandelt (*Brand*, 1978).

Es lässt sich darüber streiten, ob neben der Werbung noch andere Formen der Kommunikation unterschieden werden sollten oder ob es nicht besser wäre, alle Formen unter dem Oberbegriff der **Marktkommunikation** zusammenzufassen. Auf diese Frage soll hier auch nicht weiter eingegangen werden. Der Deutsche Kommunikationsverband BDW e.V. (Bund Deutscher Werbeberater) als berufsständische Vereinigung der werbetreibenden Berufe, hat explizit die Bezeichnung Kommunikation mit in die Verbandsbezeichnung aufgenommen, wahrscheinlich nicht nur wegen des Wohlklanges der Bezeichnung, sondern auch, um damit die Vielfalt der werblichen Aktionsmöglichkeiten und -felder anzudeuten. Andere Zielformulierungen in der oben angeführten Definition führen zur Abgrenzung anderer Formen der Kommunikation. Der Klarheit wegen soll hier auf einige mögliche Unterscheidungen zur Werbung hingewiesen werden. In der Berufsrealität gehen die Bereiche teilweise durcheinander. Die Trennung hat daher mehr didaktischen Wert, da dadurch die konzentrierte Behandlung von Teilproblematiken besser möglich wird.

Als grobe Übersicht einer Einteilung von Teilbereichen der Kommunikation kann die **Systematik verschiedener Werbegriffe** von Behrens dienen (*Behrens*, 1963, S. 14).

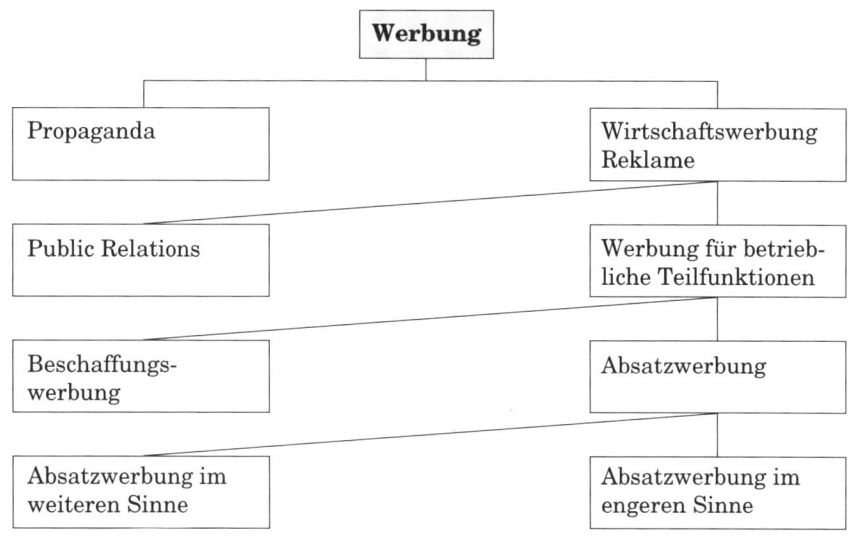

Abb.: Verschiedene Werbebegriffe

Der theoretische Rahmen ist in allen Teilbereichen weitgehend der gleiche. Die Techniken und Medien der Kommunikation sind grundsätzlich die gleichen. Durch unterschiedliche Zielsetzungen werden allerdings die **Rahmenbedingungen** des Handelns verändert. Die Schwerpunkte liegen im konkreten Fall unterschiedlich. Die gesellschaftliche Sichtweise kann anders sein. Zur Erläuterung sollen zwei herausgegriffen werden.

Rein gefühlsmäßig ist die **Propaganda** stark von der Werbung unterschiedlich. Tatsächlich handelt es sich aber lediglich um die politischen oder weltanschaulichen Zielen dienende Werbung. An die Stelle der Verkaufsziele (Umsatz, Gewinn, Kenntnisse über ein zu verkaufendes Produkt usw.) treten politische, gesellschaftliche oder religiöse Ziele (Abgabe einer Stimme bei der Wahl, Verbreitung von Wissen und Überzeugung einer Idee usw.). Ebenso wie bei kommerzieller Werbung, soll durch Informationsabgabe die Struktur der Gesellschaft beeinflusst werden. Die Methoden sind grundsätzlich die gleichen. Die Art der Argumentation ist möglicherweise teilweise mehr emotionsbehaftet und weniger informativ. Weltanschauung und Glaube werden subjektiv unterschiedlich interpretiert. Macht und Größe der Werbetreibenden im Bereich der Propaganda (Parteien, Religionsgemeinschaften, Staaten) sind verglichen mit Wirtschaftsunternehmen marktwirtschaftlicher Art ungleich.

Häufig entsteht der Eindruck, als sei **Propaganda** sehr viel massiver und mächtiger als die Werbung. Wenn der Staat als Werbetreibender auftritt, hat er natürlich in der Regel mehr technische Möglichkeiten, auf die Umworbenen einzuwirken. Der Stil der Kommunikation im Bereich der Propaganda unterscheidet sich teilweise sehr wesentlich von dem der Wirtschaftswerbung. Das liegt u.a. daran, dass gerade bei der Verbreitung von Ideen auch die Empfänger der Informationen sehr stark mit den Kommunikationsinhalten verbunden sind. Persönliche Meinungen und Emotionen spielen eine stärkere Rolle. Im Konsumgüterbereich geraten die Käufer oder Verwender zweier (mehr oder weniger) unterschiedlicher Produkte selten in ein Spannungsverhältnis. Man akzeptiert sich gegenseitig. Ganz anders ist das in gesellschaftlichen oder weltanschaulichen Fragen. Vielfach fehlt es an Regeln, die das Verhältnis der miteinander im Wettbewerb Stehenden harmonisiert bzw. vor Exzessen schützt. Für den Bereich der Wirtschaftswerbung existiert ein Gremium, der Werberat des **Zentralverbandes der Werbewirtschaft** (ZAW), dass die Einhaltung der gesetzlichen und einiger weiterer freiwilliger Einschränkungen überwacht. Das Image der Werbung soll damit verbessert bzw. auf einem hohen Standard gehalten werden. Der gesetzliche Rahmen, innerhalb dessen sich Werbung bewegen kann, ist für die Wirtschaftswerbung enger als für Propaganda. Ein weiteres Unterscheidungsmerkmal zwischen Werbung im engeren Sinne und politischer Werbung liegt in den Schwerpunkten für die verwendeten Medien und die Art ihrer Verwendung. Es wird mehr mit so genannten meinungsbildenden Medien gearbeitet. Ähnlich wie bei den Public Relations werden sehr viel mehr allgemeine, redaktionelle Formen der Kommunikation einbezogen.

Wenn die Kommunikation darauf zielt das Unternehmen als ganzes herauszustellen bzw. in einem „guten" Licht erscheinen zu lassen, dann spricht man von **Public Relations** (PR), **Öffentlichkeitsarbeit** oder Unternehmenswerbung. PR umfassen „die Gesamtheit aller Bestrebungen, die darauf gerichtet sind, das Ansehen einer einzelnen Unternehmung, einer Branche, eines Wirtschaftszweiges oder einer Behörde zu heben" (*Müller*, 1975, S. 969). Die relevante **Unternehmensumwelt** soll über Zielsetzungen, Ideale, Politik, Einrichtungen, Funktionen sowie Grundlagen der werbetreibenden Unternehmen informiert werden. Dabei soll eine positive Grundhaltung erzeugt werden durch die Betonung von Kompetenzen des Managements, wissenschaftliches und technisches Knowhow, Innovationen, Produktverbesserungen bis hin zu sozialem Verhalten des Unternehmens. Die Unterschiede zur Wirtschaftswerbung im engeren Sinne liegen neben den veränderten Inhalten der Kommunikation auch in teilweise veränderten, oder besser zusätzlichen, Zielgruppen und vielfältigeren Wegen der Kommunikation (Art der Nutzung von Medien). **Zielgruppen** sind nicht auf die Verwender oder Käufer von Leistungen beschränkt, sondern können die gesamte Bevölkerung in verschiedenen Gruppierungen umfassen.

Die Berührungspunkte zwischen Unternehmenswerbung und Public Relations/ Öffentlichkeitsarbeit sind offenkundig. Beide richten sich z.B. an mehrere Zielgruppen gleichzeitig, mit dem Ziel, das Ansehen des Unternehmens zu verbessern. Daneben sind die Themen von allgemeinerem Interesse. Im Gegensatz zur Unternehmenswerbung ist die Kommunikation in den Public Relations jedoch häufig zweiseitig. Das nutzbare Instrumentarium ist umfassender und schließt auch persönliche Kanäle mit ein. Während PR auch häufig für Aufgaben des **Krisenmanagements** eingesetzt wird, ist Unternehmenswerbung auf die Gesamtleistung des Unternehmens gerichtet.

Das Konzept der **Meinungsführer** und **Referenzgruppen** bzw. der mehrstufigen Kommunikation hat in den Public Relations ein stärkeres Gewicht. Während im

Bereich der Wirtschaftswerbung der Werbecharakter in der Regel sofort erkennbar ist, nicht zuletzt wegen der Verwendung nur ganz bestimmter bezahlter Medien, kann bei den Public Relations nicht immer eindeutig von außen bestimmt werden, dass es sich um PR-Aktivitäten handelt. PR umfasst alle Formen der Kommunikation und nutzt auch die redaktionellen Teile von Publikationsorganen. Man könnte daher mit Public Relations die allgemeine Kommunikationspolitik beschreiben, die jedes Erscheinen in der Öffentlichkeit mit einschließt. Die Durchführung von besonderen Veranstaltungen mit Öffentlichkeitswirkung oder die Verbreitung von Nachrichten allgemeiner Natur, in denen aber das Unternehmen eine Rolle spielt, ist damit Hauptaktionsfeld von PR (Feste, Spendenaktionen, Lancierung von Nachrichten in Zeitungen usw.). Die Grenzen zur klassischen Werbung sind fließend.

Stark verbunden mit der Werbung und der Öffentlichkeitsarbeit ist der Bereich des **Sponsoring**. Im Prinzip ist das Sponsoring eine der Urformen der Werbung. Mitte der Dreißiger Jahre wurde im amerikanischen Rundfunk das Sponsoring als erste Form des Funkspots im Zusammenhang mit der Unterstützung redaktioneller Programmteile eingeführt. Heute wird das Sponsoring als eigenständige Werbeform vor allem im Zusammenhang mit Kultur- und Sportveranstaltungen eingesetzt. Die kommunikative Unterstützung gilt dabei nicht so sehr einem einzelnen Produkt oder Dienstleistung sondern eher dem Unternehmen als Ganzes. Gegebenenfalls lassen sich auf diese Art Einschränkungen in bestimmten Bereichen der Produktwerbung (Tabakwaren, Spirituosen, Spiele usw.) oder in Bezug auf den zeitlichen Einsatz (Produktwerbung nur in bestimmten Blöcken oder Zeitrastern) ausgleichen. Die Literatur befasst sich in zunehmendem Maße mit dem Teilbereich Sponsoring.

Ebenfalls eng verwandt mit Werbung und PR ist die so genannte **Corporate Identity**. Wenn Werbung die verkaufspolitischen Zwecken dienende Informationsübermittlung an den Markt bezeichnet und PR die allgemeine Informationspolitik außerhalb des Unternehmens kennzeichnet, dann stellt die Corporate Identity das Bindeglied zwischen beiden und der inneren Umwelt des Unternehmens dar. Im Prinzip handelt es sich bei der Corporate Identity um nichts anderes als die Einbeziehung des gesamten Unternehmens, einschließlich seiner Mitarbeiter und inneren Strukturen, in die Kommunikationsstrategie. Es ist die konsequente Weiterführung des Gedankens der Interdependenz aller Funktionsbereiche und aller Teileelemente des Unternehmens. Die Identifikation der Mitarbeiter ist davon ebenso betroffen, wie die Innengestaltung des Unternehmens.

Ziel der Corporate Identity ist die Schaffung eines **einheitlichen Gesamt-Erscheinungsbildes** des Unternehmens nach innen wie nach außen. Das ist deswegen sinnvoll, weil immer damit gerechnet werden muss, dass auch Kontakte von Abteilungen, die normalerweise nicht mit der Außenwelt des Unternehmens in Verbindung stehen, stattfinden können. Dann muss die Konzeption der Außeninformation unterstützt werden. Die Verwendung von unterschiedlichen Markensymbolen, z.B. innerhalb und außerhalb des Unternehmens, kann zu wesentlichen Missverständnissen führen.

Man unterscheidet grundsätzlich drei Gestaltungsbereiche:

- **Corporate Behavior** (Verhalten/Verhaltensäußerungen von Mitarbeitern und Unternehmensganzem als Institution nach innen und außen),

- **Corporate Communication** (Art/Struktur und Inhalt der Informationsversorgung/verarbeitung nach innen und außen),

- **Corporate Design** (äußere Erscheinungsformen: Logo, Gestaltungs- und Identifikationsmerkmale).

Die Teilbereiche sind nicht völlig zu isolieren. Es bestehen zahlreiche Überschneidungen und Querverbindungen. Die größten Berührungspunkte zur klassischen Werbung bestehen offensichtlich im Bereich des Corporate Design.

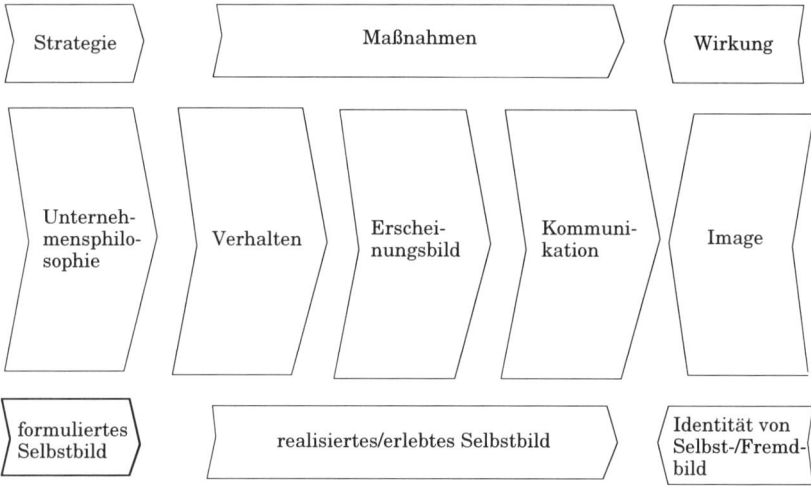

Abb.: Die Struktur einer Corporate Identity

1.2 Verbindung zu anderen Bereichen

Neben der Kommunikationspolitik gibt es weitere **Marketinginstrumente**, die teilweise sehr enge Berührungspunkte mit der Werbung haben. Alle besitzen mehr oder weniger stark Elemente des Nachrichtenaustausches.

Die Werbung ist ein Instrument der Marktbeeinflussung und der Informationsübermittlung, das sich zur Wahrnehmung seiner Aufgaben bestimmter Hilfsmittel bedient. Durch die sinnvolle Kombination dieser Hilfsmittel bekommt Werbung ihre Effektivität. Die Verbindung von gestaltetem Werbemittel und Einschaltung eines Werbeträgers stellt eine solche Kombination dar. Der Werbeträger (Zeitschrift, Zeitung, Rundfunksender usw.) für sich ist aber ebenso wenig ein absatzwirtschaftliches Instrument wie es das Werbemittel (Anzeige, Funkspot usw.) ist. Anders verhält es sich bei **Messen** und **Ausstellungen**. Das sind besondere Marktveranstaltungen, die einen eigenen Instrumentalcharakter besitzen. Wollte man diese in die klassischen Instrumente des Marketing einordnen, so könnte das unter der Kategorie Vertrieb bzw. Absatzorganisation geschehen. Messen und Ausstellungen sind zweifelsohne Instrumente, die der Vorbereitung und dem Abschluss von Kaufhandlungen dienen. Unter die Definition der Werbung als nichtpersonelle Kommunikation lassen sich Messen oder Ausstellungen schlecht fassen, auch wenn das in der Literatur geschieht.

Eine **Messe** erlaubt interaktive Kommunikation. Sie ähnelt, wenn es zum Gespräch kommt, mehr dem persönlichen Verkauf. Auf der anderen Seite richten sich Messen und Ausstellung an einen nur nach allgemeinen Merkmalen bestimmten Personenkreis. Sie enthalten damit die Elemente der Werbung hinsichtlich der unpersönlichen Kommunikation. Es wäre sinnvoll, für Messen und Ausstellungen einen eigenen Aktionsbereich zu bilden und diesen getrennt zu behandeln. Die Planung, Vorbereitung und Durchführung von Messen (*Boerner*, 1983; *Strothmann*, 1983) ist in vielen Punkten wesentlich anders als bei der klassischen Werbung.

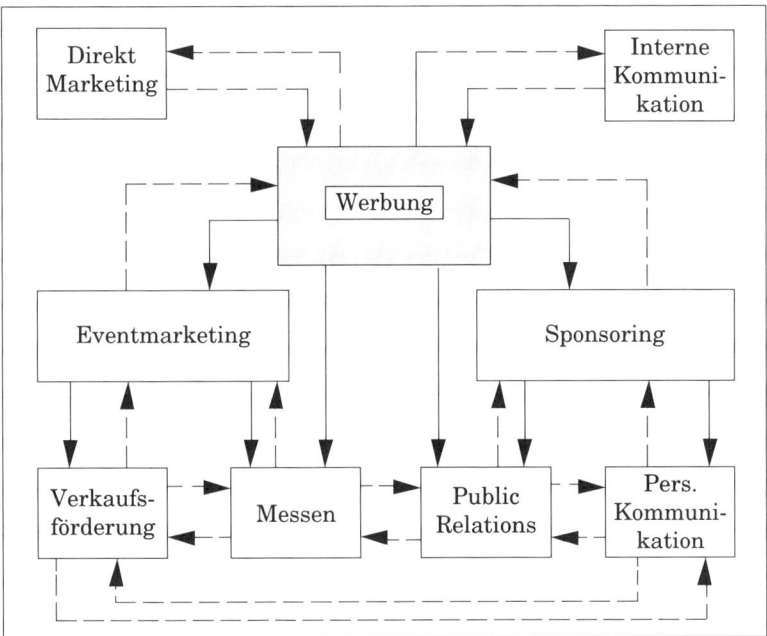

Abb.: Verbindungen zwischen Werbung und anderen Bereichen der Kommunikation

Andererseits ist für den Bereich des **Investitionsgütermarketing** die Messe ein wichtiges Mittel zur Informationsübermittlung. Bezüglich der Gestaltung einzelner Kommunikationselemente der Messen und Ausstellungen sind ähnliche Anforderungen zu stellen, wie bei der traditionellen Werbung (Kataloge, Plakate, Handzettel, Ankündigungen und Einladungen usw.), sodass von daher doch eine Zuordnung zur Werbung sinnvoll erscheint. Schließlich gelten für Messen und Ausstellungen ähnliche Auswahl- und Effektivitätskriterien wie für klassische Werbeträger. Ähnlich wie die **Auflagenkontrolle** bei Printmedien über eine eigene Institution, die Informationsgemeinschaft zur Feststellung der Verbreitung von Werbeträgern e.V. (IVW), vorgenommen wird, gibt es **Besucherzahlenstatistiken** und -Kontrollen für Messen und Ausstellungen, die durch die Gesellschaft zur freiwilligen Kontrolle von Messe- und Ausstellungszahlen e.V. (FKM) verantwortet werden. Beide Institutionen sind in Deutschland Mitglied des Zentralverbandes der Deutschen Werbewirtschaft (ZAW). Aufgaben der Planung und Gestaltung von Messen und Ausstellungen werden von **Spezialagenturen** übernommen. Häufig werden diese Aufgaben aber auch von „normalen" Werbeagenturen mit betreut.

Der Aktionsbereich **Produktgestaltung** weist enge Verbindungen zur Werbung auf. Einmal ist das Produkt in seiner äußeren und inneren Form Gegenstand der Werbung. Die Werbung gibt die Informationen über das Produkt an die Zielpersonen weiter. Andererseits ist das Produkt selbst Träger von Informationen. Das Produktäußere und die werbliche Darstellung müssen sich entsprechen. Grundsätze der Gestaltung von Form, Farbe, Textaussage, Namensgebung usw. gelten in gleichem Maße für die Produktgestaltung wie für die Werbung. Vor allem bei der Sonderform des **Product-Placements**, bei der die Produkte in Darbietungen Dritter (Film, Theater, Roman usw.) eingearbeitet werden, wird dies besonders deutlich.

Der **Entwicklungsprozess** für Werbung und Produktgestaltung ist ähnlich. Es ist nicht mehr im Nachhinein auszumachen, welcher Aktionsbereich (Werbung oder Produktgestaltung) originär ist. So sind Fälle keineswegs selten, in denen lediglich ein Prototyp eines neuen Produktes existiert und erst im Zusammenhang mit Werbung das endgültige Produkt in Form, Farbe und Namensgebung entsteht. Zu den Aufgabenbereichen vieler Werbeagenturen gehört daher auch die Entwicklung der äußeren Produktgestaltung. Schließlich gelten die gleichen Gestaltungsregeln hinsichtlich Aufmerksamkeit, Anmutung usw. für das Produktäußere wie für Werbemittel. Produkte bzw. Verpackungen sind Träger von Werbebotschaften.

Die **Verkaufsförderung** ist ein weiterer Bereich, der häufig mit der Werbung in Verbindung gebracht wird. Die Verkaufsförderung ist in vielen Fällen auch hinsichtlich der Maßnahmen mit Werbung identisch (vgl. ausführlich *Rogge*, 1999, S. 109 ff.). Die organisatorische Unterbringung der Verkaufsförderung in dem Bereich, in dem auch die Werbung betreut wird, ist sinnvoll. Werbung und Verkaufsförderung ergänzen sich gegenseitig. Trotzdem scheint ein Hinweis auf einige wesentliche Unterschiede angebracht.

Das Hauptunterscheidungsmerkmal zwischen Verkaufsförderung und Werbung liegt in der Fristigkeit der Zielsetzung und der Wirkung. Daneben ist der Instrumentalcharakter der Verkaufsförderung anders. Werbemaßnahmen sind **auf Dauer** ausgelegt. Die Zielsetzungen, die für die Werbung gelten, beziehen sich auf einen längeren Zeitraum. Werbung als Kommunikation führt zu einer Veränderung des Informationsstandes und ruft langfristig Veränderungen hervor. Die Wirkungen der Werbung sind nicht immer unmittelbar feststellbar, sondern wirken über einen längeren Zeitraum nach und nehmen im Zeitverlauf ab. Verkaufsförderung hingegen ist bereits von der Zielsetzung her **kurzfristiger** angelegt. Sie soll relativ schnell zu spürbaren Reaktionen führen. Flankierende Maßnahmen, als Synonym für die Verkaufsförderung, drücken diesen Sachverhalt aus.

Die Verkaufsförderung unterstützt die Werbung und die Werbung unterstützt die Verkaufsförderung. In erster Linie dient die Verkaufsförderung aber dazu, **kurzfristige Umsatzerhöhungen** zu initiieren. Wegen des kurzfristigen Wirkungscharakters der Verkaufsförderung stellt sich in den meisten Fällen nach einer gewissen Zeit das alte Niveau vor dem Beginn der Verkaufsförderungsmaßnahme wieder ein. Die Ziele der Verkaufsförderung liegen im Bereich der quantitativen Umsatz- bzw. Absatzsteuerung. Werbeziele sind in der Regel vielfältiger als Verkaufsförderungsziele.

Die Werbung als Instrument beschreibt eine fest umrissene Klasse von Handlungsmöglichkeiten, die Verkaufsförderung hingegen ist ein **Konglomerat** von verschiedenen Instrumenten. In der Verkaufsförderung werden Teilinstrumente der Kommunikation (besondere Einschaltungen von Werbemitteln, Handzettel usw.) neben Maßnahmen der Preisgestaltung (Sonderpreisaktionen, Nachlässe usw.), der Produktgestaltung (Zugaben, Verpackungsgestaltung usw.) und der Absatzorganisation (Sonderplatzierungen im Regal, Regalstopper, Mitarbeiterschulung und Motivation usw.) eingesetzt.

Verkaufsförderung ist mehr als Werbung hinsichtlich der Vielfalt der eingesetzten Instrumente. Verkaufsförderung ist weniger als Werbung bezüglich der Zielsetzung und der Ausgestaltung des werblichen Bereiches. Verkaufsförderung wird in der Regel durch werbliche Maßnahmen unterstützt, da Verkaufsförderungsmaßnahmen, wegen ihrer nur kurzfristig geltenden Wirkung, besonders bekannt gemacht werden müssen. Als eigenständiger Aktionsbereich soll Verkaufsförderung hier nicht behandelt werden.

2. Einordnung in das Unternehmen

Die Betriebswirtschaftslehre wird traditionell in verschiedene **Funktionsbereiche** (Beschaffung, Produktion, Absatz, Personal, Finanzierung usw.) eingeteilt. Die Absatzwirtschaft bzw. das Marketing beschäftigen sich mit den Außenbeziehungen des Unternehmens. Dem Bereich der Leistungsverwertung (Marketing) wird zuweilen eine besondere Bedeutung zugeschrieben (*Rogge*, 1975, S. 102 f.). Zum Marketing gehören verschiedene Instrumente bzw. Aktionsbereiche (Preisgestaltung, Sortimentsgestaltung, Produktgestaltung, Absatzorganisation, Absatzfinanzierung, Werbung), die alle auf den Markt einwirken und versuchen, die Absatzbedingungen zu gestalten und zu beeinflussen. Innerhalb dieses Katalogs von Instrumenten werden gelegentlich ebenfalls Rangreihen der Wichtigkeit erstellt. Es lassen sich ähnliche Überlegungen wie zum **Primat der Absatzwirtschaft** für die Werbung anstellen (*Rogge*, 1979, S. 39).

Vielfach werden Marketing und Werbung als Synonyme gesehen. Tatsächlich ist die Werbung nur eine wichtige Komponente des Marketing. Es ist der Bereich, der am häufigsten sichtbar ist und in seinen Wirkungen für Außenstehende am ehesten dem Marketing zugeordnet werden kann. Die Werbung stellt das **Sprachrohr des Marketing** dar. Ohne die kommunikative Wirkung der Werbung würden viele absatzwirtschaftliche Maßnahmen in ihrer Wirkung reduziert. Daraus ließe sich eine besondere **Wichtigkeit der Werbung** innerhalb der absatzpolitischen Maßnahmen ableiten. Auf der anderen Seite besitzt Werbung aber nicht allein marktbildende Funktionen. Sie übermittelt Informationen über Produkteigenschaften, Preise, Kaufgelegenheiten usw., ist aber selbst untergeordneter Natur, da die Maßnahmen über die kommuniziert wird, selbst eine (größere) Eigenwirkung besitzen. Die Meinungen über die Wichtigkeit der Werbung gehen daher auseinander.

Als **Wirtschaftsfaktor** innerhalb der Volkswirtschaft kommt der Werbung eine sehr große Bedeutung zu. Sowohl vom Anteil am Bruttosozialprodukt als auch als Wirtschaftszweig, der Arbeitsstellen zur Verfügung stellt, ist die Werbung nicht mehr aus dem Wirtschaftsleben moderner Gesellschaften wegzudenken.

Die Beschäftigung der Literatur mit Werbefragen lässt ebenfalls auf eine besondere Wichtigkeit der Werbung im Vergleich mit anderen absatzwirtschaftlichen Aktionsbereichen schließen. Das Angebot an Monographien und auch Fachtiteln, die sich mit Werbung beschäftigen, ist sehr groß (*Kästing*, 1972). Es gibt eine Anzahl spezieller Zeitschriften (z.B. Horizont, Visuelles Marketing, Werben & Verkaufen, ZV & ZV usw.). Hier fällt allerdings bereits auf, dass sich Werbung in zwei, wenn nicht gar drei, Hauptbereiche unterteilen lässt.

• Der Bereich, der sich mit Fragen der Gestaltung, d.h. der kreativen und künstlerischen Komponente beschäftigt.

• Der Bereich, der sich in erster Linie der Herstellung des Kontaktes widmet.

• Die Realisierung als solche.

Hinzu kommt noch die Beschäftigung mit rein wissenschaftlichen Fragestellungen.

In einer Umfrage der „absatzwirtschaft" wird deutlich, dass die Werbung in der literarischen und forscherischen Auseinandersetzung einen besonders hohen Stellenwert besitzt und auch in Zukunft noch besitzen wird. Eine Ablösung durch neue Techniken, insbesondere die Mikroprozessortechnik, bahnt sich zwar an, eine Integration mit der Werbung ist jedoch denkbar (absatzwirtschaft, 1986).

Die Einschätzung in der **Marketingpraxis** ist unterschiedlich. Die Zugehörigkeit zu bestimmten Wirtschaftszweigen, Branchen oder Unternehmensgrößenklassen führt zu unterschiedlicher Einschätzung. Produktart und Markteigenschaften sind ebenso von Bedeutung. In der Markenartikelindustrie oder bei Großunternehmen hat die Werbung grundsätzlich einen größeren Stellenwert als bei mittleren oder kleineren Unternehmen. Wie Untersuchungen gezeigt haben, rangiert Werbung in einer Rangreihe für die absatzwirtschaftlichen Instrumente nicht auf den ersten Plätzen (*Rogge*, 1982, S. 27 ff.).

Rangplätze der Wichtigkeit absatzpolitischer Maßnahmen	
Serviceleistungen	3,1
Preispolitik	3,1
Sortimentspolitik	3,5
Produktpolitik	3,8
Werbung	4,6
Distributionspolitik	4,8
Konditionenpolitik	5,0

Im **mittelständischen** Handel und der Industrie wird offensichtlich die eigentliche absatzwirtschaftliche Leistung im Bereich der Preis- und Servicepolitik, d.h. Beratung sowie der Qualität der Leistung gesehen. Der Werbung kommt nur unterstützende Wirkung zu. Dass die Distributionspolitik hinter der Werbung rangiert, dürfte nicht zuletzt daran liegen, dass die Aktionsmöglichkeiten durch ein begrenztes regionales Wirkungsfeld und Kapitalengpässe häufig eingeschränkt sind. In gewisser Hinsicht könnte das auch mit ein Grund für das schlechte Abschneiden in der Wichtigkeitseinschätzung der Werbung sein, denn die Möglichkeiten der Werbung werden ebenfalls durch die Region begrenzt. Je mehr Wirkung die Werbung erzielen kann und je mehr sie zur Bildung von **Präferenzen** und **Kaufvorentscheidungen** beitragen kann, umso wichtiger wird sie. Das ist sicherlich u.a. eine Frage der Überregionalität und der Kostentragfähigkeit. In Konsumgüterbranchen ist Werbung vordergründig wichtiger als in Branchen für technische Produkte. Mit abnehmender Sortimentsbreite, und damit der Beschränkung auf einige Produkte, vor allem Markenartikel, bekommt die Werbung ein stärkeres Gewicht.

Berufliche Informationsquellen	
Wirtschaftsteil von Tageszeitungen	33 %
spezielle Wirtschaftszeitungen	12 %
Wirtschaftsfachzeitschriften	10 %
Wirtschaftsteil von Zeitschriften	6 %
spezielle Fachzeitschriften	64 %
Verbandsinformationen	27 %
Brancheninformationen	38 %
Informationsdienste	17 %
Veröffentlichungen von staatlichen Stellen	27 %
Kammerzeitschriften	7 %
informelle Gespräche	30 %
andere Informationsquellen	3 %

Abb.: Informationsquellen für unternehmerische Entscheidungen
Quelle: *Ernst, O.*: Die Bedeutung der überregionalen Tages- und Wirtschaftspresse, in: *Rost, D. und Strothmann* (Hrsg.): Handbuch Werbung für Investitionsgüter, Wiesbaden 1983, S. 310

Für den Einzelhandel besitzt Werbung eine größere Bedeutung als für den Großhandel. Der Einzelhandel benötigt den ständigen und unmittelbaren Kontakt zum Konsumenten und ist von daher auf Werbung angewiesen. Der Großhandel beliefert einen festen Kundenkreis, der in der Regel gut über das Angebot informiert ist und daher die Werbung nicht so sehr als Informationslieferant nutzt. Selbstverständlich ist damit Werbung in diesen Bereichen nicht überflüssig. Sie ist nur anders geartet. Bestimmte Komponenten treten anderen gegenüber in den Vordergrund. Im Bereich der Werbung bei gewerblichen Anbietern bekommt die reine Information ein stärkeres Gewicht. Für diesen Bereich hat sich in letzter Zeit der Begriff der **Business-to-Business-Kommunikation** durchgesetzt.

Die Wichtigkeit der Werbung kann grundsätzlich von den konkreten Zielgruppen ausgehend beurteilt werden. Ob Werbung wichtig ist oder nicht, lässt sich nur im Gesamtzusammenhang mit anderen Instrumenten klären. Die Werbung kann nicht losgelöst vom Einsatz der anderen absatzpolitischen Instrumente gesehen werden. Am Beispiel der **Zielgruppendefinition** wird das besonders deutlich. Wenn die Zielgruppe der Kreis von Abnehmern ist, auf den sich die absatzwirtschaftlichen Anstrengungen richten, dann ist ohne weiteres einsichtig, dass Zielgruppen, beispielsweise für die Entwicklung und Gestaltung von Produkten, grundsätzlich mit den werblichen Zielgruppen vereinbar sein müssen, an die sich die Informationsaktivitäten über die Produkteigenschaften richten.

Die absatzpolitischen Instrumente sind interdependent und von daher auch in ihrer Bedeutung in gegenseitiger Abhängigkeit. Produktgestaltung ist ohne Werbung kaum denkbar, wenn man einmal davon ausgeht, dass Produktgestaltung mehr oder weniger neue Produkte schafft. Die Preisgestaltung benötigt die Informationsfunktion, um über Zeitpunkt, Höhe und Gründe einer Preisveränderung aufzuklären. Werbung ist eingebettet in ein Beziehungsnetz, das alle Marketingmaßnahmen miteinander verbindet. Jeder Aktionsbereich stellt in gewisser Hinsicht ein Datum bzw. eine Voraussetzung für andere Aktionsbereiche dar. Die Gesamtwirkung stellt sich erst ein, wenn alle Maßnahmen gemeinschaftlich eingesetzt werden. Das kann zu Konflikten führen, wenn einzelne Maßnahmen sich in ihren Wirkungen widersprechen oder die **Voraussetzungen** nicht zueinander passen. Gegenseitige Verstärkungen und Unterstützungen sind ebenso möglich.

Die Diskussion über die Wichtigkeit reduziert sich dadurch auf die Ebene der Wichtigkeit des Marketing. Wenn Marketing als wichtig erachtet wird, dann ist damit unmittelbar auch die Wichtigkeit bzw. Notwendigkeit der Werbung (in Verbindung mit anderen absatzwirtschaftlichen Instrumenten) verknüpft. Marketing und Werbung sind unterschiedliche Dinge, aber untrennbar miteinander verbunden.

3. Zielsetzung und allgemeine Wirkungsweise der Kommunikation

Viele Zusammenhänge in der Werbung lassen sich leichter darstellen, wenn sie in einem Modell zusammengefasst werden. Zu diesem Zweck eignet sich das so genannte informationstheoretische Modell (*Haseloff*, 1974, S. 157 ff.) recht gut.

Werbung ist Kommunikation. **Merkmale der Kommunikation** sind die Übermittlung von Nachrichten und die durch diese mögliche Steuerung von Erwartungen, Einstellungen und Verhaltensentscheidungen. Die Elemente Sender und Empfänger werden durch eine Nachricht miteinander verknüpft, die ein physisches Transportmittel benötigt. Daraus entsteht eine einfache gerichtete Kette.

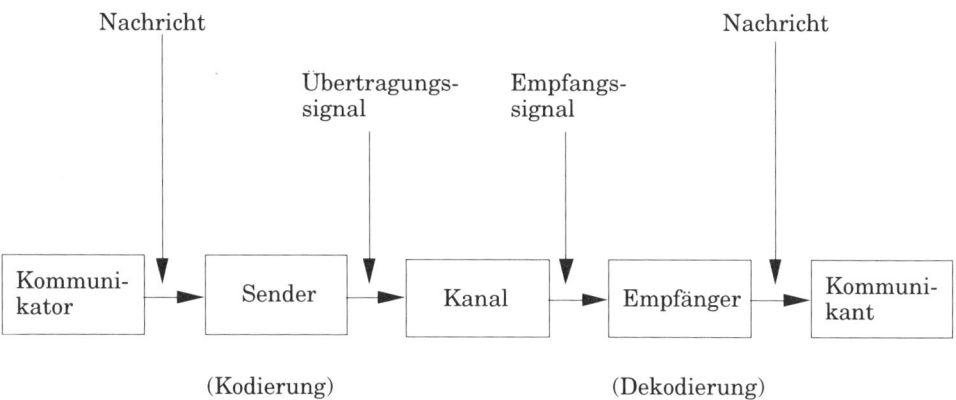

Abb.: Kommunikationsmodell
Quelle: *Haseloff, O.W.*: Kommunikationstheoretische Probleme der Werbung, in: *Behrens, K.C.* (Hrsg.): Handbuch der Werbung, 2. Aufl., Wiesbaden 1975, S. 162

Auf die Werbung bezogen, lässt sich das Modell konkretisieren und weiter ausbauen. Aus der Marketing- bzw. Werbezielsetzung im Unternehmen werden die Botschaftsinhalte entwickelt. Die Botschaft wird in eine transportierbare Form umgesetzt. Die Botschaft/Nachricht wird in Bildern, Texten, Zahlen usw. ausgedrückt und in ein Werbemittel umgesetzt (Anzeige, Werbespot, Plakat usw.). Mithilfe eines Werbeträgers (Zeitung, Funk, Plakatsäule usw.) kann dann der physische Kontakt zu den Empfängern (Verwender, Käufer usw.) hergestellt werden. Damit die Botschaft auch entsprechend der Zielsetzung aufgenommen werden kann, muss sie vom Empfänger in eine für ihn verständliche Form übersetzt werden. Darin liegt eines der Hauptprobleme der werblichen Kommunikation. Da es nicht damit getan ist, Dinge (Nachrichten) zu transportieren, sondern diese interpretiert werden müssen, entstehen besondere Probleme.

In der Kommunikationskette finden mehrmals Übersetzungsprozesse von der geistig/gedanklichen Ebene in die materielle Ebene der transportierbaren Zeichen und Signale statt. Die Verständigung hängt dabei davon ab, inwieweit die Kommunikationspartner (werbetreibendes Unternehmen, Konsument) über die gleichen Übersetzungs- bzw. Interpretationsregeln verfügen. Werbung kann daher umso wirksamer sein, je besser die Vorstellungen von Unternehmen und Konsument sich bezüglich der Botschaftsinhalte entsprechen. Das ist ein Problem der Informationsminimierung auf Seiten der Anbieter und auf Seiten der Nachfrager (*Rogge*, 1979, S. 22 ff.).

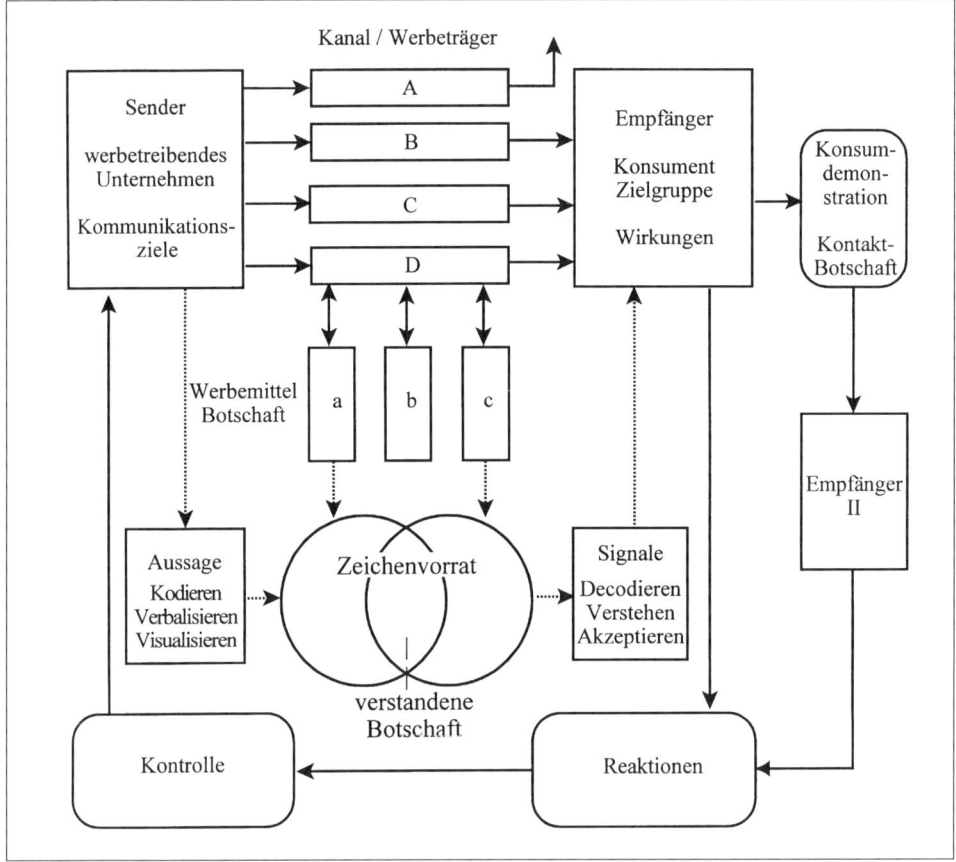

Abb.: Kommunikationsmodell der Werbung

Voraussetzungen einer erfolgreichen Kommunikation (*Haseloff*, 1974, S. 165) im **semantischen** Bereich sind z.B.:

- Die Partner müssen über einen einheitlichen Code zur Identifikation und Entschlüsselung der Signale verfügen (Sprache).

- Das Zeichenrepertoire der Partner muss genügend groß und übereinstimmend sein (Sprachschatz).

- Zwischen den Partnern muss Einigkeit über die Bedeutung und Verwendung der Zeichen bestehen.

- Der subjektive Informationsrahmen und der Erfahrungshintergrund der Empfänger muss eine zielgerechte Auslegung ermöglichen.

- Die Nachricht muss genügend beachtenswert und wichtig sein, um sich in der Konkurrenz anderer Nachrichten durchzusetzen (selektive Wahrnehmung).

- Die Inhalte müssen so gestaltet sein, dass sie gelernt werden können.

- Die Nachrichten müssen der Einstellungs- und Motivationsstruktur der Empfänger zumindest teilweise entsprechen, um gewünschte Reaktionen auszulösen.

Abb.: Unterschiedliche Codierungsmöglichkeiten einer Aussage /Eigenschaft

Neben der Übermittlung von echten Informationen kann die Kommunikation auch in einer so genannten **Desinformation** bestehen. Hier werden entweder Nachrichten bzw. Kommunikationsinhalte aktiv übermittelt, aber durch die Menge von eigentlich relevanten Informationen abgelenkt, irreführende Angaben werden gemacht oder es werden Fakten zurückgehalten. Abgesehen von rechtlichen Konsequenzen (Unzulässigkeit der Werbung) sind mit solchen Vorgehensweisen eine Reihe von Risiken verbunden, wie negative Reaktionen von Konsumenten (Vertrauensverlust, Abwanderung), Konkurrenten (Abmahnung, Gegenstrategien, Nachahmung) und Umwelt (Boykott, Reglementierung über Gesetze und Verordnungen usw.).

Abb.: Realität und Suggestion

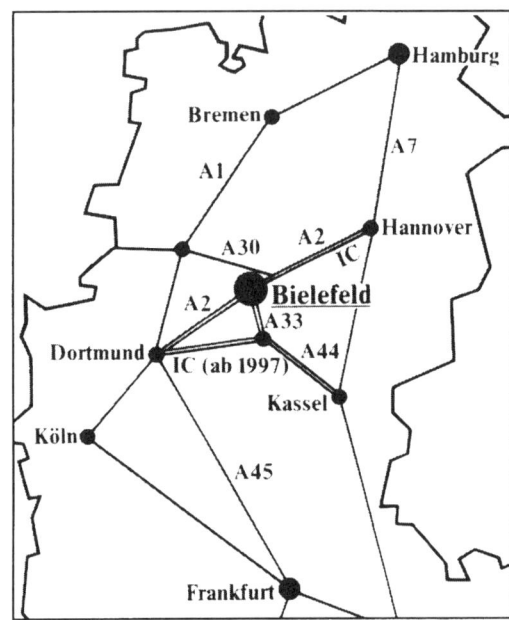

Abb.: Desinformation durch Fortlassen von Daten

Störungen in der Kommunikation können außerdem im Bereich der physischen Übermittlung, d.h. bei der Benutzung der Kanäle, auftreten. Da die Botschaft sich an eine bestimmte Gruppe von Empfängern richtet, kann davon ausgegangen werden, dass Werbung in erster Linie bei diesen eine gewollte Wirkung erzielt. Die Kanäle der Informationsübermittlung sind aber nicht immer so zielgerichtet, dass nur Empfänger oder auch nur alle beabsichtigten Empfänger erreicht werden. Eine mehr oder weniger starke Fehlstreuung der Nachrichten muss in Kauf genommen werden. Der Kommunikationsprozess kann verbessert werden, wenn es gelingt, durch geschickte Auswahl der Informationskanäle möglichst wenig Störungen zuzulassen.

In diesem Zusammenhang muss auf eine weitere wichtige Erweiterung der Kommunikation hingewiesen werden. Kommunikation muss sich nicht als einstufiger Prozess gestalten. D.h., direkte Beziehungen zwischen zwei Kommunikationspartnern sind zwar zunächst notwendig, aber Informationen können auch weitergegeben werden. Im Falle der werblichen Kommunikation ist die Weitergabe von Informationen über **mehrere Stufen** manchmal recht sinnvoll. Im Normalfall gehen durch die Weitergabe, wegen der mehrmaligen Übersetzungsprozeduren, Informationen verloren bzw. können Verzerrungen auftreten. Die Anzahl der Kommunikationspartner in einer Kommunikationskette erhöht die Kommunikationswirkung nicht.

Informationen und Nachrichten werden gelegentlich, vor allem im Bereich der Werbung, in Abhängigkeit vom Aussender der Nachricht interpretiert. Die **Zweckbestimmung** seitens der Sender wird mit in die Interpretation beim Empfänger einbezogen. Das kann zu unerwünschten Verzerrungen führen. Die Zielgenauigkeit mancher Kanäle ist, bezogen auf die eigentlichen Adressaten von Nachrichten, unbefriedigend. Die Einrichtung von Verstärkern bzw. Verteilerposten in der Kommunikationskette ist daher erwünscht. Die so genannte zwei- oder mehrstufige Kommunikation ist eine Form der Verknüpfung von Sender und Empfänger, die in der Werbung eine nicht unbedeutende Rolle spielt. Das Meinungsführer- und Referenzgruppenkonzept baut darauf auf (*Koeppler*, 1984).

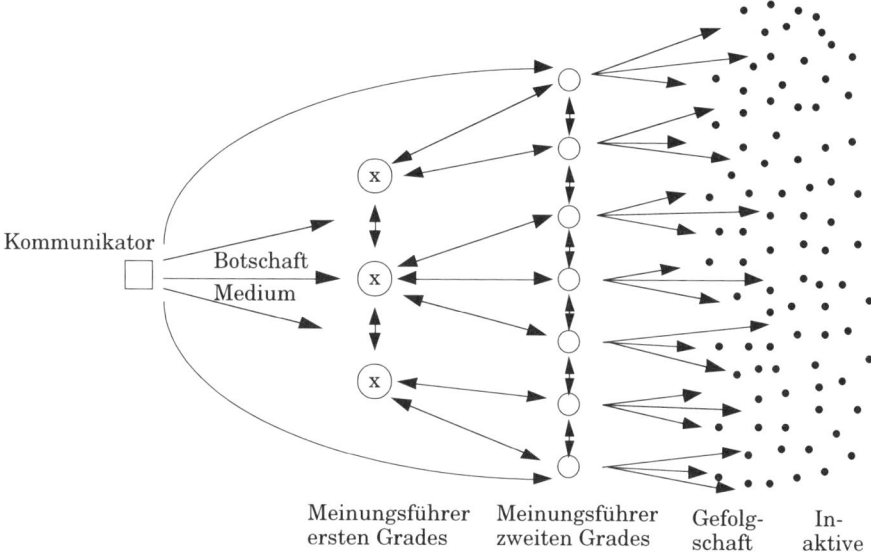

Meinungsführer ersten Grades Meinungsführer zweiten Grades Gefolgschaft Inaktive

Abb.: Modell der Meinungsführung

Eine **Rückkopplung** im eigentlichen Sinne einer gegenseitigen Kommunikation zwischen Empfänger und Sender findet nicht statt. Gleichwohl ist eine Information über die Wirksamkeit der Kommunikationsaktivitäten notwendig (ob die Inhalte richtig angenommen bzw. verstanden wurden, ob die Empfänger überhaupt physischen Kontakt mit der Botschaft hatten usw.), um die weitere Kommunikation im Sinne einer Verbesserung zu gestalten. Die Werbeerfolgskontrolle kann in gewisser Hinsicht als Rückkoppelungsschleife im informationstheoretischen Modell verstanden werden.

4. Allgemeine Bedeutung der Werbung

Werbung ist in erster Linie ein Instrument, das im Rahmen des Gesamtmarketing-Mix der Erfüllung der Marketingziele dient. Durch die Übermittlung von Informationen an die Verwender und Käufer von Produkten und Dienstleistungen wird eine Anpassung an die bestehenden Marktgegebenheiten und damit eine Ausnutzung dieser Gegebenheiten vorgenommen (*Rogge*, 1975). Informationen sind **zweckbezogenes** Wissen (*Wittmann*, 1959, S.15). Nur die Werbung kann wirksam sein, die diese Informationen übermittelt bzw. den Vorstellungen der Empfänger entspricht. Werbung ist das Spiegelbild der Gesellschaft (*Rogge*, 1979, S. 29). Schließlich kann Information verschiedene Formen annehmen. Sie wird von Empfänger zu Empfänger unterschiedlich interpretiert.

Neben der reinen Übermittlung von Informationen und damit Anpassung an die gegebenen Marktumstände kann durch Kommunikation in begrenztem Maße auch die Realität verändert werden. Bedürfnisse können geweckt, aber nicht kreiert werden. Gezielte Nachrichten und Informationen können den Wissensstand der Konsumenten verändern und damit andere Bedingungen am Markt schaffen. Die Einschätzung der Sachlage ist uneinheitlich. Je nach Zugehörigkeit zu einer Gruppe können bereits über den Begriff der Information unterschiedliche Meinungen bestehen. Auch über die Art und den Grad der Einwirkung kann viel diskutiert werden (*Rogge*, 1973; *Rogge*, 1979, S. 26 ff.).

Die Bedeutung der Werbung als **Wirtschaftsfaktor** ist unbestreitbar. Der Beitrag zum Bruttosozialprodukt ist nicht unbedeutend. Die Anzahl der Arbeitsplätze im Bereich der Werbung ist nicht unerheblich (*Rogge*, 1979, S. 24 ff.; *Tietz / Zentes*, 1980, S. 26 ff; ZAW).

Investitionen in Werbung					
Jahr	Brutto-Inlands-produkt (BIP) in Mrd. €	Werbe-investi-tionen (WI) in Mrd. €	Anteil WI am BIP %	davon Werbeein-nahmen der Medien in Mrd. €	*Anteil Werbeein-nahmen der Medien am BIP in %*
1997	1.871,6	28,9	1,54	19,8	*1,06*
1998	1.929,4	30,2	1,56	20,8	*1,08*
1999	1.974,3	31,4	1,58	21,8	*1,11*
2000	2.025,5	33,2	1,64	23,4	*1,15*
2001	2.053,0	31,5	1,52	21,7	*1,05*
2002	2.108,2	29,6	1,40	20,1	*0,95*

Abb.: Werbeausgaben und Bruttoinlandsprodukt
Quelle: Statistisches Bundesamt (Wiesbaden), ZAW, Werbung in Deutschland 2003

Je nach Gruppierung gibt es unterschiedliche Einschätzungen der Werbung. Die allgemeine Bedeutung lässt sich daher am besten beurteilen, wenn eine Gegenüberstellung der entsprechenden Vor- und Nachteile aus der Sicht der jeweiligen Gruppe gegeben wird. Für eine **Gesamtbeurteilung** ist nicht zu vergessen, dass die Gruppeninteressen teilweise aus der Natur der Sache heraus gegensätzlich sein müssen. Andererseits ist die Zugehörigkeit zu einer der Gruppen nicht exklusiv. Es bestehen durchaus Querverbindungen zwischen den Gruppen. Konflikte in der Beurteilung sind daher nicht selten.

Beurteilung aus der Sicht der **Konsumenten** (*Rogge*, 1979, S. 16; *Tietz / Zentes*, 1980, S. 82):

- **Vorteile**

  - Erhöhung der Markttransparenz
  - Erhöhung der Auswahlmöglichkeiten
  - Zeitersparnis bei der Wareninformation
  - Preissenkungen
  - Verringerung von Unsicherheit
  - Erschließung neuer Einkaufsquellen
  - Erschließung neuer Nutzungsalternativen
  - Ausdehnung der Marktentnahme
  - zuverlässige Information
  - lebensstiladäquate Ansprache
  - Informationsübermittlung über Produktangebot
    (Preis, Qualität, Verwendungsmöglichkeiten, Mengen)
  - Information über Bezugsquellen
  - Herstellung von Vergleichsmöglichkeiten
  - Kostenersparnis durch gezielte Kaufmöglichkeiten

- **Nachteile**

  - mögliche Verschleierung von Markttransparenz
  - Senkung der Auswahlmöglichkeiten
  - Verunsicherung durch Informationsüberflutung
  - Preiserhöhungen
  - Erhöhung von Unsicherheit
  - Stabilisierung etablierter Einkaufsquellen
  - Beschränkung von Nutzungsalternativen
  - Verleitung zu überflüssigen Ausgaben
  - Fehlinformation
  - Übervorteilung durch Manipulation

Meinungen über Medien-Werbung Wohnbevölkerung ab 14 Jahre			
Aussagen über Werbung	**1999**	**2000**	**2002**
Werbung ist meist recht unterhaltsam	37,6	38,1	36,4
Werbung ist eigentlich ganz hilfreich für den Verbraucher	42,3	43,2	44,2
Werbung gibt manchmal nützliche Hinweise über neue Produkte	50,4	50,5	53,3
Ich sehe mir eigentlich ganz gern Fernsehwerbung an	35,9	36,8	33,9
Ich sehe mir eigentlich ganz gern Anzeigen in Zeitschriften an	41,0	41,1	40,0
Werbung im Fernsehen halte ich für recht informativ	42,3	42,1	42,3
Anzeigen in Zeitschriften halte ich für recht informativ	54,2	53,1	53,7

Abb.: Beurteilung von Werbung durch Konsumenten
Quelle: VerbraucherAnalyse 1999, 2000, 2002 (Axel Springer Verlag AG und Verlagsgruppe Bauer),
ZAW, Werbung in Deutschland 2003

Beurteilung aus der Sicht der **Unternehmen** (*Rogge*, 1979, S. 16; *Tietz/Zentes*, 1980, S. 87):

• **Vorteile**

- Kostensenkung in der Produktion
- Erhöhung der Präferenzen
- Stabilisierung der Preise
- Marktsegmentierung und Zielgruppenorientierung
- Qualitätsförderung
- Erleichterung der Diffusion neuer Produkte
- direkter (Hersteller-) Kontakt zum Kunden (Sprungwerbung)
- Unterstützung der absatzwirtschaftlichen Maßnahmen
  im Rahmen des Marketing-Mix
- Bekanntmachung des eigenen Angebotes im Grundsätzlichen
- Bekanntmachung von Veränderungen im eigenen Angebot
  (Ort, Menge, Preise usw.)
- zeitliche Steuerung der Umsatzströme
- geografische Steuerung der Umsatzströme
- Zielgruppenbezogene Steuerung der Umsatzströme
- Differenzierung vom Konkurrenzangebot

• **Nachteile**

- Kostensteigerung im Marketingbereich
- Abbau der Preiskonkurrenz
- Probleme in der Preisflexibilität
- Hypersegmentierung
- höhere Produktrisiken
- Förderung der Produkthektik
- Kontrollaufwand für die Vertriebskanäle

Beurteilung der Werbung aus **gesamtwirtschaftlicher** Sicht (*Tietz/Zentes*, 1980, S. 95):

• **Positive Urteile**

- Ressourcenersparnis
- Förderung des Wettbewerbs durch mehr Transparenz
- Förderung des Wettbewerbs zwischen den Branchen
- Förderung des Wettbewerbs zwischen Konsum und Sparen
- Erhöhung der Beschäftigung
- Verbesserung der Arbeitsteilung
- Konjunkturförderung
- Wohlstandserhöhung
- Förderung des Marktzutritts
- Förderung rationeller Produktstandardisierung
- Preiswettbewerb durch bessere Transparenz
- Förderung neuer Technologien

- Minderung des Innovationsrisikos
- Stütze der Medien
- Erhöhung der sozialen Zufriedenheit

• **Negative Urteile**

- Ressourcenvergeudung
- Behinderung des Wettbewerbs durch Meinungsmonopole
- unzuträgliche Beeinflussung des Branchengleichgewichtes
- Verleitung zum Kauf „unnötiger" Güter
- Gesellschaftlicher Verlust durch Massenprodukte
- Gefahr der Vermehrung von Arbeitsplätzen im Bereich der
  entindividualisierenden Massenproduktionsplätze
- keine Auswirkungen auf Konjunkturentwicklung
- keine Wohlstandserhöhung
- Behinderung des Marktzutritts
- Förderung der Konzentration
- Förderung unrationeller Produktdifferenzierung
- künstliches Hochhalten von Preisen
- Behinderung neuer Technologien
- eher Ausschaltung von Innovationen
- Einflussnahme auf redaktionelle Gestaltung und
  damit auf das Informationsangebot
- Steuerung durch Insertion
- Minderung der sozialen Zufriedenheit

Die Werturteile sind zum Teil kontrovers.

Insgesamt ist die Einstellung zur Werbung positiv (ZAW 2003). Eine überwiegende Mehrheit (80,9 %) zählt Werbung zum modernen **Lebensstil** und erhält über Werbung **Informationen** über neue Produkte (61,2 %). Lediglich eine Minderheit (15,1 %) sieht Kultur und Individualität durch Werbung beeinträchtigt.

5. Ausprägungsformen der Werbung

Werbung in ihrer realen Ausgestaltung kann die verschiedensten Formen annehmen. Je nach Umweltbedingungen, Produkteigenarten, Zielgruppen, eingesetzten Medien usw. können unterschiedliche Anforderungen an die Werbung gestellt werden. Schwerpunkte können unterschiedlich gesetzt werden. Gelegentlich ist es sinnvoll, sich mithilfe von Klassifikationen die Vielfalt der Werbung zu vergegenwärtigen. Eine der verbreitetsten Einteilungen ist die Klassifikation nach Behrens (*Behrens, K. C.*, 1963, S. 155). Unterschieden wird nach verschiedenen Einteilungskriterien, die aber nicht überschneidungsfrei sind.

• Kurzfristige **Zielsetzung**

- Expansionswerbung

- Erhaltungswerbung
- Reduktionswerbung

- **Werbungtreibende**

  - Erkennbarkeit
    - namentliche Werbung
    - anonyme Werbung

  - Zahl der Werbetreibenden
    - Einzelwerbung
    - Kollektivwerbung
    - Identität von Werbetreibenden und Vollziehern
    - Eigenwerbung
    - Fremdwerbung

  - Intensität
    - dominante Werbung
    - akzidentielle Werbung

- **Werbeobjekte**

  - Art der Werbeobjekte
    - Sachleistungswerbung
    - Dienstleistungswerbung

  - Verwendungszweck der Werbeobjekte
    - Produktivgüterwerbung
    - Konsumgüterwerbung

- **Werbesubjekte**

  - Zahl der Werbesubjekte je Werbeappell
    - Einzelumwerbung
    - Mehrheitsumwerbung

  - Stellung im Wirtschaftsprozess
    - Unternehmenswerbung
    - Haushaltsumwerbung

  - Wirkung auf das Bewusstsein
    - informative Werbung
    - Suggestivwerbung

  - psychologische Beeinflussung
    - überschwellige Werbung
    - unterschwellige Werbung

  - Beziehungen zwischen Umworbenen und Erfüllern
    - unmittelbare Werbung
    - mittelbare Werbung

- **Wirtschaftliche Stellung** der Werbetreibenden gegenüber den Wirtschafts-
  subjekten

- stufengleiche Werbung
- stufenverschiedene Werbung

• **Werbemittel**

- Art der Werbemittel
    - Anzeigenwerbung
    - Plakatwerbung
    - Briefwerbung usw.

- Ausrichten der Werbemittel auf Sinnesorgane
    - visuelle Werbung
    - akustische Werbung
    - olfaktorische Werbung
    - geschmackliche Werbung
    - haptische Werbung

• **Werbeträger**

- Art des Trägers
    - Zeitschriftenwerbung
    - Zeitungswerbung
    - Anschlagstellenwerbung
    - Fernsehwerbung
    - Rundfunkwerbung

- Zielgenauigkeit
    - gezielt gestreute Werbung
    - ungezielt gestreute Werbung

- zeitliche Gesichtspunkte
    - Einmaligkeit
    - Periodizität
    - Zyklenentsprechung

Die Liste lässt sich beliebig erweitern. Allein durch die Entwicklung neuer Möglichkeiten im Bereich der Werbemittel und Werbeträger kommen weitere **Ausprägungsformen** (CD, Internet, Telefon, Videokassette, interaktives TV, E-Mail usw.) hinzu. Unterteilungen nach geografischen Gesichtspunkten, z.B. lokale, regionale, nationale oder internationale Werbung, sind denkbar und sinnvoll. Wichtig an diesen Klassifikationen ist, dass im realen Fall mehrere Merkmale in Kombination die Situation prägen und das werbliche Vorgehen bestimmen. Bestimmte Kombinationen sind wahrscheinlicher als andere.

In der Regel wird bei der Behandlung von Werbefragen nur von der so genannten **Konsumgüterwerbung** ausgegangen. Die Merkmalskombination der Konsumgüterwerbung bezieht sich nicht nur auf das Kriterium „Verwendungszweck der Werbeobjekte". Gleichzeitig werden Merkmale aus dem Bereich der Werbesubjekte und deren Untergruppierungen mit herangezogen: Mehrheitsumwerbung, Haushaltsumwerbung, suggestive Werbung, stufenverschiedene Werbung. Ebenfalls werden in der Regel Schwerpunkte bei den Werbemitteln und -trägern gesetzt. Es leuchtet ein, dass das für die Betrachtung des Gesamtphänomens Werbung zu unzulässigen Einschränkungen führt. Tatsächlich gibt es bei der Realisation der Werbung im Einzelfall diese Schwerpunktbildung. Es darf dabei aber nicht vergessen werden, dass andere Kombinationen auch im Bereich der Konsumgüterwerbung ebenso sinnvoll wie wahrscheinlich sind. Klassifikationen der oben gezeigten Art erlauben daher einen Überblick über den Gesamtbereich der werblichen Aktionsmöglichkeiten und Strategien.

Ein Bereich der Werbung, der bisher relativ vernachlässigt wurde, aber in letzter Zeit wesentlich an Bedeutung gewonnen hat, ist der Bereich der **Investitionsgüterwerbung** (*Scheuch*, 1975; *Backhaus*, 1982; *Rost/Strothmann*, 1983). Es handelt sich hier um eine andere Kombination der Merkmale aus der oben genannten Übersicht. Der Verwendungszweck richtet sich auf Produktivgüter. Die Subjekte sind Unternehmen. Die Werbung ist überwiegend informativ. Die Auswahl der Werbemittel und Werbeträger ist eine andere. Diese andere Merkmalsauswahl setzt andere Schwerpunkte in der Planung und Umsetzung der Werbung. Eine grundsätzlich andere Theorie der Werbung lässt sich daraus jedoch nicht ableiten. Die Grundlagen der Investitiongüterwerbung sind die gleichen, wie die einer Konsumgüterwerbung oder Dienstleistungswerbung. Lediglich die Rahmenbedingungen sind andere. Erkenntnisse aus dem Teilbereich Investitionsgüterwerbung lassen sich ebenso auf die Konsumgüterwerbung übertragen wie umgekehrt.

Unter dem Namen der so genannten **Business-to-Business-Kommunikation** erfährt dieser Bereich dabei zunehmendes Interesse. Erwähnenswert ist in diesem Zusammenhang, dass auch die Wichtigkeit nichtrationaler Elemente der werblichen Kommunikation bei kollektiven Entscheidungsprozessen zunehmend von Untenehmensseite akzeptiert wird (Jahrestagung der DWG 1994).

Als **Aufgaben der Investitionsgüterwerbung** werden z.B. genannt (*Backhaus*, 1983, S. 43):

• Schaffen eines positiven Klimas für das persönliche Verkaufsgespräch;

• Stimulierung der Nachfrage auf Folgestufen der Absatzprozesse;

• Ansprache von Personen, die zwar den Kauf beeinflussen, aber durch den persönlichen Verkauf nicht erreicht werden können;

• Erreichen von unbekannten Kaufbeeinflussern.

Diese Aufgaben zeigen noch keinen wesentlichen Unterschied zu anderen Formen der Werbung. Dazu kommt man erst, wenn man die weiteren **Merkmale von Investitionsgütern** ableitet und analysiert.

Die **marktbezogenen** Merkmale von Investionsgütern

• überschaubare Zahl von Anbietern,
• beschränkte Abnehmerzahl,
• Organisationen als Nachfrager,
• nichtanonymer Markt,

- Größenstruktur der Nachfrager,
- hohe Umsätze pro Verkaufsakt,
- regionale Streuung der Nachfrager,
- kurze Absatzwege,
- hoher Warenwert,
- besondere Bedeutung im Ausgabenbudget des Nachfragers,
- starke Konjunkturempfindlichkeit,
- Nachfrage als abgeleitete Größe von konsumnahen Märkten,
- Mehrpersonenkaufentscheidung,
- lange Entscheidungsprozesse,
- harte Verhandlungsprozesse,
- umfangreiche Informationssuche,
- quasi-rationale Entscheidungen,
- stärker formalisierter Entscheidungsprozess,

erfordern teilweise eine andere Vorgehensweise als die Konsumgüterwerbung.

Das wichtigste Merkmal für eine mögliche Unterscheidung in Konsumgüterwerbung und Investitionsgüterwerbung ist die Art der **Zielgruppe** und die Art, wie die **Entscheidungsprozesse** in den Zielgruppen ablaufen. Investitionsgüterbeschaffungsentscheidungen sind in der Regel **Gruppenentscheidungen**. Anstelle eines einzelnen Entscheidungsträgers sind mehrere Entscheidungsträger (*Webster / Wind*, 1972, S. 77 ff.; *Scheuch*, 1975, S. 39) an den Beschaffungsentscheidungen beteiligt. Die Entscheidungen werden im Gremium (Buying Center) getroffen.

Die Mitglieder des so genannten Buying-Centers

- Einkäufer,
- Benutzer,
- Entscheider,
- Informationsselektierer,
- Beeinflusser/Berater,

übernehmen jeweils unterschiedliche **Rollen**.

Bei der Werbung für Investitionsgüter hat man es in der Regel mit „multiplen" Zielgruppen zu tun. Schließlich entscheiden die Entscheidungsträger sowohl als Mitglieder einer Gruppe als auch als Einzelpersonen. In Kaufentscheidungsprozessen für Konsumgüter sind Gruppenentscheidungen allerdings ebenfalls möglich.

Ein weiterer Teilbereich der Werbung, der gegebenenfalls eine gesonderte Behandlung verdient, ist der Bereich der **internationalen Werbung**. Internationales Marketing bzw. grenzüberschreitendes Marketing wird ebenfalls gelegentlich als eigenständige Disziplin angesehen. Der Fall liegt ähnlich wie in der Investitionsgüterwerbung. Die grundsätzliche Theorie ist die gleiche. Lediglich die Rahmenbedingungen sind andere. Diese Rahmenbedingungen sind teilweise jedoch so stark unterschiedlich zu einer nationalen (auf ein bestimmtes Land gerichteten) Werbung, dass eine gesonderte Behandlung gerechtfertigt sein kann. Die Haupt-

unterscheidungsmerkmale bzw. die besonderen Rahmenfaktoren einer internationalen oder **Auslandswerbung** sind:

• Markt- und Werbegesetzgebung,
• Art und Angebot der Medien,
• differenzierte Zielgruppen nach Ländern,
• unterschiedliches Konsumentenverhalten,
• grenzüberschreitende Aktivitäten,
• Zusammenarbeit mit unterschiedlichen Werbeberatern, Agenturen usw.,
• Abstimmungsprobleme.

Im Wesentlichen sind die Unterschiede zwischen nationaler und internationaler
Werbung ähnlich gelagert wie die zwischen lokaler und regionaler oder zwischen
regionaler und nationaler Werbung. Verhaltensunterschiede bei den Zielgruppen
und Abstimmungsunterschiede sind für die Unterscheidung verantwortlich.

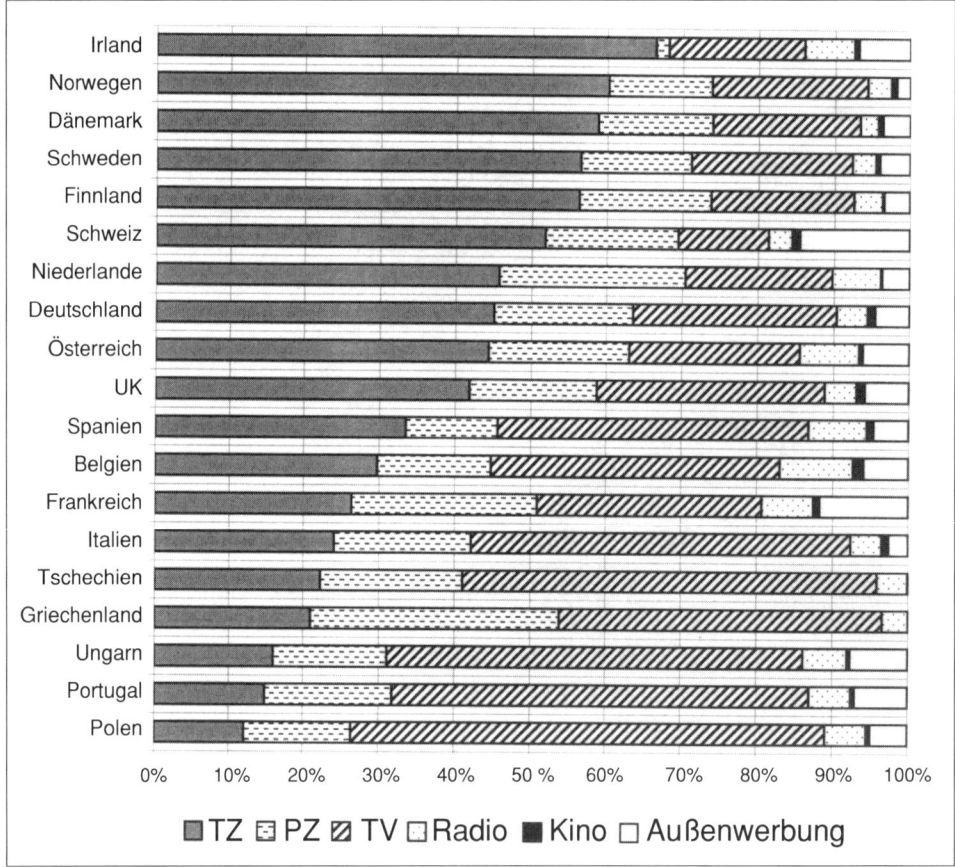

Abb.: Media-Mix in Europa
(Marktanteile klassischer Medien am Werbeumsatz 2001)
Quelle: ZAW, Werbung in Deutschland 2003

So dominiert z.B. in Italien, Polen, Portugal, Tschechien und Ungarn das Fernsehen. Die skandinavischen Länder sind **Zeitungsländer**. In Frankreich und der Schweiz ist Außenwerbung sehr verbreitet. In Abhängigkeit von diesen Unterschieden lassen sich Grundstrategien für die internationale Werbung ableiten, die mehr oder weniger an bereits bestehende Konzepte nationaler Werbung angelehnt sind. Grundsätzlich gibt es Parallelen zur Internationalität des Marketing schlechthin:

- völlige **Gleichschaltung** von Auslands- und Inlandswerbung durch Verwendung der gleichen Konzeption (Sprache, Aussage, Medien usw.);

- **Internationalisierung** der Werbung durch Übernahme der vollständigen Konzeption und Anpassung (in der Regel Übersetzung) an die jeweilige Landessprache;

- **Prototypwerbung** als zentrale Ausarbeitung modellhafter Werbekonzeptionen und Anpassung an die unterschiedlichen nationalen Bedingungen der Länder (Aussagen, Motivverwendung usw.);

- **Richtlinienwerbung** durch die Vorgabe allgemeiner und weitgefasster Richtlinien, die einerseits die einheitliche Ausrichtung aller nationalen Werbekampagnen garantieren soll und andererseits einen großen Spielraum für Interpretationen und Konzeptionsentwicklungen lassen;

- völlige **Verselbstständigung** der verschiedenen nationalen Werbeanstrengungen (Nationale Werbung).

Besonders im Zusammenhang mit den ersten Alternativen einer **standardisierten** internationalen Werbung können besondere Probleme entstehen, die in unterschiedlichen Rahmenbedingungen, insbesondere Kulturunterschieden begründet sind:

- die Botschaft erreicht den Empfänger nicht
  - falsche Medien (Basismedien)
  - Fehlstreuung (falsche Zielgruppenentsprechung)
  - unterschiedliche Medienlandschaft gegenüber dem Heimatland

- der Empfänger versteht die Botschaft nicht
  - falsche Sprache
  - Übersetzungsfehler
  - Assoziationsunterschiede
  - Produktpositionierung entspricht nicht der Zielgruppe

- die Werbung führt nicht zur gewünschten Handlung
  - fehlende Nebenbedingungen
  - anderes Konsumentenverhalten
  - unterschiedliche reale Positionen im landesspezifischen Produktlebenszyklus
  - Unternehmen/Produkt wird als Großkonzern/Multi falsch eingestuft
  - generelle Ablehnung gegenüber ausländischen Anbietern

Jedoch auch eine Individualisierung der Werbung bei gleichzeitigem oder nur geringfügig zeitlich versetztem Einsatz in verschiedenen Ländern und Märkten kann zu Schwierigkeiten führen, z.B.:

- die beworbenen Produkte machen sich über die Marktgrenzen hinweg gegenseitig Konkurrenz,

- die unterschiedlichen Ausgestaltungen führen zu sich widersprechenden Aussagen und Images.

6. Arbeitsablauf und Werbetätigkeiten im Gesamtüberblick

Bevor die Werbung ihre Aufgabe als Übermittlerin von Informationen von den Anbietern zu den Abnehmern der Produkte und Leistungen erfüllen kann, sind viele Einzelaufgaben zu erfüllen. Werbung ist ein komplexer Prozess der Analyse, Planung und Realisation. Im Mittelpunkt steht die so genannte Werbekonzeption, die als Leitlinie für die Ausgestaltung der Botschaften und Mittel sowie die Planung der generellen Botschaftsinhalte den Einsatz der Mittel und Träger verstanden werden kann. Die Entwicklung der Werbekonzeption ist eine planerische Tätigkeit, die in mehreren Phasen abläuft und schließlich in der konkreten Durchführungsmaßnahme mündet.

In der Literatur und großenteils in der Praxis werden unter **Werbeplanung** in erster Linie die Aufgaben zusammengefasst, die sich mit den Bereichen der Festlegung der Werbeaufwandshöhe und der Auswahl von Werbeträgern beschäftigen (*Tietz/Zentes*, 1980, S. 331). Wenngleich andere nicht explizit genannte Planbereiche auch damit in Verbindung stehen oder sich daraus ableiten lassen, so kommt dieses doch letztlich einer Reduktion der Werbeplanung gleich. Überlegt man weiterhin, dass für viele Unternehmen aufgrund regionaler Begrenzungsfaktoren bestimmte Wahlmöglichkeiten im Medienbereich häufig ausscheiden, dann bleibt für die Werbeplanung in der Praxis nicht viel übrig, wenn dazu die finanziellen Mittel auch noch knapp sein sollten.

Werbeentscheidungen mit Planungscharakter lassen sich grundsätzlich in zwei Kategorien einteilen. Als Gruppe von **prädisponierenden** Entscheidungen könnte man die

- Bestimmung der Werbeobjekte,
- Bestimmung und Ableitung der Werbeziele,
- Bestimmung der werblichen Zielgruppen,
- Bestimmung des Budgets

auffassen.

Daneben existiert die Gruppe der darauf aufbauenden Entscheidungen, die eine bestimmte **Zielstruktur** voraussetzen (*Tietz / Zentes*, 1980, S. 284):

• Bestimmung der Botschaft bzw. der Aussagenkonzeption,
• Auswahl der Werbemittel,
• Auswahl der Werbeträger.

Bei näherer Betrachtung zeigt sich, dass die Beziehungen zwischen den beiden Kategorien nicht einseitig sind und auch die Elemente innerhalb der Kategorien weder unabhängig nebeneinander stehen, noch sich in eine eindeutige Reihenfolge bringen lassen. So wird beispielsweise das Werbebudget nicht nur von dem jeweiligen Ziel bestimmt, sondern umgekehrt wird eine realistische Zielsetzung durch finanzielle Restriktionen eingeschränkt. Die Zielgruppe beeinflusst selbstverständlich die Anzahl der Werbeträger. Ebenso selbstverständlich müssen Korrekturen an der Zielgruppe vorgenommen werden mit Folgen für die Konzeption, wenn bestimmte Träger nicht zur Verfügung stehen. Planung könnte insofern in einer Art Negativauswahl stattfinden.

Da simultane Planung in der Praxis wegen vielfältiger Gründe nicht realisiert werden kann, muss versucht werden, den Planungsprozess in **sukzessive** Teilbereiche aufzulösen. Am sinnvollsten wäre dabei die Bildung einer Rückkoppelungsschleife, die bei Nichtübereinstimmung der Grundrichtung der Planebenen zu einem erneuten Durchlaufen übergeordneter Ebenen führt. Eine derart zyklisch gestaltete Sukzessivplanung kommt der Simultanplanung noch am nächsten.

Die Werbeplanbereiche werden zunächst den Ebenen **Strategie** und **Taktik** zugeordnet. Strategische Planbereiche haben langfristigen Charakter und bestimmen das Grobkonzept. Die taktischen Planbereiche sind kurzfristig ausgelegt und beinhalten notwendige Anpassungsmaßnahmen an im Zeitverlauf veränderte Marktdaten. Die strategischen Bereiche werden als Voraussetzung für die taktischen Bereiche zuerst geplant. Ergeben sich anschließend im taktischen Bereich Alternativen, die bisher nicht in die grundsätzlichen Überlegungen einbezogen wurden und stehen diese im Widerspruch mit den übergeordneten strategischen Planbereichen, so führt die erste Rückkoppelung zu einer Veränderung der strategischen Pläne. Diese machen eine erneute Planung und Überprüfung des Taktikbereiches notwendig. Die Planungen begründen Entscheidungen, welche in Maßnahmen umgesetzt werden. Die Realisation der werblichen Maßnahmen (Durchführung) hat Reaktionen der Umwelt (Markt) zur Folge. Je nach Ausmaß und Richtung der Reaktion ist eine **Anpassung** im taktischen und gegebenenfalls im strategischen Bereich notwendig.

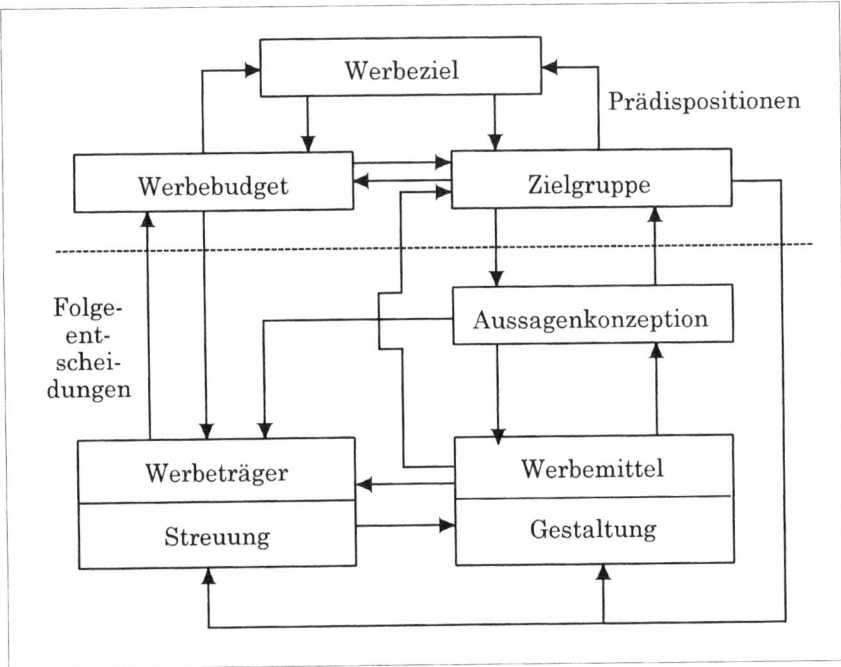

Abb.: Interdependenzen in den Elementen der Werbekonzeption

Wenn auf keiner Stufe mehr Widersprüche feststellbar sind, ist damit die endgültige Form der Werbepläne und Werbeoperationen bestimmt. Der Planungsprozess nimmt Zeit in Anspruch. Im Prinzip läuft dieser Prozess ständig bis zur Durchführung von Werbeerfolgskontrollen ab. Der Zyklus Strategie-Taktik-Strategie wird in der Regel weniger oft bzw. unregelmäßiger durchlaufen als der Zyklus Taktik-Operation. Der erste Zyklenkomplex wird nur zu Beginn einer längeren Planungsperiode durchlaufen. Die letzten Phasen laufen permanent begleitend während der Durchführung der Gesamtkampagne ab.

Bevor die eigentliche Werbekonzeption entwickelt werden kann, muss eine **Informationsgewinnungsphase** vorgeschaltet werden. Dieser Bereich der so genannten Werbevorbereitung bzw. Datenanalyse ist im Grunde nichts anderes als werbebezogene Marktforschung. Diese Prozessstufe soll die Daten bereitstellen, die die Planung und den ökonomischen Einsatz der Teilarbeiten innerhalb des Gesamtprozesses ermöglichen sollen. Es lassen sich grundsätzlich drei Datenbereiche abgrenzen:

• Unternehmensanalyse,
• Marktanalyse,
• Werbeanalyse.

Die Datenbereiche sind nicht überschneidungsfrei.

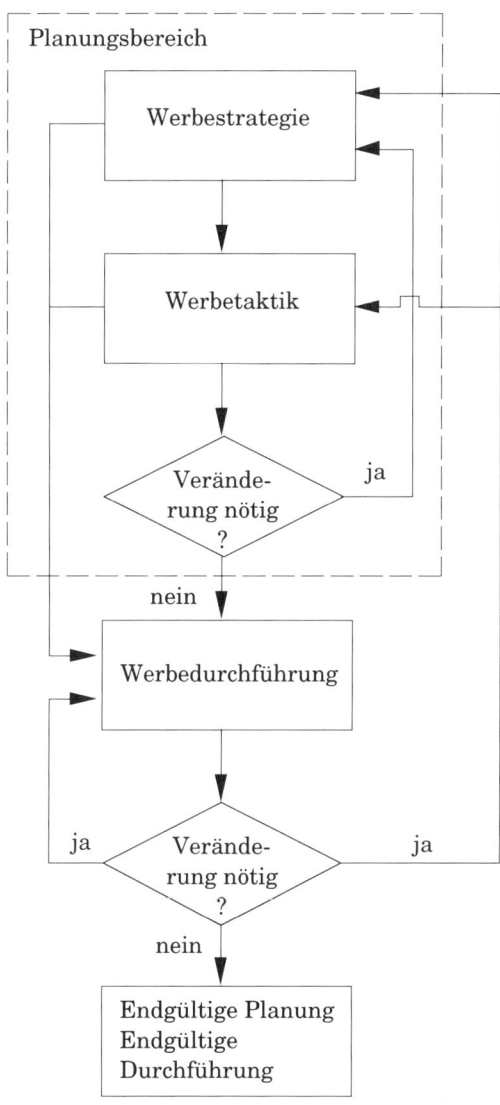

Abb.: Koordination der Werbekonzeption durch zyklische Planung

Im Rahmen der **Unternehmensanalyse** werden Daten über die Unternehmensgeschichte, Unternehmenskonzeption, technischen Produktions- und Beschaffungshintergründe, Absatzeinrichtungen, Kapazität, absatzwirtschaftliche Maßnahmen anderer Art, vorgegebene globale und detaillierte Zielsetzungen usw. erfasst. Diese Daten stellen in gewisser Hinsicht Restriktionen für die Gestaltung der Werbekonzeption dar: inhaltlich, finanziell und bezogen auf die Vereinbarkeit mit anderen Maßnahmen. Die Unternehmensanalyse gewinnt eine besondere Bedeutung bei der Zusammenarbeit mit externen Beratern (Marketingberater, Werbeagenturen). Aber auch bei der Übernahme der Werbearbeit von Mitarbeitern des Unternehmens ist die Beschäftigung mit diesen Rahmendaten notwendig, um die Werbung richtig und effektiv in das Gesamtunternehmen einordnen zu können. Die Informationen müssen von dem Unternehmen selbst gesammelt bzw. aufbereitet werden.

Die **Marktanalyse** beinhaltet die Informationsbeschaffung über die spezifischen Produkteigenschaften und das marktliche Umfeld. Sie stellt Daten bereit über die objektiven und subjektiv empfundenen Produkteigenschaften, Umfang und regionale Verteilung des Produktabsatzes einschließlich der entsprechenden Daten für Konkurrenzprodukte, Preise, zeitliche Verteilung des Absatzes, Motivstruktur bei Verwendern und Käufern, Einstellungen, Images, Daten über Käufer- und Verwenderverhalten usw.

Die Beschaffung der benötigten Informationen kann an externe Berater (Marktforschungsinstitute, Werbeagenturen) delegiert werden. Der Umfang und Inhalt der Informationen muss jedoch weitgehend durch das werbetreibende Unternehmen bestimmt werden. Eine permanente Marktforschung und ein internes Informationssystem, das auch für andere absatzwirtschaftliche Tätigkeitsbereiche Informationen liefert, ist eine gute Voraussetzung.

Die **Werbeanalyse** bezieht sich auf den engeren Bereich der Werbung. Sie umfasst Informationen quantitativer und qualitativer Art über die Wirkungsweise einzelner Werbemittel und Werbeträger, Preise und Kostenstruktur, Medienverfügbarkeit, Konditionen usw. Diese Daten werden in der Regel von den Werbespezialisten gesammelt, aufbereitet und gespeichert.

Die eigentliche **Werbeplanung** bzw. Werbekonzeptionserstellung zerfällt in verschiedene **Sachbereiche**. Bevor mit der Planung und Durchführung begonnen werden kann, ist die entsprechende Objektauswahl zu treffen. Als nächstes müssen operationale Ziele entwickelt werden – unter Berücksichtigung bereits bestehender Oberziele –, die als Richtschnur und Handlungsmaßstab für die weiteren Tätigkeiten dienen. Danach könnte die Budgetfestlegung und die exakte Zielgruppenbestimmung erfolgen. Die in der Gesamtübersicht gezeigte Reihenfolge könnte eine zeitliche Reihenfolge für ein sukzessives Vorgehen sein. Die Auflösung des Werbeprozesses in sukzessive Einzelschritte bleibt aber problematisch. Entscheidungen über das Budget setzen im Grunde Kenntnisse – und damit Vorentscheidungen – über Mittel, Träger usw. voraus. Weiter folgen die Aussagenkonzeption bzw. die Bestimmung der Botschaftsinhalte, soweit nicht bereits durch die Zielsetzung vorgegeben, aufbauend auf der Zielgruppe die Auswahl der Mittel und Träger. Die Reihenfolge ist nicht zwingend. In Teilbereichen kann unter Umständen wieder simultan vorgegangen werden (z.B. Zielgruppenbestimmung – Aussagenkonzeption).

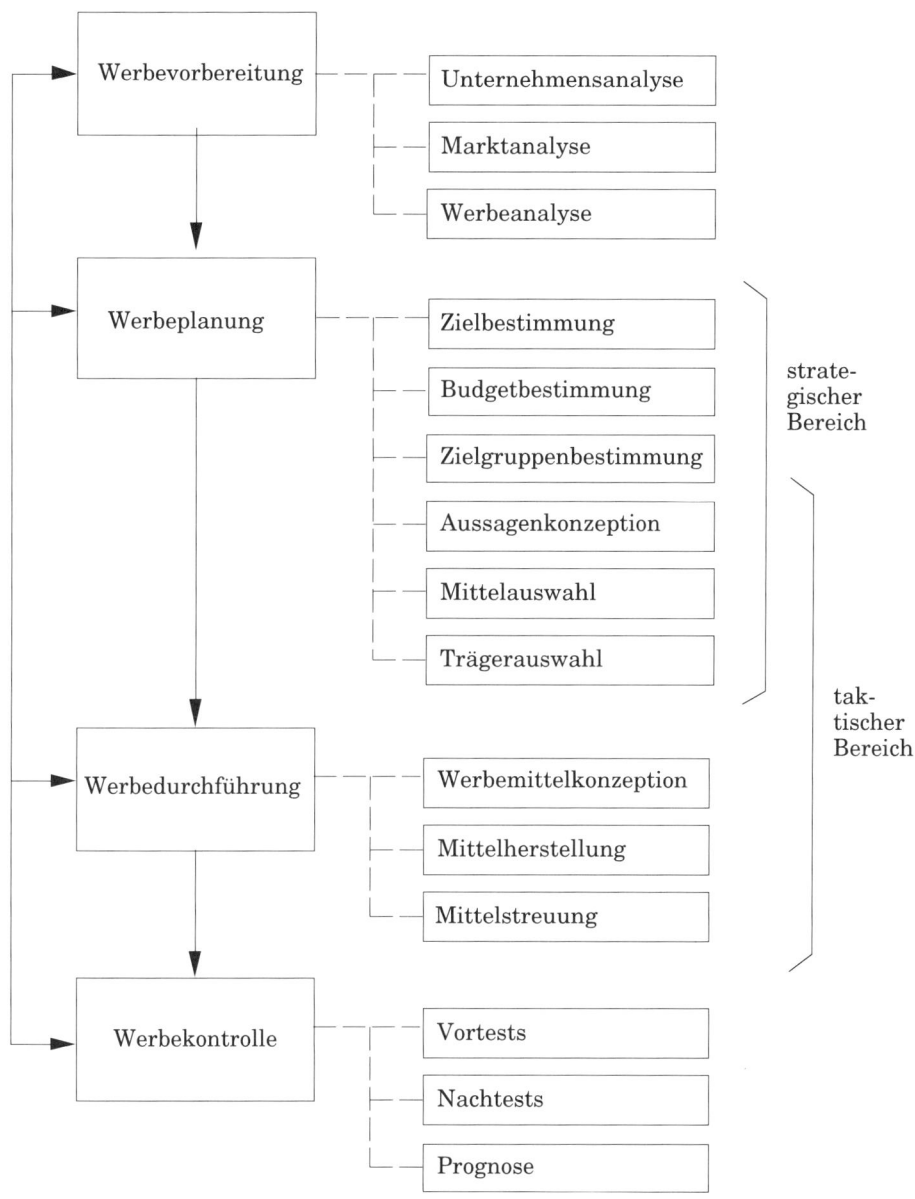

Abb.: Gesamtüberblick einer Auflösung der Werbetätigkeit in Teilprozesse

Im Prinzip sind alle Bereiche der Werbeplanung strategischer Natur. Ein Teil der Werbeplanbereiche ist daneben vor allem dann **taktisch** einzuschätzen, wenn Berührungspunkte zur Durchführungsebene und zu unmittelbaren Umsetzungen vorliegen. Immer wenn Anpassungen und Auswirkungen aus (mehr oder weniger stark) veränderten Umwelt- und Marktverhältnissen zu erwarten sind, ist der entsprechende Bereich auch der Taktik zuzuordnen. Die Werbedurchführung selbst kann auch in den taktischen Bereich eingeordnet werden.

Der Kreis schließt sich durch die so genannte **Werbekontrolle**. Sie ist das Bindeglied zur neuerlichen Werbevorbereitung (Strategie). Je nach zeitlicher Einordnung ist die Werbekontrolle auch ein Instrument der taktischen Anpassung und Plandurchführung.

Kontrollfragen

(1) Was unterscheidet Werbung von anderen Formen der Kommunikation?

(2) Wie kann Werbung von Public Relations abgegrenzt werden?

(3) Welche Unterschiede bestehen zwischen Werbung und Verkaufsförderung?

(4) Was unterscheidet Werbung von Propaganda?

(5) Wie wird sichergestellt, dass Werbung nicht mit weltanschaulichen oder gesellschaftlichen Auffassungen kollidiert?

(6) Wo weist die Werbung besondere Beziehungspunkte zu anderen Marketinginstrumenten auf?

(7) Welche Unterschiede und Verbindungen bestehen zwischen Werbung und Messen/Ausstellungen?

(8) Welche Unterschiede bestehen zwischen Werbung und der Gesamtfunktion des Marketing?

(9) In welcher Weise unterscheiden sich werbliche Ziele von Zielen der Verkaufsförderung?

(10) Welchen Stellenwert besitzt die Werbung im Katalog der Marketinginstrumente?

(11) Von welchen Einflüssen ist der Stellenwert der Werbung abhängig?

(12) Was versteht man unter einem kommunikationstheoretischen Modell?

(13) Welche besonderen Probleme lassen sich aus dem kommunikationstheoretischen Modell ableiten?

(14) Welche Eigenschaften muss werbliche Kommunikation besitzen, um erfolgreich zu sein?

(15) Welche verschiedenen Ebenen werden im kommunikationstheoretischen Modell unterschieden?

(16) Welche „Störungen" lassen sich mithilfe des kommunikationstheoretischen Modells ableiten und eventuell lösen?

(17) Was ist mehrstufige Kommunikation?

(18) Wie unterscheiden sich Werbung und Information voneinander?

(19) Welche Vor- und Nachteile besitzt Werbung aus der Sicht der Konsumenten?

(20) Welche Vorteile sind mit der Werbung für Unternehmen verbunden?

(21) Welche gesamtwirtschaftliche Funktion hat die Werbung?

(22) Welche Kriterien lassen sich heranziehen, um Werbung in verschiedene (homogene) Teilbereiche einzuteilen?

(23) Welche Zwecke werden mit der Bildung von Werbeklassifikationen verfolgt?

(24) Was unterscheidet die Investitionsgüterwerbung von der Konsumgüterwerbung?

(25) Ist die Trennung in Konsumgüterwerbung und Investitionsgüterwerbung sinnvoll?

(26) In welchen Punkten unterscheidet sich internationale Werbung von nationaler Werbung?

(27) Aus welchen Teilbereichen setzt sich der Werbeprozess zusammen?

(28) In welcher Form sollte der Werbeprozess sinnvollerweise geplant werden?

(29) Stehen die werblichen Teilbereiche unabhängig nebeneinander oder gibt es Interdependenzen?

(30) Welche Bedeutung hat die Werbevorbereitung im Rahmen des Gesamtwerbeprozesses?

(31) Was fällt unter den Begriff der Werbestrategie?

(32) Wie unterscheidet sich die Werbestrategie von der Werbetaktik?

(33) In welcher Beziehung stehen Strategie, Taktik und Durchführung?

(34) In welchem Verhältnis steht die Corporate Identity zu Werbung und Public Relations?

(35) Was spricht für die Entwicklung und Verwirklichung eines Konzeptes zur Corporate Identity?

(36) Welches sind die Hauptkomponenten einer Corporate Identity?

(37) Unter welchen Bedingungen ist eine mehrstufige Kommunikation in der Werbung sinnvoll?

(38) Gibt es eine Rückkoppelung zwischen Sendern und Empfängern in der Kommunikation und wie ist diese strukturiert?

(39) Welche Grundstrategien lassen sich für internationale Werbung formulieren?

Lösungshinweise

Frage	Seite	Frage	Seite
(1)	14	(21)	32 f.
(2)	16	(22)	33 ff.
(3)	20 f.	(23)	35 f.
(4)	15 f.	(24)	36 f.
(5)	15 f.	(25)	37
(6)	18	(26)	37 f.
(7)	18 f.	(27)	40 ff.
(8)	21 f.	(28)	40 f.
(9)	20 f.	(29)	37 ff.
(10)	23 f.	(30)	42 f.
(11)	23 f.	(31)	41 f.
(12)	25 f.	(32)	41
(13)	25 f.	(33)	41 f.
(14)	26 f.	(34)	17 f.
(15)	28	(35)	17 f.
(16)	28	(36)	18
(17)	28	(37)	28
(18)	28 f.	(38)	29
(19)	31	(39)	39
(20)	32		

Literatur

Backhaus, K.: Investitionsgüter-Marketing, 6. Auflage, München 1982

Backhaus, K.: Der entscheidungs- und verhaltensorientierte Ansatz in der Investitionsgüter-Werbung, in: Rost, D. und Strothmann, K.-H. (Hrsg.): Handbuch Werbung für Investitionsgüter, Wiesbaden 1983, S. 41 ff.

Behrens, K.C.: Absatzwerbung, Wiesbaden 1963

Bieberstein, I.: Dienstleistungs-Marketing, 3. Auflage, Ludwigshafen (Rhein) 2001

Boerner, C.: Aktuelle Situation im Messe-, Ausstellungs- und Kongreßwesen, in: Rost, D. und Strothmann, K.-H. (Hrsg.): Handbuch Werbung für Investitionsgüter, Wiesbaden 1983, S. 359 ff.

Brand, H.W.: Die Legende von den „Geheimen Verführern", Weinheim 1978

Bruns, J.: Internationales Marketing, 3. Auflage, Ludwigshafen (Rhein) 2003

Godefroid, P.: Business-to-Business-Marketing, 3. Auflage, Ludwigshafen (Rhein) 2003

Haseloff, O.W.: Kommunikationstheoretische Probleme der Werbung, in: Behrens, K.C. (Hrsg.): Handbuch der Werbung, 2. Auflage, Wiesbaden 1975, S. 157 ff.

Hundhausen, C.: Wesen und Formen der Werbung, Essen 1954

Huth, R./Pflaum, D.: Die Einführung in die Werbelehre, 6. Auflage, Stuttgart/Berlin/Köln/ Mainz 1996

Kästing, F.: Bibliographie der Werbeliteratur, Stuttgart 1972

Koeppler, K.: Opionion Leaders, Hamburg 1984

Kotler, P.: Marketing-Management, Stuttgart 1974

Kotler, P./Bliemel, F.: Marketing-Management, 9. Auflage, Stuttgart 1999

Leitherer, E.: Werbelehre, 3. Auflage, Stuttgart 1989

Meffert, H.: Marketing, 9. Auflage, Wiesbaden 2000

Meyer, P./Hermanns, A.: Theorie der Wirtschaftswerbung, Stuttgart/Berlin/Köln/Mainz 1981

Müller, H.: Public Relations, in: Behrens, K.C. (Hrsg.): Handbuch der Werbung, 2. Auflage, Wiesbaden 1975, S. 969 ff.

Neske, F.: Gabler-Lexikon Werbung, Wiesbaden 1983

Rogge, H.-J.: Consumerism - Wesen, Ziele, Konsequenzen, in: Marktforscher, 1973, S. 92 ff.

Rogge, H.-J.: Einige Gedanken zum Begriff Marketing und verwandten Begriffen, in: Marktforscher, 1975, S. 99 ff.

Rogge, H.-J.: Grundzüge der Werbung, Berlin 1979

Rogge, H.J.: Praxis der Werbeplanung in mittelständischen Unternehmen - Tendenzen und Hypothesen, Fachhochschule Osnabrück, Arbeitsberichte aus dem Fb Wirtschaft Nr. 6/82, Osnabrück 1982

Rogge, H.-J.: Kommunikationspolitik, in: Fackler, H. et al.: Marketing-Management, Analyse, Politik und Recht, Osnabrück 1996, S. 469 ff.

Rogge, H.-J.: Die Verkaufsförderung und Kommunikationspolitik, in: Pepels, W. (Hrsg.): Verkaufsförderung, München/Wien 1999, S. 109 ff.

Rost, D./Strothmann, K.-H. (Hrsg): Handbuch Werbung für Investitionsgüter, Wiesbaden 1983

Scheuch, F.: Investitionsgüter-Marketing, Opladen 1975

Schmalen, H.: Kommunikationspolitik, 2. Auflage, Stuttgart/Berlin/Köln/Mainz 1992

Seyffert, R.: Werbelehre, 2 Bände, Stuttgart 1966

Strothmann, K.-H.: Verbundveranstaltungen des Messe- und Kongreßwesens im Investitionsgütermarketing, in: Rost, D./Strothmann, K.-H. (Hrsg.): Handbuch Werbung für Investitionsgüter, Wiesbaden 1983, S. 359 ff.

Tietz, B./Zentes, J.: Die Werbung der Unternehmung, Reinbek bei Hamburg 1980

Webster, F.E./Wind, Y.: Organizational Buying Behavior, Englewood Cliffs, N.J. 1972

Wittmann, W.: Unternehmung und vollkommene Information, Köln/Opladen 1959

B. Werbeziele

1. Briefing und Ziele

Ziele sind angestrebte zukünftige Zustände (Sollzustände), die unbedingte Voraussetzung jeder Planung bzw. jeden wirtschaftlichen Handelns sind. Ziele bestimmen die Richtung der systematischen Planung, ermöglichen den Vergleich verschiedener Planalternativen sowie deren Bewertung untereinander und gestatten schließlich eine Überprüfung bzw. Beurteilung der aus den Plänen abgeleiteten Handlungen. Erfolge, gleich welcher Art, können immer nur an einem Ziel gemessen werden. Ohne eine Zielfixierung können gegebenenfalls zwar Wirkungen und Folgen von Handlungen und Maßnahmen festgestellt werden, eine Beurteilung ist wegen des fehlenden Maßstabes jedoch nicht möglich. Ziele sind damit gleichzeitig **Orientierungsgröße** für noch vorzunehmende Handlungen und Beurteilungsmaßstab für die Effektivität von Planung und Durchführung.

Immer dann, wenn mehrere an der Planung und Durchführung von Maßnahmen beteiligt sind, ergibt sich die Notwendigkeit, Handlungen zu koordinieren. Ziele sind ein Mittel um diese Koordination zu gewährleisten. In der Werbung ist das so genannte Briefing die Schnittstelle zwischen den möglichen Zielsetzungen und der Ausführung.

Unter **Briefing** wird die Zusammenfassung der Gesamtaufgabenstellung der Werbung verstanden, die als **Arbeitsrichtlinie** und **Orientierungsrahmen** für alle an der Werbung planend und durchführend Beteiligten dient. In der Regel spricht man von **Agenturbriefing**, weil eine Werbeagentur meist Empfänger des Briefing ist und auf diese Weise Einblick in die unternehmerischen und marktlichen Zusammenhänge erhält, die für die Entwicklung einer Werbekonzeption nötig sind. Aber auch für die innerbetriebliche Werbearbeit ist ein Briefing Arbeitsvoraussetzung. Das Briefing muss wegen seiner Komplexität und um spätere Überprüfungen zu ermöglichen, in **schriftlicher** Form abgefasst werden. Dieser Forderung wird in der unternehmerischen Praxis nicht immer genügt (*Rogge*, 1980, S. 53).

Die **Inhalte** eines sinnvollen Briefings betreffen nicht nur die zu verfolgenden Werbeziele als Äquivalente der Werbeaufgaben, sondern beziehen neben den Werbezielen (Produktziele) und über (Marketingziele) den Werbezielen existierende Ziele mit ein. Die Zusammenhänge zwischen den Zielen und die Ableitung von Zielen müssen in einem Briefing deutlich werden, damit die Werbekonzeption nicht isoliert entwickelt wird. Die Entwicklung des Briefing ist damit ein Teil bzw. Ergebnis der **Zielplanung**.

Damit die Planungen realistisch durchgeführt werden können, enthält ein Briefing darüber hinaus alle Informationen über

- die unternehmerischen Rahmenbedingungen (Produkteigenschaften, Einordnung der Produkte in die Angebotspalette, Entwicklungen, Werbeetat usw.) und

- die Gegebenheiten des Marktes (Absatzwege, Konkurrenz, Abnehmer, Konjunktur usw.).

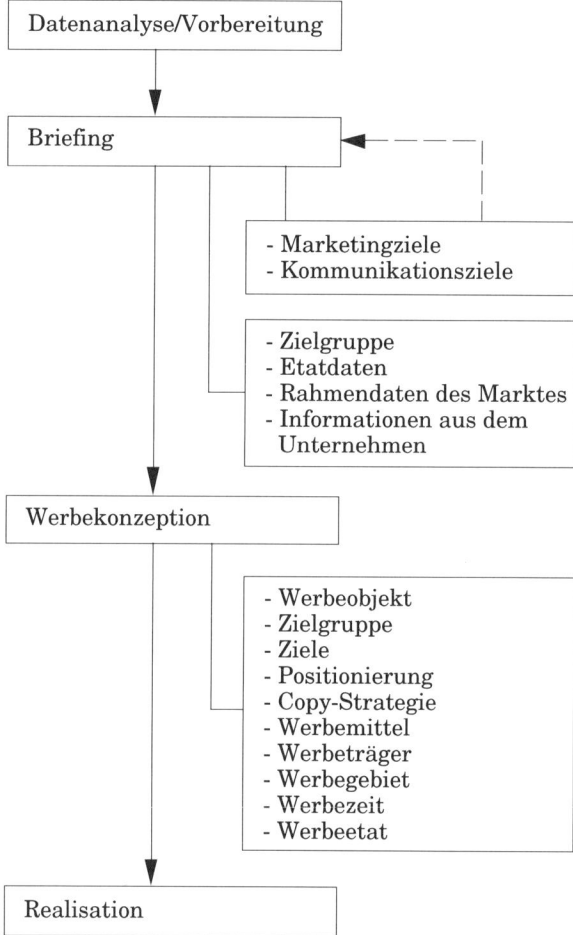

Abb.: Zusammenhänge von Werbeanalyse, Briefing und Konzeption

Teilweise enthält ein Briefing bereits Vorschläge über die Art und Weise, wie **bestimmte Aufgaben** konkret gelöst werden können. Die Richtung der Werbekonzeption wird grob bestimmt. So gesehen ist das Briefing umfassender als eine bloße Zusammenstellung von Werbezielen. Das Briefing muss knapp sein und die Akzente auf die wesentlichen Punkte setzen. Es ist aber deswegen noch nicht notwendigerweise kurz (engl. brief). Eine gute Vorstellung vom Umfang und Inhalt des Briefing gibt das nachfolgende Schema in Anlehnung an *Huth* und *Pflaum* (*Huth / Pflaum*, 1980).

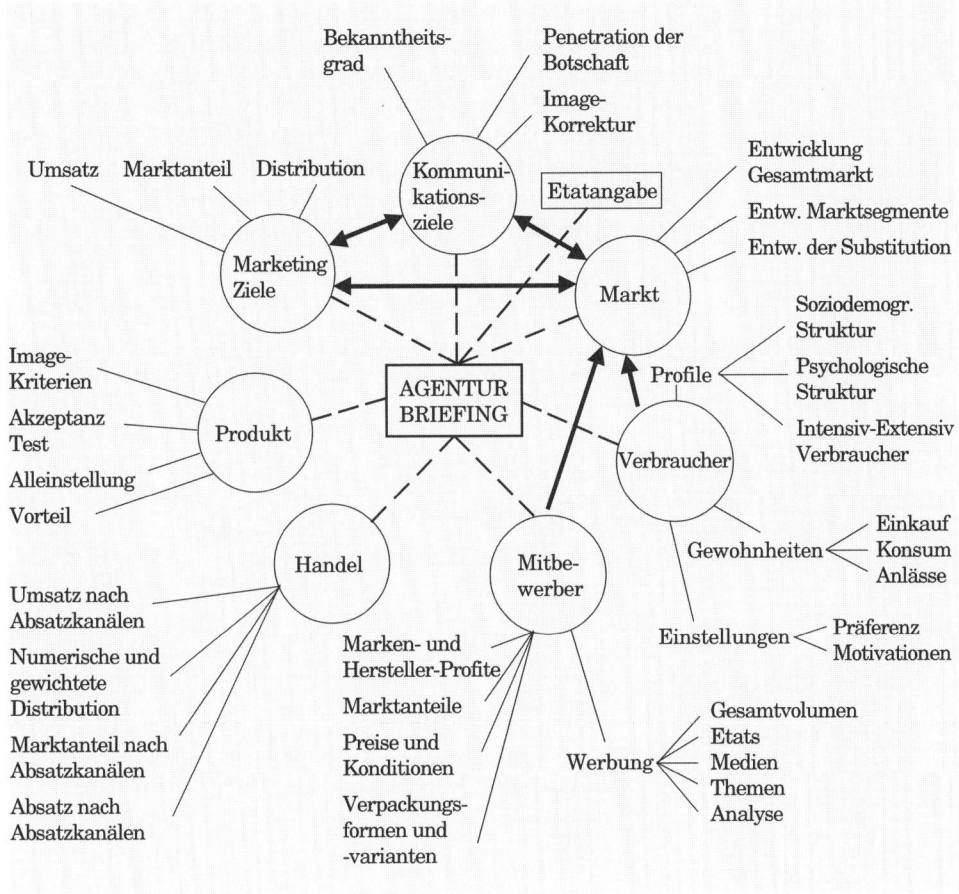

Abb.: Schema des Briefing
Quelle: *Huth, R. und Pflaum, D.*: Einführung in die Werbelehre, Stuttgart/Berlin/Köln/Mainz 1980, 1996

Die verschiedenen Sachbereiche sind sternförmig angeordnet und treffen im Briefing zusammen. Darüber hinaus bestehen Beeinflussungsmöglichkeiten und Verbindungen der Teilbereiche bereits auf einer Vorstufe. Die Pfeile deuten das an. Es sind nur einige Verbindungen exemplarisch enthalten, da sonst die Darstellung leicht unübersichtlich werden würde.

Das Briefing ist die **Schnittstelle** zwischen der Zielsetzung und der Ausführung. Am Werbeprozess sind verschiedene Instanzen und Personengruppen beteiligt. Spezialisten, die nicht zum direkten Einflussbereich des Unternehmens gehören (Werbeagenturen), sind mit in den Prozess eingebunden. Im Rahmen der Zusammenarbeit mit Werbeagenturen und Beratern sollte das Briefing von den Unternehmen vorgegeben werden. In vielen Fällen wird allerdings die Briefing-Erstellung mit von den Agenturen übernommen (*Rogge*, 1980, S. 53 ff.), weil die werbetreibenden

Unternehmen offensichtlich in Sachen Werbung überfordert sind. In jedem Falle
müssen jedoch die Daten der so genannten **Werbeanalyse** als Grundlage des
Briefing bzw. der Werbezielableitung übermittelt werden.

Eine Beteiligung von Personen und Institutionen an der Entwicklung von Werbezielen verbessert den Informationsfluss und damit die Qualität von Planung und
Entscheidungen. Außerdem kann unter Umständen die Realisierbarkeit von Zielen
durch eine bessere Motivation von Planern und Durchführenden erreicht werden.

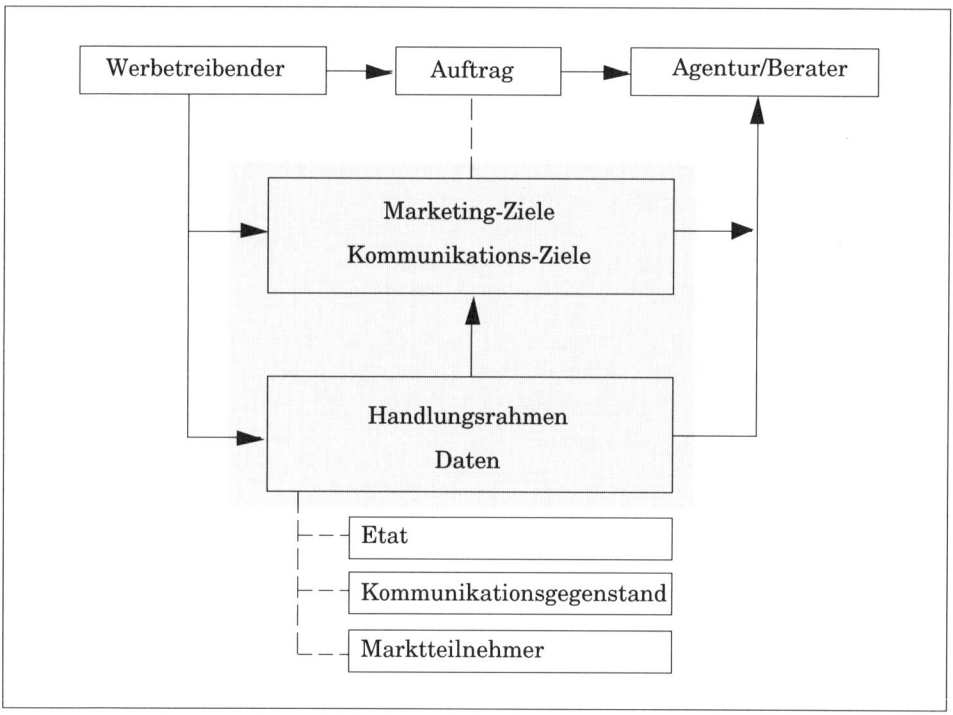

Abb.: Briefing als Schnittstelle für die Zusammenarbeit von an der Werbung Beteiligten

2. Zielhierarchien

In Unternehmen werden unterschiedliche Funktionen wahrgenommen. Ausdruck der **Arbeitsteilung** ist der organisatorische Aufbau der Unternehmen mit ihren Teileinheiten wie Beschaffung, Produktion, Marketing oder anderen. Die Werbung ist dem Teilsystem Marketing untergeordnet und hat dort Teilaufgaben zu bewältigen. Die Aufspaltung des Gesamtsystems erfolgt aus Gründen der besseren Übersichtlichkeit und detaillierteren Planung. Je nach Aufgabenumfang entsteht ein mehr oder weniger ausgedehntes und hierarchisches System. Die Einzelmaßnahmen sind gegenseitig abhängig. Die Aufgaben einzelner Bereiche werden schließlich durch für diese Bereiche gültige Ziele festgelegt. Analog dem **hierarchischen** Aufbau eines Unternehmens existiert daher eine Zielhierarchie. Werbeziele sind auf einer relativ niedrigen Hierarchiestufe angesiedelt. Aus einer niedrigen Hierarchiestufe lässt sich aber nicht auf die Unwichtigkeit der Ziele schließen.

Der hierarchische Aufbau von Zielen lässt sich mit einer so genannten **Ziel-Mittel-Relation** erklären: Zur Erreichung von Zielen sind bestimmte Maßnahmen (Mittel) notwendig. In der Regel steht ein umfangreicher Katalog von Mitteln zur Zielerreichung zur Verfügung, der sich teilweise ergänzt (Zielkomplementarität), unabhängig nebeneinander steht (Zielneutralität) oder auch ausschließt (Zielantinomie). Entscheidet man sich für ein Mittel zur Zielerreichung, dann gibt es innerhalb dieser Auswahl in der Regel wiederum verschiedene Wege. Das Mittel wird gewissermaßen zum eigenständigen Ziel, das seinerseits mit unterschiedlichen Mitteln verbunden ist. Auf diese Weise entsteht ein System von Ober-, Zwischen- und Unterzielen. Oberziele sind Unternehmensziele. Zwischenziele sind Abteilungs- oder Funktionsbereichsziele. Unterziele sind einzelne Maßnahmenziele. Die übergeordneten Ziele gelten für mehrere Bereiche gleichzeitig. Sie sind entsprechend allgemein formuliert. Ziele der unteren Ebenen beziehen sich auf die kleineren Handlungsbereiche und sind aus den Oberzielen abgeleitet. Sie müssen entsprechend genau formuliert sein.

Oberziel der Gesamtunternehmung ist in der Regel die Gewinnmaximierung. Diese lässt sich durch Maximierung der Erlöse oder Minimierung der Kosten erreichen. **Zwischenziel** für den Marketingbereich könnte die Erlösmaximierung sein. Diese lässt sich mit Maßnahmen aus der Absatzorganisation (Distribution), der Produktgestaltung, der Kommunikation usw. erzielen. Als weiteres Unterziel ließe sich demzufolge die Verbesserung der Kommunikation formulieren. Das eröffnet Raum für weitere Ansätze. Schließlich kann daraus als mögliches konkretes Werbeziel die Übermittlung einer inhaltlich bestimmten Menge von Informationen an einen bestimmten Kreis von Empfängern (Konsumenten) abgeleitet werden.

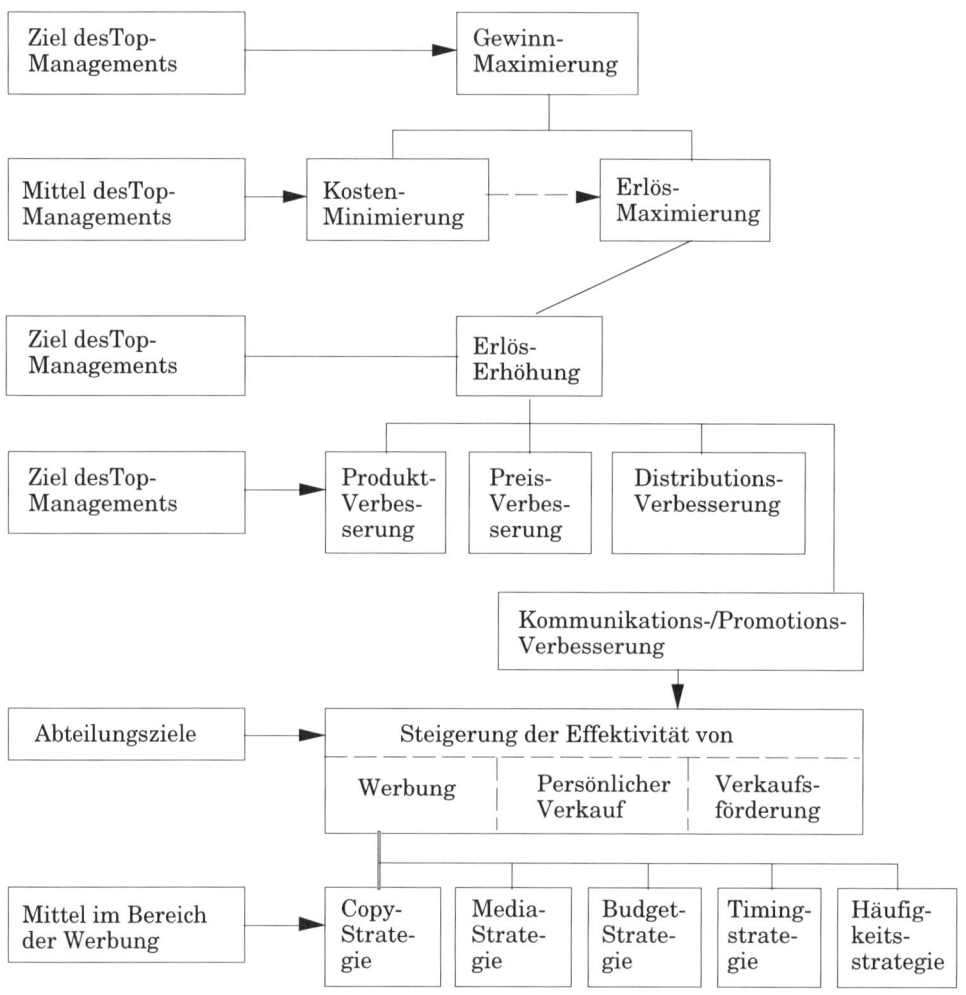

Abb.: Ziel-Mittel-Hierarchie im Werbebereich
Quelle: *Campbell, R.H.*: Measuring the Sales and Profit Results od Advertising, New York 1969

3. Zieleigenschaften

Aus der Tatsache, dass Ziele verschiedener Ebenen miteinander verbunden sind, lassen sich einige besondere Eigenschaften bzw. **Anforderungen** von Werbezielen ableiten. Ziele müssen in erster Linie operational sein. Dazu gehört eine Reihe von besonderen Eigenschaften wie

- Messbarkeit,
- Eindeutigkeit,
- Realisierbarkeit,
- Aktualität,
- Widerspruchsfreiheit,
- Vollständigkeit,
- Durchsetzbarkeit,
- Transparenz usw.

Messbarkeit bedeutet, dass die Werbeziele in Größen formuliert sind, die sich für eine spätere **Kontrolle** eignen. Wenn keine Messkriterien existieren, kann ein Ziel nicht auf seine Erreichung überprüft werden und wird damit sinnlos. Unterschiedliche Auslegungsarten der Messgröße gefährden die Messbarkeit von Zielen. Daher ist u.a. die **schriftliche** Fixierung von Zielen eine Eigenschaft, die unbedingt gefordert werden muss. Fehlt es an schriftlichen Unterlagen, dann können sowohl in der Planungsphase der Werbeziele bzw. der Umsetzung von Maßnahmen Unklarheiten und Missverständnisse auftreten als auch in der Überprüfungsphase die Zielkontrolle unmöglich werden. Im Rahmen des Briefing von Mitarbeitern und Werbeagentur muss bereits Wert auf die schriftliche Form gelegt werden. Bewusste oder unbewusste **Manipulationen** von Zielen und Ergebnissen sind die mögliche Folge. So selbstverständlich diese Forderung klingen mag, so wenig wird sie in der betrieblichen Realität eingehalten. Untersuchungen (*Anton*, 1975; *Britt*, 1969; *Rogge*, 1980; *Rogge*, 1982) haben gezeigt, dass nur in wenigen Fällen der Forderung der Schriftform genügt wird.

Die Messbarkeit der Werbeziele erfordert nicht unbedingt eine **quantitative** Messung. Ebenso ist eine **direkte** Messung der Ergebnisse werblicher Maßnahmen nicht unbedingte Voraussetzung. Da Werbung nicht nur ökonomische Wirkungen induziert, sondern in erster Linie mit Wirkungen in psychologischen Bereichen gerechnet werden muss, ließe sich eine solche Forderung auch kaum aufrecht erhalten. Tendenzielle Aussagen, auch **qualitativer** Art, und Messungen über **Indikatoren** genügen in den meisten Fällen für Werbeziele.

Eindeutig sind Werbeziele, wenn es über ihre Zuordnung zu Messgrößen bzw. in ihrer Auslegung keine Differenzen gibt. Die Zielgrößen müssen so formuliert sein, dass die Zuordnung der Maßeinheiten, der Vergleichsmaßstäbe, der Terminierung, der Gültigkeitsdauer usw. erkennbar ist. Mögliche Verbindungen zu anderen Zielen und zu Oberzielen müssen genannt werden.

Die **Realisierbarkeit** von Werbezielen knüpft an der Eindeutigkeit und Realitätsnähe an. Werbeziele müssen so formuliert sein, dass die Möglichkeit der Zielerreichung wahrscheinlich ist. Werbeziele dürfen daher nur die Elemente enthalten, die auch tatsächlich und in angemessenem Maße durch Werbung beeinflussbar sind. Werbeziele besitzen die Eigenschaften von Unterzielen. Das wirkt sich auf die Realisierbarkeit der Ziele in zweifacher Weise aus. Die Werbeziele können grundsätzlich solange als realisierbar gelten, wie die Teile der übergeordneten Ziele, die andere Teilbereiche berühren und von der Werbung nicht betroffen werden, außer Ansatz gelassen werden. Kostenziele werden daher z.B. in der Regel nicht verfolgt werden können, solange sie in einer Minimierungsformel zusammengefasst werden. Im Rahmen der Ableitung von Unterzielen aus Oberzielen werden Entscheidungen über die zu verfolgenden Wege getroffen. Die Ziel-Mittel-Hierarchie enthält Handlungsanweisungen.

Die Realisierbarkeit von Zielen nimmt zu, wenn solche **Handlungsanweisungen** mitgeliefert werden. Realisierbare Ziele gestatten eine unmittelbare Umsetzung von Zielen in Planungsalternativen und Handlungen. Werbeziele sind damit umso besser, je genauer sie formuliert werden und umso mehr Details sie enthalten. Gelegentlich wird gefordert (*Britt*, 1969, S. 3), Werbeziele müssten, um operational zu sein, solche Elemente wie Inhalt und Formulierung der Basisbotschaft, Nennung der genauen Zielgruppe, Nennung des erwünschten Effektes usw. enthalten. Diese Forderung ist in dieser Form zu weitgehend. Je detaillierter die Ziele beschrieben werden, umso mehr Planungsspielraum geht auf der anderen Seite verloren. Das würde dem Charakter von Zielen widersprechen, die Planung als solche zu ermöglichen. Die daraus zu ziehende Schlussfolgerung ist, dass die Werbezielplanung stufenweise erfolgen muss. In verschiedenen aufeinander folgenden Planphasen werden schrittweise aufeinander aufbauende Ziele und Pläne entwickelt. Entwicklungen bzw. Informationen aus der laufenden Anwendung der Werbung und des Marketing allgemein müssen berücksichtigt werden. Dadurch erhalten Werbeziele die geforderte **Aktualität**. Die Zielplanung ist ein permanenter, in die Gesamtplanung eingebundener Prozess mit ständigen Rückkoppelungen (*Rogge*, 1979).

Wegen der Eigenschaft von Werbezielen, zu der Gruppe der unternehmerischen **Unterziele** zu gehören, kann es vorkommen, dass Werbeziele mit Zielen aus anderen Bereichen kollidieren. Auch in der Kategorie der Werbeziele muss auf mögliche Zusammenhänge zwischen den Zielen geachtet werden. Die Zielhierarchie wird auch innerhalb des Werbebereiches fortgesetzt. Im Vergleich von Zielen aus verschiedenen Bereichen lassen sich Ziele in die Beziehungskategorien der Zielantinomie, Zielkonkurrenz, Zielneutralität und Zielkomplementarität (*Bidlingmaier / Schneider*, 1976, Sp. 4734) einordnen. Diese Begriffe bezeichnen unterschiedliche Formen und Grade der Vereinbarkeit und Unterstützung von Zielen. Soweit andere Bereiche als die Werbung davon betroffen sind, ist die Untersuchung der **Vereinbarkeit** der Ziele auf den oberen Ebenen des Marketingmanagements zu klären. Da innerhalb der Werbung selbst aber die Aufspaltung weitergeht, ist hier im Rahmen einer Gesamtbewertung von Werbezielen zumindest die Konkurrenz von Zielen zu untersuchen.

Werbung bedient sich letztlich eines Bündels von Einzelmaßnahmen, die mehr oder weniger unabhängig voneinander sein können (Kontaktmaßnahmen, Gestaltungsmaßnahmen). Werbeziele sind entsprechend im konkreten Fall **Bündel von Zielen**, die sich unter Umständen gegenseitig behindern können. Die Probleme der **Zielkonkurrenz** bzw. die unangenehmen Folgen lassen sich weitgehend beseitigen, wenn gemeinsame Zielbesprechungen mit allen Beteiligten (Angehörige der unternehmerischen Teilbereiche, Agentur usw.) stattfinden.

Werbeziele sind aus den Marketing- (Umsatzmaximierung) und allgemeinen Unternehmenszielen (Gewinnmaximierung) abgeleitete **Unterziele**, die Wege zur (teilweisen) Erreichung der Oberziele aufzeigen sollen. Sie sind relativ detailliert gegenüber Zielen aus den übergeordneten Bereichen. Wegen einer größeren Nähe zur eigentliche Handlung (Formulierung einer Botschaft, Einschalten einer Anzeige usw.) können Werbeziele ausgesprochen konkret und direkt umsetzbar sein. Werbeziele sollen die Voraussetzungen für die Werbeplanung schaffen. Im Extremfall ist bei einer entsprechenden Aufschlüsselung in Teileelemente und entsprechender Detailliertheit die Bestimmung der Werbeziele identisch mit der Planung im Werbebereich schlechthin, da alle Handlungsvariablen bereits im Ziel festgelegt werden.

Ein Beispiel für die fortschreitende **Zielkonkretisierung** im Rahmen einer Ober-Unterzielrelation findet sich bei Bidlingmaier (*Bidlingmaier*, 1975, S. 410 f.). Es werden dort Werbeziele genannt, die unter Verbesserung oder Wahrung der Gewinnsituation, auf die Beeinflussung der Umsatzhöhe bei einem Gut oder Gütergruppe gerichtet sind:

A. Umsatzexpansion im Vergleich zur Vorperiode

  1. Einführungswerbung

  2. Fortführungswerbung
     a) Umsatzexpansion im bisherigen Marktfeld
        (1) durch Erhöhung der wertmäßigen Nachfrage nach dem Werbeobjekt bei den bisherigen Käufern
        (aa) im Wege der Absatzmengensteigerung
        (bb) im Wege der Absatzpreiserhöhung
           • im gesamten Marktgebiet
           • innerhalb bestimmter Marktgebiete

B. Umsatzerhaltung im Vergleich zur Vorperiode

  1. Kompensation eines erwarteten Umsatzrückganges über den Mengen- und/oder Preiseffekt innerhalb des bisherigen Marktgebietes
     a) Kompensation innerhalb der bisherigen Abnehmergruppe
        (1) Werbliche Einflussnahme auf die bisherigen Nachfrager im Sinne einer Stabilisierung der Verhaltensweisen
        (2) Ausgleich des Nachfragerückganges bei Käuferkreis y durch Nachfragesteigerung bei Nachfragerkreis z
     b) Kompensation des Nachfrageschwundes bei den bisherigen Abnehmern durch die Gewinnung neuer Käuferschichten

  2. Kompensation eines erwarteten Umsatzrückganges über den Mengen- und/oder Preiseffekt durch Erschließung neuer Märkte
     a) weitere Erschließung des Inlandsmarktes
     b) Erschließung von Auslandsmärkten

Es lässt sich darüber streiten, ob eine solche Detailliertheit erwünscht ist. Andererseits ist eine Auseinandersetzung mit den Ziel- und Handlungskomponenten (Briefing) zur Vermeidung von Konflikten sinnvoll. Das ist auch eine Möglichkeit, den Forderungen der Vollständigkeit, Durchsetzbarkeit und Transparenz gerecht zu werden.

4. Systematisierungsversuche

4.1 Grundüberlegungen

Es gibt eine Vielzahl von konkreten Werbezielen. Verschiedentlich sind Versuche zur Systematisierung von Werbezielen gemacht worden, um sie überschaubarer zu machen (*Heuer*, 1986; *Anton*, 1973; *Bidlingmaier*, 1975, *Rogge*, 1979; *Tietz / Zentes*, 1980). Meist handelt es sich dabei um zwangsläufig unvollständige Kataloge mit detaillierten Werbezielformulierungen. Die Systematiken haben den Charakter von **Check-Listen** und **Rezeptbüchern**. Sie sollen den Zielauswahlprozess und die Umsetzung der entsprechenden Ziele in die dazugehörigen Durchführungshandlungen erleichtern. Abgesehen davon, dass derartige Kataloge zwar auf bestimmte (vorgegebene) Situationen anwendbar sind, fehlt ihnen des öfteren das Merkmal der Trennschärfe und der systematischen Ordnung der aufgeführten Ziele (*Anton*, 1973, S. 155 f.).

Als erste Anregung und Hilfsmittel zur Bewusstwerdung der eigenen Zielsetzungen können derartige Kataloge allerdings gute Dienste leisten, sofern man sich nicht nur auf sie beschränkt. In Checklisten steckt häufig die Gefahr, dass die Macht des Faktischen (des Vorformulierten) sich zu stark durchsetzt. Der Planungsspielraum wird dadurch stark eingeschränkt.

Eine Möglichkeit der Systematisierung besteht in der Verwendung der **Zieldimensionen** Inhalt, Richtung, Ausmaß und zeitlicher Bezug (*Prochazka*, 1987, S. 35). Diese Dimensionen sind Bestandteile des Operationalitätsbegriffes. Mögliche Unterteilungen für das Kriterium Inhalt sind ökonomische und außerökonomische Ziele. Bezüglich der Richtung lassen sich Expansions-, Erhaltungs- und Reduktionsziele (*Behrens*, 1963) unterscheiden. Nach dem Ausmaß ließe sich in Maximierungs-, Minimierungs- oder Satisfaktionsziele einteilen. Der zeitliche Bezug liefert kurz,- mittel- und langfristige Werbeziele.

Mit Ausnahme des ersten Kriteriums sind diese Merkmale für eine Systematisierung von Zielen als Orientierungshilfe für die Ableitung brauchbarer konkreter Werbeziele wenig geeignet, wenn sie unabhängig zur Klassenbildung herangezogen werden. Die Richtungskriterien sind zu global und bedürfen einer weiteren Konkretisierung und Bindung an andere Merkmale. Die Ausprägungen Maximierung und Minimierung sind Zielkriterien einer höheren Ordnung. Häufig wird es in der Realität nicht möglich sein, die Maximum- oder Minimumeigenschaften zu überprüfen, da diese in ihrer Größenordnung nicht bekannt sind. Werbeziele sollten **Satisfaktionsziele** sein, im Sinne des Erreichens eines vorgegebenen Standards. Der zeitliche Bezug der Werbung kann unterschiedlich sein. Schwierigkeiten entstehen aber bei der Interpretation des Begriffes der Fristigkeit. Begriffe wie lang-, mittel- oder kurzfristig können in vielfältiger Weise ausgelegt werden. Es besteht darüber keine Einigkeit (*Rogge*, 1972, S. 91). Für die Werbung wird in der Regel eine Zeitspanne von einem Jahr als normaler Planungszeitraum (Etatjahr) zu

Grunde gelegt. Ausgehend davon werden zweckmäßigerweise kurzfristige Ziele im Sinne von Teilzielen und langfristige Zielsetzungen im Sinne von **Fortsetzungs- zielen** aus den Grundzielen abgeleitet.

Werbung ist ein Kommunikationsprozess. Entsprechend sind Werbeziele Kom- munikationsziele. Es liegt daher nahe, Werbeziele von den Wirkungen der Kommu- nikation her einzuteilen und zu definieren. Eine einfache aber effektive Art der Zielsystematisierung liegt in der Verwendung der Kriterien

* Kontaktwirkung,
* psychologische Wirkung,
* ökonomische Wirkung.

Diese Größen finden sich im gesamten Prozess der Werbeplanung und Realisation wieder. Die Kontaktwirkung bzw. Kontaktziele bestimmen den Teilbereich der **Werbestreuung**. Die psychologischen Werbewirkungen bestimmen weitgehend das Arbeiten im Gestaltungsbereich. Die ökonomische Wirkung ist die Verbin- dungsstelle zum Marketing bzw. zum Unternehmensganzen. Alle konkreten Wer- beteilziele lassen sich mehr oder weniger eindeutig den Klassen Kontaktziele, psychologische Ziele und ökonomische Ziele zuordnen.

4.2 Stufenmodelle

Wenn ökonomische Werbeziele die größere Nähe zu den übergeordneten Ziele aufweisen, dann könnte man die Meinung vertreten, diese seien auch die wichtige- ren. Das ist nicht richtig. Die Zielklassen sind nicht unabhängig voneinander, sondern bauen in gewisser Weise aufeinander auf. Das führt zu der Entwicklung von so genannten **Stufenmodellen**. Besonderes Merkmal aller Stufenmodelle ist die Vorstellung, dass unterschiedliche Teilwirkungen sich untereinander in einer bestimmten Richtung bedingen. Die Wirkungen treten zeitlich und logisch nachein- ander auf. Die jeweils vorhergehende Wirkung ist (unbedingte) Voraussetzung für die jeweils nachfolgende Wirkungsstufe. Wird die **Wirkungskette** an einer beliebi- gen Stelle unterbrochen, dann ist damit die gesamte Wirkungsstufenfolge unterbro- chen. Es kann danach zu keinen weiteren (positiven) Wirkungen mehr kommen. Erklärt man also die Wirkungsstufen zu **Zielen**, indem man sie auf bestimmte Objekte, Subjekte, Zeiträume usw. einengt, dann erhält man damit ein Bündel von (gestuften) Zielen, das mit der Werbung „gleichzeitig" verfolgt wird. Die Teilziele liegen auf unterschiedlichen (Wirkungs-)Ebenen, dürfen aber nicht mit Ober- und Unterzielen im herkömmlichen Sinne verwechselt werden.

Das älteste Modell der Werbewirkungsstufen ist das **AIDA-Modell**. Obwohl es viele Kritiker hat, ist es wegen seiner Einfachheit auch heute noch von grundsätzlicher Bedeutung. Alle anderen Stufenmodelle der Werbewirkung bauen mehr oder weni- ger stark darauf auf.

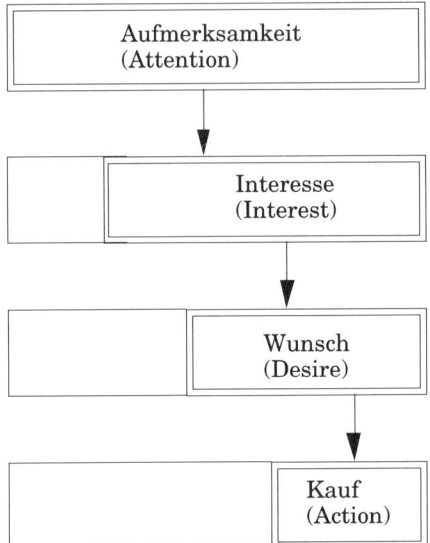

Abb.: Wirkungsmodell der AIDA-Regel

Das AIDA-Modell hat seinen Namen von den Anfangsbuchstaben der nacheinander folgenden Teilwirkungen:

- **A**ttention,
- **I**nterest,
- **D**esire,
- **A**ction.

Erste Grundvoraussetzung ist der **Aufmerksamkeitsgrad**, der beim Umworbenen vorhanden sein muss, damit Werbemaßnahmen überhaupt wahrgenommen werden und entsprechende Reaktionen auslösen können. Ein Großteil der Aktivitäten im Gestaltungsbereich ist auf diese Wirkung bzw. dieses Ziel gerichtet.

Nachdem Aufmerksamkeit erzielt worden ist, kann die Botschaft aufgenommen und ein Interesse am Botschaftsinhalt geweckt werden. Die physische Kontaktaufnahme wird in dem AIDA-Modell stillschweigend vorausgesetzt. Das induziert eine weitere Beschäftigung mit der Aussage und dem Botschaftsinhalt. Diese Wirkung wird aber nur bei einem Teil der Umworbenen erreicht, die von der vorhergehenden Wirkungsstufe betroffen waren. Die qualitative Wirkung nimmt zu, während die quantitative abnimmt.

Als nächster Schritt folgt bei genügend starker Intensität der Vorstufen die **Weckung eines Wunsches** nach der Leistung. Hier liegt die Bedürfnisweckungsfunktion der Werbung.

Als letztes schließt sich die Auslösung einer Handlung in Form eines **Kaufes**, einer **Weiterempfehlung** des Produktes usw. an. Bei der letzten Stufe liegt die Grenze zur **ökonomischen** Wirkung der Werbung.

Der Gedanke der AIDA-Regel ist mehrfach aufgegriffen worden und hat zu einer Vielzahl ähnlicher Ansätze geführt, die sich von dem AIDA-Modell dadurch unterscheiden, dass weitere Stufen an verschiedenen Stellen des Modells eingeführt werden. So wird die unbedingte Voraussetzung der physischen Berührung explizit mit in den Wirkungskatalog aufgenommen. Andere Stufen, wie Interesse oder Wunsch, werden in mehrere Stufen aufgeteilt. Allen gemeinsam ist die Idee von der Reihenfolge der Wirkungsstufen.

Autor	Stufen der Werbewirkung (Werbezielinhalte)					
	Stufe I	Stufe II	Stufe III	Stufe IV	Stufe V	Stufe VI
Behrens	Berührungserfolg	Beeindruckungserfolg	Erinnerungserfolg	Interesseweckungserfolg		Aktionserfolg
Colley	Bewusstsein	Einsicht	Überzeugung			Handlung
Fischerkoesen	Bekanntheit	Image	Nutzen (Erwartung)	Präferenz		Handlung
Hotchkiss	Aufmerksamkeit, Interesse	Wunsch	Überzeugung			Handlung
Kitson	Aufmerksamkeit	Interesse	Wunsch	Vertrauen	Entscheidung	Handlung und Zufriedenheit
Kotler	Bewusstheit	Wissen		Bevorzugung	Überzeugung	Loyalität
Lavidge, Steiner	Bewusstheit	Wissen	Zuneigung	Bevorzugung		Kauf
Lewis (AIDA-Regel)	Aufmerksamkeit	Interesse	Wunsch			Handlung
Meyer	Bekanntmachung	Information	Hinstimmung			Handlungsanstoß
Seyffert	Sinneswirkung	Aufmerksamkeitswirkung	Vorstellungswirkung	Gefühlswirkung	Gedächtniswirkung	Willenswirkung

Abb.: Wirkungsstufenmodelle als Basis für die Ableitung von Werbezielen
Quelle: *Freter, H.W.*: Mediaselektion, Wiesbaden 1974

An den Stufenmodellen ist verschiedentlich **Kritik** geübt worden (*Jacobi*, 1963; *Freter*, 1974; *Schweiger*, 1975; *Kroeber-Riel*, 1980; *Steffenhagen*, 1985; *Prochazka*, 1987). Ein Hauptargument ist, dass die strenge Ordnung und zeitliche Aufeinanderfolge der Stufen nicht zulässig sei und gegen die Prinzipien der Ganzheitspsychologie verstoße. Psychologische Prozesse laufen nicht langsam und isoliert ab, sondern im Bruchteil von Sekunden. Sie sind außerordentlich komplex und interdependent. Der **Vorbedingungscharakter** wird den Stufen abgesprochen.

Die Wirkungsstufen sind in der Tat in den vorgeschlagenen Ordnungen nicht immer zwingend. So ist es ohne weiteres vorstellbar, dass die Aufmerksamkeit von dem Bekanntheitsgrad eines Produktes oder einem vorangegangenen Kauf abhängt. Ähnliches trifft auf Wunschvorstellungen und Gefühlswirkungen zu. Es lassen sich ohne weiteres Beispiele für das Durchbrechen der Stufenfolge finden. Die unterschiedlichen **Theorien der Kaufentscheidungsprozesse** (Dissonanzmodelle, Risikomodelle usw.) liefern weitere Ansatzpunkte für die Notwendigkeit einer Modifikation von Stufenmodellen.

Neben den Rückkoppelungen besteht die Möglichkeit, dass Wirkungsstufen übersprungen werden. In den Modellen ließe sich diese Tatsache dadurch unterbringen, dass die notwendige Zeit für die Realisation der betreffenden Wirkung gegen Null geht. Es besteht ohnehin die Schwierigkeit, den Wirkungsstufen konkrete Zeitspannen zuzuordnen.

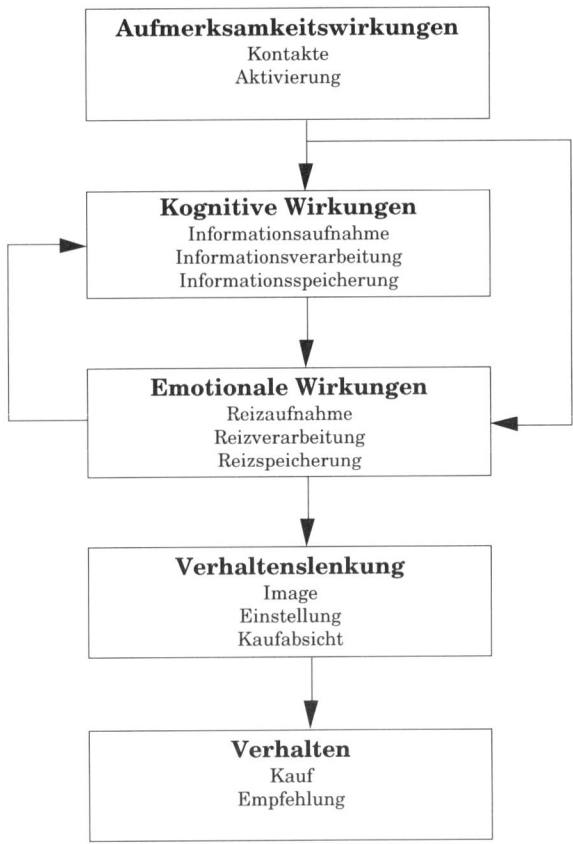

Abb.: Erweitertes einfaches Stutenmodell

Der Kritik, dass zielgruppen-, werbemittel-, werbeträger-, werbeobjekt- und situationsspezifische Merkmale vernachlässigt werden, lässt sich durch individuelle aufgabenbezogene Änderungen begegnen. Ansätze für so genannte **erweiterte Modelle** gehen diesen Weg. Ein Modell von Mazanec (*Mazanec*, 1978) unterscheidet nach verschiedenen Kaufentscheidungsmodellen (Risikomodell, Imagemodell, Einstellungsmodel, Dissonanzmodell) in den Wirkungsstufen. Kroeber-Riel (*Kroeber-Riel*, 1984) spricht von **Wirkungspfaden**, indem er auf verschiedenen Stufen in Abhängigkeit von der Art der Werbung (informativ, emotional) und dem Engagement des Konsumenten (stark involviert, schwach involviert) unterschiedliche Wege annimmt. Die Modelle bleiben Stufenmodelle. Für die Ableitung von Werbezielen bieten sie aber den Vorteil, konkreter zu sein.

Wenn man eine (wenn auch nur schwache) Verbindung zwischen den einzelnen Wirkungsstufen unterstellt, dann lässt tendenziell die **Operationalität** von Werbezielen im Sinne einer direkten Umsetzbarkeit nach, je mehr Zielebenen zur Erreichung des gewählten Hauptzieles durchlaufen werden müssen. Das Hauptziel ist das am Ende der Zielkette stehende Ziel. Die Erzeugung einer bestimmten Aufmerksamkeit ist leichter in entsprechende Handlungsanweisungen zu fassen und zu realisieren oder auch nur zu prognostizieren als der Kauf eines Produktes. Umgekehrt verhält es sich mit der Messbarkeit der Zielgröße, die im Bereich der Umsatzziele genauso gegeben sein kann wie etwa im Kontaktbereich oder auf der Ebene der so genannten psychologischen Werbeziele (s. Abb. S. 64).

Einzelne Stufenziele lassen sich stärker konkretisieren und sind so leichter realisierbar. Ein **Systematisierungsvorschlag** von Weis (*Weis*, 1982, S. 68) macht das deutlich:

- **Bekanntmachung** von Produkten und Problemlösungen (Bekanntheit)
  - Erlangung eines bestimmten Bekanntheitsgrades für ein neues oder verbessertes Produkt bzw. eine Problemlösung
  - Erhöhung des Bekanntheitsgrades eines Produktes oder einer Problemlösung
  - Erhaltung des Bekanntheitsgrades eines Produktes oder einer Problemlösung
  - Rückgewinnung des Bekanntheitsgrades eines Produktes oder einer Problemlösung

- **Information** über Funktionen und Einsatzmöglichkeiten von Produkten (Information, Wissen)
  - Informationen über Funktion und Arbeitsweise eines Produktes
  - Darstellung des Kosten-Nutzen-Verhältnisses beim Einsatz eines bestimmten Produktes
  - Beispiele bisheriger und zukünftiger Einsatzmöglichkeiten eines Produktes

- Stärkung des **Vertrauens** (Image, Einstellung, Hinstimmung)
  - Aufbau eines positiven Images für das Produkt
  - Festigung des vorhandenen Images eines Produktes

Wirkungspfad der informativen Werbung   Wirkungspfad der emotionalen Werbung
bei involvierten Konsumenten   bei weniger involvierten Konsumenten

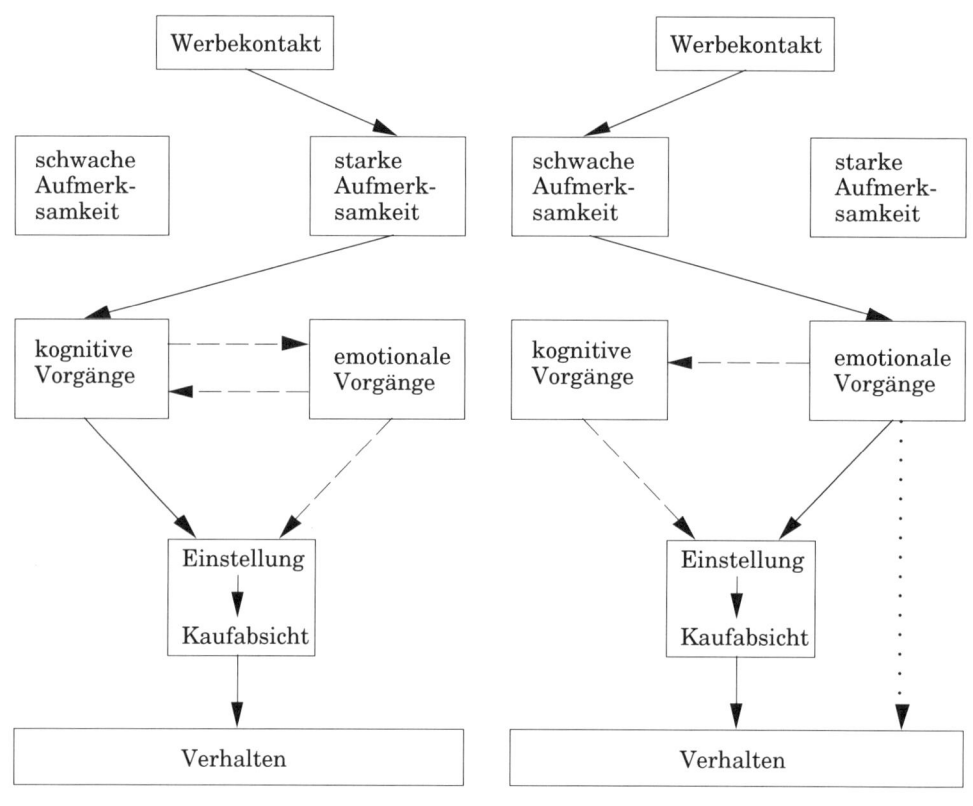

Legende:
———————— = Dominanter Wirkungspfad
— — — — = untergeordnete Wirkungszusammenhänge
······ = Spekulative Zusammenhänge

Abb.: Beispiele von Wirkungspfadmodellen
Quelle: *Kroeber-Riel, W.*: Konsumentenverhalten, München 1984, S. 615 ff.

- Bildung, Erhaltung, Förderung von Präferenzen für die betrieblichen Leistungen
- Beiträge zur Erreichung einer Konsonanz bei den bisherigen Käufern

• Unterstützung der **Absatzmöglichkeiten** (Handlung)

- Abgrenzung des neuen Produktes von den eigenen Produkten, die schon bisher im Programm angeboten werden
- Abgrenzung des neuen Produktes von Konkurrenzprodukten
- Positionierung des Produktes

- Motive für die sofortige Anforderung eines Außendienstmitarbeiters seitens potenzieller Abnehmer
- Motive für den sofortigen Entschluss zum Kauf eines Produktes
- Gezieltes Timing der Werbung in Abstimmung mit den übrigen marketingpolitischen Instrumenten

4.3 Gesamtmodelle

Die „Nicht-Stufenmodelle" der Werbewirkungen verzichten auf die strenge (einzuhaltende) Reihenfolge von Teilwirkungen und lassen sowohl eine (logische) Umstellung von Teilwirkungen im Gesamtprozess zu als auch das völlige Fehlen von Einzelwirkungen im konkreten Fall. Die Wirkungen und damit die Ziele beziehen sich auf den **Prozess der Werbung als Ganzes**. Die Unabhängigkeit der Ziele in der Betrachtung führt aber nicht dazu, dass die Ziele konkreter werden. Die Einzelziele stellen im Prinzip ebenfalls Zielbündel dar. Die Bedürfnisweckung z.B. als solche müsste wieder aufgelöst werden in Teilziele. Die Teilziele, die sich auf den gesamten Werbeprozess beziehen, entstammen außerdem, ähnlich wie die Ziele aus einer Stufenfolge, unterschiedlichen Zielebenen.

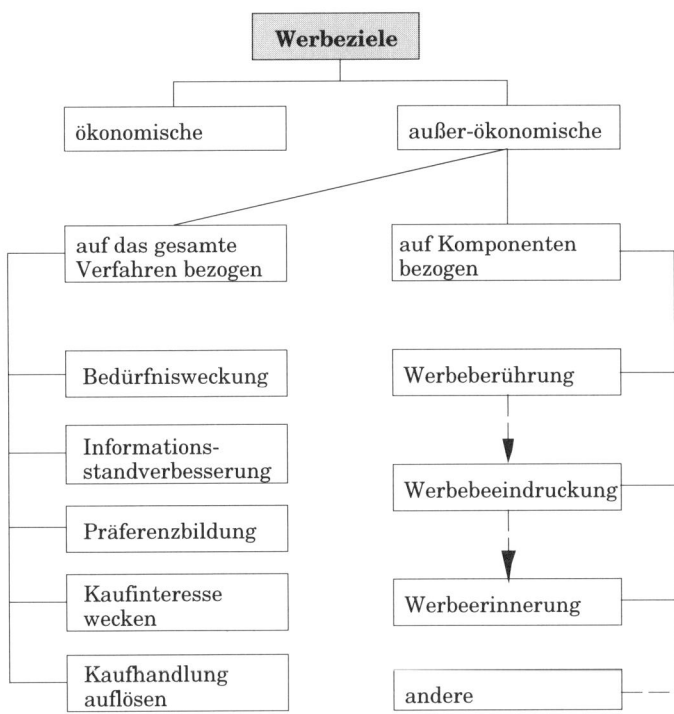

Abb.: Systematik von Werbezielen

Der im folgenden aufgeführte **Katalog** (*Rogge*, 1979) von Zielen aus unterschiedlichen und trennscharfen Ebenen scheint uns ein geeigneter Ansatz zur Systematisierung von Werbezielen zu sein. Er trägt der Stufenvorstellung durch eine entsprechende Ordnung Rechnung. Der Gedanke der Ganzheitsvorstellung wird berücksichtigt, wenn man Rückkoppelungen mit einbezieht, wie etwa bei der Erinnerung, die eine erhöhte neue Aufmerksamkeit induzieren kann.

- **Berührung** des Umworbenen mit der Botschaft bzw. dem Botschaftsträger (physische Kontaktchance),
- sinnesmäßiger **Kontakt** (Aufnahme der Botschaft durch den Umworbenen),
- Wirkung auf das **Bewusstsein** der Umworbenen,
- Weckung der **Aufmerksamkeit,**
- Aufbau von Vorstellungen und **Assoziationen,**
- Weckung von **Interesse** am Botschaftsinhalt und der Angebotsleistung,
- Wirkung auf das **Gefühl** und Auslösung emotionaler Reaktionen,
- Aufbau und Festigung von **Bekanntheit** des Botschaftsinhaltes und vor allem des Werbeobjektes,
- **Reproduktion** (Erinnerung) von Botschaftsinhalt und Werbeobjekteigenschaften,
- Schaffung und Erweiterung von **Wissen** (Information) bezüglich des Werbeobjektes,
- **Beeindruckung** des Umworbenen bezüglich Aussageninhalt und Werbeobjekt,
- Schaffung von positiven (aber auch negativen) **Einstellungen** zum Werbeobjekt,
- **Hinstimmung** zum Werbeobjekt und dem (ökonomischen) Handlungsziel der Werbung,
- **Überzeugung** des Umworbenen von der Gültigkeit des Aussageninhaltes und von den Eigenschaften des Werbeobjektes (Information),
- Erzeugung von **Wünschen** nach dem Werbeobjekt, Deckung von Bedürfnissen,
- **Entscheidung** für das Werbeobjekt bzw. Steuerung der Entscheidung in sachlicher, zeitlicher und räumlicher Hinsicht,
- **Handlung** als Realisierung der obigen Entscheidung (Kauf, Konsumdemonstration, Weitergabe von Botschaften, Wiederkauf usw.).

Nicht unerwähnt bleiben darf, dass die Werbewirkungen nicht nur gewollter Natur sind, sondern auch unbeeinflusst als ungewollte Wirkungen eintreten können. Besondere Aufmerksamkeit benötigen Nebenwirkungen, wenn sie sich negativ auf die eigentlichen Ziele auswirken wie z.B.:

- Abnutzungs-Effekte (Wear-out) durch ständige Wiederholung von Aussagen oder Motiven,
- Auslösung von Reaktanz durch penetrante Werbung,
- Verlust an Glaubwürdigkeit durch die Wahl ungeeigneter Medien oder die übertriebene Gestaltung von Botschaften,

- Ausgleich von Wirkungen bei Maßnahmen mit unterschiedlichen Impulsen (langfristige Imagewirkung zum Aufbau von Präferenzen als Grundlage von Kaufentscheidungen durch Werbung, Vorratshaltung und anschließender Verzicht auf Kauf durch Verkaufsförderungsmaßnahmen),

- usw.

Aus den oben genannten Katalogen lässt sich leicht die Zuordnung zu den drei Gruppen **Kontaktziele, psychologische Ziele** und **ökonomische Ziele** erkennen. Bei den Kontakt- und psychologischen Zielen spricht man auch häufig von nichtökonomischen Zielen, da die Zielerreichung nicht in ökonomischen Größen wie Geld oder Stück gemessen werden kann, im Gegensatz zu den reinen Handlungszielen. Im Sinne der diskutierten Stufenfolge sind nichtökonomische Ziele ökonomisch interessant, weil sie Vorbedingung für die ökonomischen Ziele sind oder diese zumindest bezüglich ihrer Realisierbarkeit beeinflussen. Ökonomische Ziele lassen sich beliebig weiter aufteilen, etwa in Erweiterungsziele, Erhaltungsziele oder in zeitlicher und geografischer Hinsicht (*Bidlingmaier*, 1975; *Tietz / Zentes*, 1980):

---

1. Gewinn- bzw. umsatzbezogene Ziele

a) Umsatzexpansion
   aa) Einführungswerbung
   bb) Fortführungswerbung

b) Umsatzerhaltung
   aa) Kompensation eines erwarteten Umsatzrückganges im bisherigen Markt
   bb) Kompensation eines erwarteten Umsatzrückganges durch Erschließung neuer Märkte

2. Kostenbezogene Ziele

a) Kostenersparnis durch werbliche Lenkung der Nachfrage im Zeitablauf
   aa) Kostenreduktion durch Kontinuitätswerbung
   bb) Kostenreduktion durch Synchronisationswerbung
   cc) Kostenreduktion durch Emanzipationswerbung

b) Kostenersparnis durch werbebedingte Absatzrationalisierung
   aa) Werbung für Großeinkäufe
   bb) Werbung für die Inanspruchnahme gewisser Einkaufstechniken
   cc) Werbung für bestimmte Zahlungsmodalitäten

Ökonomische Ziele weisen gegenüber den nichtökonomischen Werbezielen einen wesentlichen Nachteil auf. Die ökonomischen Zielgrößen sind zu weit von dem Beeinflussungskreis der Werbenden bzw. der Werbeplaner entfernt. Das kommt bereits in den Stufenwirkungsmodellen zum Ausdruck. Bevor eine ökonomische Wirkung eintreten kann, sind zu viele Stufen zu durchlaufen, die das ökonomische Ziel infrage stellen können. Außerdem sind ökonomische Zielgrößen von vielen, für den Werber nicht kontrollierbaren Einflüssen abhängig. Die Umwelt, die konjunkturelle Lage, die Konkurrenzsituation, der Einsatz anderer absatzwirtschaftlicher Aktionsbereiche usw. nehmen Einfluss auf die Kosten und Erlössituation des

Unternehmens. Ökonomische Zielgrößen sind in der Erreichung das Ergebnis vieler Einflüsse, sodass eine eindeutige Zuordnung von Ursache und Wirkung nicht möglich ist. Trotz Messbarkeit der ökonomischen Ziele ist damit eine Wirkungskontrolle in Bezug auf die Werbung nicht gegeben. Hinzu kommt, dass es außerordentlich schwer fällt, ökonomische Ziele in Handlungsanweisungen umzusetzen, die von Werbern verstanden werden. Trotz der hier aufgezeigten wesentlichen Mängel ökonomischer Werbeziele sind sie nach wie vor in der Unternehmenspraxis weit verbreitet (*Rogge,* 1982; *Steffenhagen / Siemer,* 1995).

Im Bereich der nichtökonomischen Ziele ist eine Zuordnung von Planentscheidungen, deren Realisierung und Zielerreichung, wegen der größeren Handlungsnähe eher möglich. Für Kontaktziele stehen in der Regel exakte Messverfahren zur Verfügung. Für die rein „psychologischen" Ziele ist zwar eine Messung der Zielerreichung schwieriger und häufig auch nur „qualitativ" möglich (*Salcher,* 1995, S. 264 ff.), aber die Umsetzbarkeit im Sinne von **Handlungsanweisungen** ist eher gegeben. Zusammenfassend kann festgestellt werden, dass Ziele aus dem nichtökonomischen Bereich eine größere Entscheidungsnähe aufweisen und daher für die Planung vorzuziehen sind. Ökonomische Ziele dürfen dabei zwar nicht außer Acht gelassen werden, sie besitzen Rahmencharakter, in der eigentlichen Werbeplanung sollten sie aber nur eine untergeordnete Rolle spielen.

Weitere Möglichkeiten von Einteilungssystemen für Werbewirkungen als Grundlage einer Zielplanung sind:

- **Gesamtdauer der Wirkungen**
  - momentan/kurzfristig
  - dauerhaft/langfristig

- **Zeitspanne zwischen Maßnahme/Reiz und Wirkung/Reaktion**
  - sofort
  - verzögert

- **Messbarkeit/Beobachtbarkeit**
  - beobachtbar
  - nicht beobachtbar

  - quantifizierbar
  - nicht quantifizierbar (dichotom)

- **Wirkung auf Kommunikationsobjekte**
  - individuelle Wirkungen (Einzelgrößen)
  - Gruppenwirkungen (aggregierte Größen)
  - Unmittelbarkeit
    - direkt (primär)
    - indirekt (sekundär)

5. Zielplanungszyklus

Werbeziele sind Grundlage jeder Werbeplanung. Die Ableitung der Werbeziele ist seinerseits ebenfalls als Planungsprozess anzusehen. Der Zielbildungs- und Planungsprozess ist im Prinzip ähnlich strukturiert wie die Werbeplanung insgesamt. Zielplanung ist Werbeplanung. Die Ziele sind nicht von sich aus vorgegeben. Ziele werden entwickelt und angepasst. Je konkreter die Ziele werden, umso mehr Angaben enthalten sie über ihre Realisationsmöglichkeiten (Operationalität) und umso fortgeschrittener ist die Werbeplanung.

Die Zielplanung hat sowohl die Langfristplanung und Globalfestlegung von Zielen zum Gegenstand als auch die Bestimmung von Detail- und Feinzielen. Langfristziele haben **strategischen** Charakter. Kurzfristziele sind taktisch und häufigeren Änderungen unterworfen. Die Summe der Kurzfristziele ergibt zwar nicht die langfristigen Ziele, aber sie müssen gegenseitig angepaßt sein. Aus unternehmerischen Oberzielen werden werbliche Unterziele entwickelt. Für konkrete Situationen sind die Ziele mit Inhalt zu füllen und auf Widerspruchsfreiheit zu untersuchen. Die untergeordneten Ziele ergeben sich aus der Vorgabe der Oberziele, während die Oberziele bezüglich ihrer Realisierungsmöglichkeiten an den Unterzielen gemessen werden. Daraus folgt, dass Werbeziele auf unterschiedlichen hierarchischen Ebenen beurteilt und gegebenenfalls verändert werden müssen. Werbezielplanung ist in einem doppelten Sinne zyklisch. Die Anpassung von Oberzielen und Unterzielen sowie die Herausbildung konkreter Zielsetzungen und werblich umsetzbarer Handlungsanweisungen kann nur in mehrfachen Planungsdurchläufen erreicht werden. Auch Oberziele müssen sich an den auf unteren Ebenen gegebenen realen Handlungsbegrenzungen orientieren. Oberziele sind in dem Sinne ebenfalls nicht fest, sondern werden über einen **Rückkoppelungsprozess** modifiziert. In Bezug auf die Zeitkomponente muss die Zielplanung sich eventuell veränderten Umweltbedingungen anpassen. Kurzfristige Teilziele sind u.U. bereits teilweise realisiert und machen Anpassungen von langfristigen Zielen nötig oder nehmen Einfluss auf andere kurzfristige Werbeziele, die aber zeitlich später liegen.

An der Zielplanung sind alle **hierarchischen Ebenen** beteiligt. Die obere Führungsebene ist für die strategischen Bestandteile der Werbung zuständig, während die mittlere und untere Führungsebene sich den Detailzielen widmet. Auch die ausführenden Organe können teilweise mit in den Zielplanungsprozess einbezogen werden, vor allem, wenn es um die Gewinnung von für die Zielplanung notwendige Daten geht. Es gibt gewisse Berührungspunkte zum Management-by-Objectives (*Köhler*, 1971).

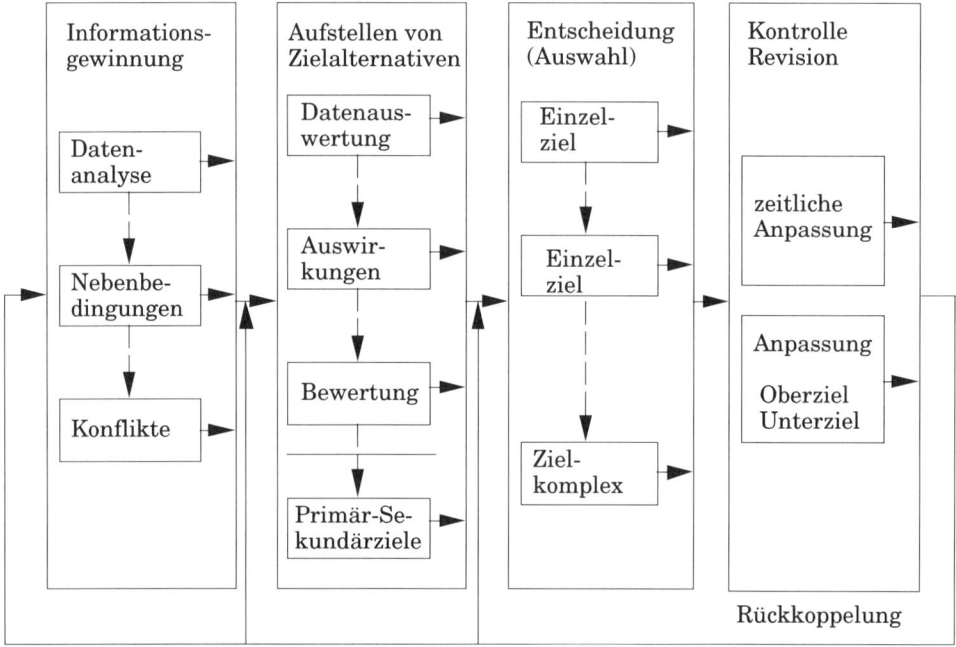

Abb.: Zielplanungsprozess

Der Zielbildungsprozess lässt sich in mehrere Phasen zerlegen (*Bidlingmaier*, 1975). Am Anfang steht die Informationsgewinnungphase. Die **Datenanalyse** stellt die notwendigen Daten bereit, die die Planung einzelner Werbemaßnahmen und die Abschätzung möglicher Wirkungen sicherstellen sollen. Sie bildet die Grundlage der Zielbeurteilung. Die Datenbereitstellung bezieht sich auf den inneren Unternehmensbereich, den Markt und spezielle Werbedaten. Die Sammlung und Bereitstellung der Daten kann an ausführende Organe delegiert werden. Auf den Istdaten aufbauend müssen Nebenbedingungen gesetzt und erste Konflikte aufgezeigt werden, um sie gegebenenfalls beseitigen zu können. Alle verfügbare Informationen gehen in den nachfolgenden Teilprozess zur Erstellung der Zielalternativen ein. Dazu gehört

• die Auswertung der Daten,

• die Prognose der Auswirkungen von mit den Zielalternativen verbundenen Maßnahmen,

• die Bewertung der Alternativen,

• die Einschätzung der Realisationsmöglichkeiten sowie

• die Ableitung von Sekundärzielen aus den Primärzielen.

Hier müssen Planer und Ausführende eng zusammenarbeiten. In der eigentlichen **Entscheidungsphase** werden aus dem Alternativenkatalog einige Ziele ausgewählt. Sie können als Einzelziele unabhängig nebeneinander stehen, aber auch als

Gesamtkomplex aufgefasst werden. Der Planungsprozess wird abgeschlossen durch eine **Kontrollphase**, in der die bisher entwickelten Ziele logisch überprüft und an der Realität gemessen werden. Das führt gegebenenfalls zu Rückkopplungen.

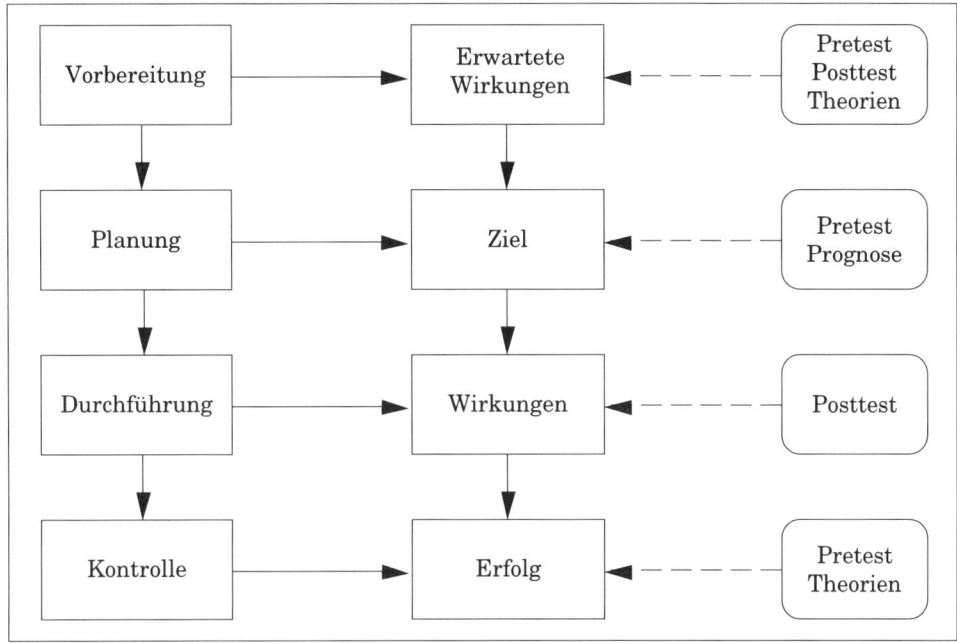

Abb.: Zusammenhänge zwischen Planungsprozess und Wirkungsanalysen

Zeitliche Anpassungen sind notwendig aufgrund bereits realisierter Teilmaßnahmen. Konflikte zwischen Ober- und Unterzielen werden offenbar oder auch die Unvereinbarkeit auf der gleichen Ebene liegender Werbeziele wird entdeckt. Die Phasen werden so oft durchlaufen, bis alle Ziele niederer Ordnung mit Zielen höherer Ordnung vereinbar sind und sich keine Widersprüche mehr zeigen. Die Ziele aus Vorperioden beeinflussen die Formulierung von Zielen in späteren Perioden. Die Zielplanung enthält eine **dynamische** Komponente, die die Werbezielplanung letztlich zu einem **permanenten** Prozess machen, der nicht nur am Anfang einer Etatperiode steht.

6. Mängel und Unzulänglichkeiten der Zielplanung

Obwohl die große Bedeutung der Zielplanung für die Effektivität der Planung und Durchführung von Werbemaßnahmen für jedermann einsichtig sein sollte, sind doch eine Reihe von Mängeln in der realen Zielplanung zu beobachten.

So fehlt es häufig an der bereits im Zusammenhang mit dem Briefing geforderten **Schriftform** der Ziele (Formproblem). Als Gründe für die fehlende **Schriftform** bei der Festlegung von Werbezielen bzw. beim Briefing können unter anderen die folgenden Teilprobleme verantwortlich sein. Diese sind nicht zuletzt auch von der **Unternehmensgröße** und dem Ausbildungshintergrund der an der Werbung Beteiligten abhängig.

- Die Planungsverantwortlichen haben eine mangelnde Einsicht in die Bedeutung der Werbung. Sie unterschätzen daher die Wichtigkeit der Werbeziele (**Bagatellisierungsproblem**). Die Erarbeitung von schriftlichen Unterlagen wird als dem Problem nicht angemessen eingeschätzt.

- Bei den Werbeplanern bzw. Entscheidern herrscht Unklarheit über das, was mit Werbung erreicht werden kann (**Informationsproblem/ Konsequenzenproblem**). Die Wirkungsweise der Werbung im Allgemeinen und spezieller Maßnahmen im Besonderen sind nicht bekannt.

- Es besteht Unsicherheit über das, was erreicht werden soll (**Unsicherheitsproblem**). Entweder wissen die Entscheider selbst nicht, was sie bezwecken wollen und meinen sie wären so flexibler für weitere Alternativen oder es konnte keine Einigkeit in Entscheidungsgremien erreicht werden.

- Die Planungsverantwortlichen hegen Zweifel an der Messbarkeit von Zielerreichungsgraden (**Informationsproblem/ Quantifizierungsproblem**). Es besteht die Meinung entweder die Werbewirkungen seien überhaupt nicht messbar oder in ihrer Quantifizierung zu ungenau.

- Die an der Werbung in Planung und Durchführung Beteiligten sind sich über die Erreichbarkeit einzelner Ziele nicht ganz sicher. Sie versuchen sich, durch den Verzicht auf die Schriftform, für den Fall des Scheiterns von Maßnahmen zu wappnen. Im Eventualfall können andere Ziele, die eher auf einen Erfolg schließen lassen (**Rechtfertigungsproblem**), nachgeschoben werden.

- Es gibt Vorstellungen über die Unvereinbarkeit von Planung und Kreativität. Die Schriftform bindet die Kreativität in unzulässiger Weise und wird als Misstrauen gegenüber Dritten interpretiert.

- Der Arbeitsaufwand der Schriftform wird einfach überschätzt. Schließlich ist es bequemer, nicht alles schriftlich niederlegen zu müssen.

Die bereits angesprochenen **Zielkonflikte** sind ebenso eine Quelle von Unzulänglichkeiten der Zielplanung. Denkbare Gründe für das Auftreten von Zielkonflikten bei Zielbündeln in der werblichen Kommunikation sind:

- Die Mehrfachstrategien sind miteinander unverträglich wegen unterschiedlicher Adressaten und Zielgruppen (**Multiplizitätsproblem**).

- Die Ziele aus unterschiedlichen Hierarchieebenen sind nicht genügend aufeinander abgestimmt (**Hierarchieproblem/Koordinationsproblem**).

- Die Ziele einer Ebene sind wegen Beteiligung mehrerer Entscheidungsstellen nicht genügend aufeinander abgestimmt (**Zuständigkeitsproblem/Koordinationsproblem**).

Das Problem der Unverträglichkeit verschiedener Strategieansätze bei verschiedenen Zielgruppen lässt sich u.U. dadurch lösen, dass die entsprechenden Kampagnen weitgehend getrennt voneinander durchgeführt werden. Berührungspunkte nach außen sollten vermieden werden. Das ist umso eher möglich, wie die Zielgruppen kommunikativ nicht miteinander in Verbindung stehen. Die Trennung der Marketing- und Werbemaßnahmen muss durch andere absatzpolitische Instrumente (z.B. Produktpolitik: Produktdifferenzierung) unterstützt werden.

Zielkonflikte, die aus mangelnder **Koordination** entstehen, und die daraus resultierenden Planungsmängel können reduziert werden durch

- eine genauere Abstimmung der jeweiligen Zwischenziele,

- die systematische Offenlegung von Ziel-Mittel-Relationen,

- die Einführung bzw. Verbesserung einer internen Kommunikation,

- die Verbesserung der Einsicht in die Wirkungsmöglichkeiten der Kommunikation durch Beschäftigung mit den theoretischen Grundlagen der Werbung sowie

- die Vermeidung autoritären Verhaltens der Entscheider.

Die Zielplanung steht am Anfang der Werbeplanung und bestimmt die anderen Planungskomponenten der Werbung. Die zeitliche Ordnung der Planungsschritte lässt sich jedoch nicht immer einhalten und führt zu einem **Reihenfolgeproblem**.

Als Folgen bzw. Begrenzungen einer festen Reihenfolge der Zielplanung sollen beispielhaft genannt werden:

- Nachgelagerte Planungsbereiche sind nicht planbar (z.B. Etat) bzw. liegen bereits mehr oder weniger fest (z.B. Basismedien) (**Restriktionsproblem**).

- Nachgelagerte Planungsbereiche beeinflussen die Zielerreichung und sind andererseits von der Zielformulierung abhängig (**Interdependenzproblem**).

- Bestimmte Informationen über Planbereiche als Zielfolgen stehen erst zu einem späteren Zeitpunkt zur Verfügung (**Zeitproblem/ Informationsproblem**).

- Planungsparameter verändern sich infolge von Zeiteinflüssen und taktischen Maßnahmen.

Abweichungen von dem Reihenfolgeschema können daher im Einzelfall durchaus sinnvoll sein. Die ständige Überprüfung von Zielplanungsprozessen und sukzessive Anpassung von Zielen und Maßnahmen ist eine weitere Lösungsmöglichkeit.

Die letzte Problemklasse der Werbezielplanung bezieht sich auf die Messung der Zielerreichung. Die häufigsten Probleme der Zielkontrolle und Werbeerfolgsfeststellung im Rahmen der Zielplanung sind die nachfolgend genannten.

• Für die Auswahl von Werbezielen auf der Grundlage von Wirkungsprognose stehen nicht genügend Informationen zur Verfügung **(Vorhersageproblem/ Informationsproblem)**.

• Die Zusammenhänge zwischen Werbemaßnahme und Wirkung (Ziel-Mittel-Relationen) sind nicht genügend bekannt **(Wirkungsproblem/Informationsproblem)**.

• Es stehen keine geeigneten Messmethoden (generell oder im Einzelfall) zur Zielkontrolle zur Verfügung **(Quantifizierungsproblem)**.

• Die Aussagefähigkeit der Messkriterien ist umstritten bzw. mehrdeutig **(Eignungsproblem)**. Beispiel: Bekanntheit, Erinnerung (recall, recognition).

• Die Zurechenbarkeit von gemessener Wirkung, Maßnahme und Zielerreichung ist umstritten **(Zurechenbarkeitsproblem)**.

• Die zeitliche Zurechenbarkeit und Abgrenzung von Wirkungen ist nicht exakt möglich **(Zeitproblem)**.

Kontrollfragen

(1) Welche Aufgaben werden mit dem Briefing verfolgt?

(2) Welche Inhalte kennzeichnen ein brauchbares Briefing?

(3) Wie sieht die allgemeine Zielhierarchie eines Unternehmens aus?

(4) Wie sind Werbeziele in die betriebliche Zielhierarchie eingeordnet?

(5) Welche Zusammenhänge bestehen zwischen Zielen und Mitteln und der so genannten Zielhierarchie?

(6) Welche allgemeinen Mittel stehen zur Verfolgung von Werbezielen zur Verfügung?

(7) Welchen Anforderungen müssen Werbeziele genügen, um operational zu sein?

(8) Wie kann sichergestellt werden, dass Werbeziele auch in der Form realisiert werden, wie sie ursprünglich geplant waren?

(9) Wie wirkt sich die Genauigkeit der Werbezielformulierungen auf die weitere Werbeplanung und Konzeption aus?

(10) Was versteht man unter Zielantinomie, Zielkomplementarität und Zielneutralität?

(11) Mit welchen Unternehmensbereichen können Werbeziele konkurrieren?

(12) Innerhalb welcher Bereiche der Werbung können Werbeziele miteinander konkurrieren?

(13) Welche Dimensionen eignen sich besonders zur Erstellung von Systematiken für Werbeziele?

(14) Sind Werbeziele Maximalziele (Minimalziele) oder Satisfaktionsziele?

(15) Wie groß ist in der Regel der Planungshorizont für die Bestimmung der Werbeziele?

(16) In welche Hauptklassen lassen sich Werbeziele einordnen?

(17) Was versteht man unter einem Stufenmodell in der Werbung?

(18) Wie ist das einfachste Stufenmodell (AIDA) aufgebaut?

(19) Welche Bedeutung haben Werbewirkungen für die Ableitung von Werbezielen?

(20) Welches sind die Grundvoraussetzungen für die Wirksamkeit des AIDA-Modells?

(21) Wie lässt sich das AIDA-Modell erweitern bzw. verbessern?

(22) Welche Argumente lassen sich gegen die so genannten Stufenmodelle vorbringen?

(23) Welche Gegenargumente lassen sich finden bzw. wie müssen Stufenmodelle verändert oder genutzt werden?

(24) Wie unterscheiden sich Nicht-Stufenmodelle der Werbewirkung von den Stufenmodellen?

(25) Welche Zielsetzungen, die Nicht-Stufenmodellen entstammen, sind in der Werbung sinnvoll?

(26) Wie lassen sich die Überlegungen zu Stufenwirkungsmodellen und Nicht-Stufenwirkungsmodellen sinnvoll miteinander verbinden?

(27) Wie ist die Trennung in ökonomische und nichtökonomische Werbeziele zu verstehen?

(28) Welches sind die Hauptnachteile (Vorteile) der ökonomischen Werbeziele gegenüber nichtökonomischen Werbezielen?

(29) Welche Ziele werden mit einer systematischen Werbezielplanung verfolgt?

(30) Welche Führungsebenen sind an der Ableitung und Formulierung von Werbezielen beteiligt?

(31) Wie ist der Planungsprozess für die Entwicklung von Werbezielen strukturiert?

(32) Wann und wie oft sind Werbezielplanungen durchzuführen?

Lösungshinweise

Literatur

Anton, M.: Die Ziele der Werbung in Theorie und Praxis, Wiesbaden 1975

Behrens, K.C.: Absatzwerbung, Wiesbaden 1963

Bidlingmaier, J.: Festlegung der Werbeziele, in: Behrens, K.C. (Hrsg.): Handbuch der Werbung, 2. Auflage, Wiesbaden 1975, S. 403 ff.

Bidlingmaier, J./Schneider, D.J.G.: Ziele, Zielsysteme und Zielkonflikte, in: Grochla, E. (Hrsg.): Handwörterbuch der Betriebswirtschaft, 4., völlig neu bearbeitete Auflage, Stuttgart 1976, Sp. 4731 ff.

Britt, S.H.: Are So-called Succesful Advertising Campaigns Really Successful?, in: Journal of Advertising Research, Vol. 9 Nr. 2, 1969

Bruhn, M.: Kommunikationspolitik, Bedeutung - Strategien - Instrumente, München 1997

Campbell, R.H.: Measuring the Sales an Profit Results of Advertising, New York 1969

Freter, H.W.: Mediaselektion, Wiesbaden 1974

Gaede/Kernebeck/Landgrebe/Vogt: Werbe-Informationssystem, Band 3, Planungsvoraussetzungen, Werbeorientierungs-Kreis I, Hamburg (BILD) o. J.

Hermanns, A.: Konsument und Werbewirkung, Berlin/Köln 1979

Heuer, G.F.: Elemente der Werbeplanung, Köln/Opladen 1968

Huth, R./Pflaum, D.: Die Einführung in die Werbelehre, 6. Auflage, Stuttgart/Berlin/Köln/Mainz 1996

Jacobi, H.: Werbepsychologie, Wiesbaden 1963

Köhler, R.: Operationale Marketing-Ziele im Rahmen des „Management by Objectives", in: Neue Betriebswirtschaft, Sonderdruck Festschrift Professor Dr. Curt Sandig, 1971, S. 19 ff.

Koeppler, E. et al: Werbewirkung definiert und gemessen, Velbert 1974

Kroeber-Riel, W./Weinberg P.: Konsumentenverhalten, 8. Auflage, München 2003

Mazanec, J.: Strukturmodelle des Konsumentenverhaltens, Wien 1978

Prochazka, W.: Werbewirkungskriterien und Modelle, in: Werbeforschung und Praxis, 2/1987, S. 35 ff.

Rogge, H.-J.: Methoden und Modelle der Prognose aus absatzwirtschaftlicher Sicht, Berlin 1972

Rogge,H.-J.: Grundzüge der Werbung, Berlin 1979

Rogge, H.-J.: Planungs- und Informationsverhalten in Werbeagenturen - Ergebnisse einer empirischen Untersuchung, Arbeitsberichte aus dem Fb Wirtschaft, FH Osnabrück, Nr. 2/80, Osnabrück 1980

Rogge, H.J.: Praxis der Werbeplanung in mittelständischen Unternehmen - Tendenzen und Hypothesen, Fachhochschule Osnabrück, Arbeitsberichte aus dem Fb Wirtschaft Nr. 6/82, Osnabrück 1982

Rogge, H.-J.: Werbung - Grundlagen und Bedeutung der Kommunikationspolitik, in: *Fackler, H.* et al.: Marketing: Management, Analyse, Politik und Recht, Osnabrücker Studien, Bd. 11, 2. Aufl., Osnabrück 1996

Rutschmann, M.: Werbeplanung, Bern/Stuttgart 1976

Salcher, E.F.: Psychologische Marktforschung, 2. Auflage, Berlin/New York 1995

Schnötzinger, P.: Über den Werbeerfolg seine Abhängigkeit vom Werbeziel und die Problematik seiner Ermittlung, Berlin 1970

Schönborn, F./Engau, F: Bibliographie der Werbeliteratur, 2. Aufl. Stuttgart 1983

Schweiger, G.: Mediaselektion - Daten und Modelle, Wiesbaden 1975

Seyffert, R.: Werbelehre, 2 Bände, Stuttgart 1966

Steffenhagen, H.: Ansätze der Werbewirkungsforschung I und II, in: planung und analyse, 5/1985 und 6/1985

Steffenhagen, H./Siemer, S.: Untaugliche Werbezielformulierungen der Praxis: Empirische Bestandsaufnahme und Versuch einer Erklärung, Institut für Wirtschaftswissenschaften, RWTH Aachen, Arbeitsbericht 95/01, Aachen 1995

Tietz, B./Zentes,J.: Die Werbung der Unternehmung, Reinbek bei Hamburg 1980

Weis, H.C.: Marketingkommunikation in der Investitionsgüterindustrie, Frankfurt a.M. 1983

Wittmann, W.: Unternehmung und unvollkommene Information, Köln/Opladen 1959

C. Träger der Werbefunktion

1. Werbeabteilungen

Die Werbung ist ein umfassender, komplexer Prozess, an dessen Entwicklung viele Personen beteiligt sind. Die Aufgabenbereiche der Werbung sind mit den genannten Planungsbereichen identisch. Diese Aufgaben können in der Regel nicht von einer Person bewältigt werden. Aus diesem Grunde ist die Einrichtung einer Werbeabteilung in der Unternehmung wichtig. Die Funktion des Leiters der Werbeabteilung **(Werbeleiter)** ist die fach- und betriebsgerechte Abstimmung sämtlicher Werbemaßnahmen der Unternehmung (*Frauenknecht*, 1966). Das geschieht meist in enger Zusammenarbeit mit einer **Werbeagentur**, zu der er den Kontakt zwischen Unternehmensleitung und den Mitarbeitern der Werbeagentur herstellt. Der Werbeleiter ist der Unternehmensleitung für die Planung und Durchführung der Werbemaßnahmen sowie den wirtschaftlichen Ablauf verantwortlich. Seine Arbeit sollte unterstützt werden durch eine entsprechende Anzahl von qualifizierten Mitarbeitern. Das Anforderungsprofil an die Leiter und Mitarbeiter von Werbeabteilungen ist relativ hoch.

Fach- und Wissensgebiete	Nennungen in %				
	sehr wichtig	wichtig	weniger wichtig	unwichtig	Weiterbildungsbedarf
Unternehmensführung	21,4	47,8	22,8	2,1	16,4
Forschung	48,3	44,9	4,3	–	28,5
Marketing	72,7	24,6	1,1	–	25,1
Produktpolitik	32,3	48,1	13,9	0,9	9,6
Distributionspolitik	20,3	51,0	23,2	1,4	10,9
Verkaufsförderung	35,3	52,8	8,2	0,2	12,1
Public Relations	27,3	46,9	20,0	0,9	9,8
Konzeption	72,2	22,1	1,6	0,2	11,8
Werbeplanung	72,7	22,8	1,8	0,2	8,4
Mediaplanung	40,1	44,6	11,4	0,9	5,7
Werbemittellehre	26,4	42,6	23,9	3,0	3,2
Gestaltung	18,2	49,4	25,7	2,1	5,5
Kontrolle	32,1	52,4	10,7	0,7	22,1
Werberecht	22,8	53,8	19,9	1,6	12,5
Sonstige	3,9	1,1	–	–	1,4

Abb.: Wichtigkeit von Fach- und Wissensgebieten für Werbefachleute in Betrieben (Industrie, Handel, öffentliche Verwaltung, Dienstleistung)
Quelle: *Poth*

Die Tätigkeitsfelder von Werbeabteilungen sind sehr heterogen. Es gibt Werbeabteilungen mit mehreren hundert Mitarbeitern, die sämtliche Werbearbeiten einschließlich Planung und Konzeption bewältigen können, während andere Werbeabteilungen sich als Ein-Mann-Abteilungen auf die Verwaltung von Kosten und Materialien (Druckschriften, Prospekte usw.) beschränken. Die Unternehmensgröße und die Kapitaldecke spielen hier eine wesentliche Rolle (*Rogge*, 1982, S. 14 ff.). Vielfach wird in der betrieblichen Praxis die **Werbefunktion** von der Geschäftsleitung mit übernommen (*Rogge*, 1982, S. 14 ff.). Der Grund dafür ist jedoch nicht darin zu suchen, dass die Geschäftsleitung für Werbeaufgaben besonders qualifiziert ist oder der Werbung eine besondere Bedeutung beigemessen wird. Die geringe Anzahl von Mitarbeitern im Marketingbereich kleiner und mittlerer Unternehmen überhaupt führt dazu, dass diese Aufgaben von der Geschäftsleitung (nebenbei) miterledigt werden.

Das Problem lässt sich lösen, indem Aufgaben aus dem Werbebereich auf **außerbetriebliche** Stellen (Berater, Agenturen) übertragen werden. Unter Berücksichtigung dieses Aspektes verbleiben als **Aufgabenbereiche der Werbeabteilung**:

• Planung der Ziele und Konzeption,

• Kontaktstelle zu außerbetrieblichen Aktionsbereichen,

• Allgemeine Imageüberwachung,

• Planung und Koordination von Public Relations Maßnahmen,

• Durchführung und Koordination von Sales Promotions,

• Messen und Ausstellungen,

• Koordination der Verpackungsgestaltung,

• Entwurfsarbeiten für die Gestaltung,

• Herstellung von Werbemitteln,

• Lagerung und Verwaltung von Werbemitteln,

• Sammlung und Verwaltung von werberelevanten Daten,

• Etatentwurf und Kostenüberwachung.

Die Intensität der Aufgabendurchführung ist abhängig von der Unternehmensgröße, der Branche, den finanziellen Möglichkeiten, der Anzahl und Qualifikation der vorhandenen Mitarbeiter und den Möglichkeiten der Zusammenarbeit mit außerbetrieblichen Beratern.

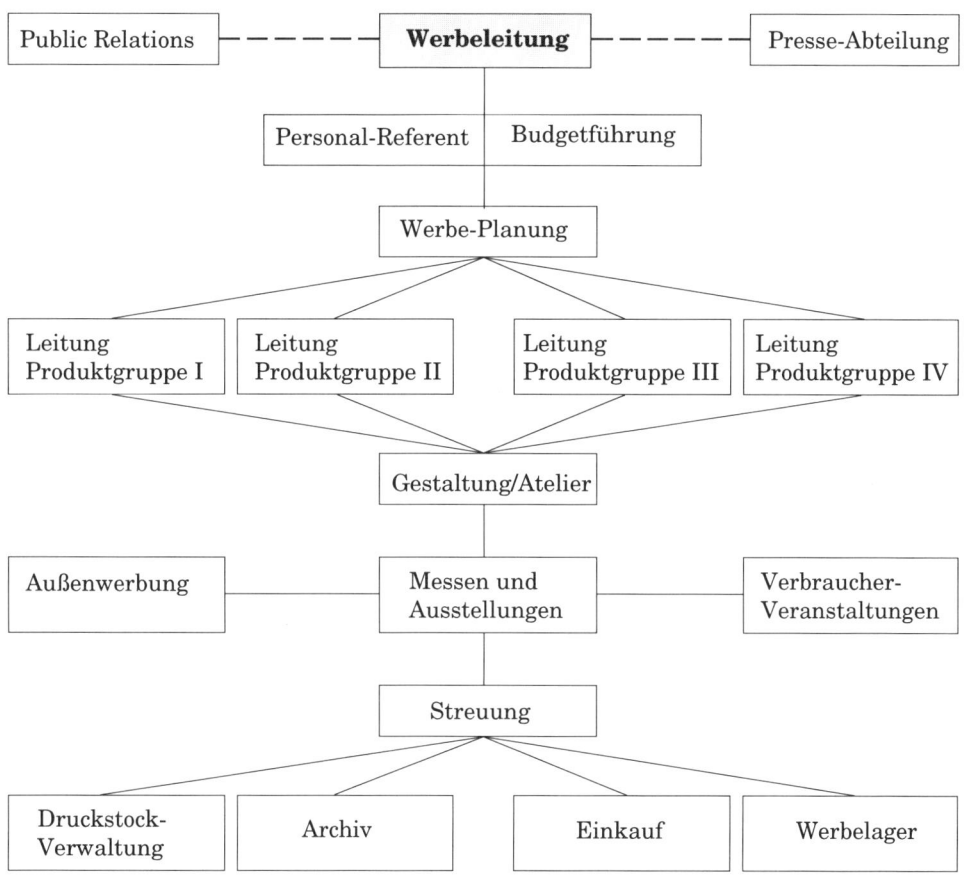

**Abb.: Beispiel für den organisatorischen Aufbau und Aufgabenbereiche der
        Werbeabteilung**
Quelle: *Neske*

2. Werbeagenturen

2.1 Aufgabenbereiche

Die Komplexität der Werbeaufgaben hat im Laufe der Zeit dazu geführt, dass
bestimmte Aufgaben auf Spezialisten übertragen wurden. Die Werbeleiter in den
Unternehmen können solche Spezialisten sein. Daneben besteht aber auch die
Möglichkeit, die Aufgaben auf Spezialisten außerhalb der Unternehmen zu übertragen. Die Werbung als unternehmerische absatzwirtschaftliche Funktion ver-
selbstständigt sich und wird von Institutionen übernommen (*Leitherer*, 1974). Die

für Werbung zuständige Institutionsart ist die **Werbeagentur**. Sie berät das werbetreibende Unternehmen in allen Fragen der Werbung und darüber hinausgehend in Fragen des Marketing. Der Unterschied zwischen Werbeagenturen und **Werbeberatern** ist gering. Grundsätzlich unterscheiden sich die Aufgabenbereiche nur durch den Umfang und die Größe. Werbeagenturen sind in der Regel bezüglich der Unternehmensgröße größer als Werbeberater. Historisch gesehen sind Werbeagenturen aus der reinen **Vermittlung** von Werberaum (Annoncenexpeditionen) entstanden. In verschiedenen Stufen haben sich daraus, über die Hinzunahme jeweils weiterer Funktionen, die heutigen Werbeagenturen bzw. Marketingagenturen entwickelt. Dabei hat eine ursprünglich starke Zuwendung zu den Werbeträgern zu einer stärkeren Betonung der Interessen der Werbetreibenden gewechselt.

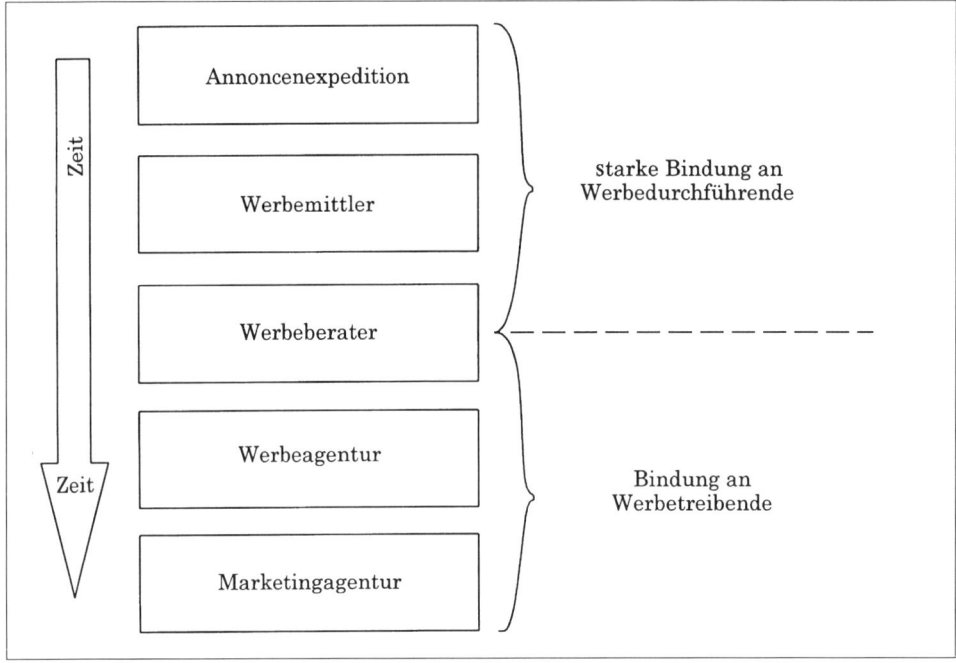

Abb.: Historische Entwicklung der Werbeagenturen

Die von Werbeagenturen übernommenen Aufgaben (*Neske*, 1983, S. 357 ff.) **umfassen** im Einzelnen:

• Beratende und gestaltende Mitarbeit bei Fragen der Marketingpolitik,

• Beratung und Durchführung von Entwicklungsarbeiten bei der Produktgestaltung,

• Übernahme von Datensammlungen und Marktforschungsaufgaben hinsichtlich der Aufnahmefähigkeit des Marktes, Verbraucherschichtung, Preisgestaltung, Wettbewerb, Vertriebsmöglichkeiten usw.,

- Beratung in allen Fragen der Markentechnik und Markenpsychologie,

- Mitwirkung bei der Aufstellung und Planung des Werbeetats,

- Beratung in Fragen des schwerpunktmäßigen Einsatzes (lokal, regional, national, international) der Marketinginstrumente,

- Planung und Gestaltung der Verbraucher und Händlerwerbung einschließlich der Analyse der Verkaufspunkte und Umsetzung in die werbemäßige Optik,

- Entwicklung der die Werbung tragenden Motive und deren Stilgebung,

- Planung und Koordinierung der einzelnen Werbeeinsätze im Rahmen des Etats,

- textliche und grafische Gestaltung bei Druckerzeugnissen, wie Anzeigen, Affichen, Prospekten, Schaufenstermaterial usw. sowie Manuskripten bei Film und Funkwerbung,

- Planung der Streuung und Steuerung der Einsätze,

- Steuerung und Kontrolle aller dem Werbeeinsatz dienenden technischen Mittel und Vorgänge (Druck, Reproduktion, Klischee, Foto, Dia, Tonband usw.),

- Aufstellung von Kostenvoranschlägen und Datenschemata, Auftragserteilung, Disposition, Kontrolle und Verrechnung,

- Terminplanung und Ablaufüberwachung,

- Planung, Zielsetzung und Koordination von Kontrollmechanismen wie psychotechnische und demoskopische Tests,

- Planung und Koordination der Public Relations.

Die Werbeaufgaben sind so eng mit den anderen **Marketingaufgaben** verknüpft, dass sich die Einteilung in Kernfunktionen und (fakultative) Ergänzungsfunktionen (*Rogge*, 1979, S. 52 f.) nicht mehr aufrecht erhalten lässt. Es lassen sich aber leicht drei **Arbeitsschwerpunkte** unterscheiden:

- Die Marktforschung stellt die notwendigen Plandaten zur Verfügung und kontrolliert die Ergebnisse.

- Der Gestaltungsbereich befasst sich mit der Konzeption der Werbeaussage und seiner Umsetzung in eine kommunizierbare Form (Botschaft).

- Der Streubereich widmet sich der Herstellung des physischen Kontaktes.

Entsprechend finden sich in den **Organisationsschemata** der Agenturen diese Bereiche wieder.

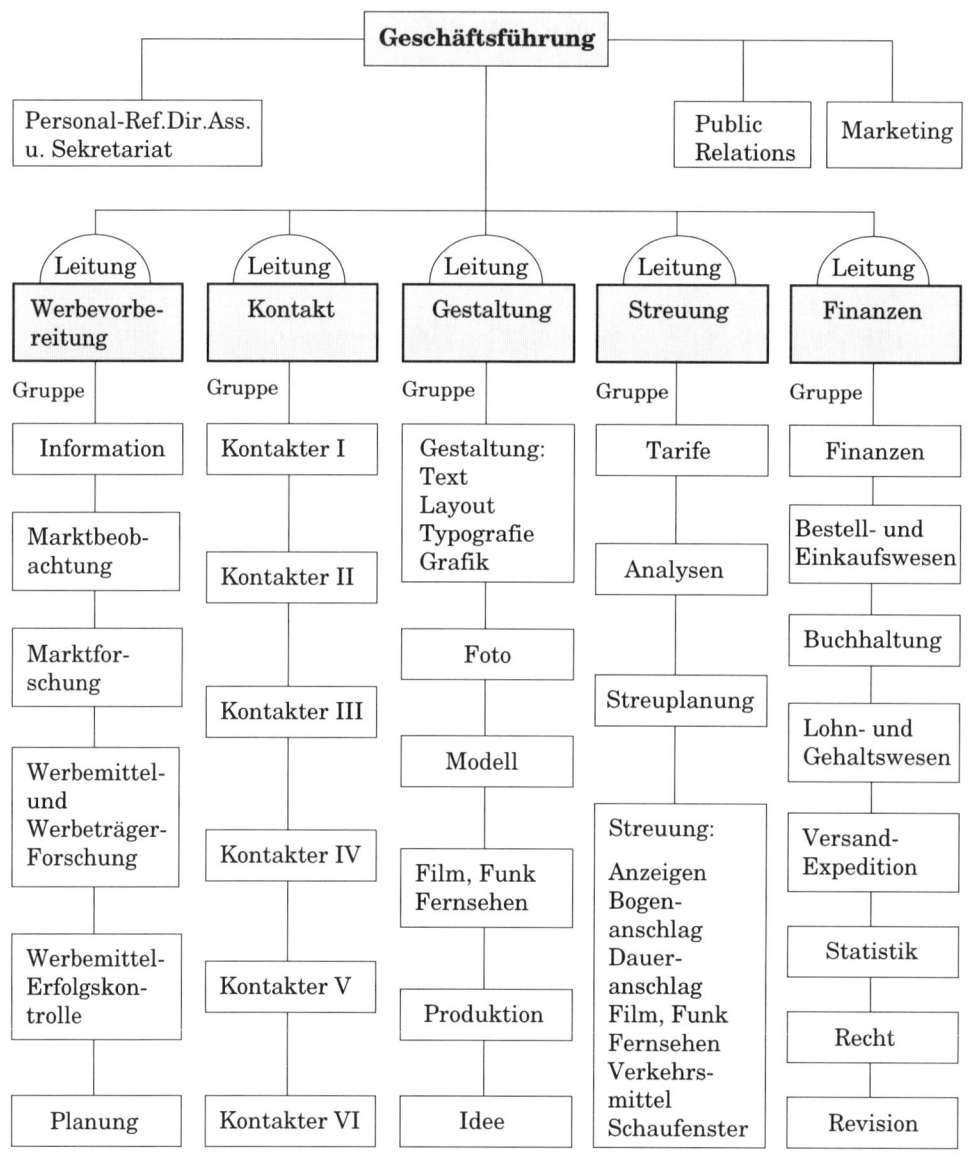

Abb.: Beispiel für einen Organisationsplan einer Werbeagentur
Quelle: *Neske, F.*, Gabler-Lexikon Werbung

2.2 Leistungsgrundsätze

Alle Bereiche müssen miteinander koordiniert und außerdem in Abstimmung mit
den sonstigen Marketingmaßnahmen geplant und durchgeführt werden. Daraus
kann der so genannte **Full-Service**-Gedanke abgeleitet werden, der sicherstellen

soll, dass Interdependenzen zwischen einzelnen werblichen Teilbereichen auch tatsächlich berücksichtigt werden. Diesen Service können größere Agenturen eher bieten als kleinere. Dagegen steht die bessere Spezialisierungsmöglichkeit bei einer Verteilung von Aufgaben. So leisten auch kleinere Agenturen wesentliche Beiträge in der Werbeplanung und Gestaltung. Das Größenkriterium ist kein geeigneter Maßstab, um über die Güte von Werbeagenturen zu entscheiden. Als **Auswahl- und Beurteilungsmaßstäbe** für eine Agenturauswahl sind vielmehr die Zuverlässigkeit in der Durchführung der Werbeaufgaben und die Qualifikation des Agenturpersonals für die konkrete Aufgabenstellung von Wichtigkeit. Insbesondere die Qualifikation und die „Verständigungsmöglichkeit" mit den Kundenberatern in den Agenturen sowie die räumliche Nähe bzw. die Erreichbarkeit der Agentur sind in diesem Zusammenhang zu erwähnen. Im Allgemeinen gelten folgende **Leistungsgrundsätze** für die Arbeit von Werbeagenturen und Werbeberatern:

- **Treuhänderische Tätigkeit**
  - Das Interesse des Auftragsgebers wird zum Eigeninteresse gemacht
  - Die Beratung erfolgt objektiv und losgelöst von speziellen Medien
  - Sicherstellung eines Konkurrenzausschlusses für Produkte bzw. Märkte (in größeren Agenturen durch unabhängige Arbeitsgruppen)
  - Offenlegung aller sonstigen im Zusammenhang mit dem Auftrag stehenden Vergütungen und eventuelle Rückvergütung (Anrechnung von Provisionen)

- **Unabhängigkeit**
  - keine Bindung an bestimmte Werbedurchführende bzw. Werbeträger
  - keine Bindung an bestimmte Zulieferer von Materialien oder Informationen
  - keine Abhängigkeit vom Auftraggeber im Sinne einer rein ausführenden und streng weisungsgebundenen Institution
    - durch ausreichende Kapitalbasis
    - durch mengenmäßig und qualitativ ausreichende Personalausstattung

- **Leistungsumfang**
  - Gesamtetatbetreuung
  - Full Service
  - Probepräsentationen nur gegen Vergütung

Die Merkmale sind im Sinne von Vorsätzen zu interpretieren, die die Agenturen versuchen zu erfüllen. In Abhängigkeit von den jeweils gesetzten Werbezielen oder der Größe von Auftraggeber und Agentur gibt es in der Realität Abweichungen der Merkmalsausprägungen. Ebenso sind unterschiedliche Auslegungen in der Bedeutung der Merkmale (z.B. Konkurrenzausschluss, Full Service oder die Behandlung von Rückvergütungen) möglich. Die einzelnen Posten können im konkreten Entscheidungsfall bewertet und gewichtet werden. Sie können ein Hilfsmittel bei der Auswahl einer Werbeagentur sein, entweder als Check-Liste oder in Form eines Indexes auf der Basis eines Punktbewertungsmodells.

Für die Zusammenarbeit zwischen Werbeagentur und auftraggebendem Unternehmen ist die Art des Kontaktes besonders wichtig. Die Agentur erhält in der Regel nicht nur einen allgemeinen Auftrag über die Gesamtkonzeption der Werbung derart, dass die „fertige" Werbung eine gewisse Zeit nach der Auftragserteilung abgeliefert wird. Der **Arbeitsablauf** in der Agentur ist vielmehr in verschiedene Phasen gegliedert, in bzw. nach denen das auftraggebende Unternehmen an den Entscheidungen beteiligt wird. So gesehen ist eine Werbeagentur einer Stabstelle vergleichbar, die Lösungen erarbeitet und Vorschläge für bestimmte Entscheidungen macht. Für eine fruchtbare Zusammenarbeit ist daher ebenso im Unternehmen ein **Ansprechpartner** für die Agentur nötig, wie es einen solchen in der Agentur für das Unternehmen gibt. In der Regel werden der Werbeleiter oder Produktmanager auf Unternehmensseite und der Kontakter auf Agenturseite die entsprechenden Gesprächspartner sein. Sie stellen sicher, dass die Informationen über die jeweiligen Vorstellungen, Ziele, Problemlösungsansätze usw. ausgetauscht und „richtig" verarbeitet werden. Mindestens an den in dem Ablaufschema als Entscheidungspunkte gekennzeichneten Stellen müssen die Abstimmungen zwischen Unternehmen und Agentur stattfinden (siehe Abb. S. 89).

2.3 Abrechnungsverfahren

Die Inanspruchnahme von Leistungen einer Werbeagentur erspart die Kosten für die Durchführung der Aufgaben im eigenen Hause. Im Gegenzug wird der Agentur eine angemessene Vergütung gezahlt. Als Abrechnungsverfahren zwischen Agenturen und auftraggebenden Unternehmen werden unterschiedliche Verfahren eingesetzt. Grundsätzlich lassen sich die Abrechnungen danach unterscheiden, in welcher Weise Kosten und Verrechnungsposten berücksichtigt werden. Folgende Systematik lässt sich bilden:

- umsatzabhängige Verfahren
- reine Mittlerprovision
- Mittlerprovision + Honorar für Fremdleistungen und besondere Eigenleistungen
- Service-Fee auf alle Eigen- und Fremdleistungen
- kostenabhängige Verfahren
  - reines Kosten-Plus-Verfahren
  - Pauschalkostenverfahren
  - Stundenhonorare
- erfolgs- und gewinnabhängige Verfahren

Bei den so genannten **umsatzabhängigen** Abrechnungsverfahren wird die Leistung der Agentur aus Provisionen finanziert, die für die Vermittlung von der Bereitstellung von Werberaum und Werbezeit gezahlt werden. Von der Summe, die für so genannte Streuzwecke ausgegeben wird, wird ein fester Bestandteil (in der Regel 15 %) an die vermittelnde Agentur vergütet. Ohne die Zwischenschaltung einer Agentur müsste der Werbekunde bei den Werbeträgern den vollen Preis für die Belegung der Träger zahlen. In gewisser Weise entsteht dadurch der Eindruck, als finanzierten die Werbeträger damit die Aktivitäten der Agenturen.

Die Gründe für die Zahlung von Vermittlerprovisionen sind in der Übernahme von Abstimmungsfunktionen für die Werbeträger zu suchen:

• Zusammenfassung von Aufträgen eines und mehrerer Kunden,

• Übernahme finanzieller Risiken bzw. Haftung für die Zahlung der Einschaltkosten,

• Sicherstellung der Lieferung einwandfreier Druck- und Sendeunterlagen,

• Überwachung der technischen Abwicklung,

• Terminplanung und Überwachung der Termineinhaltung.

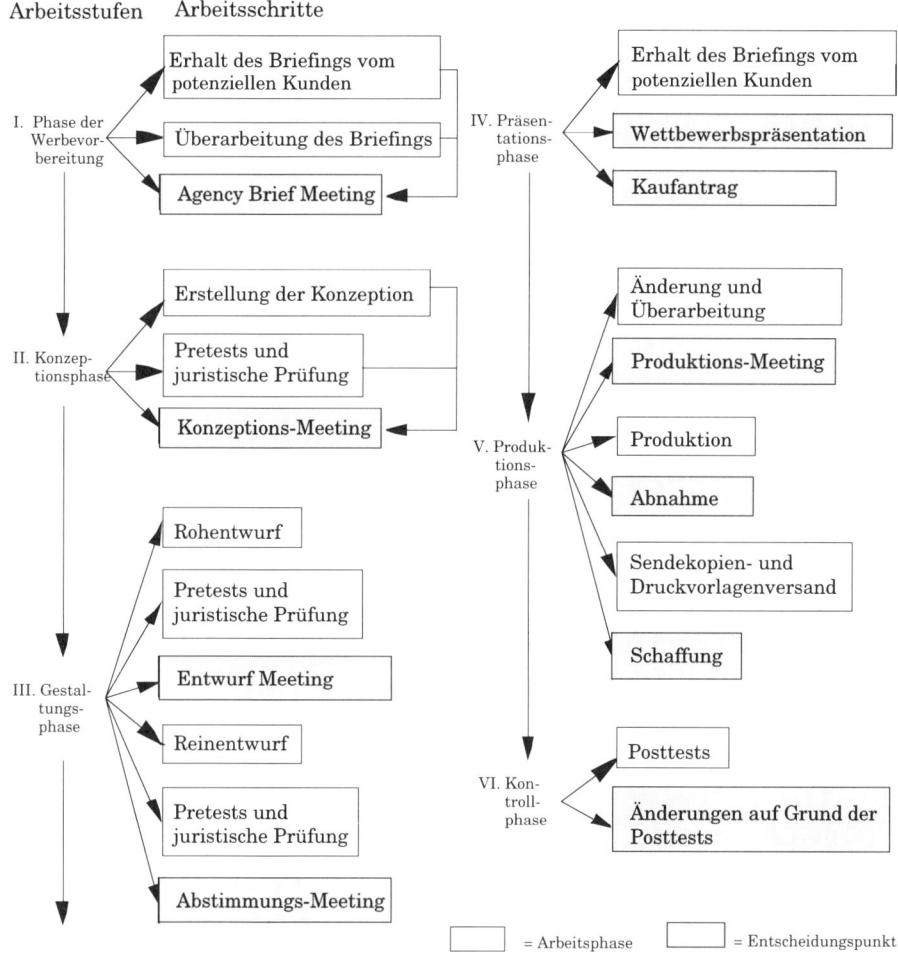

Abb.: Schematischer Arbeitsablauf in einer Werbeagentur
Quelle: *Huth / Pflaum*, Einführung in die Werbelehre, Stuttgart/Berlin/Köln/Mainz 1980, S. 42

Daneben wird eine Reihe weiterer planerischer, gestalterischer und kreativer Aufgaben übernommen, die aus den Provisionen abgegolten werden. Wenn bestimmte Leistungen von der Agentur nicht selbst erbracht werden, dann kann auf die Vermittlung solcher Fremdleistungen (Erhebungen und Datensammlung im Rahmen der Marktforschung, die Durchführung von besonderen Sales Promotions, Direct Mailings, Verpackungsentwürfe usw.) ebenfalls ein **Vermittlungsaufschlag** gezahlt werden. Der Hauptvorteil einer Abrechnung über Provisionen ist ihre Einfachheit. Wenn einmal die Gesamtsumme für die Werbestreuung und eventuelle Fremdleistungen bekannt ist, steht die Vergütung für die Agentur ebenfalls fest.

Ein Nachteil der Provisionsfinanzierung kann darin gesehen werden, dass die Höhe der Agenturvergütung über die Provisionssätze beeinflussbar ist. Die Aufnahme von Medien in den Streuplan könnte von der Provisionshöhe abhängig gemacht werden. Insofern könnte die Unabhängigkeit der Agentur in Entscheidungen nicht mehr gegeben sein, wenn tendenziell Medien mit hohen Provisionssätzen bevorzugt würden. Der Nachteil ist aber nicht so durchgreifend, da innerhalb einer Medienkategorie die Provisionssätze in der Regel einheitlich sind. Sofern in den Medienkategorien oder darüber hinaus unterschiedliche Provisionssätze üblich sind, die möglicherweise die Planentscheidungen in den Agenturen betreffen könnten, lässt sich das Problem durch eine entsprechende Vorentscheidung im Briefing für bestimmte Basismedien lösen.

Das so genannte amerikanische oder **Service-Fee-Verfahren** geht von dem Gedanken einer Weitergabe der ursprünglichen Provisionen an den Kunden und einer Neuberechnung der Vergütung auf einer Durchschnittsbasis aus. Unterschiedliche Provisionssätze wirken sich scheinbar nicht mehr aus, weil ein **Ausgleich der Differenzen** stattfindet. Dem Kunden wird die Mediarechnung unter Abzug der Mediaprovision in Rechnung gestellt (Rückvergütung). Anschließend wird auf die Nettosumme wieder ein Aufschlag erhoben, der als Gebühr für die Agenturleistung (Service-Fee) verstanden wird. Die Service-Fee wird für sämtliche anderen Leistungen und nicht nur für den Medieneinsatz erhoben. Die Höhe des Satzes der Service-Fee orientiert sich an dem durchschnittlichen **Provisionssatz**. Da der Basiswechsel (Brutto-Rechnung → Netto-Rechnung) und der Wechsel von der Im-Hundert-Rechnung zur Vom-Hundert-Rechnung mit einer entsprechenden Änderung des Prozentsatzes verbunden ist, ändert sich im Normalfall am Ergebnis nichts. Weichen die tatsächlichen Provisionen aber von den Durchschnittssätzen ab, dann findet ein entsprechender Ausgleich statt. Niedrige Provisionssätze werden nach oben und hohe nach unten angepasst. Die mögliche Bevorzugung von Werbeträgern in Abhängigkeit von der Provisionshöhe bleibt bestehen, kehrt sich allerdings in der Richtung um (*Rogge*, 1979, S. 56). Eine **allgemein übliche** Größe für die Berechnung der Service-Fee ist ein Prozentsatz von 17,65 %. Das entspricht einem Provisionssatz von 15 %. Die Service-Gebühr wird angewendet auf alle Fremdleistungen einer Agentur und eventuelle Leistungen, die nicht im Rahmen der „allgemeinen" Service- Gebühr für die Mediaabwicklung enthalten sind. Diese Bestandteile müssen explizit vereinbart werden.

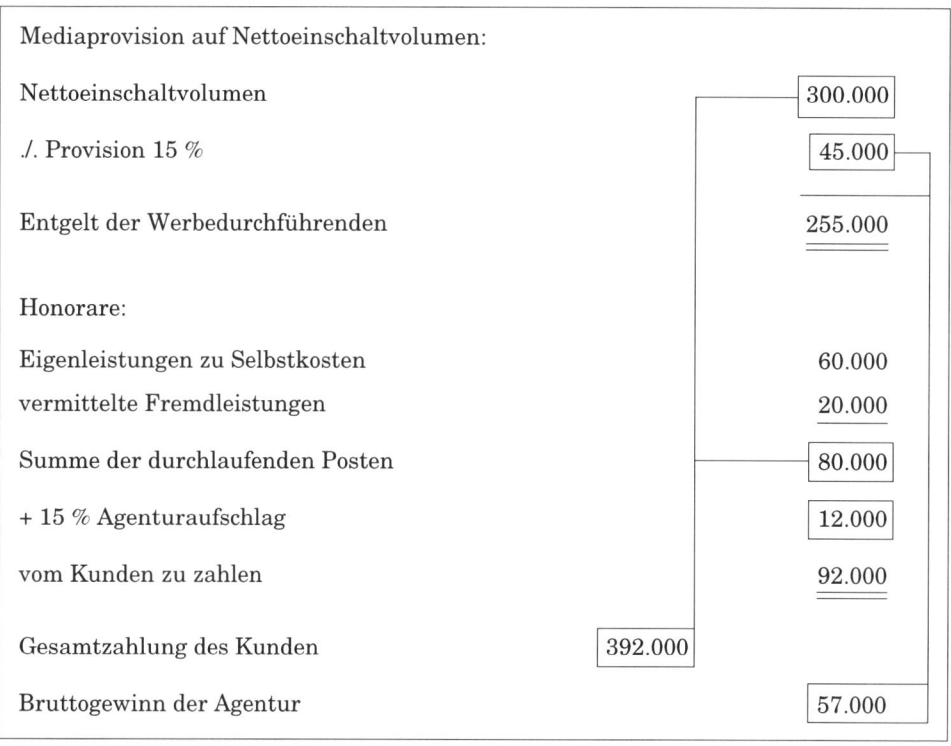

Mediaprovision auf Nettoeinschaltvolumen:

Nettoeinschaltvolumen	300.000
./. Provision 15 %	45.000
Entgelt der Werbedurchführenden	255.000

Honorare:

Eigenleistungen zu Selbstkosten	60.000
vermittelte Fremdleistungen	20.000
Summe der durchlaufenden Posten	80.000
+ 15 % Agenturaufschlag	12.000
vom Kunden zu zahlen	92.000
Gesamtzahlung des Kunden	392.000
Bruttogewinn der Agentur	57.000

Beispielrechnung für Mediaprovisionsverfahren

Nettoeinschaltvolumen (Kunden-Netto)	300.000
./. Mittlerprovision 15 %	45.000
Netto-Netto	255.000
+ Service-Fee 17,65 %	45.008
Kundenzahlung aus Media-Leistungen	300.008
Nettoeinschaltvolumen (Kunden-Netto)	300.000
./. Mittlerprovision 10 %	30.000
Netto-Netto	270.000
+ Service-Fee 17,65 %	47.655
Kundenzahlung aus Media-Leistungen	317.655
Nettoeinschaltvolumen (Kunden-Netto)	300.000
./. Mittlerprovision 20 %	60.000
Netto-Netto	240.000
+ Service-Fee 17,65 %	42.360
Kundenzahlung aus Media-Leistungen	282.360

Beispielrechnungen für Differenzausgleichsverfahren

Mit der Einführung der Service-Gebühr als Abrechnungsgrundlage für alle Leistungen wird die Grenze zwischen umsatzorientierten und kostenorientierten Abrechnungen überschritten. Eine Berechnung der Agenturvergütung auf der Basis reiner Selbstkosten für Sachleistungen bzw. durchlaufender Kosten mit einem einheitlichen Aufschlag (Kosten-Plus-Verfahren) entspricht letztlich einer Anwendung der Service-Fee für alle Leistungsbereiche.

Mittlerprovisionen entwickeln sich nicht proportional zur eigentlichen Leistung (für den auftraggebenden Werbetreibenden). Die kreative Leistung einer Kampagne ist weitgehend **unabhängig** von der Menge der später geschalteten Werbeeinsätze. Bei Etats mit verhältnismäßig umfangreichen Aktivitäten im Streubereich fallen entsprechend verhältnismäßig hohe Provisionsbeträge an, die zur Abgeltung kreativer Leistungen herangezogen werden könnten. Die tatsächlichen planerischen und kreativen Leistungen sind dem nicht äquivalent. Bei wenig Streuaktivitäten bleibt dann für Vorplanungs- und Konzeptionsarbeiten nichts übrig. Da schließlich der Anteil, der für Streuzwecke verwendet werden kann, auch eine Frage der Höhe des Werbeetats insgesamt ist, lässt sich Werbung dann bei relativ kleinen Etats in den Agenturen nicht mehr wirtschaftlich realisieren, während Großetats übermäßige Gewinne bei den Agenturen abwerfen können.

Gerade diese Argumente werden gelegentlich von größeren Werbeagenturen als positives Merkmal für die Abrechnung mit umsatzabhängigen Verfahren genannt. Überschüsse, die in Bereichen mit Großetats erwirtschaftet werden, können in Bereiche mit kleinen Etats gesteckt werden. Auch für kleinere Unternehmen ist damit die Inanspruchnahme der Leistungen (großer) Werbeagenturen möglich. Letztlich ist eine solche Vorgehensweise aber auch nur bei größeren Agenturen mit einer entsprechenden Verteilung von Etats möglich. Für kleinere Agenturen ist die Abrechnung auf der Basis von Honoraren eher realisierbar und entspricht häufig auch einer größeren **Leistungsehrlichkeit**.

Aber auch bei größeren Agenturen wird derzeit der Kostendruck immer größer. Die wirtschaftliche Gesamtentwicklung und veränderte Aufgabenverteilung führen in der Realität zu einer veränderten Verteilung der Abrechnungssysteme. Besondere Leistungsanforderungen werden besonders entlohnt. Bei GWA-Agenturen ist das Verhältnis von Provisionen zu Honoraren [Pauschalhonorare/Projekthonorare] etwa 30 : 70 [30 : 40] (ZAW, Werbung in Deutschland 1999, S. 190).

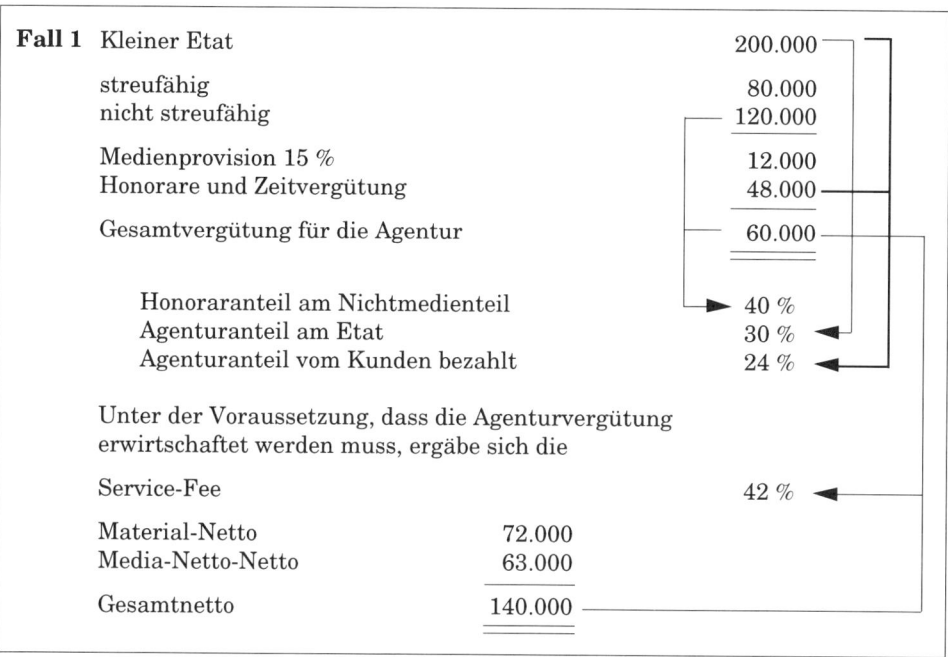

**Beispielsrechnungen für Etats unterschiedlicher Größe
(kleiner Etat)**

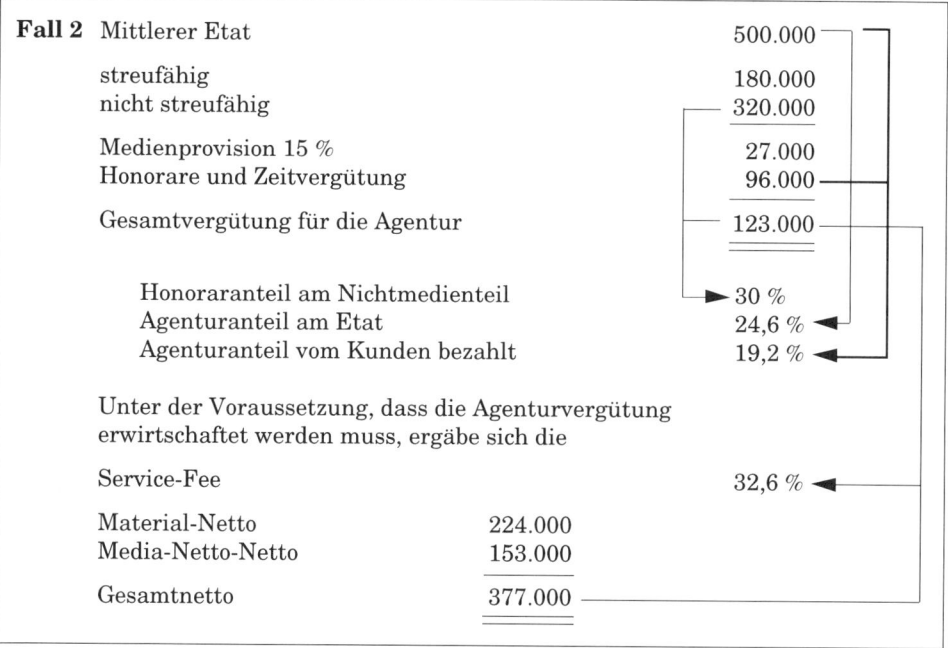

**Beispielsrechnungen für Etats unterschiedlicher Größe
(mittlerer Etat)**

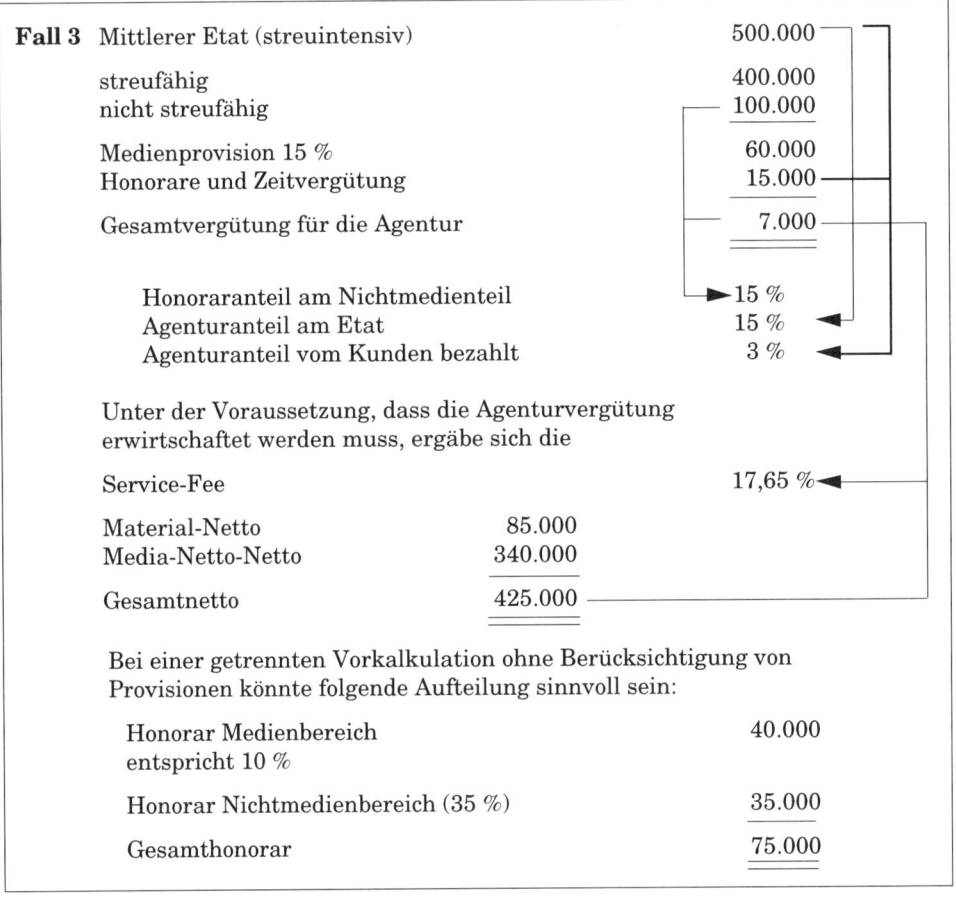

Fall 3 Mittlerer Etat (streuintensiv)   500.000

streufähig   400.000
nicht streufähig   100.000

Medienprovision 15 %   60.000
Honorare und Zeitvergütung   15.000

Gesamtvergütung für die Agentur   7.000

Honoraranteil am Nichtmedienteil   15 %
Agenturanteil am Etat   15 %
Agenturanteil vom Kunden bezahlt   3 %

Unter der Voraussetzung, dass die Agenturvergütung
erwirtschaftet werden muss, ergäbe sich die

Service-Fee   17,65 %

Material-Netto   85.000
Media-Netto-Netto   340.000

Gesamtnetto   425.000

Bei einer getrennten Vorkalkulation ohne Berücksichtigung von
Provisionen könnte folgende Aufteilung sinnvoll sein:

Honorar Medienbereich   40.000
entspricht 10 %

Honorar Nichtmedienbereich (35 %)   35.000

Gesamthonorar   75.000

**Beispielsrechnungen für Etats unterschiedlicher Größe
(mittlerer Etat – streuintensiv)**

Neben dem **Kosten-Plus-Verfahren** als detaillierte (Ist-)Kostenrechnung mit
einem „Gewinn"-Aufschlag sind **Pauschalierungen** von Honoraren für die Gesamtleistung oder Teilleistungen (Sollkosten) ebenso möglich, wie die Vereinbarung von
Stundenhonoraren. Bei Stundenhonoraren wird der reine Zeitaufwand abgegolten. Das insgesamt zu zahlende Honorar ist erst nach Abschluss des Auftrages
bekannt. Die Honorarhöhe richtet sich nach der Qualifikation bzw. dem Aufgaben-
bereich des Leistungserbringers. In Zeithonoraren (Stundensätze, Tagessätze usw.)
werden selbstverständlich alle **Nebenkosten** des entsprechenden „Arbeitsplatzes"
abgerechnet. Daher ergeben sich teilweise optisch recht hoch wirkende Honorare,
die aber durchaus gerechtfertigt sind. Die Erbringung von Beratungs- und Dienstleistungen machen einen Apparat erforderlich, der aus der Dienstleistung nicht
immer unmittelbar ersichtlich ist. Die Höhe der Zeithonorare differiert daher auch
in Abhängigkeit von der Ausstattung und dem **Leistungskatalog** eines Beratungs-
unternehmens. Zeithonorare sind nur vor diesem Hintergrund und nicht absolut
vergleichbar. Bei der Auswahl und Beurteilung von Agenturen ist daher unbedingt
das Profil der eigenen Leistungsanforderungen mit zu berücksichtigen.

| Art der Leistung/ | Ø-Sätze in € | |
Leistungsersteller	von	bis
Beratung	70,–	135,–
Administration	40,–	65,–
Geschäftsleitung	90,–	215,–
Creation/Grafik	65,–	130,–
Text	65,–	125,–
Reinzeichnung/ DTP-Montage	45,–	85,–

Abb.: Stundenhonorare für Beratungsleistungen
Quelle: Etatkalkulator 2003/2004, Creativ Collection Verlag GmbH, Freiburg

Das Problem der Ungewissheit bei der **Abschätzung der Kosten** für die Zusammenarbeit mit Werbeagenturen lässt sich durch die Vereinbarung von Pauschalen für einzelne Leistungen lösen. Für verschiedene Teilleistungen werden Gegenleistungen bestimmt, die unabhängig von dem tatsächlichen Zeitaufwand sind. Selbstverständlich liegt den Preisen für die Einzelleistungen ein aus der Erfahrung **geschätzter Zeitaufwand** zu Grunde, ebenso wie für die Ermittlung der Teilkostenbestandteile die Kostenrechnung der Vergangenheit herangezogen wird. In gewisser Hinsicht kann auch die Vereinbarung einer Service-Fee bei feststehender Gesamtetatsumme als Pauschalierung verstanden werden.

Die Pauschalierung von Agenturvergütungen setzt voraus, dass von beiden Seiten ein entsprechend genaues **Briefing** erarbeitet wird und der Umfang der Leistungen sowie der gewünschten Werbeaktivitäten überhaupt vorher bekannt ist. Wesentliche Planungsarbeiten müssen bereits im Unternehmen geleistet worden sein, um die zu erwartende Honorarhöhe abschätzen zu können. Unter Umständen muss die Pauschalierung in mehreren Schritten über die Erarbeitung einer Grobkonzeption bis zu Detailarbeiten erfolgen. Wenn bei pauschalierter Abrechnung nicht in diesem Sinne verfahren wird, kann es zu **Fehlkalkulationen** kommen, die hauptsächlich auf folgende Gründe zurückzuführen sind:

- Gründe bei der **Werbeagentur**
  – Überschätzung der Leistungsfähigkeit seitens der Agentur
  – schlechte Organisation der Agenturarbeit
  – falscher Einsatz des Mitarbeiterstabes bzw. ständiger Wechsel der Mitarbeiter für unterschiedliche Arbeitsbereiche (Problemkenntnis, Einarbeitungszeiten)
  – hohe Ausfallzeiten bei den Mitarbeitern

- Gründe beim **auftraggebenden Unternehmen**
  – falsches bzw. unvollständiges Briefing
  – unvollständiges Verzeichnis der gewünschten Leistungen
  – mangelnde Problemkenntnis beim Auftraggeber

– Entscheidungsschwierigkeiten beim Auftraggeber mit der Folge verzögerter
  Entscheidungen bzw. dem Nachschieben neuer Auftragstatbestände
– Preisveränderungen bei Fremdleistungen

Leistungsbezeichnung	Ø-Honorare in €
Anzeigen (Texte)	
Tagespresse, 1/1	ab 650
Fachzeitschrift, 1/1	ab 550
Prospekt, 8 Seiten DIN A 4	ab 1.400
Katalog, je Seite	ab 190
Direct Mailing Package	ab 1.300
Plakate/Poster	ab 600
Konzeptionen	ab 2.800
Etikett/Verkaufspackung	
Produkt/Markenausstattung (groß)	ab 10.000
Corporate Design (mittleres Unternehmen)	ab 11.000
Wettbewerbspräsentationen (Etatsummen...)	
bis 150.000	2.500 - 7.500
bis 250.000	3.000 - 9.000
bis 500.000	4.500 - 20.000
über 500.000	6.500 - 25.000
Spots (Idee, Drehbuch, Text)	
Funk-Spot, 30 Sek.	ab 2.500
TV-Spot, 30 Sek.	ab 4.800

Abb.: Kostenbeispiele für typische Einzelleistungen von Agenturen
Quelle: Etat-Kalkulator 2003/2004, creatic collection Verlag GmbH Freiburg

Eine Entscheidung für oder gegen ein bestimmtes Abrechnungssystem kann hier
nicht getroffen werden. Alle genannten Systeme besitzen ihre Vorteile und ihre
Nachteile. Die Sinnfälligkeit des Einsatzes der Abrechnungssysteme ist meist von
den **Rahmenbedingungen** der Agentur (Größe, Leistungskatalog, Ausstattung
usw.) und der besonderen Situation des Auftraggebers abhängig (Umfang des
Auftrages, Höhe der Etatmittel, Fachkenntnis usw.). Gegen Kostenverfahren wird
allgemein angeführt, dass sie der Kreativität schaden könnten, da nicht genügend
Handlungsspielraum besteht und schließlich ein Handeln entgegen dem Rational-
prinzip begünstigt wird, da durch Kostenproduktion oder ein Leistungsangebot, das
nicht unbedingt notwendig ist, auch eine Einkommensverbesserungspolitik von
Agenturseite betrieben werden kann. Gegen Provisionsverfahren spricht, dass diese
zwar den notwendigen Rahmen für kreative Entfaltung abgeben können, aber in
keinem rechten Verhältnis zur Leistung an sich stehen. In der Realität haben alle
Verfahren ihre Einsatzberechtigung. Sie werden häufig in **Kombination** eingesetzt.

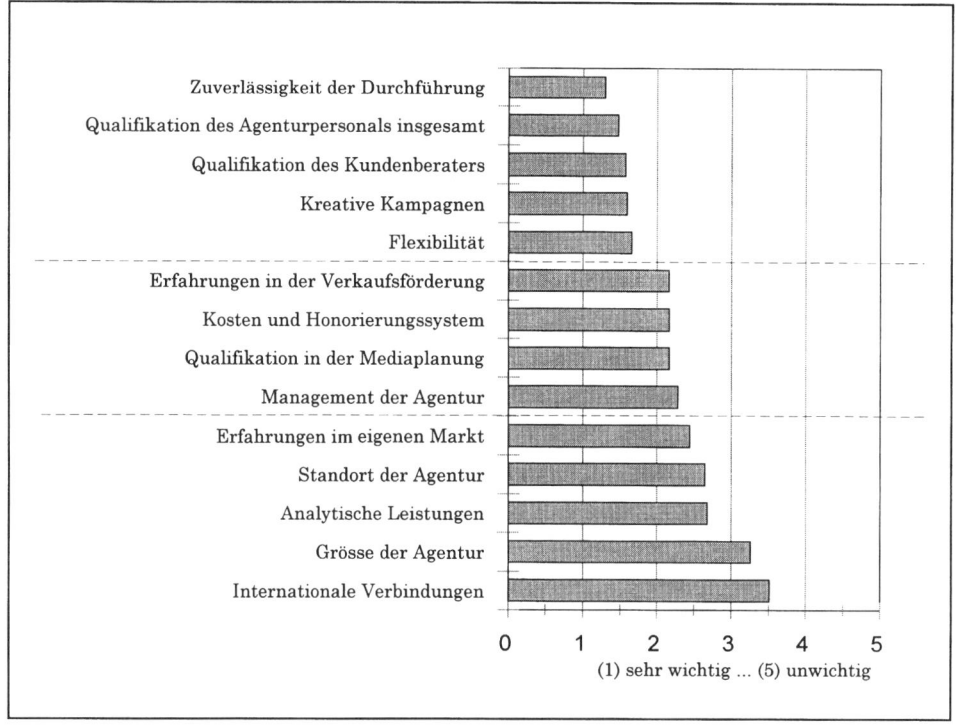

Abb.: **Auswahl- und Entscheidungskriterien für die Zusammenarbeit mit einer Werbeagentur**

Für die Auswahl von Werbeagenturen spielt das Abrechnungssystem eine wichtige Rolle. Es ist jedoch zu berücksichtigen, dass die Beurteilung der Kosten einer Werbeagentur stark abhängig ist von den Leistungen bzw. der Erfüllung von kundenseitig formulierten Anforderungskriterien.

So kann z.B. die folgende Kriterienliste bzw. Checkliste zur Beurteilung von **Werbepräsentationen** herangezogen werden:

1. Konzeptionelle Lösung der gestellten Aufgabe
   1.1 **Informationsverarbeitung**
      - Richtige Interpretation der Daten
      - Eigene Beiträge zur Informationsbeschaffung
   1.2 **Strategieentwicklung**
      - Situationsanalyse (korrekte Wiedergabe von Markt und Marktbeziehungen)
      - Umfassendes Marketing- und Kommunikationskonzept
      - Berücksichtigung von Synergieeffekten innerhalb des Kommunikations-Mix
      - Korrekte Problemerfassung und Zielgruppenadäquanz
      - Berücksichtigung weiterführender und übegreifender Problembereiche
      - Detailliertheit und Differenziertheit von Mediaplan und Mediaselektion

2. Inhaltliche Lösung der gestellten Aufgabe

2.1 Erfassung der **Aufgabenstellung**
- Produkt- und Markenverständnis
- Erkennen der wesentlichen Produktfeatures
- Inhalt der Werbebotschaft
- Berücksichtigung von Alternativen

2.2 **Umsetzung**
- Kreativität (Originalität, Humor, Ästhetik usw.)
- Eigenständigkeit von Botschaft und Kampagne
- Kreation eines Marken-Charakters
- Zielgruppenansprache
- Darstellungsweise (redaktionell, bildlich, akustisch usw.)
- Glaubhaftigkeit/Überzeugungskraft

3. **Präsentation** durch die Agenturmannschaft
- Kompetenz und Kommunikationsfähigkeit der Mitarbeiter
- Kritikfähigkeit
- Identifiktation der Agenturmitarbeiter mit dem Produkt
- Persönliches Engagement der Mitarbeiter
- Handling/Darbietung
- Flexibilität
- Gesamteindruck der Präsentation
- Professionalität

4. Sonstiges
- Kosten-Leistungs-Verhältnis (Abrechnungsmodus, Vertrag usw.)
- Pünktlichkeit/Termintreue
- Steuerbarkeit einzelner Werbemittel in Problemsituationen
- Einbeziehung von Erfolgskontrolle

3. Tendenzen

Die weitere Entwicklung und die Aufgaben von Werbeagenturen können durch folgende Trends charakterisiert werden (*ZAW*, Werbung in Deutschland; GWA):

- Die Serviceansprüche und die Etats mittlerer und kleinerer Unternehmen vor allem aus den Dienstleistungsbereichen nehmen zu. Daraus folgt, dass immer mehr Unternehmen „agenturreif" werden.

- Die Bedeutung der Werbung für technisch-industrielle Produkte nimmt zu. Die Fachwerbung, Direkt-Werbung und Drucksachenwerbung nimmt zu.

- Das Agenturgeschäft wird vom Publikums-Media-Trend unabhängiger, weil eine Verlagerung der Abrechnungssysteme von Mediaprovisionen zu festen Honorare bzw. eine Anrechnung der Mediaprovisionen auf feste Honorare stattfindet.

- Die Tendenz zu Wettbewerbspräsentationen steigt ebenso wie die Bereitschaft der Kunden zur Honorierung. Der Grundsatz, wer bestellt bezahlt, wird inzwischen respektiert. Die Nutzungsrechte der Agenturen für Wettbewerbspräsentationen werden akzeptiert.

- Erfolgsorientierte Vergütungssysteme finden immer mehr Befürworter bei den Werbeagenturen vor allem, wenn sie zusätzlich zu den klassischen Systemen vereinbart werden.

- Die Bedeutung der „Effizienz der Werbung" nimmt für die Werbetreibenden zu. Für die Agenturen lässt sich das erreichen durch fundierte Strategien, kreative Kampagnen, optimierten Einsatz der Kommunikations-Mix-Faktoren und intensive Werbeerfolgskontrolle.

- In den regionalen und überregionalen Tageszeitungen sowie in Fachmedien hält der Trend zu größeren Anzeigenformaten und zur Farbe an, was gleichermaßen für den fortwachsenden Werbe-Wettbewerb wie für die höheren Ansprüche an eine kreative Umsetzung spricht.

- Das zunehmende Medienangebot erlaubt auch kleineren und flexiblen Werbetreibenden und Agenturen, Marktvorteile neben den einkaufmächtigeren Mitbewerbern wahrzunehmen.

- Große Unternehmen mit mehreren Produkten und Etats neigen zu einer Verteilung der Aufgaben an verschiedene Agenturen. Daraus folgt eine Zunahme der Etats trotz einer Konzentration in der werbetreibenden Wirtschaft.

- Mit der ständig wachsenden Zahl der Agenturen nimmt auch deren Spezialisierung zu. Es gibt bereits Spezialagenturen für pharmazeutische Werbung, für Produktentwicklung und Verkaufsförderung, für Einzelhandelswerbung, für technisch-industrielle Werbung oder für Sportwerbung.

- Immer mehr Agenturen können mit internationalem Service vor allem innerhalb des europäischen Marktes aufwarten, durch direkte Partnerschaften und Kooperationen.

- Nach der Lockerung des Verbots der vergleichenden Werbung wird erwartet, dass diese Form der Werbung in zunehmendem Maße genutzt wird.

- Nicht nur im Zusammenhang mit der so genannten internationalen Globalisierung gewinnen „neue interaktive Medien" an Bedeutung.

- Die Internetpräsenzen von Agenturen nehmen zu. Das World Wide Web (WWW) wird sowohl von allen Beteiligten (Medien, Agenturen, Verbände, Werbetreibende usw.) bereits genutzt. Vielfach beschränken sich die Internetauftritte allerdings noch auf die Startseiten.

Kontrollfragen

(1) Welche Aufgaben hat der Werbeleiter in einem Unternehmen zu erfüllen?

(2) Welches sind die historischen Wurzeln der Werbeagentur?

(3) Welche Aufgaben werden von Werbeagenturen übernommen?

(4) Welche Aufteilungen nach Tätigkeitsgebieten findet man immer wieder bei Werbeagenturen?

(5) Welche Leistungsgrundsätze spielen bei der Wahl einer Werbeagentur und bei der Zusammenarbeit mit ihr eine Rolle?

(6) Wie lässt sich die Liste der Leistungsgrundsätze im Rahmen der Auswahlentscheidung von Werbeagenturen verwenden?

(7) Mit welcher betrieblichen Organisationsform ist die Zusammenarbeit mit Werbeagenturen vergleichbar?

(8) Wie wird der notwendige Kontakt zwischen Werbeagentur und Unternehmen aufrecht erhalten?

(9) Welche grundsätzlichen Möglichkeiten der Abrechnung zwischen Werbeagentur und Unternehmen gibt es?

(10) Welche Gründe lassen sich nennen für die Zahlung von Mediaprovisionen?

(11) Worin liegen die besonderen Vorteile einer Abrechnung nach Mediaprovisionen?

(12) Was versteht man unter einer Service-Fee?

(13) Unterscheiden sich die gezahlten Vergütungen voneinander, wenn auf der Grundlage von Mediaprovisionen oder Service-Fee abgerechnet wird?

(14) In welchem Zusammenhang steht die Mittlerprovision und die Leistung einer Werbeagentur?

(15) Für welche Etats eignen sich Provisionsverfahren als Abrechnungsgrundlage besonders gut?

(16) Welche Argumente sprechen für eine Abrechnung auf Honorarbasis?

(17) Auf welcher Basis werden Zeithonorare für die Leistungen von Werbeagenturen kalkuliert?

(18) Wann ist die Abrechnung nach (Zeit-)Honorar besonders angebracht?

(19) Welche Voraussetzungen müssen gegeben sein, damit eine Pauschalierung der Werbeagenturvergütung vorgenommen werden kann?

(20) Welcher Zusammenhang besteht zwischen dem Briefing und der Agenturabrechnung?

(21) Welche Gründe sind für eventuelle Unstimmigkeiten bei der Leistungsabrechnung zwischen Agentur und Auftraggeber in der Regel verantwortlich?

(22) Welche generellen Tendenzen lassen sich für die Zusammenarbeit mit Werbeagenturen beobachten?

Lösungshinweise

Literatur

BDW Deutscher Kommunikationsverband (Hrsg.): Berufliche Honorare und
Vergütungen im Kommunikationsbereich, o. J.

Behrens, K.C.: Absatzwerbung, Wiesbaden 1963

Binias, M.F.: Werbemittlungen, in: Behrens, K.C. (Hrsg.): Handbuch der Werbung,
2. Auflage, Wiesbaden 1975, S. 341 ff.

Damrow, H.: Der Werbeleiter, in: Behrens, K.C. (Hrsg.): Handbuch der Werbung,
2. Auflage, Wiesbaden 1975, S. 325 ff.

Holscher, C.: Werbebetrieb, in Tietz, B. (Hrsg.): Handwörterbuch der Absatzwirtschaft, Stuttgart 1974, Sp. 2211 ff.

Huth, R./Pflaum, D.: Die Einführung in die Werbelehre, 6. Auflage, Stuttgart/
Berlin/Köln/Mainz 1996

Kath, J.: Wie wählt man seine Werbeagentur?, in: Marketing Journal, 1976,
S. 378 ff.

Kröter, H.: Berufe in der Werbung, Düsseldorf/Wien 1977

Leitherer, E.: Betriebliche Marktlehre, 1. Teil, Grundlagen und Methoden, Stuttgart 1974

Neske, F.: Gabler-Lexikon Werbung, Wiesbaden 1983

Pepels, W.: Kommunikations-Management, Marketing-Kommunikation vom Briefing bis zur Realisation, 3., überarb. u. erw. Aufl., Stuttgart 1999

Poth, L.: Der Werbefachmann, Neuwied 1977

Prognos (Hrsg.): Möglichkeiten und Wege zur wirkungsvollen Zusammenarbeit
zwischen Werbungstreibenden und Werbeagenturen, Basel 1984

Rogge, H.-J.: Grundzüge der Werbung, Berlin 1979

Rogge, H.-J.: Planungs- und Informationsverhalten in Werbeagenturen - Ergebnisse einer empirischen Untersuchung, Arbeitsberichte aus dem Fb Wirtschaft, FH
Osnabrück, Nr. 2/80, Osnabrück 1980

Rogge, H.J.: Praxis der Werbeplanung in mittelständischen Unternehmen - Tendenzen und Hypothesen, Fachhochschule Osnabrück, Arbeitsberichte aus dem
Fb Wirtschaft Nr. 6/82, Osnabrück 1982

v. Rohrscheidt, J.: Werbeagenturen, in: Behrens, K.C. (Hrsg.): Handbuch der
Werbung, 2. Auflage, Wiesbaden 1975, S. 347 ff.

Seelmann, H.: Was darf Werbung kosten?, in: Marketing Journal, 1975, S. 449 ff.

Seelmann, H.: Kosten- und Ertragsrechnung in Werbeunternehmen, in: Werbe-
formum, 7/1979

Schnötzinger, P.: Über den Werbeerfolg, seine Abhängigkeit vom Werbeziel und
die Problematik seiner Ermittlung, Berlin 1970

Seyffert, R.: Werbelehre, 2 Bände, Stuttgart 1966 S. 499 ff.

Sundhoff, E.: Die Werbekosten als Determinanten der Wirtschaftswerbung, Stuttgart 1976

Tietz, B./Zentes, J.: Das Werbemanagement im Unternehmen, in: Tietz, B. (Hrsg.):
Die Werbung, Band 3, Landsberg am Lech 1982

Zuberbier, J.: Die Werbeagentur - Funktionen und Arbeitsweise, in: Tietz, B.
(Hrsg.): Die Werbung, Landsberg am Lech 1982

D. Zielgruppen

1. Allgemeine Anforderungen

Die Gruppe von Personen und/oder Institutionen, an die sich die Werbemaßnahmen richten, um das Werbeziel zu erreichen, wird Zielgruppe genannt. Die Existenz einer Zielgruppe setzt die vorhergehende Bestimmung eines oder mehrerer Werbeziele voraus. Das ist nicht unbedingt in einer zeitlichen Ordnung zu verstehen. Tatsächlich kann eine Vorstellung über die Zielgruppe bestehen, bevor die Zielformulierung auf die Zielgruppe ausgerichtet wird. In der Realisation sind Zielgruppe und Ziel miteinander verbunden. Personen oder Institutionen, die unbeabsichtigt durch Werbemaßnahmen erreicht werden, gehören nicht zur Zielgruppe, auch nicht, wenn möglicherweise bei diesen Reaktionen im Sinne der Erfüllung der Werbeziele hervorgerufen werden. Zielgruppen werden nach dem Kriterien der **Zielerreichung** gebildet. Von Zielgruppenmitgliedern wird angenommen, dass sich bei diesen die Werbe- oder Marketingziele am einfachsten erreichen lassen.

Da Zielgruppenbildung abhängig von der Zielbildung ist, gibt es grundsätzlich mindestens ebenso viel Zielgruppen wie es Ziele gibt. Selbstverständlich können die Zielgruppen für die Erreichung bestimmter unterschiedlicher Ziele letztlich identisch sein. Ihre Beschreibung richtet sich aber nach den zu Grunde liegenden Zielsetzungen. Wir haben gesehen, dass es verschiedene Ziele auf verschiedenen Ebenen gibt. Die Überlegungen zur **Hierarchie** und **Kompatibilität** der Ziele lassen sich auf die Zielgruppen übertragen. Das Marketing insgesamt und alle Teil- bzw. Funktionsbereiche innerhalb des Marketing können ihre eigenen Zielgruppen besitzen. Daraus folgt ein Problem der Abstimmung und Verständigung über die Zielgruppen. Die Problematik des Marketing-Mix macht sich voll bemerkbar. Damit Informationen über die Zielgruppen ausgetauscht werden können und damit gegebenenfalls überprüft werden kann, inwieweit Zielgruppen identisch oder miteinander vereinbar sind, bedarf es einer eindeutigen Sprachregelung. Zielgruppen werden daher durch die Nennung bzw. Beschreibung bestimmter Merkmale gebildet.

Grundsätzlich lassen sich Zielgruppen nach ihren Mitgliedern in zwei **Hauptgruppen** einteilen, die sich zu weiteren Untergruppen kombinieren lassen. Die Eigenschaften Käufer/Nichtkäufer und Verwender/Nichtverwender sind besonders geeignet, die Werbeziele zu reflektieren. Es lässt sich eine Zielgruppenmatrix mit vier Feldern bilden.

	Käufer	Nichtkäufer
Verwender		
Nichtverwender		

Abb.: Schema von Zielgruppentypen

In dieser Matrix können in die einzelnen Felder, die Merkmale im Besonderen oder die verfolgten Ziele eingetragen werden. Alle Felder sind für Werbezielgruppen möglich und sinnvoll. Für jede dieser Grobzielgruppen ist eine andere Form der Werbung denkbar. Bei der **Käufer/Verwender-Kombination** ist z.B. eine enge Verbindung von Produktgestaltung, Preisgestaltung und Werbeargumentation denkbar. Die **Verwender/Nichtkäufer-Kombination** kann die Produktgestaltungsargumente gegenüber Preisargumenten oder Distributionsargumenten besonders hervorheben. **Käufer/Nichtverwender-Kombinatione**n lassen eine Werbung unmittelbar vor dem Kauf zur Erhöhung der Kaufwahrscheinlichkeit sinnvoll erscheinen.

Selbst die Kombination Nichtkäufer/Nichtverwender ist als Werbezielgruppe nicht zu vernachlässigen. Sie kann in speziellen Situationen von besonderer Wichtigkeit sein. **Bedarfsberater** und **Meinungsführer** sind Beispiele für solche Zielgruppen. Im Rahmen einer mehrstufigen Kommunikation bekommt diese Kategorie von Zielgruppe besondere Bedeutung. Sie kann als Verbindungsglied zu den anderen Zielgruppen verstanden werden. Eine parallele Verwendung von Zielgruppen ist besonders dann angebracht, wenn die **Rollen** „Käufer" und „Verwender" ganz oder teilweise auseinander fallen.

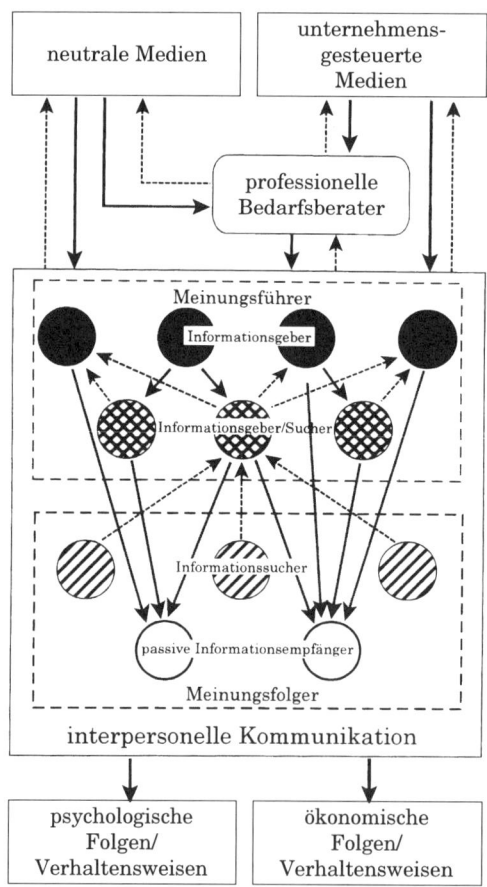

Abb.: Asymmetrisch-vielstufiges Meinungsführermodell

Beispiele für **Einsatzbereiche von Zielgruppen** aus den Kategorien:

• **Käufer/Verwender**

- Produkte des persönlichen Bedarfs (Zigaretten, Bekleidung)
- Einzelpersonen bzw. Einpersonenhaushalte

• **Käufer/Nichtverwender**

- Geschenkartikel
- Eltern, Großeltern usw.
- Entscheidungsträger in Unternehmen
- Produkte mit speziellen Einsatzgebieten
- Auftragskäufe

• **Nichtkäufer/Verwender**

- Geschenke/Wünsche
- Mitarbeiter in Unternehmen
- Mitglieder in Lebensgemeinschaften/Haushalten
- Lebensmittel
- Produkte des täglichen Bedarfs oder Grundbedarfs
- Verwender ohne Budget
- Auftraggeber für Auftragskäufe
- Kinder
- alte Leute

• **Nichtverwender/Nichtkäufer**

- Großobjekte
- Spezialprodukte besonderer technischer Komplexität
- Berater (Ingenieure, Architekten, Ärzte, Lehrer usw.)
- Geldgeber/Finanziers (Krankenkasse, Stiftungen, Öffentliche Hand)
- Informationsübermittler (Gatekeeper).

Zielgruppen sollen gezielte Werbemaßnahmen zur Erreichung der formulierten Werbeziele ermöglichen. Die Erreichung der Werbeziele erscheint bei den Zielgruppenanforderungen im Vergleich zu anderen Werbeerreichten besonders einfach. Damit Zielgruppen dieser Anforderung gerecht werden können, müssen sie bestimmte **Eigenschaften** besitzen. Die Bedingungen einer brauchbaren Zielgruppendefinition sind

• Messbarkeit/Beschreibbarkeit,
• Segmentbildungseigenschaft/Trennfähigkeit,
• Wiedererkennbarkeit,
• Verhaltensrelevanz,
• Realisierbarkeit/Zugänglichkeit,
• Zielkonkretisierungsmöglichkeit,
• Beziehung zur Kauf- bzw. Entscheidungssituation.

Wenn alle Bedingungen erfüllt sind, können die Zielgruppen als voll **operational** angesehen werden. Leider lassen sich in der praktischen Arbeit in der Regel nicht alle Bedingungen gleichzeitig erfüllen. Das ist ein weiterer Grund, weswegen sinnvollerweise mit mehreren Zielgruppen parallel gearbeitet werden sollte.

Segmentbildung bedeutet, dass die aus der Gesamtheit der möglichen Marktteilnehmer isolierte Zielgruppe in sich **homogen** und gleichzeitig **trennscharf** zu Nichtgruppenmitgliedern ist. Daraus folgt die Möglichkeit einer gezielten Vorgehensweise im Rahmen der Werbung, sowohl hinsichtlich der Gestaltung der Botschaft als auch der Kontaktaufnahme. Schwierigkeiten bereitet das Homogenitätskriterium. Eine Zielgruppe kann nach einem bestimmten Merkmal (z.B. Alter) homogen sein, aber sich bezüglich des Verwendungs- oder Kaufverhaltens dann doch nicht als homogen erweisen. Hier konkurrieren in gewisser Hinsicht formale Kriterien mit verhaltensbezogenen Kriterien.

Trennschärfe ist gegeben, wenn ein Zielgruppenangehöriger entweder der einen Gruppe oder einer anderen Gruppe zugeordnet werden kann, niemals aber zweien zugleich. Ungenaue Bezeichnungen, wie z.B. globale Altersangaben (alt oder jung) ohne genaue Begrenzungen, führen zu nicht trennscharfen Zielgruppen ebenso, wie die gleichzeitige, aber unabhängige Verwendung mehrerer Merkmale, die sich nicht gegenseitig ausschließen (z.B. Altersklasse und/oder Einkommensklasse). Wenn keine klaren Aussagen über die Kombination der Merkmale gemacht werden, kann es z.B. geschehen, dass Personen nach dem Merkmal Altersklasse nicht zu einer Zielgruppe gehören, wegen des Vorliegens der Merkmalsausprägung Einkommensklasse aber sehr wohl dazu gehören. Zielgruppendefinitionen müssen daher nach solchen Uneindeutigkeiten untersucht werden.

Zielgruppendefinitionen sind ein Kristallisationspunkt in der Werbeplanung. Wenn der Etat und die Zielsetzung die Rahmenbedingungen schaffen, dann verbinden eine bzw. verschiedene Zielgruppen die einzelnen Teilbereiche miteinander. Werbung ist ein Prozess, an dem viele beteiligt sind. Das macht klare Sprachregelungen erforderlich, damit die Kommunikation auch innerhalb der Werbung reibungslos funktionieren kann. Das Kriterium der **Wiedererkennbarkeit** von Zielgruppen stellt darauf ab. Alle Personen innerhalb und außerhalb des Unternehmens, die mit der Zielgruppe als Leitmotiv arbeiten, müssen darunter auch das Gleiche verstehen. Die Beschreibung muss unabhängig von der Person, die mit dieser Beschreibung arbeitet, zu dem gleichen Ergebnis hinsichtlich der Zusammensetzung der späteren realen Zielgruppe führen.

Zielgruppen sollten weitgehend mit objektiven, d.h. **überprüfbaren Merkmalen** beschrieben werden. Das Problem liegt allerdings darin, dass auch objektive Merkmale teilweise zu **subjektiven** Interpretationen führen können. Formalisiert man die Merkmale der Zielgruppe und gibt man genaue Messregeln an, dann kann es passieren, dass die Zielgruppe zwar die Wiedererkennbarkeit garantiert und auch die Segmentbildung hinsichtlich Homogenität und Trennschärfe zulässt, aber der Bezug zum eigentlichen Werbeziel nicht mehr gegeben ist. Es fehlt dann an **Verhaltensrelevanz** hinsichtlich des Kaufes oder der Verwendung.

Realisierbarkeit einer Zielgruppe heißt, dass die mit bestimmten Merkmalen beschriebenen Zielgruppen sowohl tatsächlich existieren als auch auffindbar sein müssen. Durch Kombination von vorgegebenen Merkmalen lassen sich beispielsweise Personen konstruieren, die einer Idealvorstellung entsprechen bezüglich der Marketingmaßnahmen und der sonstigen Anforderungen an Zielgruppen. Solche **Idealtypen**, oder besser Wunschbilder, entsprechen aber nicht in der Realität vorkommenden Personen. Ein anderes Problem liegt in der Tatsache, dass es zwar möglich sein kann, real durchaus existierende Zielgruppen zu beschreiben, später aber keine Möglichkeit besteht zu diesen Zielgruppen Kontakt aufzunehmen, da nicht bekannt ist, welche sonstigen Merkmale auf die Zielgruppe zutreffen oder wo die Zielgruppe rein räumlich zu finden ist.

Die Zielkonkretisierung ist Ausdruck der Forderung, dass Zielgruppen Bestandteil der Zielformulierung werden müssen und **umsetzbar** sein müssen in **bestimmte Werbemaßnahmen**. Wenn für eine Zielgruppe nicht angeben werden kann wie sie sich in Maßnahmen der Streuung oder Gestaltung niederschlägt, erfüllt sie diese Bedingung nicht. In der Regel ist die Bedingung mit den Bedingungen Wiedererkennbarkeit und Realisierbarkeit verknüpft.

2. Zielgruppenmerkmale im Einzelnen

2.1 Gesamtüberblick

Zielgruppen lassen sich nach verschiedenen Merkmalen bilden, die in Klassen eingeteilt werden können. Die Unterscheidung in Merkmale der **Verhaltensdisposition** und der **Verhaltensbeschreibung** ist als erste Klassifikation besonders brauchbar.

Schema von Zielgruppenmerkmalen

• **Verhaltensdisposition**

– Demografische Merkmale

Personenmerkmale, Geschlecht, Alter, Größe, sonstige körperliche Merkmale, Ausbildung, Konfession, Familienstand, Besitzmerkmale, usw.

– Gruppenmerkmale

soziale Schicht, Familienlebenszyklus, Haushaltsgröße, geografische Merkmale, Besitzmerkmale, usw.

– Psychologische Merkmale

Einstellungen
Meinungen
Motivationen

Diffusionsmerkmale (Pioniere, frühe Abnehmer, frühe Mehrheit, späte Mehrheit, späte Abnehmer)
Bekanntheit
Wissen

* **Verhaltensbeschreibungen**

  – Kaufgewohnheiten

  produktbezogenes Verhalten beim Kauf (Markenkäufer, Marken-Treue, Preisverhalten, Preisklassen, Mengen- und Größenverhalten, Qualitätsverhalten)

  distributionsbezogenes Verhalten beim Kauf (Fachhandel/Nichtfachhandel, Einzelhandel/Warenhaus/Versandhandel, Einzelhandel/Großhandel/Cash&Carry/Discount)

  zeitbezogenes Verhalten beim Kauf (Kauffrequenz, Kauftermine)

  personenbezogenes Verhalten beim Kauf (Einkaufsdurchführung, Einkaufsentscheidung)

  – Verbrauchs- und Gebrauchsverhalten

  produktbezogenes Verhalten (Menge, Art der Verwendung, Folgebedarf an anderen Produkten, Handhabung)

  zeitbezogenes Verhalten (Verwendungshäufigkeit, Verwendungszeiten)

  ortsbezogenes Verhalten (Verbrauchs- und Verwendungsort, Verwendungsumgebung, Aufbewahrungsort)

  personenbezogenes Verhalten (Individuen, Gruppen)

Verhaltensdispositionen sind Merkmale, aus denen sich unter Umständen auf ein zukünftiges Verhalten schließen lässt. Sie sind Eingangsgrößen, aber auch intervenierende Variable von Modellen des Konsumentenverhaltens (*Kroeber-Riel*, 1980). Die unterschiedlichen Arten der Verhaltensdisposition sind mit unterschiedlichen Wahrscheinlichkeiten für das Eintreffen bestimmter Reaktionen bzw. Aktionen der Zielgruppenmitglieder verbunden. Die Wahrscheinlichkeit für das Eintreten bestimmter Ergebnisse der Kauf- oder Verwendungsentscheidung ist bei demografischen Merkmalen grundsätzlich geringer als bei psychologischen Merkmalen.

Die Verknüpfung der **demografischen** Merkmale und der ökonomischen Folgen lässt sich in der Regel nur in einem **Black-Box-Modell** darstellen und ist daher mehr mechanistischer Natur. Die geforderte Homogenität der Zielgruppe ist daher in erster Linie für den Bereich der Inputvariablen gegeben. Die Outputvariablen Kauf und Verwendung sind dafür aber keineswegs in ihrer Homogenität sichergestellt. Dafür lassen sich demografische Merkmale jedoch sehr genau abgrenzen. Informationen bzw. Datenmaterial über die demografischen Merkmale der Marktteilnehmer, über ihre Verteilung und ihr räumliches Vorkommen sind leicht und in genügender Menge zu erhalten (Amtliche Statistik, Media-Analyse).

Psychologische Zielgruppenmerkmale besitzen eine größere Nähe zur ökonomisch erwünschten Handlung (Kauf, Empfehlung oder Verwendung von Produkten). Die Wahrscheinlichkeit für das Eintreten einer gewünschten Reaktion bei Zielgruppenmitgliedern ist sehr viel größer. Dafür lassen sich aber die Merkmale im Einzelnen viel schwieriger bestimmen. Die Merkmale sind äußerlich nicht sichtbar, was ein Wiederauffinden und Realisieren, d.h. Kontaktaufnehmen mit den Zielgruppen etwas schwierig gestalten kann. Das Datenmaterial über psychologische Variable ist weniger umfangreich und kontinuierlich. Kommunikationsschwierigkeiten über die Auslegung und das Vorhandensein der Merkmale in den Personen sind nicht selten.

Wegen ihrer leichten Beschaffbarkeit und Überprüfbarkeit werden demografisch formulierte Zielgruppen in der Werbeplanung häufig bevorzugt. Da für alle relevanten Werbeträger Daten über die demografische Struktur der Nutzer bereit stehen, ist das auch nicht weiter verwunderlich. Die Nachteile der ungenauen Zusammenhänge zwischen demografischen, bzw. äußerlich sichtbaren Merkmalen, lassen sich unter Umständen durch **Kombination von Merkmalen** zumindest teilweise kompensieren. Wenn für einzelne Merkmale Wahrscheinlichkeiten bestimmter Größenordnung für das Eintreten gewisser Verhaltensweisen bestehen, dann können diese Wahrscheinlichkeiten dadurch erhöht werden, das weitere Merkmale, für die ebenfalls höhere Wahrscheinlichkeiten für das Eintreten der Verhaltensweisen existieren, herangezogen werden.

Dadurch, dass die Anzahl der Mitglieder einer Gruppe sinkt, wenn die Anzahl der Merkmale, die sie gemeinsam haben steigt, nimmt auch die **Homogenität** der Gruppe zu. Mit zunehmender Homogenität in einer steigenden Zahl von Merkmalen nimmt aber ebenfalls die Wahrscheinlichkeit eines Zusammenhanges zwischen beschreibenden Merkmalen und Verhalten zu. Wenn es gelingt, für demografische, psychologische und verhaltensbeschreibende Merkmale größere Korrelationen zu finden, dann ist das Zielgruppenproblem seiner Lösung ein großes Stück näher gebracht. Es lassen sich dann mehrere Zielgruppendefinitionen parallel verwenden (*Rogge*, 1979).

Verhaltensbeschreibungen beziehen sich auf das tatsächliche Verhalten der Entscheider, Käufer und Verwender. Die Merkmale sind das Ergebnis (Output) der erwähnten Kaufverhaltensmodelle. Die Nähe zur werblichen Zielsetzung ist relativ groß. So gesehen müßten sich diese Merkmale als Zielgruppenabgrenzungsmerkmale geradezu anbieten. Den Verhaltensbeschreibungen haftet aber ein anderer wesentlicher Nachteil an. Verhaltensbeschreibungen beziehen sich immer auf bereits abgeschlossene Verhaltensweisen. Die Werbung richtet sich jedoch auf **zukünftiges** Verhalten. Insofern besitzen auch verhaltensbeschreibende Merkmale nur verhaltensdisponierenden Charakter. Verhaltensbeschreibende Merkmale sind dann besonders für die Werbung geeignet, wenn davon ausgegangen werden kann, dass das Verhalten stabil bleibt, d.h. extrapoliert werden kann.

Selbstverständlich sind Verbindungen zwischen den einzelnen Merkmalsgruppen vorhanden. So wird das Verhalten (z.B. Markentreue) durch demografische oder psychologische Variable (z.B. Einstellung zum Produkt) mit bestimmt.

2.2 Marktsegmentierung

Aus streutechnischen Gründen ist die Zerlegung des Marktes in einzelne Teilbereiche (Segmente) notwendig. Diese Einteilung eines großen Gesamtmarktes in eine Anzahl von kleineren **Teilmärkten**, die eine bessere und zielgerechtere Bearbeitung erlauben, nennt man auch Marktsegmentierung. So gesehen ist die Marktsegmentierung eine Grundvoraussetzung für den effektiven Einsatz der Werbung und mit dem Problem der Zielgruppenbestimmung identisch bzw. übergeordnet. Marktsegmentierung bedeutet Beschränkung bzw. Konzentration auf die für das Unternehmen erfolgversprechendsten Bereiche des Gesamtmarktes. Das Gleiche gilt für die **Zielgruppenbestimmung** in der Werbung.

Die Auswahl ist dabei stark abhängig von den eingesetzten Abgrenzungskriterien. Neben den bereits genannten für die Marktsegmentierung kommen weitere Anforderungsmerkmale hinzu:

- ökonomischer Wert,
- Marktpotenzial (Zielgruppengröße),
- zeitliche Stabilität,
- einheitliche Marketingstrategie,
- organisatorische Anwendbarkeit.

Wenn die genannten Bedingungen eingehalten werden können, ergeben sich daraus besondere Vorteile einer Zielgruppenabgrenzung bzw. Marktsegmentierung. Da sich Zielgruppenmitglieder dadurch auszeichnen, dass sie eine Reihe von Merkmalen gemeinsam haben, die die Erreichung der **Marketingziele/Werbeziele** leichter machen als bei anderen, führt die richtige Zielgruppendefinition zu einem effektiveren Einsatz der Werbung und der anderen Marketinginstrumente.

Auf der Basis der Beschreibung von Zielgruppen und der Zuordnung von möglichen Konsumenten/Abnehmern zu Zielgruppen können Unterschiede in den Motiven und Verhaltensweisen erkannt werden. Daraus resultiert eine bessere Bedürfnisbefriedigung, da einerseits durch entsprechende Argumentation die relevanten Eigenschaften der Produkte und Dienstleistungen den Betroffenen bewusst gemacht werden und andererseits der Kontakt zu denjenigen aufgenommen werden kann, die am meisten für die (vorgestellten) Produkteigenschaften sensibilisiert sind (**Nutzensegmentierung**). Verstärkt wird die Wirkung, wenn sich die anderen absatzwirtschaftlichen Instrumente wie Produkt- und Sortimentsgestaltung, Distribution und Preis ebenfalls darauf abstimmen lassen.

Marktnischen bilden sich dadurch, dass den Bedürfnissen einiger potenzieller Abnehmer keine angemessenen Bedürfnisbefriedigungsmöglichkeiten gegenüberstehen. Häufig lassen sich diese potenziellen Abnehmer nach gemeinsamen Merkmalen zusammenfassen. Die Analyse und Ableitung von Zielgruppen ist daher ein geeignetes Instrument, Marktnischen in sinnvollen ökonomischen Größenordnungen zu finden und gegebenenfalls zu erschließen (*McDonald/Dunbar*, 1995, S. 15). Die bessere Abstimmung von Bedürfniserwartungen und Leistungsversprechen kann zu einer Dominanz in den **Nischensegmenten** führen. Wegen der im Vergleich zum Massenmarkt (Gesamtmarkt) geringen Größe, ist die Gefahr einer Beeinträchtigung durch (große) Mitwettbewerber nicht so groß. Gerade für kleinere und mittelständische Anbieter ist daher die Zielgruppenabgrenzung unter besonderer Berücksichtigung von Marktnischen sinnvoll.

Die Beschränkung auf Segmente erlaubt eine Konzentration der Ressourcen auf die Teilmärkte, in denen die potenziellen **Wettbewerbsvorteile** des Unternehmens am größten sind. Gleichzeitig kann die Marktstärke verbessert werden durch größere Wirksamkeit der Marketingmaßnahmen, z.B. angepasste Werbeargumentation und bessere Kontaktmöglichkeiten.

Zielgruppenabgrenzungen, die anders sind als die der Mitwettbewerber, können die Wettbewerbssituation verbessern, weil eine direkte Vergleichbarkeit der Leistungen mit denen der Konkurrenten erschwert wird. Die Folge ist eine Art von **Alleinstellung**. Je spezifischer die Zielgruppenabgrenzung (Marktsegment) im Vergleich zu den anderen Anbietern ist, umso eher kann ein Unternehmen eine Spezialistenstellung im Teilmarkt erringen. Das verbessert die Wettbewerbsposition und führt durch die bessere Befriedigung der vorhandenen Bedürfnisse zu einer größeren Konsumentennähe.

Die Marktsegmentierung als strategische Maßnahme ist dadurch gekennzeichnet, dass sie eine verbesserte, zielgruppenbezogene Kundenorientierung anstrebt (*Becker*, 2002, S. 247). Das bedeutet, dass die einzelnen Marketingmaßnahmen, insbesondere die Produkteigenschaften (vorgestellt und real) den Anforderungen der Nachfrager angepasst werden müssen. Die miteinander im Wettbewerb stehenden Produkte besitzen unterschiedliche reale Eigenschaften bzw. diese werden von den Abnehmern unterschiedlich wahrgenommen. Die Produkte und Leistungen, die in ihren Augen am ehesten die erwarteten Eigenschaften besitzen, werden von den unterschiedlichen Zielgruppen am häufigsten nachgefragt. Die **Produktpositionierung** als aktive Maßnahme beschreibt einerseits die Position, die ein Produkt im so genannten Eigenschaftsraum tatsächlich einnimmt, andererseits stellt sie auch den Prozess dieser Einordnung dar. Dabei ist es nicht wichtig, welche Eigenschaften die Produkte tatsächlich besitzen, sondern wie sie von den Konsumenten wahrgenommen werden. Bestimmte Eigenschaften sind zwar vorhanden, für die Konsumenten aus den verschiedensten Gründen aber nicht wichtig. Darunter fällt z.B. die Unterscheidung in Grund- und Zusatznutzen. Dem Zusatznutzen oder Nebennutzen kommt in vielen Fällen eine größere Bedeutung zu als dem Grundnutzen, von dem ohnehin erwartet wird, dass er hinreichend abgedeckt wird. Positionierung ist weitgehend identisch mit den Produktmerkmalen im **Wahrnehmungsfeld** der Zielpersonen (Kunde, Rollenträger).

Basis der Positionierung ist die Sammlung von Informationen (*Becker*, 2000, S. 248) über:

- die tatsächlichen und vorgestellten Produkteigenschaften, auf die die Abnehmer/ Verwender unterschiedlich reagieren,

- die Einschätzung und Platzierung der eigenen und Konkurrenzprodukte im Raum der genannten Produkteigenschaften und

- die günstigsten Plätze für eine Einordnung der infrage kommenden Produkte im Eigenschaftsraum.

Die Marktsegmentierung liefert das notwendige Instrumentarium für die Positionierung. Wenn die Marktsegmentierungsmerkmale sich nicht nur auf demografische Merkmale beziehen, sondern im Wesentlichen **Image-** und **Einstellungsmerkmale** zur Grundlage haben, so ist die Positionierung praktisch die logische Folge. Die Positionierung folgt auf die Auswahl der Segmentierungskriterien. Es sind jedoch auch Fälle denkbar, wo die Gestaltung der Wahrnehmungsmerkmale am Anfang steht und praktisch durch die Positionierung die nachfolgende Marktsegmentierung bestimmt wird. Das könnte dann der Fall sein, wenn bei Neuentwicklungen durch Produktgestaltungsmaßnahmen bestimmte Sachzwänge entstehen. Auch von der Managementseite werden gelegentlich auf der Grundlage der Vorstellungen von Entscheidern im Unternehmen Imageräume für die anzubietenden Produkte konstruiert (der Manager fühlt sich selbst als Konsument). Im Bereich der Werbewirkungsprognose ist ein solches Vorgehen vor allem bei kleinen und mittleren Unternehmen ebenfalls nicht ungewöhnlich. Für erste Annäherungen an die spätere Positionierung und Marktsegmentierung oder als heuristischer ergänzender Ansatz sind diese auf der Intuition basierenden Positionierungsräume brauchbar.

Die Bestimmung und Ausnutzung des Wahrnehmungsraumes ist besonders wichtig bei an sich homogenen Produkten. Wenn der Preis nicht allein über Kauf oder Nichtkauf entscheiden soll, sind **Differenzierungen** notwendig. Objektiv materiell gleiche Leistungen werden von den Zielgruppenmitgliedern subjektiv unterschiedlich wahrgenommen. Mit der Positionierung werden die Produkte in den Köpfen der potenziellen Kunden platziert (*Ries/Trout*, 1986, S. 19). Daraus folgt, dass der Werbung bzw. Kommunikation eine größere Bedeutung zukommen kann als der eigentlichen Produktgestaltung. Die Verankerung der Position der relevanten realen und vorgestellten Produktmerkmale im Verbraucherdenken ist Aufgabe der Kommunikation (*Schweiger/Schrattenecker*, 1995, S. 139). Positionierung setzt eine besondere Betonung der Kriterien produktbezogenes Image und Einstellung voraus. Daraus folgt, dass die Untersuchung der Gründe für die Kaufentscheidung oder Verwendung besonders wichtig sind.

Positionierungsmaßnahmen sind besonders erfolgreich, wenn die relevanten Wahrnehmungsmerkmale bzw. Produkteigenschaften real vorhanden, erkennbar und von den potenziellen Kunden erwartet werden. Die Kommunikation braucht in einem solchen Fall lediglich die Aufmerksamkeit der Kunden auf die Merkmale zu richten, um die vorhandenen Vorurteile auszunutzen. Die Konzentration auf die **Kontaktherstellung** (Streuung) zu den im Rahmen der Marktsegmentierung abgeleiteten Zielgruppen kann dann im Vordergrund stehen. Die werbliche Argumentation sollte sich aber in erster Linie auf die Postionierungsmerkmale stützen. Positionierung kann in diesem Sinne als reiner Kommunikationsprozess zur Anpassung und Übertragung von Image- und Einstellungsmerkmalen auf die Produkte verstanden werden. Konkurrierende Produkte können voneinander unterschieden werden, wenn sie trotz relativ großer objektiver Ähnlichkeit mit unterschiedlichen Merkmalen beschrieben werden. Positionierungskonzepte im Markenartikelbereich beinhalten häufig die Bezugnahme auf Konkurrenzprodukte, von denen man sich abgrenzen möchte (*Köhler*, 1994, S. 445). Die eigentliche **Produktdifferenzierung** findet über eine Beschränkung in der Kommunikation auf eine Auswahl von Produkteigenschaften statt, die von den Mitwettbewerbern nicht verwendet wird.

Schwieriger wird es, wenn die relevanten Unterscheidungsmerkmale nicht direkt erkennbar sind, Produktmerkmale für nicht relevant erachtet werden, objektive Tatbestände nicht mit der subjektiven Wahrnehmung übereinstimmen oder die Wahrnehmungen der Konsumenten nicht dem vom Marketing gewünschten Bild entsprechen. Hier sind Korrekturen durch Kommunikationsmaßnahmen notwendig, die weit über die reine Zielgruppenauswahl hinausgehen. Im Vordergrund stehen dabei Maßnahmen der **Botschaftsgestaltung**.

Insgesamt kann die Werbung zur Positionierung im Rahmen einer Marktsegmentierung beitragen durch:

- Kommunikation von Eigenschaften bei den Zielgruppen,
- Lenkung der Aufmerksamkeit auf eine Auswahl realer und/oder vorgestellter Eigenschaften,
- Bewusstmachung und Aktivierung von Eigenschaften,
- Korrektur der Wahrnehmung,
- Schaffung von Eigenschaften in der Vorstellung durch Kommunikation.

Es kann versucht werden, den Wahrnehmungsbereich der Konsumenten vom Produkt an die Idealvorstellungen anzupassen. Ein anderer Weg ist die Veränderung der Erwartungen und Idealvorstellungen der Nachfrager an die Produkteigenschaften.

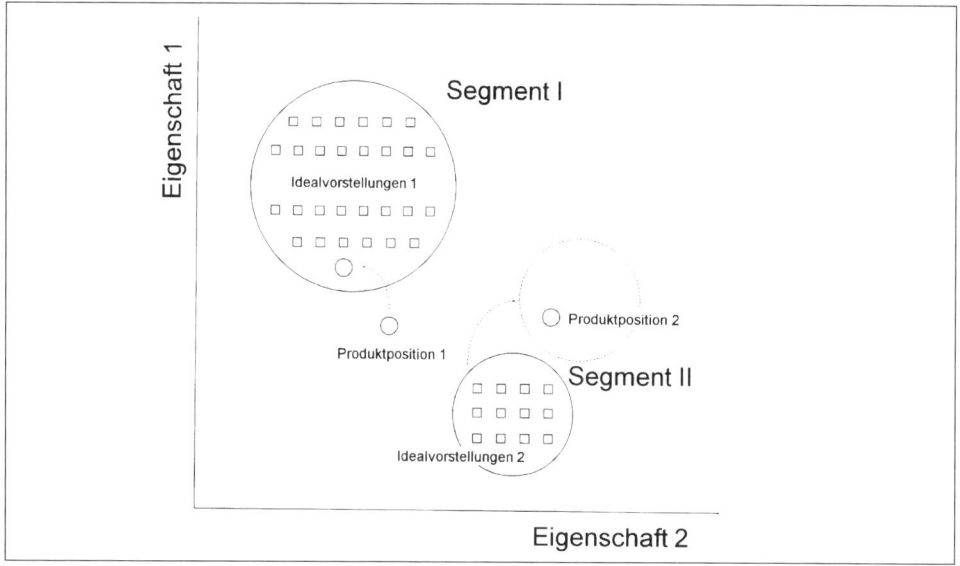

Abb.: Veränderungsmöglichkeiten von Produktpositionen und Idealvorstellungen durch Werbung

2.3 Typologien

Grundziel aller Überlegungen zu Zielgruppen ist die **Vorhersage des Verhaltens** bzw. der Reaktionen auf die eingesetzte Werbung bei den Zielgruppen. Psychologische Merkmale besitzen in der Regel eine größere Nähe zum zukünftigen Verhalten: Eine positive Einstellung zu einer Produktgattung lässt es z.B. eher wahrscheinlich erscheinen, dass ein bestimmtes Produkt gekauft wird. Dissonanzen bei Kaufentscheidungsprozessen machen es besonders notwendig, dass dissonanzabbauende Informationen im Rahmen der Werbung übermittelt werden. Genussbetonte Menschen reagieren auf emotionale Impulse in der Werbeaussage. Entscheidungsschwache Käufer brauchen Unterstützung durch entsprechende Argumente in der Werbeaussage oder durch Referenzgruppen.

Die Beschreibung von Zielgruppen aufgrund von psychologischen Zielgruppenmerkmalen allein hat etwas Isolierendes. Es ist nicht sichergestellt, dass die ausgewählten Merkmale wirklich relevant sind. Einzelne Merkmale erhalten ein zu großes Gewicht. Außerdem ist es möglich, dass sich die Eigenschaften der Wiedererkennbarkeit und der Wiederauffindbarkeit bei reinen psychologischen Zielgruppen schwer realisieren lassen. Es ist daher sinnvoll, einzelne Merkmale miteinander zu kombinieren und zu **Bündeln** zusammenzufassen. Die Anzahl der Angehörigen einer durch mehrere Merkmale beschriebenen Gruppe nimmt generell ab. Gleichzeitig steigt jedoch die Wahrscheinlichkeit, dass die Gruppenmitglieder innerhalb der Gruppe ein gleichartiges Verhalten in Bezug auf bestimmte Maßnahmen zeigen.

Die **Zusammenfassung** von Merkmalen zum Zwecke einer besseren Gesamtcharakterierung einer Gruppe lässt sich auch auf demografische Merkmale anwenden (*Rogge*, 1979, S. 86 f.). Je mehr Merkmale herangezogen werden, und je stärker die einzelnen Abgrenzungsmerkmale mit gegenwärtigen und zukünftigen Verhaltensweisen korrelieren, umso homogener kann die derart gebildete Gruppe sein. In der amtlichen Statistik werden solche Zusammenfassungen von Merkmalen z.B. als Durchschnittshaushalte (4-Personenhaushalt höheres Einkommen, 4-Personenhaushalt mittleres Einkommen, 2-Personenhaushalt niedriges Einkommen) verwendet.

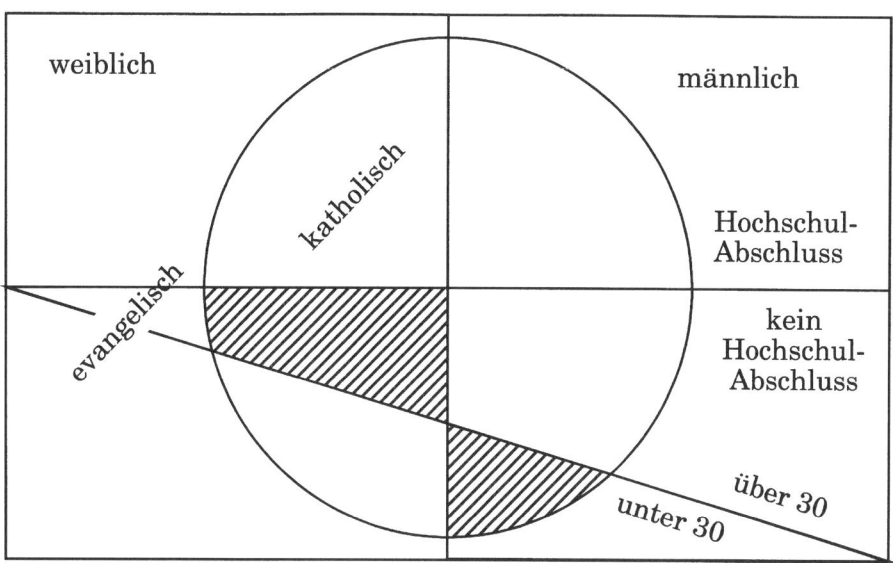

Abb.: Kombination demografischer Merkmale zur Annäherung an tatsächliches Verhalten

Werden solche Zusammenfassungen nach der Enge des Zusammenhanges vorgenommen, besteht also eine relativ hohe Wahrscheinlichkeit für das gemeinsame Auftreten der Merkmalsausprägungen, dann kann man von typischen Merkmalskombinationen sprechen. Ein **Typ** ist eine Verallgemeinerung von Objekten oder Subjekten in ausgewählten Merkmalen aufgrund von induktiver Beobachtung, Experimenten und/oder Befragungen (*Leitherer*, 1974, S. 39). Einzelne Typen sind in den Eigenschaften unterschiedlich ausgeprägt. Typen lassen sich auf rein gedanklicher Ebene ableiten. Es ergeben sich so genannte Idealtypen. Einzelne, isoliert als wichtig erscheinende Merkmale, bzw. von denen man sich eine Beeinflussung der Werbewirkung verspricht, werden zusammengefasst und zur Gruppenbildung herangezogen. Das Ergebnis sind **gedankliche Konstrukte**, die sich vordergründig relativ gut als Grundlage der werblichen Planung eignen, weil sie die Elemente der Zielsetzung unmittelbar enthalten oder die Merkmalsausprägungen statistisch verfügbar sind. Bei genauerem Hinsehen erweisen sie sich allerdings als unzureichend, da nicht sichergestellt ist, dass die gedanklich entwickelten Typen tatsächlich existieren. Es sind keine Aussagen darüber möglich, mit welcher Häufigkeit sie in der Realität aufzufinden sind und in wieweit ihnen von daher praktische Relevanz zukommt.

Typen oder Kataloge von Typen, die als **Typologien** bezeichnet werden, sollten sich daher an der **empirischen Realität** orientieren. Das bedeutet, dass die Bildung von Gruppen nach ihrem „natürlichen" Vorkommen gebildet werden. Typologien sind dann Aufstellungen von Gruppen (Typen), die die oben beschriebenen Eigenschaften der Trennschärfe und Homogenität besitzen, und bei denen die beschreibenden Merkmale aufgrund einer tatsächlichen Korrelation der Merkmale zusammengestellt worden sind und in denen die einzelnen Typen einen nicht zu vernachlässi-

genden Teil der Gesamtheit repräsentieren. So gesehen sind Typologien strukturierte Gesamtheiten. Für eine normale Zielgruppenabgrenzung genügt es, aus der
Gesamtheit nach bestimmten Merkmalskriterien Gruppen auszusondern, die dann
getrennt betrachtet werden. Die Gesamtheit könnte danach in den Hintergrund
treten. Bei Typologien sollte die Gesamtheit stets im Auge behalten werden, weil die
einzelnen Typen nur im Gesamtzusammenhang und aus der Gesamtheit heraus
erklärt werden können.

Die Segmentierungen nach dem so genannten **Life-Style-Modell** sind Typologien
von Gruppen, die sich sowohl an dem individuellen Verhalten als auch an dem
Verhalten bzw. Lebensstil der Gruppe selbst orientieren. Entsprechend werden
immer neue Typen mit phantasievollen Bezeichnungen gebildet (yuppy: Young
Urban Professionals; dinky: Double Income no Kids; yuppy-puppy: Wohlstands-
kinder).

Häufig in der Werbung verwendete Life-Style-Konzepte sind

- Life-Style-Analyse von Leo Burnett (Conrad/Burnett),
- Sinus-Milieu-Konzept (Burda/Sinus),
- EuroScocioStyles (GfK),
- ACE - Anticipating Change in Europe (RISC/GFM/GETAS),
- EDL International - Everyday-Life-Research International (SINUS).

Empirische Studien (Werbeagentur Conrad & Burnett, 1990) zum Lifestyle in der
Bundesrepublik Deutschland ergaben z.B. folgende Typen:

- Traditionelle Lebensstile
  - Die aufgeschlossene Häusliche ERIKA (10 %)
  - Der Bodenständige ERWIN (13 %)
  - Die bescheidene Pflichtbewusste WILHELMINE (14 %)

- Gehobene Lebensstile
  - Die Arrivierten FRANK und FRANZISKA (7 %)
  - Die neue Familie CLAUS und CLAUDIA (7 %)
  - Die jungen Individualisten STEFAN und STEFANIE (6 %)

- Moderne Lebensstile
  - Die Aufstiegsorientierten MICHAEL und MICHAELA (8 %)
  - Die trendbewussten Mitmacher MARTIN und MARTINA (8 %)
  - Die Geltungsbedüftigen INGO und INGE (7 %)

- Jugendlich-moderne Lebensstile
  - Die fun-orientierten Jugendlichen TIM und TINA (7 %)
  - Die Angepasste MONIKA (8 %)
  - Der Coole EDDI (7 %)

Untersucht werden die Aktivitäten, Interessen, Meinungen, Einstellungen und
Wertvorstellungen der Einzelpersonen sowie der sozialen Gruppen in der Freizeit
und im Berufsleben, bezogen sowohl auf das Verhalten allgemein als auch auf das
Kauf- und Konsumverhalten im Besonderen.

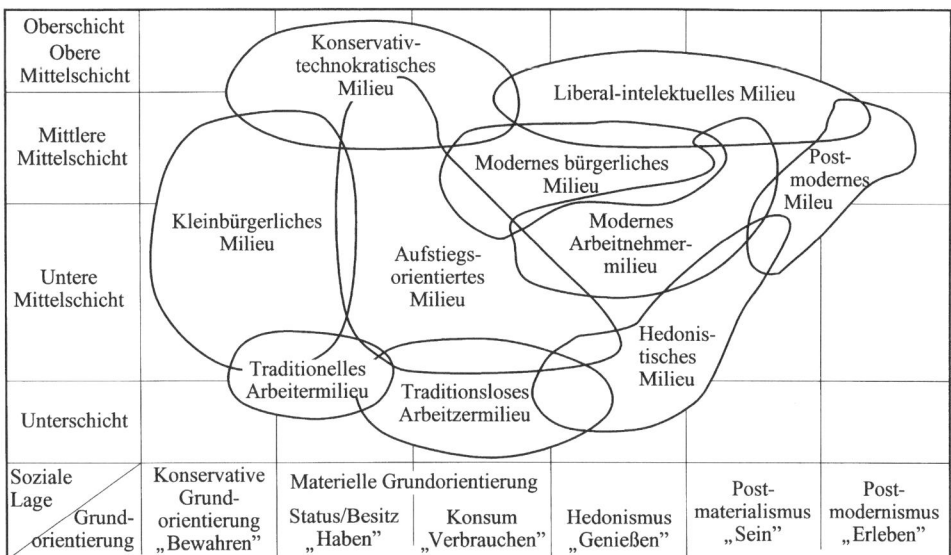

Abb.: Sinus-Milieu-Konzept 2000

Trotzdem sind dem Einsatz von Life-Style-Modellen im Rahmen von Werbung und Marktsegmentierung Grenzen gesetzt. Life-Styles als Ausdruck von so genannten Lebensformen sind ständigen Veränderungen und Trends unterworfen. Die grundsätzlich gewünschte Stabilität von Zielgruppen- bzw. Segmentierungsmerkmalen ist auf der Basis von Life-Styles stark eingeschränkt (*Becker*, 2002, S. 260).

Berücksichtigt man außerdem, dass werbetreibende Unternehmen häufig dazu tendieren, sich so genannten Trends anzuschließen, würde eine zu intensive Orientierung an Life-Styles zu einer Vereinheitlichung im Auftreten der Werbung bei verschiedenen Unternehmen führen.

In vielen Fällen einsetzbar ist das Sinus-Milieu-Konzept, das neben verbalen Beschreibungen auch Bildliches (z.B. Wohnkultur und Stile) mit erfasst (*Koppelmann* 1992). Gerade hier zeigt sich jedoch, dass die Konzepte im Zeitverlauf zum Teil sehr wesentlichen Änderungen unterworfen sind. Eine ständige Überprüfung ist daher angezeigt.

Das gegenwärtig gültige Konzept umfasst vier größere Lebenswelt-Segmente bzw. 10 Einzelsemente (Sinus Sociovision 2003):

- Gesellschaftliche **Leitmilieus**
  - Etablierte/statusbewusstes Establishment (11 %)
    Merkmale:
    Erfolgsethik, Machbarkeitsdenken, ausgeprägte Exklusivitätsansprüche
  - Postmaterielles/aufgeklärtes post-68er-Milieu (11 %)
    Merkmale:
    Postmaterielle Werte (Entschleunigung),
    Globalisierungskritik, intellektuelle Interessen

– Moderne Performer/junge, unkonventionelle Leistungselite (10 %)
Merkmale:
intensives Leben – beruflich und privat, Multioptionalität, Flexibilität, Multi-
media-Begeisterung

- **Mainstream-Milieus**
  – Bürgerliche Mitte/statusorientierte Mitte (17 %)
  Merkmale:
  Streben nach beruflicher und sozialer Etablierung und gesicherten, harmoni-
  schen Verhältnissen
  – Konsummaterialisten/stark materialistisch geprägte Unterschicht (12 %)
  Merkmale:
  Anschluss halten an die Konsumstandards der breiten Mitte als Kompensations-
  versuch sozialer Benachteiligungen

- **Hedonistische Milieus**
  – Experimentalisten/extrem individualistische neue Boheme (8 %)
  Merkmale:
  ungehinderte Spontaneität, Leben in Widersprüchen („plurale Identitäten")
  – Hedonisten/spaßorientierte moderne Unterschicht/untere Mittelschicht (12%)
  Merkmale:
  Verweigerung von Konventionen und Verhaltenserwartungen der Leistungs-
  gesellschaft

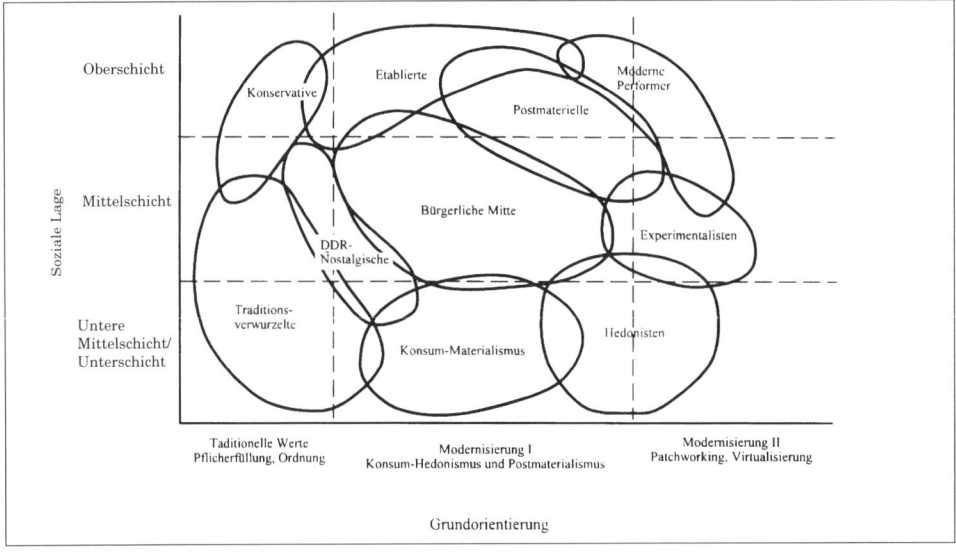

Abb.: Sinus-Milieus 2003

Korrelationsanalyse, Faktorenanalyse und Clusteranalyse (*Opfer*, 1975; *Opitz*,
1978; *Rogge*, 1992; *Wendt*, o. J.) sind die mathematisch-statistischen Hilfsmittel der
Typologiebildung. Als Anwender von Typologien braucht man jedoch nicht bis ins
Einzelne mit diesen mathematischen Verfahren vertraut zu sein, da die Ergebnisse
von Typologiestudien von verschiedenen Anbietern (in der Regel große Werbeträger)
verfügbar gemacht werden. Trotzdem ist es sinnvoll, dass man sich mit der grund-

sätzlichen Vorgehensweise vertraut macht. Wenn die Hintergründe der Entstehung bekannt sind, dann sind auch die Typen besser verständlich. Da die empirische Relevanz für die Typologienbildung wichtig ist, wird zunächst nach **Zusammenhängen** in möglichen Beschreibungsmerkmalen gesucht. Anschließend wird anhand dieser Merkmale untersucht, ob entsprechend der Merkmalsausprägungen **Ähnlichkeiten** zwischen einzelnen Mitgliedern der Gesamtheit festgestellt werden können. Nach diesen Ähnlichkeiten werden dann Gruppen gebildet in dem Sinne, dass alle Mitglieder, die sich am ähnlichsten sind, auch in einer Gruppe befinden.

Grundsätzlich sind verschiedene Algorithmen anwendbar. Von Einzelmitgliedern ausgehend, können diese sukzessiv zu Gruppen zusammengefasst werden. Aus sehr vielen kleinen Gruppen werden dann mit zunehmender Mitgliederzahl immer weniger Gruppen, bis schließlich nur noch eine Gruppe (die Gesamtheit) übrig bleibt. Umgekehrt können, ausgehend von der Gesamtheit, einzelne Mitglieder entsprechend ihrer Unähnlichkeit ausgeschieden und zu Gruppen zusammengefasst werden. In vielen Typologien lassen sich diese **Stufen der Typenbildung** nachvollziehen, sodass auf verschiedenen Aggregationsebenen gearbeitet werden kann. Die Darstellungsweise der so genannten **Baumdiagramme** oder **Dendrogramme** ist Ausdruck der unterschiedlichen Aggregationsebenen.

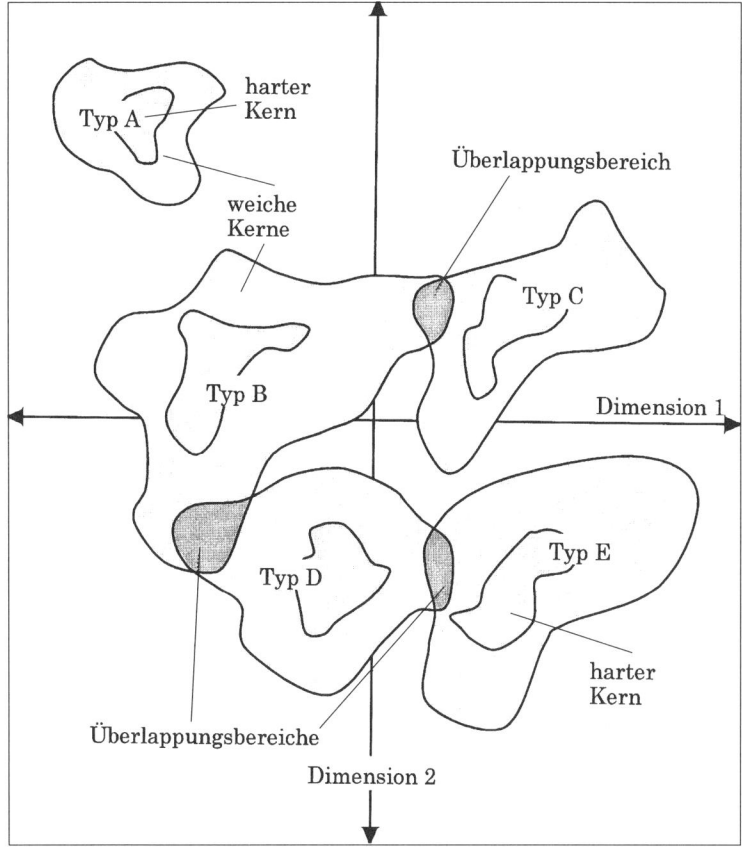

Abb.: Clusterbildungsschema

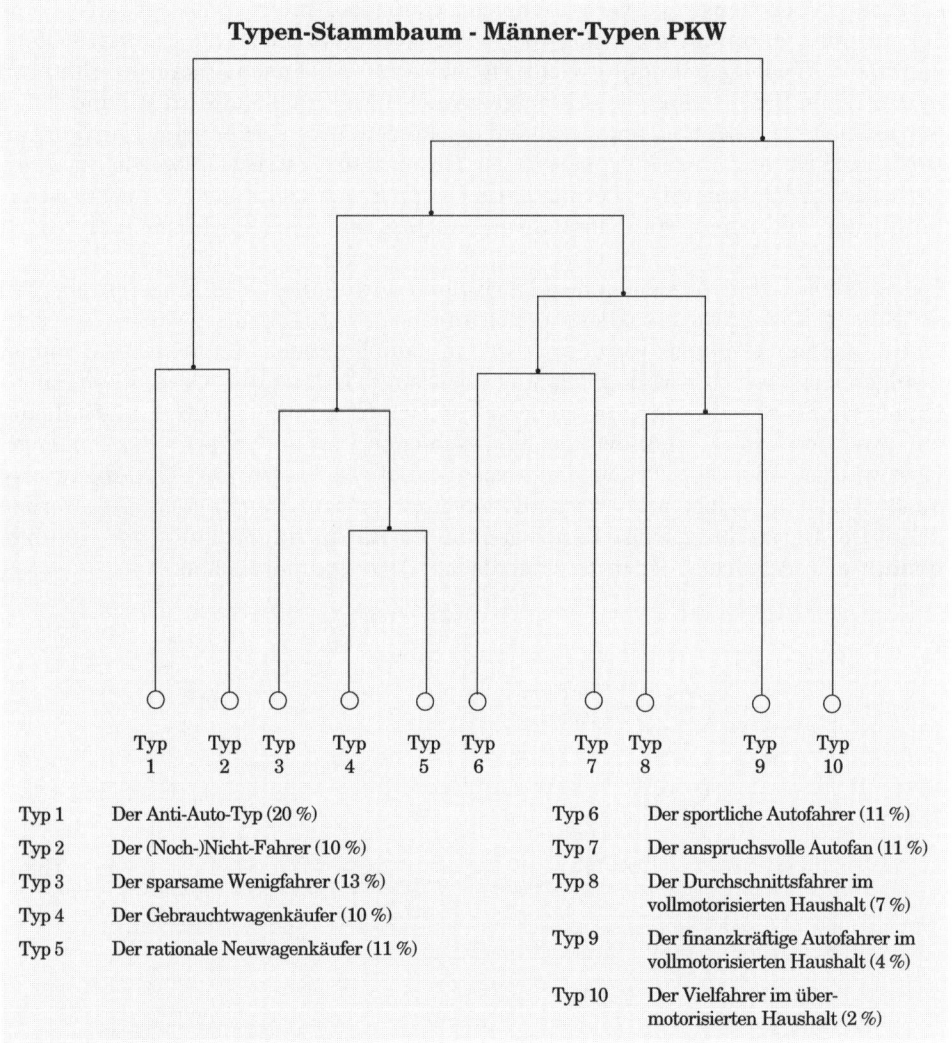

Abb.: Beispiel für ein Dendrogramm
Quelle: Typologie der Wünsche

Da Typologien Ordnungen schlechthin sind, sind sie nicht beschränkt auf psychologische Merkmale. Sie lassen sich grundsätzlich auf jede Menge von Merkmalsausprägungen anwenden. Auch rein demografische Merkmale können zur Bildung von Typen herangezogen werden (GfK Nürnberg, 1975; *Bureau Wendt*,1977). Eine **Demo-Typologie** liefert Hinweise auf besonders häufig in der Realität vorkommende Kombinationen von demografischen Merkmalen und ihre anteilsmäßige Verteilung in der Gesamtheit. Auf diese Weise können wichtige Entscheidungen bezüglich der empirischen Relevanz von demografischen Abgrenzungsmerkmalen getroffen werden. Im Verlauf der Jahre sind sowohl Inhalte als auch Größenordnungen der Demo-Typen weitgehend unverändert geblieben (*Koschnick*, 2003). Verbindungen zwischen psychologischen und demografischen Variablen können aber nicht vorgenommen werden.

Ergebnisse einer Typologisierung von FRAUEN nach Demografie

	Benennung als Kurzform	Anteil an Frauen insgesamt	Beschreibung nach Tendenz der Mehrheit
A	Rentnerin	17 %	Älter als 55 Jahre. Nicht (mehr) berufstätig. Oft verwitwet. Kinder außer Haus. Einkommen bei 2 von 3 Frauen unter 500,- €.
B	Arbeiterfrau	16 %	35 - 44 Jahre. Teilweise berufstätig. Volksschule. Ehemann Arbeiter. Einkommen 600,- bis 750,- €. Häufig 4 und mehr Personen im Haushalt.
C	Junge Gebildete in der Großstadt	12 %	16 - 24 Jahre, alleinlebend, 100 % berufstätig. Hoher Bildungsstand. Ein Drittel verdient mehr als 1.000,- €.
D	Junge Ehefrau in der Großstadt	11 %	Unter 30 Jahre. Kleinfamilie. Berufstätig, zur Hälfte als Angestellte. Einkommen 1.000,- € und mehr. 2 Verdiener. Volksschulabschluss + Lehre.
E	Junge Berufstätige in der Mittelstadt	9 %	Ähnlich wie Typ D, jedoch Einkommen zwischen 750,- und 850,- €. Mittel- und Kleinstadt.
F	Junge Hausfrau	9 %	Alter 25 - 29 Jahre, erstes Kind, Mittelschulbildung häufig. Abgeschlossene Lehre, jedoch z.Zt. nicht berufstätig. Ehemann oft Angestellter. Einkommen 750,- bis 850,- €.
G	Mittelstands-Ehefrau	8 %	4-Personen-Haushalt, 35 - 44 Jahre. Nicht berufstätig. 50 % haben Mittelschulbildung und mehr. Ehemann Angestellter, Beamter oder Selbstständiger. Einkommen bei 1.000,- € und mehr.
H	Ältere Landfrau	7 %	40 - 50 Jahre, Ehefrau, nicht berufstätig, Volksschulbildung. Oft 3 und mehr Verdiener im Haushalt. Ehemann oft Landwirt, Wohnort meistens unter 2.000 Einwohner.
I	Undifferenzierte Restgruppe	11 %	Keine Unterscheidungen vom Gesamtdurchschnitt.

Abb.: Beispiele für Demotypen (FRAUEN)

Das Haupteinsatzgebiet von Typologien liegt im Bereich der Kombination psychologischer Merkmale. Das ist nicht zuletzt darauf zurückzuführen, dass es eine Vielzahl von psychologischen Variablen gibt, von denen nicht von vornherein gesagt werden kann, wie wichtig oder unwichtig sie für eine Gruppenbildung sind. Die Typologiemethode liefert neben den Gruppen als solche die unterscheidenden Merkmale gleich mit.

Die Typen einer Typologie sind komplexe, mehrdimensionale Gebilde, die zum Teil recht schwer beschreibbar sind. Das liegt einmal an der großen Anzahl der beschreibenden Merkmale und zum anderen an der Tatsache, dass die Merkmalsausprägungen vielfach außerordentlich schwer zu skalieren sind. Es handelt sich vielfach nur um qualitative Merkmale bzw. Statements zu denen Zustimmung oder Ablehnung protokolliert wurde.

Cluster-Umfang: 9,3 % **Passiv-raunzige Sich-Selbst-Bemitleider** **Viele Menschen dieser Gruppe denken so:**	
„Ich habe oft etwas verpasst, weil ich mich nicht rechtzeitig entscheiden konnte."	(eher JA)
„Es gibt welche, denen ist es im Leben immer rosig ergangen. Ich habe mir alles erst hart erarbeiten müssen."	(eher JA)
„Mein Gedächtnis ist sehr gut/ganz schlecht."	(eher schlecht)
„Ich habe sicherlich zu wenig Selbstvertrauen."	(eher JA)
„Mir ist es lieber, ich setze mich nicht durch, statt unliebsam aufzufallen."	(eher JA)
„Mit Lehrern und Amtspersonen sollte man eher etwas vorsichtig umgehen und nicht anecken."	(eher JA)
„Wir haben meist eher zu wenig Geld, als wir wirklich brauchten."	(eher JA)
„Wir haben meist mehr dringende Wünsche als Geld dazu."	(eher JA)
„Ich bin am Beruf weniger interessiert als am Verdienst."	(eher JA)
„Ich lege Wert darauf, von allen Sachen nur das wirklich Beste zu kaufen."	(eher JA)
„Eine Frau braucht mehr und anspruchsvollere Betätigung als nur Hausarbeit."	(eher JA)
„Bei unerwarteten Schwierigkeiten frage ich lieber erstmal jemand, der vielleicht Bescheid weiß und mir einen Rat gibt."	(frage lieber)
„Ich habe den Eindruck, ich gehe eher leicht/eher schwer aus mir heraus."	(eher schwer)
„Es verwirrt mich meist doch, wenn sich die Aufmerksamkeit anderer Menschen plötzlich auf mich richtet und alle herschauen."	(eher JA)

Abb.: Beispiel einer Statementbatterie für Typologien

Neben den so genannten aktiven Variablen einer Typologie, das sind die Variablen, die zur Bildung der Typen herangezogen worden sind, können darüber hinaus noch so genannte passive Variable in eine Beschreibung einbezogen werden. Die Komplexität der Typen wird dadurch noch vergrößert, aber es ergibt sich die Möglichkeit, eine Verbindung zwischen Typenvariablen psychologischer Natur, die ja nur schwer lokalisierbar sind, und demografischen Variablen herzustellen. So ergibt sich die Möglichkeit, Typen auch mit demografischen Variablen oder Nutzerverhalten bezogen auf die Medien zu beschreiben, obgleich diese zur Typenbildung selbst nicht beigetragen haben.

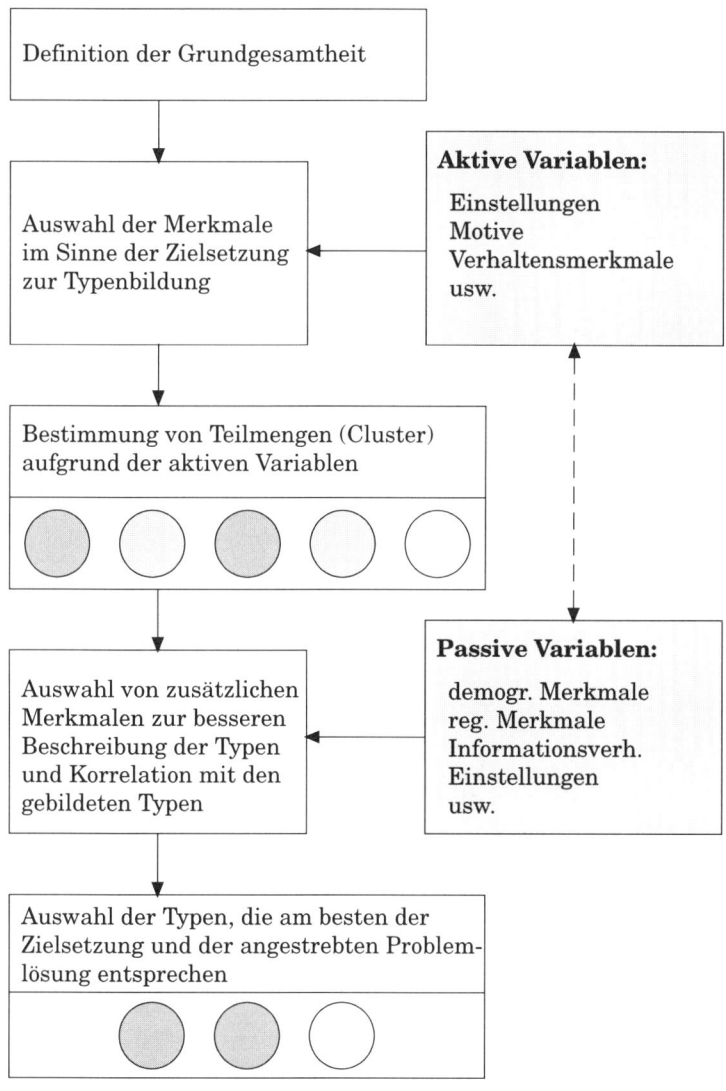

Abb.: Verbindung von aktiven und passiven Variablen

Für die Darstellung der Ergebnisse von Typologien werden Zusammenfassungen gewählt. Bestimmte Bündel von Eigenschaften werden in einem Faktor zusammengefasst. Für ganze Typen werden griffige Bezeichnungen gewählt. Das hat den Vorteil der besonderen Merkfähigkeit der Typen. Es birgt aber den Nachteil möglicher unzulässiger Vereinfachungen und daraus folgenden Falschinterpretationen. Gerade qualitative Begriffe und Bezeichnungen sind in Abhängigkeit von den Verwendern auslegungsfähig. Typologien besitzen auf einer hohen Verallgemeinerungsebene einen hohen Interpretationsspielraum. Die ungenaue Beschreibung der typenbildenden Merkmale sowie die vereinfachende Verwendung von Kurzbeschreibungen führt zu Identifizierungsschwierigkeiten der Planer.

Diese können sich nur schwer ein Bild von den Personentypen machen, dass auch von anderen so gesehen wird. Das Merkmal der gemeinsamen Sprachregelung ist unter Umständen nicht mehr gewährleistet. Um sinnvoll mit Typologien arbeiten zu können, ist es notwendig, dass das gesamte Typologiematerial durchgearbeitet wird. Die Durcharbeitung der Unterlagen bis hin zum Erhebungsfragebogen ist in diesem Zusammenhang sinnvoll. Das macht gelegentlich, vor allem für einen mittelständischen Werbetreibenden, die Typologie weniger brauchbar.

Die ersten Typologien für Werbezwecke, die in Deutschland veröffentlicht worden sind, betrafen den Frauenmarkt und wurden initiiert von den großen Frauenzeitschriften. Die ersten Typologien wurden von BRIGITTE herausgebracht. Heute wird bereits eine ganze Reihe von weiteren Typologien bzw. Zielgruppenuntersuchungen angeboten:

- Communication Networks, Focus
- Concepte-Bilder, Leitbilder, Lebensstile, HÖR ZU, FUNKUHR, Axel Springer AG
- Dialoge, STERN
- Eltern-Kaufintensitäten, Gruner + Jahr
- Energie-Bewusstsein und Energie-Einsparung, SPIEGEL
- EVA - Entscheidungen, Verbrauch, Anschaffungen, HÖR ZU, FUNKUHR, Axel Springer AG
- Frauen-Lebensstile, Burda
- Frauen-Typologie - Markt- und Medienverhalten weiblicher Marketingzielgruppen, BRIGITTE, Gruner + Jahr,
- Gehobene Zielgruppen, STERN
- GfK-Demotypen
- KKK Kaufkraft - Konsum - Kaufverhalten, SPIEGEL
- Kommunikationsanalyse, BRIGITTE
- Lebensziele - Potentiale und Trends, STERN
- Mädchen, BRIGITTE
- Männer-Lebenstile, Burda
- Markenkompass, Bauer
- Markenprofile, STERN
- Media-Verhalten der allgemeinen Hausfrauen-Typen im psychologisch segmentierten GFM + C Haushaltspanel, Bauer
- Persönlichkeitsstärke, SPIEGEL
- PROFILE, STERN, Gruner + Jahr

- Prozente, SPIEGEL
- Soll und Haben, SPIEGEL
- StELA, Gruner + Jahr
- Typologie der Wünsche, Burda
- Unternehmen Haushalt - Soll und Haben, Einstellungen und Verhalten sozioökonomischer Gruppen, STERN, Gruner + Jahr
- Verbraucher-Analyse
- Wohnen + Leben, Gruner + Jahr
- Wohnen in Deutschland - Bestand und Bedarf, Marketingzielgruppen für den Wohnbereich, SCHÖNER WOHNEN, Gruner + Jahr

Die anfänglich unregelmäßigen Erscheinungsintervalle werden immer kürzer und damit immer regelmäßiger. Es lässt sich heute mit Typologien, als Grundlage für Zielgruppenentscheidungen, fast genauso kontinuierlich arbeiten wie mit demografischen Daten. Träger der Untersuchungen zu Typologien sind in der Regel die großen Verlagshäuser, die diese Untersuchungen finanzieren, um mit den Ergebnissen für ihre eigenen Objekte zu werben. Die Typologien sind daher in der Regel so angelegt, dass sie eine starke Strukturbezogenheit zu den Titeln aufweisen, die in dem auftraggebenden Hause verlegt werden. Bei Vergleichen und Entscheidungen auf der Grundlage von Typologien sollte das berücksichtigt werden. Sekundärdaten sollten immer einer besonderen Betrachtung unterzogen werden (*Rogge*, 1981). Für die der Zielgruppenbestimmung folgenden Entscheidungen der Mediaselektion sind Angaben über Reichweiten teilweise noch wichtiger als über Strukturen. Reichweitenangaben lassen sich aus Typologien nur mühsam ableiten.

Ein weiterer Punkt, der bei einer Beurteilung der Brauchbarkeit von Typologien gegenüber anderen Möglichkeiten der Zielgruppenabgrenzung berücksichtigt werden muss, ist der der so genannten Optimalität. Es hat den Anschein, als ob die sich aus der Typologie ergebenden Typen bzw. Aufteilungen die Marktsituation bzw. die Realität am besten wiedergeben. Das ist nur bedingt richtig. Bei der Vorgabe anderer Merkmale, d.h. bei einer anderen Statementbatterie, sind durchaus andere Aufteilungen möglich. Durch die Auswahl der aktiven Variablen wird bereits eine Vorentscheidung über die spätere Zusammensetzung getroffen, die allerdings in ihrer Auswirkung nicht voll vorausgesagt werden kann. Das ist ein weiterer Grund für die genaue Beschäftigung mit den vollständigen Unterlagen der Typologie. Die Technik der Clusterbildung (single-linkage usw.) ist ebenfalls nicht ohne Auswirkungen auf die Endaufteilung.

Die Optimalität der Typologien ist u.U. nur eine Scheinoptimalität. Das wird besonders deutlich, wenn weiter berücksichtigt wird, dass die beschreibenden Merkmale für die konkrete Problemstellung im Einzelfall nicht geeignet sind. Psychologische Variable sind in ihrer Bedeutung für unterschiedliche Produkte, Anwendungsbereiche, Kaufsituationen usw. nicht einheitlich. Da Verlagstypologien möglichst vielen Kunden dienen sollen, müssen sie zwangsläufig stark verallgemeinernd sein. Soweit Produktbereiche angesprochen werden, besitzen diese ebenfalls diesen verallgemeinerten Charakter bzw. beziehen sich auf Marktfelder von größerem Allgemeininteresse. Auf die eigene Entscheidungssituation lassen sich dann diese Verhältnisse nicht ohne weiteres übertragen. Eine Übereinstimmung von

vorliegender Typologie und konkreter Problemsituation, d.h. „tatsächlicher" Zielgruppe und Typologie, ist daher nicht selten (für mittlere Unternehmen) eine Sache
des Zufalls.

Wenn Typologien untereinander vergleichbar sind, was aber nur selten der Fall ist,
dann kann dieser Nachteil ausgeglichen werden.

Liste der Vorteile des Arbeitens mit Typologien

• größere Verhaltensnähe
• bessere Vorstellungsmöglichkeit
• Plastizität
• Anpassungsmöglichkeit an Produkteigenschaften
• Verbindung von Argumentation (Gestaltung) und Zielgruppe
• stärkere Differenzierungsmöglichkeit
• Entwicklung aus realen Gesamtheiten
• Spiegelbild tatsächlicher (Mehrheits-)Verhältnisse

Liste der Nachteile des Arbeitens mit Typologien

• Scheinoptimalität
• allgemeine Erhebung
• spezielle Fragestellungen bleiben unberücksichtigt
• Merkmale sind nicht allgemein klassifizierbar
• Typologien sind nicht vergleichbar
• Verlagsausrichtung
• Strukturbezogenheit
• geringe Reichweitenbezogenheit
• Identifikationsschwierigkeiten
• ungenaue Beschreibung der Merkmale
• Wiederauffindbarkeit
• Kunsttypen
• Erhebungsintervalle

2.4 Multiple Zielgruppen

Selbstverständlich richten sich werbliche Aktivitäten nicht nur an eine Zielgruppe,
sondern es ist durchaus angebracht, mehrere Zielgruppen gleichzeitig zu definieren
und die Werbung sowohl hinsichtlich der Werbeaussagen als auch hinsichtlich der
physischen Kontaktaufnahme in den Zielgruppen zu differenzieren. Das wirft
grundsätzlich keine zusätzlichen Probleme auf, da es sich um im Grunde unterschiedliche und getrennte Kaufentscheidungen und werbliche Aktivitäten handelt. Das
Unternehmen ist lediglich auf mehreren Märkten gleichzeitig aktiv. Daneben kann
es allerdings vorkommen, dass an einer Kaufentscheidung mehrere Personen
beteiligt sind. In der Zielgruppenabgrenzung ist diesem Umstand Rechnung zu
tragen, indem von einer durch Personenmerkmale beschriebenen Zielgruppe anstelle der Personenmerkmale nun die der Gruppe gemeinsamen Merkmale treten.

In den herkömmlichen Zielgruppenmerkmalskatalogen sind solche Gruppenmerkmale bereits enthalten (Familiengröße, Beruf des Haushaltsvorstandes usw.). Im Prinzip reicht das bloße Übergehen auf andere Beschreibungsmerkmale zur Definition von operationalen Zielgruppen aber nicht aus. Die Gruppe entscheidet nicht als Ganzes. Vielmehr besitzen die Entscheidungsgruppenmitglieder ein unterschiedliches Gewicht innerhalb der Entscheidungsfindung (*Ruhfus*, 1976). Die **Rollen** Berater, Entscheider, Finanzierer, Käufer, Verwender, Informationsverteiler werden wechselseitig von den Gruppenmitgliedern übernommen.

Die Rollenübernahme ist nicht von vornherein festgelegt, sondern ist abhängig von verschiedenen Einflussfaktoren wie Persönlichkeitsstärke, Verhältnis zu den anderen Gruppenmitgliedern usw. Die Produktkategorie ist ebenfalls eine davon, so dass die Rollenübernahme bzw. das Gewicht des Einflusses eines Zielgruppenmitgliedes nicht ein für allemal feststeht. Das eigentliche Problem, das sich daraus ergibt, ist, dass die werblichen Aktivitäten (Kontakte und Aussagen) gleichzeitig auf die Gruppenmitglieder einwirken. Da es sich um eine Kauf- bzw. Verwendungsentscheidung handelt, findet ein Austausch der Informationen innerhalb eines Entscheidungsgremiums statt. Werden tatsächlich Gruppenmitglieder entsprechend ihrer Rollenzugehörigkeit angesprochen, so kann es bei unterschiedlichen Informationen bzw. Grundaussagen der Werbung durchaus zu Spannungen bzw. Widersprüchen kommen.

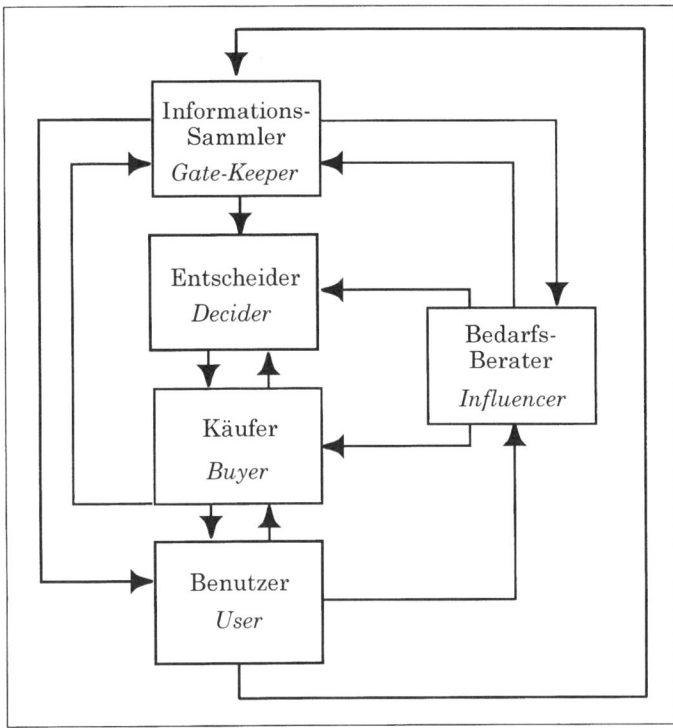

Abb.: Rollenträger im Entscheidungsprozess und Interdependenzen

Die Reaktionen und Entscheidungen des Einzelnen sind in einer Gruppe gegebenenfalls anders als bei Individualentscheidungen. Die Auswirkungen bzw. Verhaltensweisen innerhalb der Rollenübernahmen sind abhängig von den **Persönlichkeitsmerkmalen**. Frauen als Entscheider von Typ und Marke eines Automobils für die Familie setzen andere Kriterien an, als es Männer in der gleichen Situation tun würden oder als es die Frauen in einer Beratersituation tun würden oder gar nur als Individualentscheidung für den Zweitwagen.

Unternehmen sind ebenso wie Familien Organisationen, in denen Entscheidungen von **Gremien** getroffen werden. Das Problem der Zielgruppenabgrenzung verstärkt sich in diesem Bereich jedoch noch, weil eine stärkere Trennung zwischen Organisation und Individuum vorliegt. Betrachtet man eine multiple Zielgruppe als Ganzes, dann könnte zunächst von einer Bestimmung der persönlichen Merkmale der Gruppenmitglieder abgesehen werden. Dann lassen sich multiple Zielgruppen ähnlich wie „einfache" Zielgruppen mit sozio-demografischen oder „psychologischen" Merkmalen beschreiben. Anstelle von Lebensalter tritt Unternehmensalter. Geschlecht wird durch Unternehmensform ersetzt, Wohnort durch Standort usw. Es leuchtet sofort ein, dass ein derart vereinfachtes Vorgehen bei der Zielgruppendefinition nur unzureichende Ergebnisse liefern kann. War eine Verallgemeinerung von Verhaltensweisen schon bei Individuen problematisch, dann ist sie es erst recht bei Gruppenelementen, die sich aus mehreren Individuen mit ihren schwierig erfassbaren Unterschieden zusammensetzen.

Die Werbung hat die Aufgabe, den Kontakt zu den Mitgliedern der ausgewählten Marktsegmente herzustellen und die Argumentation (gedanklicher Transport der relevanten Eigenschaften) für eine positive Kaufentscheidung zu führen. Wegen der Unterschiede in den Persönlichkeits- und Verhaltensmerkmalen der Mitglieder von Gesamtzielgruppen ist daher, anders als bei anderen Marketinginstrumenten, ein gleichzeitiger Einsatz unterschiedlicher Zielgruppen häufig notwendig. Eine echte Marktsegmentierung findet dadurch jedoch nicht statt, lediglich die Wirksamkeit der Werbung wird verbessert, da Kontaktchancen erhöht werden und Argumentationen den unterschiedlichen Erwartungen der Rollenträger angepasst werden können. **Zielkonflikte** sind möglich, wenn die Argumentation bei verschiedenen Zielgruppen widersprüchlich ist. Unter Umständen müssen die Mitglieder eines Entscheidungskollektivs (Gesamtzielgruppe) als Unterzielgruppen behandelt werden.

Das Problem kann zumindest teilweise durch ein gestuftes Vorgehen bei der Zielgruppenabgrenzung gelöst werden. Entsprechend der Einbettung des Entscheidungsgremiums in die Gesamtgruppe und der Stellung der Individuen im Entscheidungsgremium werden verschiedene Ebenen durchlaufen (*Backhaus*, 1982, S. 80 ff.). Diese Ebenen werden in den Erklärungsansätzen des Kaufentscheidungsverhaltens ebenfalls verwendet.

Abb.: Modell des organisationalen Einkaufs
Quelle: *Meffert, H.*: Marketing, Wiesbaden 1977, S. 142

In der Regel kommt man mit zwei zusätzlichen Ebenen zu den herkömmlichen individualen Zielgruppenabgrenzungen aus, sodass sich drei generelle Ebenen heraus kristallisieren (*Scheuch*, 1975, S. 69 ff.; *Gröne*, 1977; *Backhaus*, 1982, S. 83):

1. Ebene:
Umweltbezogene Merkmale (organisationsbezogene Kriterien)

- organisationsdemografische Merkmale
  - Alter der Organisation
  - Größe
  - Branche

- geografische Lage, Standort
- Betriebsform
- usw.

• institutionales Kauf- und Verwendungsverhalten
- Auftragsgröße
- Verwendungsart (Verarbeitung, Investition, Weiterverkauf)
- Lieferantentreue
- Zentralisation/Dezentralisation der Einkaufsfunktion
- Angebotsbewertungsregeln (EDV usw.)
- usw.

• Position der Organisation in der Umwelt
- technische Bedingungen
- politische Bedingungen (Förderungen, Behinderungen, Präferenzen, Gesetze usw.)
- usw.

2. Ebene:
Innerorganisatorische Merkmale (Merkmale des Entscheidungskollektivs)

• Ziele der Organisation bzw. des Kollektivs
• Restriktionensystem (Budget, Knowhow, sachliche und personelle Ressourcen)
• Größe des Kollektivs
• Zusammensetzung des Kollektivs (Rollen, Persönlichkeitsmerkmale usw.)
• Aufgaben und Kompetenzenmenge
• hierarchische Strukturen
• informale Strukturen
• Kommunikations - und Informationswege
• usw.

3. Ebene:
Merkmale der Mitglieder des Buying Centers (entscheidungsbeteiligte Individuen)

• Alter
• Beruf
• soziale Schicht
• Rollenübernahme
• Informationsverhalten
• Einstellungen
• usw.

Die Entscheidungen finden praktisch auf verschiedenen Ebenen statt. Auf der Gruppenebene werden andere Argumente von mehr rationalem Anstrich (Quasirationalität) als auf der Individuumsebene gebracht. Hier spielen die üblichen personenbezogenen Reaktionen eine Rolle.

Ein weiterer Grund für den Einsatz mehrerer Zielgruppen liegt vor, wenn der Absatz nicht auf direktem Weg, sondern unter Einschaltung von Absatzmittlern (Handel, Agenten usw.) erfolgt. Die Kommunikation richtet sich nicht nur an Käufer/ Verwender (Sprungwerbung), sondern muss auch die unmittelbaren Abnehmer (Handel) mit einbeziehen. Art der Argumentation und Kontaktaufnahme sind grundständig anders bei Privatpersonen als bei Entscheidungsträgern in Unternehmen, obwohl es sich um die gleichen Produkte handelt. Konflikte in den verschiedenen Zielgruppen sind weniger stark zu befürchten, da die Entscheidungslage bzw. Nutzendefinition der Produkte grundsätzlich anders ist. Für Entscheider in Unternehmen stehen ökonomische und rational nachvollziehbare Merkmale im Vordergrund, während bei Entscheidern als Privatpersonen persönliche und nicht unbedingt anderen gegenüber begründbare Merkmale und Nutzen eine Rolle spielen. Eine Erhöhung der Werbeeffizienz lässt sich durch Integration der Zielgruppenbildung in eine Gesamtplanung erreichen.

3. Planung der Zielgruppen

Das Problem der Planung von Zielgruppen ist ein Zentralproblem der Kommunikation. Einerseits stehen Zielgruppen in direkter Verbindung mit den Werbezielen – entsprechend operationaler und konkreter Zielformulierungen sind sie gewissermaßen Bestandteile der Zielsetzungen – andererseits bestimmen sie unmittelbar die Planung und Realisierung der Teilbereiche Gestaltung und Streuung. Innerhalb der Werbeplanung müsste der Zielgruppenabgrenzung damit ein besonders hoher Stellenwert zukommen. Mit der „richtigen" Zielgruppe steht und fällt die Effektivität der Werbung. Vielfach wird die Planung jedoch vor allem in mittleren Unternehmen nicht zuletzt wegen scheinbar unüberwindlicher Schwierigkeiten in der Abgrenzung der Kriterien nur nebenbei betrieben (*Rogge*, 1982, S. 107 ff).

Ein wesentlicher Problembereich ist dabei die Existenz mehrerer mehr oder weniger paralleler Zielgruppen als Planungsgrundlage innerhalb des Unternehmens. Dieses Problem ist nicht identisch mit der Abgrenzung mehrerer Zielgruppen zur besseren Ausschöpfung des Marktes oder den oben angesprochenen multiplen Zielgruppen im Rahmen einer gestuften Entwicklung bei kollektiven Entscheidungen. Vielmehr scheint es gelegentlich notwendig zu sein, für verschiedene Planungszwecke verschiedene Zielgruppenabgrenzungen zu verwenden. Solange unterschiedliche Zielgruppendefinitionen miteinander kompatibel sind, ist das zulässig. Probleme ergeben sich allerdings, wenn die verwendeten Definitionen nicht mehr miteinander vereinbar sind bzw. auf real unterschiedliche Gruppen Bezug nehmen. Die mögliche Unvereinbarkeit von Zielgruppen erklärt sich aus unterschiedlichen Teilzielen und entsprechend unterschiedlichen Maßnahmen zur Zielerreichung innerhalb des Gesamtbereiches Werbung und Marketing. Ähnliche Gründe, die für die eigene Ableitungen von Zielgruppen für Maßnahmen der Preisgestaltung, der Sortimentspolitik oder der physischen Distribution sprechen, sind verantwortlich für mehrere Ansätze innerhalb der Werbung. Die Hauptplanungsbereiche der Zielgruppen liegen in der Zweiteilung der Werbung in so genannte kreative und quantitative Arbeiten.

Die inhaltliche Gestaltung von Werbeaussagen, die äußere Aufmachung des Werbemittels, das (psychologische) Umfeld der Informationsaufnahme und -verarbeitung
sowie die Wirkung auf den Kaufentscheidungsprozess kennzeichnen einen Arbeitsbereich, der mit Copy-Strategie bezeichnet wird. Die Anzahl möglicher Kontakte
tritt gegenüber der „Qualität" der Kontakte in den Hintergrund. Das gestaltete
Werbemittel soll die Umworbenen zu einer zielpositiven Reaktion veranlassen. Das
ist nur möglich, wenn in der Planung und Entwicklung der Maßnahmen die ent-
scheidungsprozessbeeinflussenden Variablen (Motive, Wünsche, Emotionen, Einstellungen usw.) berücksichtigt werden. Das führt zu einer in erster Linie psychologisch orientierten Abgrenzung der Zielgruppen. Demografische oder andere
„quantitative" Beschreibungsmerkmale bleiben zunächst außer Betracht.

Kommunikation kann nur funktionieren, wenn auch ein entsprechender Kontakt
zwischen den Kommunikationspartnern stattfindet. Die gewünschte Wirkung der
Kommunikation ist dann am größten, wenn neben einer genügend großen Anzahl
die Kontakte auch zu den „richtigen" Personen hergestellt werden. Der Bereich der
Kontaktanbahnung bzw. Planung des Einsatzes der Streumedien ist der zweite
große Arbeitsbereich innerhalb der Werbung. Die Kriterien der realen Wiederauffindbarkeit bzw. der Erreichbarkeit spielen in diesem Zusammenhang eine große
Rolle. Für die quantitative Planung von Kontakten, ebenso wie für eine weitgehende
Übereinstimmung von Zielpersonen und tatsächlich erreichten Personen, sind
demografische Beschreibungsmerkmale von größerer Operationalität.

Die Berechtigung für das parallele Arbeiten mit zwei oder auch mehr Zielgruppen
ist nicht von der Hand zu weisen. Die Schwierigkeiten ergeben sich dann, wenn die
für Planung und kreatives Arbeiten verwendeten Zielgruppen, real völlig verschiedene Massen repräsentieren. Die verwendeten Merkmale korrelieren nur bedingt
miteinander. Die tatsächliche Zielgruppe wird nur zum Teil mit sozio-demografischen Daten beschrieben, ebenso wie diese nur bedingt mit psychologischen Beschreibungen übereinstimmt. Je größer der Bereich der Überschneidungen in den
Zielgruppen ist, umso weniger Probleme werden auftreten und umso eher lässt sich
eine Gesamtzielgruppe formulieren.

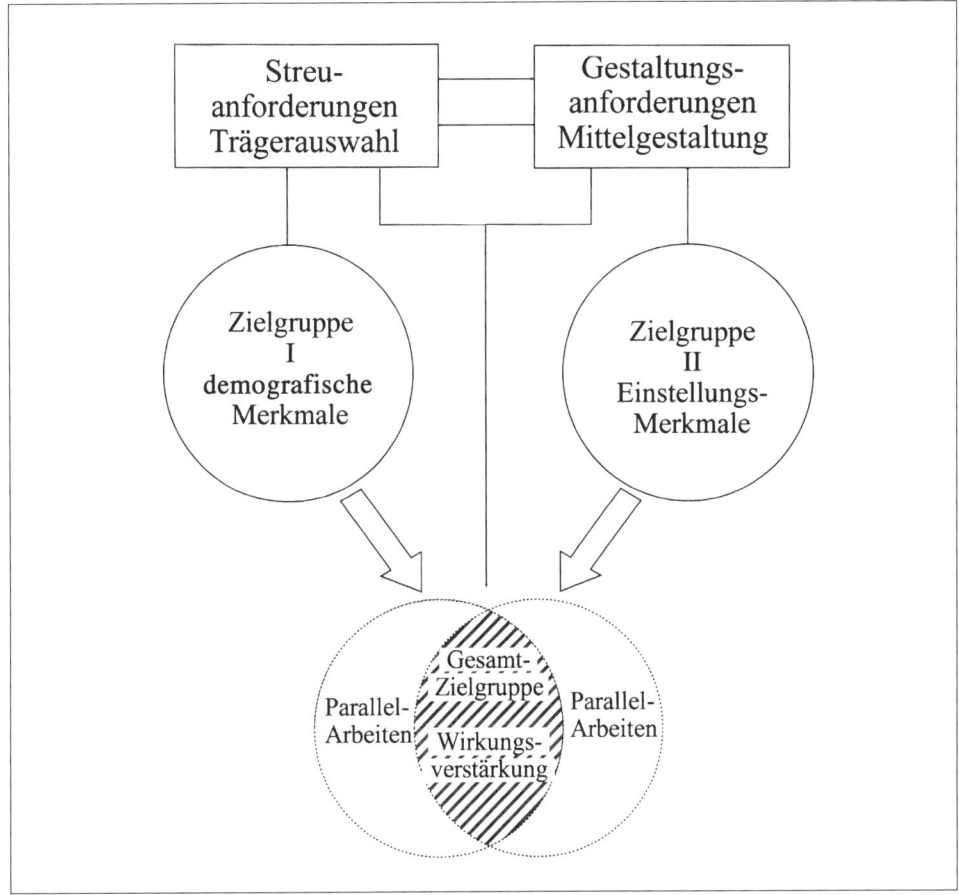

Abb.: Gesamtproblematik der Zielgruppenbestimmung

Eine effektive Zielgruppenplanung macht ein gemeinsames Vorgehen der Beteiligten notwendig. Dann sind am ehesten Übereinstimmungen zu erwarten. Der Weg, in jedem Arbeitsbereich unabhängig die Zielgruppen zu entwickeln und dann durch Übereinanderlegen zu einer gemeinsamen Sprachregelung zu kommen, ist nicht optimal. Vielmehr sollte zunächst eine Plattform festgelegt werden, aus der dann die einzelnen Planer und Kreativen ihre eigenen Zielgruppen unter Beibehaltung der ursprünglich vereinbarten Gemeinsamkeiten konkretisieren. Es ist zwar auch so möglich, dass sich durch zu genaue Aufteilungen (Hinzunahme weiterer Merkmale usw.) die Teilzielgruppen stark voneinander entfernen, aber eine Korrektur in Richtung gemeinsame Zielrichtung ist möglich. Völlig unabhängige Planung fällt leichter.

Schwierigkeiten ergeben sich in dieser Phase unter Umständen aus mangelnder Bereitschaft zur Zusammenarbeit. Kompetenzstreitigkeiten können auftreten. Die innerbetriebliche Kommunikation kann gestört sein. So genannte Kreative und Quantitative können nicht miteinander reden. Die einen sind visuell/emotional geprägt die anderen verbal/abstrakt. Vorschläge in Richtung von Kommunikationshilfen, etwa in Form von Bildern von Zielgruppen (*Meyer-Hentschel*, 1986) zur besseren Beschreibung von Zielgruppen, sind vor diesem Hintergrund zu verstehen. Damit ist das Problem jedoch nur auf eine andere Ebene verlagert.

Die Verwendung von typischen Bildern für Zielgruppenmitglieder setzt die Möglichkeit voraus, dass einmal Typisierungen überhaupt möglich sind und das zum anderen hinreichend starke Korrelationen zwischen Bildmerkmalen und herkömmlichen Zielgruppenmerkmalen (Demografie, Psychologie) bestehen. Das Problem wurde oben bereits angesprochen. Hinzu kommt jedoch, das die Interpretation der Bildvorlagen von den Beteiligten in einer gleichen Form vorgenommen werden müssen. Die Menge und Art der „Vorurteile" muss bei den Gesprächspartnern hinreichend gleich sein. Dadurch entsteht ein neues „Zielgruppenproblem" innerhalb der Zielgruppenplaner bzw. Anwender.

Dass solche Vorurteile existieren, hat die Zeitschrift „Frau im Spiegel" mit einer Anzeige gezeigt, die die gleiche Person nur mit unterschiedlicher Aufnahme- und Reproduktionstechnik (Frontalaufnahme, Schwarz-Weiß / Halbprofil, Farbe) und Ausstattungsmerkmalen (Perlenkette, Seidenbluse, offene Frisur / Jackenkleid, Haarknoten) zeigt. Das Durcharbeiten der Unterlagen der oben beschriebenen typologischen Studien kann die gemeinsame Basis für Zielgruppendiskussionen liefern.

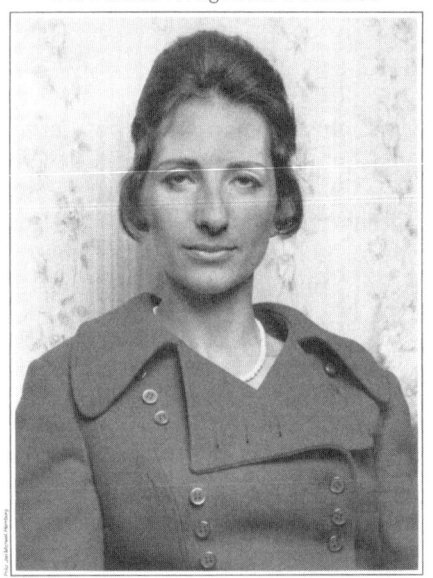

Dummes Gerede!
,,Die Goldene Blatt-Leserin ist arm wie eine Kirchenmaus, dumm wie Bohnenstroh und modisch völlig hinterm Mond.''

Tatsache!
,,Die Goldene Blatt-Leserin Heidi Sukrow (29) schwärmt für italienische Seidenblumen und ist die schickste Frau in ihrem Bekanntenkreis.''

Abb.: Vorurteilbildung durch Bildmaterial

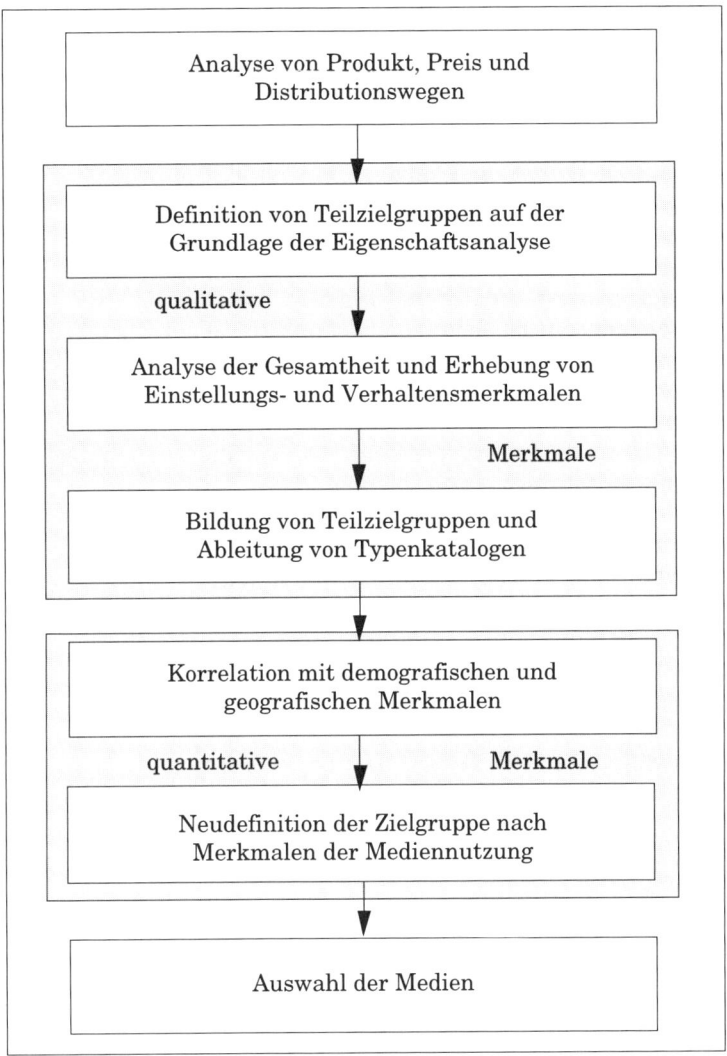

Abb.: Ablaufschema der Zielgruppenbestimmung

Der **Denk- und Planungsprozess** der Zielgruppenbestimmung kann in unterschiedlicher Form strukturiert werden. Einmal kann vom bestehenden Istzustand
des Mediaangebotes ausgegangen werden. Die infrage kommenden Werbeträger
werden nach der Struktur ihrer Nutzer und der Reichweite in verschiedenen Nutzergruppen analysiert. Durch die Strukturbeschreibungen kristallisieren sich Merkmale heraus, die besonders häufig auftreten. Daraus lassen sich Zielgruppen
definieren. Diese Zielgruppen sind ganz offensichtlich kontaktbezogen. Aus der
Liste der möglichen Werbeträger werden die für die spätere Streuung herausgefil-
tert, die nach den Nutzermerkmalen am weitesten mit den Zielgruppenmerkmalen
deckungsgleich sind und die die weiteste Reichweite innerhalb der Zielgruppe
besitzen.

Für Gestaltungsmaßnahmen dienen die medien-demografischen Zielgruppenmerkmale als Ausgangspunkt. Die Gestaltungs- und Aussagenkonzeption wird der
Streukonzeption angepasst. Voraussetzung eines solchen Vorgehens ist eine gewisse Vergleichbarkeit der untersuchten Titel. Es ist demnach bereits eine **Vorauswahl** zu treffen, die die Möglichkeiten einer weiteren Zielgruppenabgrenzung
stark eingrenzt. Die Vorentscheidungen können aufgrund von persönlichen Präferenzen, positiven Erfahrungen in der Vergangenheit oder einfach aufgrund einer
„zufälligen" Informationsversorgung getroffen werden. Diese Art der Zielgrup-
penableitung ist nicht die Beste, immerhin ist aber weitgehend garantiert, dass die
so gewählten Zielgruppen auch tatsächlich in der Realität existieren. Operation-
nalität in dieser Richtung ist sichergestellt. In Situationen, in denen auf Seiten der
Verfügbarkeit der Medien Einschränkungen hingenommen werden müssen oder
weil aus **Kostengründen** nur beschränkte Entscheidungsmöglichkeiten bestehen,
ist dieses Planverfahren ebenfalls angebracht. Mittlere Unternehmen oder Werbetreibende mit regionalen oder anderweitig von vornherein definierten Abnehmer-
kreisen sind mit dieser Technik gut bedient.

Die Orientierung an vorhandenen Werbeträgern mit ihren Nutzermerkmalen setzt
eine genaue Kenntnis der Träger voraus. Mediaplanung und Zielgruppenplanung
werden miteinander verbunden. Da Zielgruppenfestlegungen einen grundsätz-
licheren Charakter haben und eine größere strategische Reichweite besitzen als die
Medienauswahl, sollte eine andere Vorgehensweise gewählt werden, wenn diese
realisierbar ist.

Ausgangspunkt eines **komplexeren Planungsverfahrens** ist die zu umwerbende
Leistung insgesamt. Das Produkt, seine Eigenschaften, seine möglichen Anwendungsbereiche usw. wird analysiert und die **Marketingzielgruppe** allgemein wird
bestimmt.

Als Beschreibungsmerkmale dienen in erster Linie verhaltensbezogene und psychologische Merkmale. Die oben genannten Typologien bilden den Ausgangspunkt bzw.
liefern zumindest Informationen. Über eine (gedankliche) **Korrelation** werden
psychologisch-gestalterische Kriterien und demografische-medienbezogene Kriterien verknüpft. **Sukzessive** bilden sich die Zielgruppen, die die größte Deckungs-
gleichheit im Sinne einer gemeinsamen Zielgruppe aufweisen. Gegebenenfalls sind
die Einzelzielgruppen anzugleichen. Auch für diese Vorgehensweise kann die rein
medienbezogene Auswahl wertvolle Informationen liefern.

Um die Zielgruppenplanung in der vorgeschlagenen Form realisieren zu können, ist
eine Vielzahl von Informationen notwendig. Im Laufe der Jahre stellt sich bei den
meisten Werbetreibenden ein Gefühl für die richtige Zielgruppe ein. Man kennt
seine Abnehmer. Trotzdem sind natürlich Marktänderungen möglich. Im Bereich
der Typenbildung werden ständig neue Typen entwickelt, weil sich auch die
allgemeinen Verhaltensweisen ändern. Die verschiedenen Life-Style-Typen als
Zielgruppen bzw. die Diskussion über den Wertewandel und die neue Konsumenten-
generation muss in diesem Zusammenhang erwähnt werden. Gedacht wird insbesondere an Begriffe wie Yuppies, Yuffies oder die neuen Konsumästheten. Das

erfordert schließlich eine ständige **Aktualisierung** seiner Kenntnisse über die Zielgruppen.

Als Lieferanten kommen die Verlagshäuser infrage, die ein vielfältiges Angebot an Zielgruppeninformationen geben. Hier findet man auch eine ganze Reihe von vordefinierten Zielgruppen, in Abhängigkeit von den gebräuchlichsten Merkmalskombinationen.

Kontrollfragen

(1)   Was versteht man grundsätzlich unter einer Zielgruppe?

(2)   Welcher Zusammenhang besteht zwischen Zielgruppen und Zielen?

(3)   Ist die Ableitung von Zielgruppen auf den Werbebereich beschränkt?

(4)   Welche Hauptgruppen von Zielgruppen kann man unterscheiden?

(5)   Welche Zusammenhänge bestehen zwischen den verschiedenen Kategorien von Zielgruppen?

(6)   Welche Einsatzbereiche lassen sich den unterschiedlichen Zielgruppenkategorien zuordnen?

(7)   Welche Anforderungen werden an Zielgruppendefinitionen gestellt, damit diese als operational gelten können?

(8)   Welche Probleme ergeben sich aus den Anforderungen, die an Zielgruppenabgrenzungen gestellt werden?

(9)   In welcher Art lassen sich Zielgruppenmerkmale klassifizieren?

(10) Welche Untergruppierungen lassen sich für Verhaltensdispositionen bilden?

(11) In welcher Weise werden bei Verhaltensdispositionen die Anforderungen an die Zielgruppenmerkmale erfüllt?

(12) Mit welchen Modellen lässt sich der Einsatz von verhaltensdisponierenden Zielgruppenmerkmalen begründen?

(13) Welche besonderen Vorteile verspricht der Einsatz demografischer Zielgruppenabgrenzungen?

(14) Was unterscheidet psychologische Zielgruppen von demografischen?

(15) Sind psychologische Zielgruppen „besser" als demografische?

(16) Wie wirkt sich die Verwendung von Kombinationen mehrerer Merkmale auf die Bildung von Zielgruppen aus?

(17) Besitzen verhaltensbeschreibende Zielgruppenmerkmale eine größere Nähe zum Kauf- und Konsumentenverhalten als verhaltensdisponierende Merkmale?

(18) Was ist der Grundgedanke der Typologienbildung in der Zielgruppenabgrenzung?

(19) Was ist ein Idealtyp und was ist ein Realtyp?

(20) Welche Art der Typenbildung ist für Werbeaufgaben besonders angebracht?

(21) Welche methodischen Hilfsmittel können zur Bildung von Zielgruppen herangezogen werden?

(22) Wie ist das Grundschema der Typologienbildung strukturiert?

(23) Wie lassen sich aus einer Typologie Zielgruppen auf unterschiedlichen Aggregationsebenen ableiten?

(24) Lassen sich auch demografische Merkmale zur Typologienbildung heranziehen?

(25) Wie unterscheiden sich aktive und passive Variable in Bezug auf die Bildung von Typologien?

(26) Was ist eine Statementbatterie und welche Bedeutung hat sie für die Typologienbildung?

(27) Sind die Typen einer Typologie unabhängig voneinander zu interpretieren?

(28) Welche Bedeutung hat die Sammelbezeichnung eines Typen oder einer Typologie für das praktische Arbeiten mit Typologien?

(29) Welche Informationen müssen insgesamt herangezogen werden, um sinnvoll mit Typologien arbeiten zu können?

(30) Für welche Bereiche werden gegenwärtig hauptsächlich Typologien angeboten?

(31) In welchem zeitlichen Regelmaß stehen Typologien zur Verfügung und welche Schlussfolgerungen lassen sich daraus ziehen?

(32) Wer tritt in der Regel als Anbieter von Typologien auf und welche Schlussfolgerungen lassen sich daraus ziehen?

(33) Welchen Einfluss hat die Auswahl und die Kombination der aktiven Variablen auf die Aussagefähigkeit von Typologien?

(34) Sind Typologien so universell einsetzbar wie demografische Zielgruppen?

(35) Was versteht man unter einer multiplen Zielgruppe?

(36) Was unterscheidet Einzelentscheidungen von kollektiven Entscheidungen?

(37) Welche Rollen werden im Rahmen von Kaufentscheidungsprozessen wahrgenommen?

(38) In welchen Bereichen ist der Einsatz von multiplen Zielgruppen angebracht?

(39) Welche Abgrenzungskriterien können in multiplen Zielgruppen Verwendung finden?

(40) Wie ist der Ableitungsprozess von multiplen Zielgruppen strukturiert?

(41) Lässt sich die Zielgruppenabgrenzung im Bereich Werbung vereinheitlichen bzw. kann dort mit einer Kategorie von Zielgruppen gearbeitet werden?

(42) Wo liegen die Hauptplanbereiche für Zielgruppen?

(43) Welche Probleme ergeben sich aus der parallelen Verwendung von mehreren Zielgruppen?

(44) Auf welcher „persönlichen" informativen Grundlage werden Zielgruppenentscheidungen getroffen?

(45) Wo bzw. wie erhält man die notwendigen Informationen für die Zielgruppenplanung?

Lösungshinweise

Frage	Seite	Frage	Seite
(1)	105	(24)	122 f.
(2)	105	(25)	125
(3)	105	(26)	125
(4)	105	(27)	126 f.
(5)	106 f.	(28)	126 f.
(6)	107	(29)	126 f.
(7)	107 f.	(30)	126 f.
(8)	108 f.	(31)	127
(9)	109 f.	(32)	126
(10)	109	(33)	125
(11)	110	(34)	127
(12)	110 f.	(35)	128
(13)	110 f.	(36)	129
(14)	110 f.	(37)	129
(15)	111	(38)	130
(16)	111	(39)	130
(17)	111	(40)	131 f.
(18)	116	(41)	131 f.
(19)	117	(42)	131 f.
(20)	118	(43)	131 f.
(21)	120 ff.	(44)	131 f.
(22)	121	(45)	131 f.
(23)	121		

Literatur

Backhaus, K.: Investitionsgüter-Marketing, 7. Auflage, München 2003

Bauer, E.: Marktsegmentierung, Stuttgart 1977

Becker, J.: Marketing-Konzeption, 7. Auflage, München 2002

Bieberstein, I.: Dienstleistungs-Marketing, Ludwigshafen (Rhein) 1995

Böhler, H.: Methoden und Modelle der Marktsegmentierung, Stuttgart 1977

Böhler, H.: Der Beitrag von Konsumententypologien zur Marktsegmentierung, in: Die Betriebswirtschaft, 1977, S. 447 ff.

Braunschweig E.: Typen als Zielgruppenkriterien, in: Braunschweig, E. (Hrsg.): Typologien und ihre Aspekte, Velbert 1975, S. 7 ff.

Bureau Wendt: Verdichtung sozio-demographischer Merkmale am Beispiel der Burda-Demotypologie, Hamburg – Puidoux 1977

Freter, H.W.: Zielgruppenbestimmung in der Media-Selektion, in: Meffert, H. (Hrsg.): Marketing heute und morgen, Wiesbaden 1975, S. 80 ff.

Gaede/Kernebeck/Landgrebe/Vogt: Werbe-Informations-System, Band 3, Planungsvoraussetzungen, Werbeorientierungs-Kreis I, Hamburg (Bild) o. J.

GfK: Neue Wege der Nutzung demographischer Merkmale, in: Vierteljahreshefte für Mediaplanung, 4/1975, S. 4 ff.

Gröne, A.: Marktsegmentierung bei Investitionsgütern, Wiesbaden 1977

Gruner + Jahr AG (Hrsg.): stern Markenprofile 10, Hamburg 2003

Köhler, R.: Planungs- und Entwicklungsprozeß neuer Markenartikel und Markteinführung, in: Bruhn, M. (Hrsg.): Handbuch Markenartikel, Bd. I, Stuttgart 1994, S. 433 ff.

Koeppler, K.: Opinion Leaders, Hamburg 1984

Koschnik, J.K. (Hrsg.): Focus-Lexikon für Werbeplanung – Mediaplanung – Marktforschung – Kommunikationsforschung – Mediaforschung, München 2003

Kroeber-Riel, W.: Konsumentenverhalten, 7. Auflage, München 1999

Leitherer, E.: Betriebliche Marktlehre, 1. Teil, Grundlagen und Methoden, Stuttgart 1974

Meyer-Hentschel, G.: Beseitigt der Briefing-Leitfaden die Bruchstellen?, in: Werbeforschung Praxis, 3/1984, S. 95 ff.

Opfer, G.: Typologien, Orientierungskriterien zum Beurteilen der Ergebnisse von Personengruppierungen, in: Braunschweig, E. (Hrsg.): Typologien und ihre Aspekte, Velbert 1975, S. 67 ff.

Opfer, G.: Besseres MA-Vorwissen für Planer, in: Opfer, G., und Zacharias, G.: Mediaplanung, Hamburg 1979

Opitz, O. (Hrsg.): Numerische Taxonomie in der Marktforschung, München 1978

Rogge, H.-J.: Grundzüge der Werbung, Berlin 1979

Rogge, H.-J.: Marktforschung, 2. Aufl., München – Wien 1992

Rogge, H.-J.: Praxis der Werbeplanung in mittelständischen Unternehmen – Tendenzen und Hypothesen, Fachhochschule Osnabrück, Arbeitsberichte aus dem Fb Wirtschaft Nr. 6/82, Osnabrück 1982

Rogge, H.-J.: Marktsegmentierung durch Werbepolitikaktivitäten, in: Pepels, W. (Hrsg.): Marktsegmentierung, Heidelberg 2000

Rogge, H.-J.: Werbung - Grundlagen und Bedeutung der Kommunikationspolitik, in: *Fackler, H.* et al.: Marketing-Management, Analyse, Politik und Recht, Osnabrück 1996, S. 470 ff.

Ruhfus, R.E.: Kaufentscheidungen von Familien, Wiesbaden 1976

Salcher, E.F.: Psychologische Marktforschung, 2. Auflage, Berlin – New York 1995

Scheuch, F.: Investitionsgüter-Marketing, Opladen 1975

Schweiger, G./Schrattenecker, G.: Werbung, 4. Auflage, Stuttgart – Jena 1995

Webster, F.E. und Wind, Y.: Organizational Buying Behavior, Englewood Cliffs, N.J. 1972

Wendt, F.: Typologische Analysesysteme in der deutschen Marktforschung, Hamburg o. J.

E. Werbeetatbestimmung

1. Ausgangslage

1.1 Definition und Abgrenzung

Die Summe aller finanziellen Mittel, die für die Werbung zur Verfügung gestellt werden bzw. notwendig sind, um Werbung zu betreiben, wird Werbeetat oder Werbebudget genannt. Im Zusammenhang mit der Bestimmung des Werbeetats sind drei Entscheidungen zu treffen: Die **Gültigkeitsdauer** der Etatentwürfe (Planperiode), die **Zuordnung** der Werbeaufwendungen auf einzelne Produkte oder Dienstleistungen (Kostenträger) sowie die sachliche Seite der **Kostenaufteilung**.

Wie in der Betriebswirtschaftslehre allgemein üblich, bezieht sich die Werbekostensumme auf eine feste und **gleichbleibende Periode**. Auf diese Weise lassen sich aus unterschiedlichen Bereichen stammende Maßgrößen zu neuen Größen zusammenfassen. Sie bilden die Grundlage für weitere Planungen oder Beurteilungen. Kosten werden in der Regel aufgewendet, wenn Erträge zu erwirtschaften sind. Daher sind auch Werbekosten bzw. der Werbeetat im Zusammenhang mit den Erträgen zu sehen. Die Differenz aus Erträgen und Kosten ist der Gewinn. Die Periode, auf die sich Gewinne beziehen, ist in der Regel ein Jahr. Das Gleiche gilt für den Werbeetat. Kürzere oder längere Planperioden sind möglich und in manchen Situationen auch unbedingt notwendig.

Ist beispielsweise eine Werbekampagne bereits nach kurzer Zeit abgeschlossen, dann empfiehlt sich die Wahl einer kürzeren Planungs- und Etatperiode. Wenn die Werbemaßnahmen sich auf zeitlich beschränkte Maßnahmen oder Ziele beziehen, ist eine von dem **Planjahr** abweichende Planperiode sinnvoll. Der Etat ist in seiner zeitlichen Abgrenzung von der jeweiligen Zielsetzung abhängig. Damit wird ein zeitliches **Zurechenbarkeitsproblem** angedeutet. Werbekosten können, bezogen auf ihre Entstehung, zwar einem bestimmten Zeitraum zugeordnet werden, nicht aber bezogen auf die Wirkung der mit den Kosten verbundenen Maßnahmen. Kostenverursachende Werbemaßnahmen sind in der Regel erst zu einer späteren Zeit als die Kostenentstehung mit Wirkungen verbunden. Z.B.: Die Streuung im Werbeträger Publikumszeitschrift erfolgt jetzt und wird auch jetzt bezahlt. Der Umsatzerfolg stellt sich erst zeitlich verzögert in der nächsten oder übernächsten Periode ein. Maßnahmen für die Entwicklung von Werbeaussagen und Werbemitteln werden erst in einer anderen Periode durch Streumaßnahmen erfolgswirksam.

Aufeinander folgende Werbeetats beeinflussen sich gegenseitig. Der Etat muss immer im Gesamtzusammenhang gesehen werden. Mit zunehmender Länge der Etatperiode nimmt das Zurechenbarkeitsproblem ab. Andererseits ist aber die Gesamtperiode nicht mehr überschaubar. Eine Periode von einem Jahr stellt für die Etatplanung einen guten Kompromiss dar. Selbstverständlich müssen auch bei

Perioden von einem Jahr längerfristig konzipierte Kampagnen fortgeführt werden. Das Problem der Zuordnung des Etats auf einzelne Produkte oder Dienstleistungen stellt sich, wenn mehrere bzw. unterschiedliche Produkte werblich betreut werden müssen. Der Gesamtetat setzt sich aus Teiletats für einzelne Absatzleistungen oder das Unternehmensganze zusammen. Mit der Entscheidung für die Einzeletats werden gleichzeitig Entscheidungen über die Wichtigkeit der Teilleistungsbereiche getroffen.

Teiletats beeinflussen sich gegenseitig. Ausgaben für die Werbung eines Produktes führen zu Reaktionen des Umsatzes bei diesem Produkt ebenso wie bei benachbarten Produkten. Z.B.: Mit der Versendung von Prospekten für Küchenmöbel verbessern sich gleichzeitig die Verkaufschancen und die Qualitätseinschätzung des Polstermöbelbereiches des gleichen Herstellers. Sie erhöhen den Bekanntheitsgrad des Werbetreibenden generell.

Je ähnlicher die Leistungsbereiche sind, umso eher können diese Bereiche in einem gemeinsamen Etat erfasst werden. Die Etathöhe kann umso niedriger ausfallen, je geringer die Anzahl von Überschneidungen ist.

1.2 Stellung der Etatplanung im werblichen Planungsprozess

Der Werbeetat steckt den Kostenrahmen ab, innerhalb dessen sich die Aufwendungen für die Vorbereitung der Werbung, die Gestaltung und Kontaktherstellung bewegen können. Wenn die finanziellen Mittel der Etatplanung begrenzt sind – und dass ist die Regel – dann kommt der Etatplanung eine zentrale Bedeutung zu. Der Einsatz bestimmter Werbemittel und -träger wird erst bei entsprechender Finanzierung möglich. Daraus folgt, dass die Höhe des Werbeetats sowohl zeitlich als auch sachlich vor den **Feinplanungen** der Botschafts- und Aussagenkonzeption, der Konzeption von Werbemitteln sowie der Einsatzplanung von Werbemitteln und -trägern bestimmt wird. Die Auswahl der Werbeobjekte, ebenso wie die Unternehmens- oder Werbeziele, zusammen mit der Zielgruppenauswahl sind dem Planbereich Etatbestimmung übergeordnet. Sie besitzen längerfristigen Charakter. Diese Planbereiche müssen zeitlich vorher oder zumindest parallel gelöst werden.

Somit könnten die Planüberlegungen nach folgendem Vorgehensschema angestellt werden:

- Bestimmung der Werbeobjekte,
- Bestimmung der Werbeziele und Ableitung aus den Unternehmenszielen,
- Bestimmung der werblichen Zielgruppen,
- Bestimmung des Budgets,
- Ausarbeitung der Werbekonzeption,
- Auswahl der Werbemittel,
- Auswahl der Werbeträger.

Das Schema muss im konkreten Fall gegebenenfalls verändert werden, weil die einzelnen Elemente nicht völlig unabhängig voneinander sind. Es bestehen zwischen den einzelnen Entscheidungsbereichen zahlreiche **Wechselbeziehungen**, auch in die Gegenrichtung, die im Grunde eine gleichzeitige Planung aller Elemente notwendig machen. So wird beispielsweise das Werbebudget nicht nur von dem jeweiligen Ziel bestimmt, sondern umgekehrt wird auch eine realistische Zielsetzung durch finanzielle Restriktionen eingeschränkt. Die Zielgruppe beeinflusst die Anzahl der notwendigen Werbeträger, und diese machen ein bestimmtes Budget notwendig. Stehen bestimmte Träger nicht zur Verfügung, müssen eventuell **Änderungen** an der Konzeption vorgenommen werden, was Folgen für die Zielgruppenbestimmung hat. In diesem Fall ist die Beeinflussung sowohl von oben (Zielgruppenauswahl) als auch unten (Trägerverfügbarkeit) gegeben.

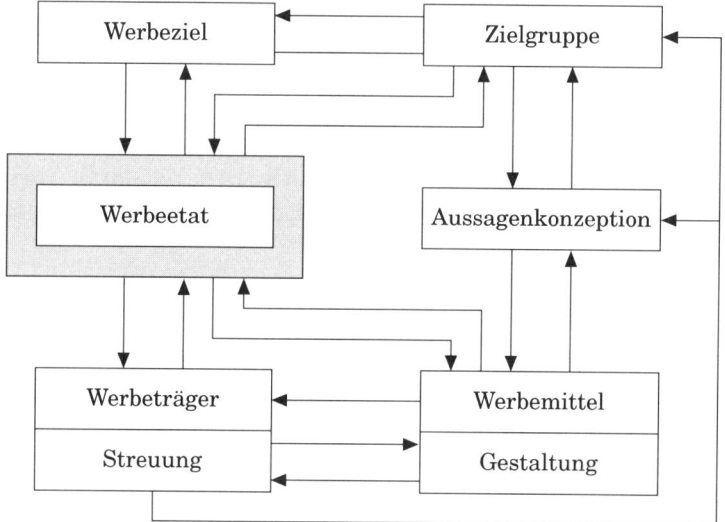

Abb.: Wechselbeziehungen zwischen einzelnen Elementen der Werbeplanung

Entscheidungen über das Budget setzen Kenntnisse – und damit in gewissem Rahmen **Vorentscheidungen** – über Mittel, Träger usw. voraus.

Das **Ablaufschema** sieht schließlich so aus:

(1) Festlegung der Produkte und Leistungen, für die geworben werden soll,

(2) Formulierung von Unternehmenszielen und Zielsetzungen, die die Werbung verfolgen soll,

(3) Sammlung von Daten über bereits getroffene Entscheidungen bezüglich Träger, Zielgruppe usw.,

(4) Festlegung des Etats in Anlehnung an eine Orientierungsgröße,

(5) Überprüfung, ob der Etat unter den gegebenen Umständen als realistisch angesehen werden kann,

(6) Berichtigung des Ansatzes.

1.3 Dringlichkeit der Etatplanung und Faktoren ihrer Beeinflussung

Das Problem der Etatplanung stellt sich nicht immer mit der gleichen Dringlichkeit. Je unwichtiger die Werbung im Rahmen der absatzwirtschaftlichen Handlungsmöglichkeiten wird, umso weniger dringlich wird die Etatplanung, die die **Voraussetzung** für den Einsatz der Werbung schafft. Anders ausgedrückt: mit zunehmender Höhe der Werbeaufwendungen steigen die werblichen Möglichkeiten. Gleichzeitig nimmt die Bedeutung der Etatfestlegung zu. Wenn nur gelegentlich Werbung betrieben wird, dann kann möglicherweise auf die vorherige Planung der finanziellen Mittel verzichtet werden. Diese werden dann im Bedarfsfalle aus irgendwelchen Restquellen sporadisch bereitgestellt. Kleinere Aktivitäten können sich jedoch bei Wiederholung sehr schnell zu größeren addieren.

Die Dringlichkeit und Notwendigkeit der Etatplanung ist außer von den noch zu behandelnden **Orientierungsgrößen** von anderen Einflussfaktoren abhängig. Die **Marktgröße** als absoluter Maßstab oder der Marktanteil als relativer Maßstab bestimmen die Notwendigkeit von Werbebudgets. In kleinen regional begrenzten Märkten oder Märkten mit kleinen und gut abgrenzbaren Zielgruppen, können die Etats niedriger sein als in größeren Märkten oder schlecht abgrenzbaren Zielgruppen. Die **Unternehmensgröße**, als Ausdruck der finanziellen Möglichkeiten und breiteren Produktpalletten mit entsprechenden Absatzmöglichkeiten, ist ein weiterer Einflussfaktor. Aufgrund der finanziellen Belastbarkeit und wegen der Erwirtschaftung von Gewinn und Liquidität in einem breiten Rahmen, sind in größeren Unternehmen auch größere Etats angebracht. Die Art der **Produkte** oder die Stellung im **Lebenszyklus** sind ebenfalls Merkmale, die sich auf die generelle Höhe des Etats auswirken. Die Abbildung (S.149) zeigt für einige Marktmerkmale in einer Übersicht, wie die Etathöhe in Abhängigkeit von den Ausprägungen der Entscheidungskriterien ausfallen könnte.

Die einzelnen Merkmale können unabhängig voneinander betrachtet und in die Etatüberlegungen einbezogen werden. In vielen Fällen werden jedoch einige Merkmale miteinander sowohl positiv (Marktanteil, Größe des Marktes) als auch negativ (Konkurrenzdruck, Neuigkeitscharakter) korrelieren. Die Zusammenhänge können Ausgangspunkte einer weitergehenden Analyse sein.

eher niedrig	Werbeetat	eher hoch
←	Merkmalsausprägung	→
niedrig	Marktanteil	hoch
schlecht	finanzielle Möglichkeiten	gut
schwach	Konkurrenzdruck	stark
hoch	Produktbekanntheit	niedrig
niedrig	Produktqualität	hoch
niedrig	erwartete Restlebensdauer des Produktes	hoch
niedrig	Neuigkeitscharakter des Produktes	hoch
klein	Größe des Marktes	groß
hoch	Unterstützung durch Hersteller/Händler	niedrig

Abb.: Tendenzielle Höhe des Werbeetats in Abhängigkeit von einigen ausgewählten Entscheidungskriterien

2. Festlegungsmethoden

2.1 Verfahrensklassen

Die methodischen Hilfsmittel zur Bestimmung des Werbeetats lassen sich grundsätzlich in zwei Klassen einteilen:

- Orientierungs- und Richtlinienmethoden,
- mathematisch-theoretische Methoden.

Bei der Menge der Orientierungs- oder Richtlinienmethoden handelt es sich um die einfache Koppelung der Etathöhe an messbaren anderen Orientierungsgrößen. Diese sollen es ermöglichen, die grundsätzliche Höhe des Werbeetats festzulegen und unterschiedliche Etathöhen miteinander zu vergleichen. Die Verfahren sind leicht einsetzbar und gestatten teilweise auch die Ableitung von Etatstrategien. Sie geben Anhaltspunkte für die Veränderung der Etats, wenn sich die Umwelt- und Nebenbedingungen geändert haben. Die Frage, ob die mithilfe dieser Verfahren gefundenen Werbeetats auch die jeweils günstigste Lösung darstellen, kann nicht beantwortet werden.

Als **Orientierungsgrößen** können

* finanzielle Möglichkeiten,
* Umsatzzahlen,
* Absatzzahlen,
* Marktanteile,
* Gewinne,
* Werbeaufwendungen im Markt,
* konjunkturelle Daten usw.

herangezogen werden.

Die Gruppe der **mathematisch-theoretischen Methoden** baut auf **Werbe-wirkungsfunktionen** auf und versucht, unter der Annahme der Gültigkeit be-stimmter funktionaler Zusammenhänge so genannte optimale Budgets zu finden. Das **optimale Budget** ist der Etat, der unter den gegebenen Umweltbedingungen das jeweils beste Ergebnis liefert. Mathematische Hilfswerkzeuge sind die Margi-nalanalyse und Operations-Research-Methoden. Diese Methoden erfordern eine Vielzahl von Ausgangsdaten, die häufig nicht in der notwendigen Genauigkeit beschafft werden können. Die ermittelten Optima müssen nicht unbedingt mit den tatsächlichen (aber unbekannten) Optima übereinstimmen. Die **Hauptschwierig-keit** dieser Verfahren besteht in der Formulierung realistischer Modellstrukturen. Zu Gunsten einer besseren Rechenbarkeit wird die Wirklichkeit in der Regel stark vereinfacht. Das ist allerdings eine Einschränkung, die auf die Klasse der Orien-tierungsmethoden in mindestens dem gleichen Maße zutrifft. **Orientierungs-größen** sind in Zahlen **messbare Größen**. Grundsätzlich können sich diese Werte auf die Vergangenheit oder die Zukunft beziehen. **Vergangenheitsdaten** sind „tatsächliche" Ist-Daten. Sie besitzen den besonderen Anschein der Realitätsnähe. Wenn die Daten sich dazu noch auf den eigenen bzw. innerbetrieblichen Bereich beziehen, sind sie außerdem leicht erhebbar. Wenn man eine Wirkungsbeziehung zwischen Werbeanstrengungen (Etat) und Werbewirkungen (Kontakte, Umsatz, Gewinn usw.) unterstellt, dann lassen sich durch die Gegenüberstellung der Ver-gangenheitsdaten aus dem Wirkungsbereich und dem Anwendungsbereich Infor-mationen über die genaue Art dieser Zusammenhänge gewinnen.

Vergangenheitsmaterial stellt damit sicherlich die Grundlage für das Entwickeln von Modellen und das Arbeiten mit experimentellen Methoden dar. Unbestritten sind Vergangenheitsdaten die Grundlage jeder Prognose. Die Prognose setzt jedoch einen **Kausalzusammenhang** und/oder die Gültigkeit der Unveränderlich-keitsbedingung der Bestimmungsgrößen und Nebenbedingungen voraus. Der sach-logische Zusammenhang zwischen den in der Vergangenheit liegenden Orientierungs-größen (Wirkungsgrößen) und dem noch in der Zukunft liegenden Werbeetat ist allerdings nicht gegeben (*Korndörfer*, 1966). Das ist höchstens bei Größen der Fall, die der gleichen Periode entstammen.

Die Unveränderlichkeit der sonstigen **Nebenbedingungen** kann ebenso wenig unterstellt werden. Die Orientierung nur an Vergangenheitsdaten oder die unreflektierte Übernahme von Etatentscheidungen aus den Vorperioden ist damit keine adäquate Handlungsweise. Gewohnheits- und Spontanverhalten ist nur dann berechtigt, wenn keine anderen bzw. besseren Verhaltensweisen möglich sind. Etatentscheidungen sollten nicht allein auf Vergangenheitsperioden gestützt werden. Unkontrollierte Übertragungen der Entscheidungen von Periode zu Periode sollten vermieden werden.

Mit der Gruppe der Planorientierungsgrößen wird versucht, einen wesentlichen Mangel der bisher genannten Ausgangsdaten zu beheben. Der fehlende Bezug zwischen Vergangenheitsdaten und Werbeaufwendungen wird durch einen Übergang auf **Zukunftsdaten** hergestellt. Der zukünftige oder jetzige Werbeetat liefert die Voraussetzungen für die in der Zukunft liegenden Wirkungen. Je nach Orientierungsgröße besteht ein mehr oder weniger starker sachlogischer Zusammenhang. Die Verbindung zwischen Gewinnerzielung und Werbeetat ist beispielsweise schwächer als die Verbindung zwischen Kontaktherstellung und Werbeaufwendungen. Bevor aber eventuelle bestehende **Gesetzmäßigkeiten** zwischen dem Werbeetat und in der Zukunft liegenden Wirkungsgrößen in Zahlen ausgedrückt und in Handlungsanweisungen umformuliert werden können, sind Untersuchungen anhand der Vergangenheitsdaten notwendig. Ohne die entsprechende Fundierung auf Erkenntnissen aus den jeweiligen räumlichen, sachlichen und zeitlichen Marktfeldern sind diese Maßstäbe nur bedingt als Planungsinstrumente brauchbar.

Obwohl die Orientierung an Zukunfts- und Plandaten für die Etatplanung noch die sinnvollste, relativ einfach anwendbare Planungsmethode darstellt, muss doch auf eine weitere methodische **Unzulänglichkeit** hingewiesen werden. Der Zusammenhang zwischen Etat und Plangröße besteht darin, dass der Etat die Realisierung der Etatgröße erst möglich macht. Die Wirkung ist eine Funktion der Maßnahme (*Korndörfer*, 1966; *Rogge*, 1979). Bei den Orientierungsverfahren wird die Beziehung umgedreht und ist damit streng logisch nicht mehr haltbar: Die Etathöhe wird als abhängig von der (noch zu erzielenden) Wirkung angesehen. Die Vorhersage der Plangröße wird ohne die Kenntnis der Verursachungsgröße Etat vorgenommen, die wiederum aus der Plangröße bestimmt wird. Der zweite Schritt wird gewissermaßen vor dem ersten gemacht. Solange daher mit einem **festen Verhältnis** von Etathöhe und Wirkung gerechnet wird, sind die Planergebnisse falsch. Erst die Kenntnis der gesamten Faktoren lässt eine Umkehrung der Funktion und damit eine Gesamt- und Optimalplanung zu.

Bei der Behandlung der Orientierungsmethoden im Einzelnen wird nicht mehr explizit nach Vergangenheits- bzw. Zukunftsorientierungen unterschieden. Generell ist Plandaten als Orientierungsrahmen der Vorzug zu geben. Lediglich wo diese fehlen, sollte auf Vergangenheitsdaten als Ersatzgröße übergegangen werden. Diese werden dann gewissermaßen als **Prognosen** in die Zukunft projiziert.

2.2 Orientierungsgrößen im Einzelnen

2.2.1 Restwertmethode

Im Rahmen der Restwertmethode wird der Etat als Summe der finanziellen Mittel definiert, die nach Abzug aller sonstigen Aufwendungen verbleibt. Tatsächlich handelt es sich gar nicht um ein bewusstes planerisches Vorgehen zur Bestimmung der Werbeaufwendungen. Alle anderen betrieblichen Teilbereiche werden vorweg geplant, soweit sie finanzielle Mittel binden. Der Werbeetat ergibt sich als verbleibende Restsumme „automatisch". Werbung und Werbeetat werden damit als unwichtig und vernachlässigbar eingestuft.

Der besondere **Vorteil** eines solchen Vorgehen ist, dass es ausgesprochen einfach ist und keine besonderen Anstrengungen oder Fachkenntnisse im Bereich der Werbung erfordert. Probleme mit einer eventuellen Überschreitung des finanziellen Rahmens kann es ebenso wenig geben. Datenerhebungen über Wirkungszusammenhänge sind nicht notwendig. Als wesentlicher **Nachteil** dieses Verfahrens ist der Zufallscharakter der Etathöhe anzusehen. Je nachdem, wie kostenaufwendig andere unternehmerische Entscheidungen sind, wird der Etat wechseln. Die verbleibenden Etatmittel stehen in keinerlei Beziehung zu irgendeinem Ziel. Unter Umständen reichen die Mittel nicht aus, um angemessene Wirkungen zu erzielen. Werden die Mittel trotzdem ausgegeben, verpuffen sie wirkungslos, weil der Mindestetat nicht erreicht wurde. Das Denken in Restwerten unterstützt eine Falscheinschätzung der Werbung und die Blindheit für Wirkungszusammenhänge, wie sie gerade bei kleineren und mittleren Unternehmen nicht selten sind.

Als Grundlage für weitere Überlegungen kann die Restwertmethode jedoch durchaus dienen. Der Etat kann nicht höher sein, als es die betrieblichen Umstände zulassen. Mithilfe der Restwertmethode kann der zumutbare **maximale Rahmen** für die Werbeanstrengungen gefunden werden. Die Vorplanung der nichtwerblichen Maßnahmen dürfte aber nicht in Details erfolgen, wie das die ursprüngliche Restwertmethode vorsieht. Vielmehr sind für alle Bereiche, die finanzielle Mittel benötigen, Mindestsummen zu bestimmen. Das um diese Mindestsummen verminderte Gesamtbudget stellt dann den Ausgangsrahmen bzw. die Obergrenze des Werbeetats dar. Voraussetzung hierfür ist allerdings, dass die Höhe des Gesamtbudgets bekannt ist. Im Grunde wird das Problem damit nur um eine Stufe verlagert.

Wenn man als Gesamtbudget die maximale finanzielle Leistungskraft ansetzt, kann das Verfahren im Sinne einer Maximalgrenzenfestlegung arbeiten. Die Restwertmethode ist eine Möglichkeit, die finanzielle werbliche Belastbarkeit zu ermitteln. Die Ergebnisse dieser Planungen sind **Zwischenergebnisse** und Ausgangspunkt für weitere Überlegungen. In jedem Falle muss überprüft werden, ob eventuell bestehende Zielvorstellungen mit dem „Restbudget" erreicht werden können. Ist der Restetat höher als der Mindestetat, kann weiter geplant werden. Andernfalls muss auf die Werbung ganz verzichtet werden.

2.2.2 Fortschreibungsmethode (Vorjahresmethode)

Wenn Werbung über einen längeren Zeitraum erfolgt, dann müssen für mehrere Perioden Mittel zur Verfügung stehen. In der Fortschreibungsmethode werden die Etats jeweils aus dem **Vorjahr** unverändert übernommen.

$$K_{W_t} = K_{W_{t-1}}$$

Der Etat behält stets die gleiche Höhe. Auf die Einbeziehung der so genannten Marktdynamik wird verzichtet. Dieser Entscheidung liegt die Vorstellung zu Grunde, die Werbeausgaben der Vorperioden seien sinnvoll ausgegeben worden. Solange keine Gegenbeweise vorliegen, ist diese Ansicht nicht schädlich. Wenn allerdings ein einigermaßen optimales Budget ermittelt werden soll, ist diese Methode nur dann richtig, wenn das Vorjahresbudget bereits optimal war und sich gleichzeitig an den sonstigen Marktverhältnissen nichts geändert hat.

Durch die Prüfung des jeweils vorausgehenden Etats können Anhaltspunkte darüber gewonnen werden, ob mit unterschiedlichen Etathöhen auch tatsächlich unterschiedliche **Zielniveaus** erreichbar sind. Die Beschäftigung mit dem Vorperiodenetat kann den Einstieg in anspruchsvollere theoretische und **experimentelle** Ansätze darstellen.

Die unveränderte und ungeprüfte Übernahme der Vorjahreskosten kann zu einer **Festschreibung** an sich überflüssiger Kosten führen. Mit zunehmender Unternehmensgröße und größer werdendem organisatorischen Apparat steigt die Gefahr, dass Kosten nur deshalb produziert werden, weil sie im Etat stehen. Selbst wenn der Etat nicht ausgeschöpft ist, werden Beträge verausgabt, aus der Vermutung heraus, sonst sei in Zukunft mit Mittelkürzungen für diesen Bereich zu rechnen.

Die fehlende Dynamik von Marktentwicklungen kann durch die Einführung von **Steigerungsraten** eingeführt werden. Anstelle von unveränderten Etats werden diese durch feste Steigerungsraten angepasst.

$$K_{W_t} = K_{W_{t-1}} + a \cdot K_{W_{t-1}}$$

Im Grunde wird hier nur eine Automatik durch die andere ersetzt. Anfangs mögen die Steigerungsraten tatsächlich dem Gedanken der Zielentsprechung von Etats gerecht werden, vor allem wenn es sich um Werbung auf Wachstumsmärkten handelt. Später werden sich solche Etats sehr schnell in Höhen aufschaukeln, die nicht mehr verantwortbar sind. Steigerungsraten haben nur dann einen Sinn, wenn sie von Fall zu Fall in Abhängigkeit von allen Rahmenfaktoren festgelegt werden. Die Vorjahresanalyse sollte nur im Zusammenhang mit einer umfangreichen

Datenanalyse als Vorstufe und Ausgangsbasis für ein zielorientiertes Etatbestimmungsverfahren eingesetzt werden.

2.2.3 Prozentverfahren

Eine bequeme Möglichkeit der Etatbestimmung besteht darin, bestimmte, im Zeitverlauf sich ändernde, Orientierungsgrößen mit einem bestimmten Prozentsatz zu multiplizieren. Werbekosten werden hier als feste **Anteile von Bezugsgrößen** interpretiert.

$$K_W = a \cdot x$$

Die Einzelschritte bestehen im Finden einer geeigneten Orientierungsgröße, der Messung dieser Orientierungsgröße und der Festlegung eines Prozentsatzes mit anschließender Multiplikation. Als Orientierungsmaßstäbe sind Gewinn, Umsatz, Kosten usw. gebräuchlich.

Für eine Verwendung des **Gewinnes als Bestimmungsgröße** spricht, dass aus dem Gewinn die finanziellen Mittel stammen, die für Werbung ausgegeben werden können. Schwierigkeiten ergeben sich aber dann, wenn man weiter über den Gewinn nachdenkt. Gewinn ist gleichbedeutend mit finanziellem Überschuss bzw. freien finanziellen Mitteln. Die Abgrenzung des Gewinns kann auf unterschiedliche Art vorgenommen werden. Zwischen dem Gewinn vergangener Perioden und dem Werbeetat zukünftiger Perioden fehlt jede sachlogische Beziehung. Der zukünftige Werbebedarf ist unabhängig von früheren Gewinnen. Der zukünftige Gewinn hingegen kann durch vorhergehende oder parallele Etats beeinflusst werden in seiner generellen Entwicklung und absoluten Höhe. Als Kostenposten muss der Etat vom Gewinn abgesetzt werden. Hinzu kommt, dass der Einfluss des Etats auf den Gewinn, verglichen mit allen anderen wirksamen Faktoren, ausgesprochen klein ist.

Die **Orientierung am Umsatz** stellt eine Verbesserung gegenüber der Orientierung am Gewinn dar. Der Umsatz ist weniger global als der Gewinn. Eine sachlogische Beziehung lässt sich zwischen dem Umsatz und dem Etat leichter herstellen. Die genannten Einschränkungen gelten weiterhin. Als **Ausgangsdaten** können die Werte

- Umsatz der vergangenen Perioden,
- Durchschnitt aus den Umsätzen vergangener Perioden,
- Planumsatz der folgenden Perioden,
- Durchschnitt aus Plan- und Istumsätzen

dienen.

Die Problematik der Wahl von vergangenen oder zukünftigen Orientierungsdaten wurde bereits angesprochen. Wenn der letzte Umsatz mit einem festen Prozentsatz multipliziert wird, werden die Verhältnisse der Vergangenheit schematisch auf die Zukunft übertragen. Selbst sichtbare und erkennbare Veränderungen der Markt- und Umweltbedingungen führen zu keinen angemessenen Veränderungen der Handlungsweise. Das Gegenteil ist der Fall. Der Werbeetat entwickelt sich **zyklisch**.

Ist beispielsweise der Umsatz rückläufig, dann sinkt der Werbeetat ebenfalls. Unter der Voraussetzung eines Wirkungszusammenhanges muss zwangsläufig der Umsatz weiter sinken. Bei steigenden Umsätzen wird mehr in die Werbung investiert. Ohne eine genaue Analyse der Gründe für die Umsatzsteigerungen wäre das voreilig. Bei einer allgemein geltenden Nachfragebelebung wäre zusätzliche Werbung nur bedingt nötig. Die Werbeaufwendungen bzw. Maßnahmen verpuffen ohne eine besondere Wirkung. In „guten" Zeiten schaukelt sich die Werbung hoch. Wenn die „Prozent-vom-Umsatz-Methode" eingesetzt wird, sollte zweckmäßigerweise auch den **Veränderungen des Umsatzes** (U_t) bzw. den Abweichungen vom Planumsatz (U^*_t) Rechnung getragen werden. Bei Umsatzsteigerungen lässt sich der Etat möglicherweise reduzieren.

$$K_{W_t} = a \cdot U_{t-1} + b \cdot (U_{t-2} - U_{t-1}) + c \cdot (U_t - U_{t-1})$$

oder

$$K_W = a \cdot U^*_{t-1} + b \cdot (U^*_{t-1} - U_{t-1}) + c \cdot (U^*_t - U_{t-1})$$

Unter Berücksichtigung dieser **Einschränkungen** ist das Prozent-Umsatz-Verfahren relativ einfach. Es erfordert keine besonderen Planungskosten. Die Daten sind leicht zu beschaffen. Die Frage nach dem geeigneten bzw. angemessenen Prozentsatz ist allerdings noch offen. Die Fixierung eines unveränderlichen Prozentsatzes ist problematisch. Die Beschäftigung mit Werbewirkungsfunktionen zeigt, dass das Verhältnis aus Aufwand und Wirkung variiert.

Mögliche **Einflussfaktoren** sind Marktgröße, Konjunktur, Stellung im Lebenszyklus usw. Eine der Haupteinflussgrößen dürfte jedoch die Branche sein. Es gibt Produkte, die außerordentlich werbeaufwendig sind. Andere sind es kaum. Allgemeine Angaben über die Höhe des Prozentsatzes lassen sich nicht machen.

Eine Analyse **empirischer** Daten kann wertvolle Hinweise für die Höhe des Etats, die Gestaltung und Situationsbeurteilung am Markt bzw. angemessene Prozentsätze liefern. Industrieunternehmen im Verbrauchsgüterbereich (müssen) mehr Werbung betreiben als Einzelhändler. Großunternehmen betreiben wegen anderer Absatzgebiete (Marktanteile) mehr Werbung als kleinere. Die Werbung für Güter des täglichen Bedarfs ist weniger intensiv als für die des aperiodischen Bedarfs, vielleicht wegen eines weniger stark ausgeprägten Informationsbedürfnisses der Konsumenten.

Branchen	Durchschnittliche Werbeetathöhe je Produkt für Medieneinsatz in €	Anzahl der Produkte
Reinigungsmittel	1.919.390	86
Energie (für private HH und Industrie)	232.130	11
Nahrungsmittel	606.390	411
Reise und Tourismus	151.340	27
Transport	320.580	121
Finanz	458.120	77
Photo und Optik	180.490	12
Getränke	359.440	237
Kunst und Kultur	177.420	11
Hygiene, Gesundheit, Pharmazie	378.360	408
Industriegüter	127.310	22
Handel und Vertrieb	180.490	146
Büroeinrichtung und Kommunikation	117.600	56
Konsumgüter	195.820	139
Erziehung und Media	192.250	122
Unterhaltungselektronik	151.850	124
Dienstleistungen	130.380	104
Haushalts- und Gartenausrüstung	88.960	108
Investitionsgüter	33.750	25
Bauindustrie	54.710	20

Abb.: Durchschnittliche Etatgrößen in Deutschland nach Branchen (Zahlen aus 1993)
Quelle: Television '94, European Key Facts

Offen bleibt bei der Erfassung der Werbekosten aber nach wie vor die genaue **Kostenabgrenzung**. Es ist nicht immer klar, ob nur Streukosten oder auch andere Werbekosten in den Kostenstatistiken enthalten sind. Wenn wir davon ausgehen, dass die erfassten Werbekosten sich in der Regel auf Streukosten beziehen, dann müßte bei einer Orientierung an den branchenüblichen Prozentsätzen und dem Umsatz noch eine Berichtigung für Gestaltungskosten und andere sonst fixe Werbekostenbestandteile erfolgen.

Die **Werbekosten** lassen sich auch zu anderen Kosten in Beziehung setzen. Diese Verhältnisse können ihrerseits Ausgangspunkte der Etatfestlegung sein. Der Werbeetat entspricht dann einem bestimmten **Anteil am Gesamtkostenvolumen**. Die Ähnlichkeit zur Restwertmethode ist offensichtlich. Im Unterschied dazu wird jetzt allerdings der Werbeetat von vornherein mit einem festen Anteil bedacht. Je höher dieser Anteil angesetzt wird, umso wichtiger ist die Werbung.

$$K_W = a \cdot K_G$$

Dieses Vorgehen wird operationaler, wenn man es auf die **Stückkosten** eines Produktes bezieht. Der Etat ergibt sich dann aus geplantem Mengenabsatz (X), Kostenbetrag und Kostenanteil.

$$K_W = X \cdot a \cdot k_p$$

Damit ist eine Verbindung zum **umsatzbezogenen** Verfahren hergestellt. Ein logischer Zusammenhang zwischen sonstigen Kosten und Werbeanstrengungen ist nicht gegeben. Nach der Formel steigen aber mit steigenden Produktionskosten beispielsweise die Werbeaufwendungen. Mit sinkenden nehmen sie ab. Es ist nicht einsehbar, warum das Werbebudget auf globale Kostenänderungen reagieren sollte. Eine umgekehrte Reaktion wäre logisch. Wenn Kostenbestandteile an den Stückkosten eingespart werden können, dann stehen bei unverändertem Stückgewinn mehr Mittel für Werbeanstrengungen pro Stück zur Verfügung. Der Gesamtgewinn kann möglicherweise durch einen erhöhten Mengenabsatz vergrößert werden. Damit ist gleichzeitig eine **Abkehr von festen Prozentsätzen** verbunden. Für eine Nachkalkulation können die Angaben über das Kosten/Werbekostenverhältnis gut verwendet werden.

2.2.4 Wettbewerbsmethoden

Werbung ist eine Maßnahme, die das Wettbewerbsgefüge beeinflussen soll und von allen Mitwettbewerbern betrieben wird. Es liegt nahe, sich an den **Werbeausgaben der Mitwettbewerber** bezüglich seines eigenen Etats zu orientieren. In einem ersten Ansatz geschieht das, wenn der Etat nach der Umsatzmethode bestimmt und dabei der branchenübliche Prozentsatz zu Grunde gelegt wird. Aus verschiedenen Gründen ist eine unveränderte Anwendung der Prozentsätze nicht angebracht.

Eigene Werbemaßnahmen verändern den Markt. Sie rufen Reaktionen der Mitwettbewerber hervor. Der eigene Etat (K_i) muss daher mindestens gleich oder höher sein als die Etats der Konkurrenten (K_j), wenn die **Marktposition** gehalten werden soll. Im ersten Fall würde eine Stabilisierung des Zustandes erreicht, im zweiten ist unter Umständen eine Verbesserung der Marktsituation die Folge. Die Abweichungen nach oben werden umso größer, je höher die Werbeetats der Mitwettbewerber werden, um die Marktstrukturen zu verändern.

$$K_{W_i} = K_{W_j} + a \cdot K_{W_j} \qquad (j = 1, ..., n; j \neq i)$$

Verhalten die Mitwettbewerber sich nach dem gleichen Schema, so kann das leicht zu einem ökonomisch unsinnigen und ruinösen Überbieten in den Werbeanstrengungen führen.

Stillschweigend wird außerdem unterstellt, die Etats der Mitwettbewerber seien optimal. Es wird angenommen, alle Konkurrenten verfolgten die gleichen **Ziele** und für alle sei die gleiche **Marktsituation** gegeben. Alle beteiligten Unternehmen müßten eine ähnliche Altersstruktur, eine ähnliche Angebotspalette mit dem gleichen Reifezustand und ähnliche absatzpolitische Instrumenteinsatzmöglichkeiten besitzen. Diese Voraussetzungen sind selten gegeben.

Grenzt man die Konkurrenz auf einige wenige Mitwettbewerber ein, dann kann die **Konkurrenzorientierung** brauchbar sein. Die **Maßnahmen** (und nicht nur die Ausgaben der Mitwettbewerber) werden beobachtet und die entsprechenden eigenen Reaktionen geplant. Auf diese Weise lassen sich tatsächlich die Erfahrungen anderer nutzen. Die Maßnahmen und damit die Kostenstruktur anderer Anbieter dürfen nicht kritiklos übernommen werden. Es muss überprüft werden, ob sie den eigenen Zielsetzungen entsprechen. Die eigene Unternehmensgröße und die der Mitanbieter müssen mit berücksichtigt werden. Wenn die Mitwettbewerber das planende Unternehmen nach Marktgröße, finanziellen Möglichkeiten usw. bei weitem übertreffen, dann sollte nicht versucht werden, die anderen zu übertrumpfen. Eine eventuelle Marktführerschaft sollte anerkannt werden.

Die Wettbewerbsorientierung in Form der **direkten Anpassung** an andere Etats ist nur auf überschaubaren Märkten und bei etwa gleich starken Marktpartnern angebracht. Die Anwendungsmöglichkeit ist stark abhängig von den **Informationsmöglichkeiten** über die Konkurrenzmaßnahmen. Als Informationsquellen kommen die Statistiken von Schmidt + Pohlmann, des ZAW oder entsprechende Hinweise in Fachzeitschriften infrage. In der Regel lassen sich nur Vergangenheitsdaten in dieser Richtung auswerten. Zukunftsdaten, vor allem über die Maßnahmen der Mitwettbewerber, sind selten erhältlich. Das schränkt die Möglichkeiten eines zielbezogenen Vorgehens stark ein. Trotzdem kann für den Fall des „Marktneulings" die Methode erste und brauchbare Verhaltensregeln geben.

In der **Werbeanteil-Regel** findet die Wettbewerbsetatmethode ein Modifikation. Hier findet eine Anpassung an die Konkurrenz statt, indem der Werbeetat im Verhältnis zum **Marktanteil** festgelegt wird. Der eigene Werbeanteil (Werbeetat bezogen auf die Gesamtaufwendung für Werbung des Marktfeldes) soll mindestens genauso hoch sein wie der Marktanteil. Das ist eine defensive Strategie. Bei einer expansiven Marktstrategie muss der so ermittelte Werbeanteil deutlich höher als der eigene Marktanteil sein.

$$W_A = \frac{K_{W_i}}{K_{W_j}} \Rightarrow M_A = \frac{A_V}{M_V}$$

$$K_{W_t} = M_A \cdot W_V$$

Voraussetzung für die Anwendung dieser Methode ist die Kenntnis des eigenen Marktanteils und der Gesamtaufwendungen der Branche. Mit zunehmendem Marktanteil und Marktbedeutung wird die Methode interessanter. Für kleinere Unternehmen mit geringem Marktanteil ist sie weniger interessant.

In einem ökonometrischen Modell können diese Überlegungen zusammengefasst (MARKTMECHANIK; *Rogge*, 1977) werden. In dem Modell MARKTMECHANIK wird der Marktanteil als abhängig von den relativen Etats für verschiedene Medien und dem relativen Preis des entsprechenden Produktes gesehen.

$$M_{A_1} = b_1 M_{A_{t-1}}{}^{a_1} + b_2 PZ_t{}^{a_2} + b_3 TV_t{}^{a_3} + b_4 TZ_t{}^{a_4} + b_5 HF_t{}^{a_5} + b_6 P_t{}^{a_6} + b_7$$

Die einzelnen Parameter b_i und a_i sind empirisch-statistisch geschätzt. Die Angaben erfolgen in Relation zu den Gesamtaufwendungen des Marktfeldes. Kennt man die Aufwendungen in den einzelnen Mediengattungen, dann kann mithilfe dieser Formel für vorgegebene Marktanteile nicht nur der Werbeetat insgesamt, sondern auch in seiner **Aufteilung auf die einzelnen Mediengattungen** untersucht werden. Neben methodischen Problemen und der z.T. sehr **mechanistischen** Vorgehensweise lässt das Informationsproblem nur eine beschränkte Anwendung zu (*Rogge*, 1977).

2.2.5 Ziel-Mittel-Methode

Ein theoretisch einwandfreier Weg (*Rogge*, 1979, S. 75 ff.) zur Bestimmung des Werbeetats geht auf die **Ziel-Mittel-Hierarchie** zurück. Ausgangspunkt des Lösungsprinzips ist die zunehmende Konkretisierung der Mittel bei der Ableitung der Bereichs- und Werbeziele. Bei entsprechend genauer Zielformulierung ist im Grunde der notwendige Werbeetat bereits bestimmt. Der Erhebungsaufwand des Verfahrens ist vergleichsweise hoch. Wegen des damit verbundenen Informationszuwachses und wegen des Gesamtüberblickes sollte das Verfahren zur Etatbestimmung immer mit eingesetzt werden.

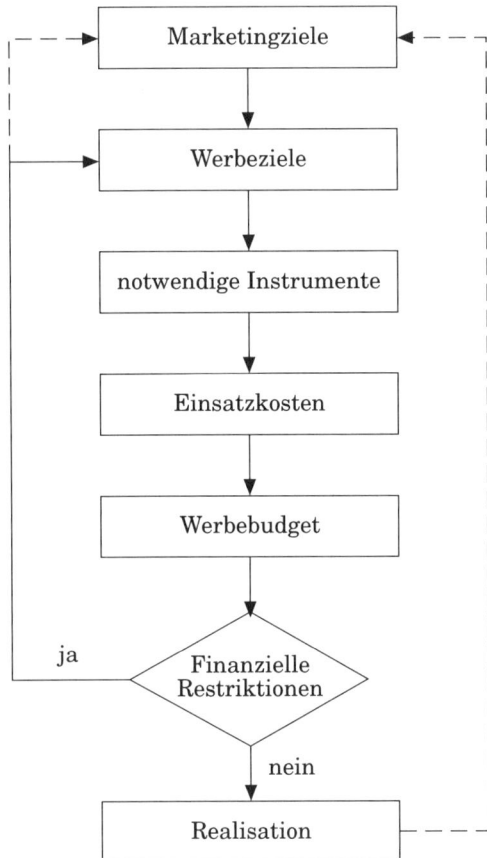

Abb.: Schema der Zielmittelmethode

In einem ersten Schritt sind die Ziele festzulegen, die mit der Werbung verfolgt werden sollen. Die **Umweltbedingungen** bzw. das Unternehmensumfeld muss dabei mit berücksichtigt werden (Größenordnung des Marktes und des Marktsegmentes, Marktanteil, Entwicklung des Gesamtlebenszyklus der Produktgattung bzw. der Branche, Stand des individuellen Lebenszyklus, Zielgruppenmerkmale, Konjunktur, Konkurrenzsituation usw.). Die Zielformulierung sollte im Interesse einer Nachkontrolle in quantifizierbaren Größen erfolgen. Die Zielsetzung sollte realistisch sein, sowohl im Hinblick auf die absolute Erreichbarkeit als auch unter Berücksichtigung der bereits behandelten Nebenbedingungen. Wenn die **maximale Obergrenze** der Werbeaufwendungen bekannt ist, sollte das Wissen bereits mit in die Zielformulierung einfließen.

Im folgenden Schritt muss ein **Maßnahmenkatalog** entwickelt werden, mit dem die vorgegebenen Ziele erreicht werden können. Je nach Wettbewerbssituation und Umfeld wird bei gleichem Ziel der Maßnahmenkatalog unterschiedlich ausfallen. Die Verfügbarkeit der Medien, die Zielgruppe, die Wettbewerbsaktivitäten, Vorentscheidungen aufgrund einer bestimmten Aussagenkonzeption usw. spielen dabei eine Rolle.

Schließlich müssen den Einzelmaßnahmen **Kosten** zugeordnet werden. Die Summe aller Kosten ergibt den Etat, der notwendig ist, um die gesetzten Ziele zu erreichen. Eine klassische Aufteilungsmöglichkeit ist die in einen **streufähigen** Etatanteil und einen **nichtstreufähigen** Anteil. Der **streufähige** Kostenanteil, der Streuetat, umfasst die Kosten der Verbreitung der Werbebotschaft in der Zielgruppe durch den Einsatz der Werbeträger. Das ist die Summe aller Kosten, die für den Einkauf von Werberaum und Werbezeit in den Medien (Zeitungen, Zeitschriften, Rundfunk usw.) zur Herstellung von Kontakten benötigt wird. Häufig wird der Streuetat gleichgesetzt mit dem Werbeetat überhaupt. Das sollte berücksichtigt werden, wenn die Werbeausgaben von direkten Mitwettbewerbern oder der Branche als Vorinformationen erhoben werden.

Damit Streumedien eingesetzt werden können, müssen vorbereitende konzeptionelle Maßnahmen ergriffen und die Mittel gegebenenfalls produziert werden. Der nicht streufähige Etatteil ist notwendig, damit der streufähige Teil insgesamt eingesetzt werden kann. Die nachfolgende beispielhafte Aufstellung gibt einen Eindruck von der Vielfalt der Werbekosten und kann gleichzeitig als **Erhebungsschema** für die **Etatkalkulation** dienen.

Grundschema für Werbekostenzusammenstellungen

- Gestaltungs- und Planungskosten, aufgeteilt nach verschiedenen Werbemittelgruppen:
  - Printmedien
  - Film und Fernsehen
  - Funk
  - Messen und Ausstellungen
  - Honorare und Gehälter (Werbeleiter, Texter, Layouter, Designer, Typografen, Darsteller/Modelle usw.)
  - Materialkosten (Papier, Zeichenmaterial, Filmmaterial, Requisiten/Kostüme, Klischees, Porto usw.)

- Produktionskosten und Streukosten (gegliedert nach Werbeträgern)
  - Tageszeitungen
  - Anzeigenblätter
  - Beilagen
  - Prospekte/Handzettel
  - Publikumszeitschriften
  - Fachzeitschriften
  - Rundfunk
  - Plakate
  - Direktwerbung
    usw.

Je höher der Werbeetat ist, umso größer kann der prozentuale und absolute Anteil sein, der für Streuzwecke aufgewendet wird. Die Kosten für Gestaltung und Konzeption steigen nicht in gleichem Maße wie die Gesamtetatkosten. Die **Aufteilung** der Kostenarten kann gleichzeitig zur Verteilung der Mittel für den zeitlichen Planungsbereich dienen und zur Kontrolle der einzelnen Etatposten verwendet werden.

Die Kostenaufstellung macht deutlich, wie der Gesamtwerbeetat sich aus verschiedenen Teiletats zusammensetzt. Die gleiche Etatsumme kann auf die verschiedensten Weisen zusammengesetzt werden. Einmal enthält sie beispielsweise Zeitungsanzeigen, ein anderes Mal Prospektmaterial. Sie wird einmal nur auf ein Produkt konzentriert oder auf mehrere verteilt. Je nach Aufteilung der Gesamtsumme sind unterschiedliche Wirkungen denkbar. Die absolute Höhe der Gesamtetatkosten ist somit **abhängig** von

- den gewählten Werbemitteln,
- den eingesetzten Werbeträgern,
- den Objekten der Werbung,
- der Art und dem Inhalt der Aussagen,
- den Gestaltungsmaßnahmen,
- dem Verhalten der Konkurrenz.

Die Überlegungen lassen sich weiter führen. Für den Bestimmungsfaktor Werbeträger könnten relative **Kostengünstigkeitsabschätzungen** vorgenommen werden. Einzelne Träger können als teuer oder billig angesehen werden. Absolut teure Medien können sich als relativ preisgünstig erweisen und umgekehrt. Hier wird die besondere Verbindung zwischen Etatplanung und **Mediaselektion** deutlich.

Wenn die Etatsumme größer ist, als es der finanzielle Rahmen des Unternehmens zulässt, müssen Kürzungen vorgenommen werden, die **neue Zielsetzungen** nötig machen. Entweder müssen die Ziele ganz neu, d.h. auch sachlich anders formuliert werden oder es muss das Zielniveau herabgesetzt werden. Das Verfahren muss so lange wiederholt werden bis ein realisierbarer Etat und ein annehmbares Zielniveau miteinander vereinbar sind. Bei vorausgehender realistischer Zielplanung, die den Anforderungen der **Operationalität** genügt, ist der Etat weitgehend vorausbestimmt. Unter der Voraussetzung, dass die einzelnen Maßnahmen optimal sind, ist es auch der Etat. An der Erreichbarkeit der Optimalität kann zwar gezweifelt werden, trotzdem weist das Verfahren für die praktische Anwendung wesentliche **Vorteile** auf.

- Durch die Berücksichtigung der Ziel-Mittel-Beziehungen werden die **sachlogischen Ursache-Wirkungs-Relationen** zur Grundlage der Werbeaufwandsplanung. Es kann davon ausgegangen werden, dass die ermittelten Kosten notwendig sind.

- Mit der Etatplanung werden wertvolle **Erkenntnisse über den Markt und das Unternehmen** gewonnen. Die Effektivität der Werbeetats und der anderen absatzpolitischen Maßnahmen wird dadurch besser gesichert als durch die Anwendung von Daumenregeln.

- Der Etat ist in seinen **Einzelheiten** bestimmt und begründbar. Planänderungen sind leicht nachvollziehbar. Fehlplanungen und Misserfolge können leichter erkannt und behoben werden.

- Mit der Aufteilung in Einzelmaßnahmen können die **Einflüsse von anderen absatzwirtschaftlichen Maßnahmen** mit erfasst und gegebenenfalls die Werbung gegen andere Maßnahmen (z.B. Preismaßnahmen) ausgetauscht werden.

- Anpassungen an kurzfristig **veränderte Marktbedingungen** sind leicht möglich. Die Etatplanung ist kein einmaliger Prozess, sondern permanent und in einen Kontrollvorgang eingebettet.

- Die im Anschluss an die Etathöhenbestimmung sonst notwendige **Aufteilung in Einzelmaßnahmen** und auf Zeitintervalle usw. ist bereits in der Etatplanung enthalten.

Natürlich ist auch die Ziel-Mittel-Methode trotz der vielfältigen Vorteile mit **Einschränkungen** verbunden.

- Der Etat muss nicht optimal sein, weil Ziele auf unterschiedlichen Wegen erreicht werden können.

- Die Methode führt im ersten Durchlauf in der Regel zu Überschreitungen der finanziellen Machbarkeitsgrenze, weil die Ziele leicht überhöht angesetzt werden. Durch die Wiederholung des Verfahrens lässt sich der Mangel beheben.

- Die finanziellen Mittel müssen in der Regel für einen längeren Zeitraum im Voraus geplant werden (1 Jahr). Die Zielplanung ist nicht in allen Fällen soweit vorausschauend. Daher ist die Festlegung der Maßnahmen häufig noch unzureichend.

- Die genauen Kosten lassen sich erst ermitteln, wenn die Maßnahmen im Einzelnen bekannt sind. Die Trennung in Gestaltungs- und Streukosten ist in dieser Phase nicht immer zufriedenstellend möglich.

Obschon die genannten Nachteile die Genauigkeit der Methode einschränken, empfiehlt sich der Einsatz dieser Methode vor allen anderen.

Eine sinnvolle Kombination aller Methoden führt schließlich zu einem **Gesamtplanungssystem**:

(1) **Restwertmethode** als erste Orientierung zur Bestimmung eines absoluten Maximums.

(2) Ermittlung eines Minimums für Werbeaufwendungen aus groben **Ziel-überlegungen** und **Erfahrenswerten** der Vergangenheit und Vergleich von Minimum und Maximum.

(3) Analyse der Etats aus Vorperioden nach Höhe und Zusammensetzung und Ermittlung von eventuellen **Wirkungszusammenhängen** in Form von Prozentwerten und Koeffizienten.

(4) Formulierung von Planzielen unter Orientierung an der Vergangenheitsentwicklung und Anwendung der ermittelten **Maßzahlen** zur Bestimmung eines überschlagsmäßigen Etatansatzes.

(5) **Korrektur** des Ansatzes im Hinblick auf Besonderheiten wie Unternehmensgröße, lokalem Imagevorsprung, Marktneuling, besondere Werbekostenstruktur usw.

(6) Aufnahme eines besonderen Betrages für die **Gestaltung** von Werbemaßnahmen, so weit noch nicht geschehen.

(7) Berechnung eines **Werbekostenanteils** auf der Grundlage der bisher ermittelten Etathöhen. Vergleich mit den Werbeanteilen anderer.

(8) Ermittlung der **Kostenbelastbarkeit** der Produkte mit Werbekosten.

(9) Sammlung von Informationen von Maßnahmen, Aufwendungen und Zielsetzungen der **Mitwettbewerber**. Analyse und Neuformulierung der Werbeziele.

(10) Ermittlung der für die Erreichung der Werbeziele notwendige **Maßnahmen** und der dazugehörigen **Kosten**. Prüfung auf Machbarkeit und gegebenenfalls Einstieg in das Verfahren an einer früheren Stelle.

2.3 Quantitative Modelle der Etatbestimmung

Neben den bisher behandelten und in der Praxis relativ weit verbreiteten Methoden der Etatfestsetzung gibt es eine Reihe von theoretischen Modellen, die das Problem der Optimierung im Rahmen von **mathematisch begründeten Quantifizierungen** zu lösen versuchen. Die Modelle sind im eigentlichen Sinne Wirkungsmodelle, die versuchen, einen deterministischen Zusammenhang zwischen Werbeaufwendungen und Wirkungen herzustellen. So gesehen besteht kein großer Unterschied zu heuristischen Orientierungsmethoden. Lediglich die Art des Zusammenhanges wird komplexer und unter Umständen genauer gesehen. Die **Modelle** lassen sich nach der Anzahl der erklärenden Variablen (eine oder mehrere), der Menge und Aufeinanderfolge von Entscheidungen (Entscheidungsstufen), Berücksichtigung von Veränderungen in der Zeit (Dynamik) oder der Bestimmtheit des Datenmaterials und der Zusammenhänge zwischen den Variablen in Gruppen einteilen (*Tietz / Zentes*, 1980, S. 291).

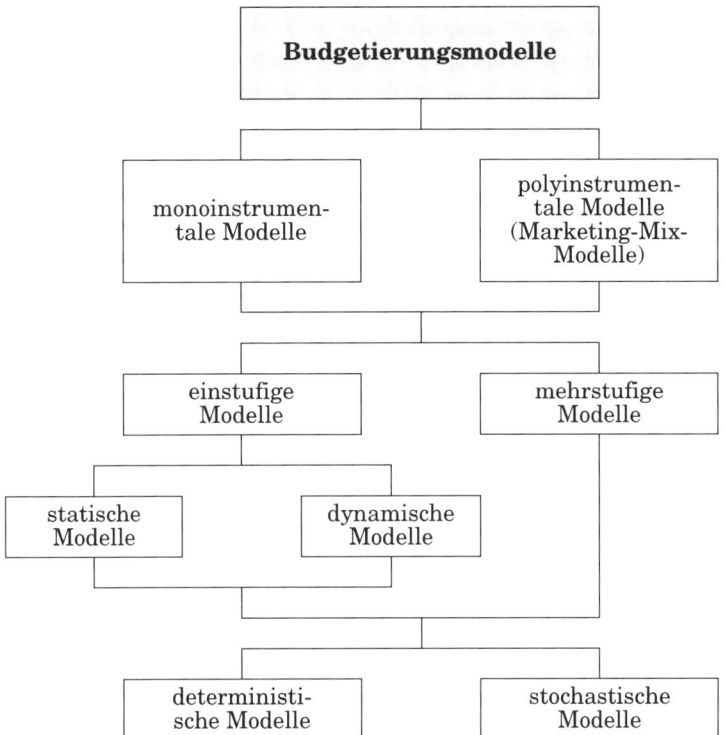

Abb.: Typologie der Optimierungsmodelle für Werbeetats
Quelle: *Tietz, B. und Zentes, J.*: Die Werbung der Unternehmung, Reinbek bei Hamburg 1980, S. 291

Sind die Zusammenhänge einmal im Modell formuliert und mithilfe von (empirischem) Datenmaterial quantifiziert worden, dann kann für die zu Grunde liegenden Funktionen auf mathematischem Wege ein **Optimum** bestimmt werden. Hilfsmittel bzw. Werkzeug der Optimumsuche ist in der Regel die klassische Marginalanalyse, bei der durch Differenzieren der Kurven die Minima und Maxima bestimmt werden. Aber auch andere aus dem Bereich des Operations Research stammende Methoden (Lineare Programmierung, Dynamische Programmierung, Spieltheorie) werden im Zusammenhang mit Optimalmodellen der Budgetierung diskutiert. Der Wert der Optimierungsmodelle liegt aus verschiedenen Gründen nicht so sehr im Finden der Optima, sondern in erster Linie im **Erklärungswert** der Modelle. An den ermittelten Optima und damit an den Methoden können durchaus Zweifel geäußert werden.

Die Optimumlösungen sind in vielen Fällen nur scheinbar optimal. Geringfügige Änderungen in den Datenkonstellationen bzw. Parameteränderungen oder Funktionsbeschreibungen können zu anderen Lösungen führen. Als **Hauptkritikpunkte** an den rein quantitativen Lösungen können folgende Punkte genannt werden:

• Es werden nur **einfache Grundzusammenhänge** erfasst. Viele Einflussfaktoren bleiben wegen der sonst entstehenden Unübersichtlichkeit und nicht genau formulierbarer Zusammenhänge außer Ansatz.

- Die Operationalisierung der Modelle ist unbefriedigend. Daten stehen nicht in dem Maße zur Verfügung wie das Modell es erforderlich machen würde. Das in der Ökonomie allgemein bekannte Problem der **unvollkommenen Information** macht sich bemerkbar. Anstelle von realen Daten muss mit (subjektiven) Schätzungen gearbeitet werden.

- Die in der Regel geforderte **Stetigkeit** der Funktionen kann nicht vorausgesetzt werden. Die Entscheidungsparameter sind nicht beliebig teilbar. Errechnete Optima sind aus dem Grunde nicht realisierbar.

- Die Rolle der Mitwettbewerber wird zu wenig berücksichtigt. Es wird häufig von den Modellvorstellungen der Marktformen des **Monopols** oder der **vollkommenen Konkurrenz** ausgegangen. Die als deterministisch angenommenen Zusammenhänge sind stochastisch.

- Bei der Beschreibung von Beziehungen zwischen Werbekosten (Etat) und gewünschten Wirkungen werden (nur) **quantitative** Größen berücksichtigt. Qualitative Einflussfaktoren werden nicht erfasst.

- Die Zusammensetzung der **Maßnahmen** wird vernachlässigt. Es wird davon ausgegangen, als sei die jeweils für die Werbekosten verantwortliche Menge an Maßnahmen bereits optimal. Der Zusammenhang zwischen Kosten, Maßnahmen und Wirkung wird unzulässig vereinfacht.

- Gegenseitige Beeinflussungen von Etats des gleichen Unternehmens bleiben unberücksichtigt. Die Modellsituationen bauen auf dem vereinfachenden Fall einer **Einproduktunternehmung** auf.

- Die Abgrenzung der Perioden ist **kurzfristig** und lässt Wirkungen über den engen Rahmen einer Periode nicht zu. Jeder Etat ist damit unabhängig von anderen Etats in anderen Perioden. Carry-Over-Effekte bleiben außer Ansatz.

- Wenn tatsächlich Optima abgeleitet werden können, dann handelt es sich lediglich um **Teiloptima**.

Die Liste an Einwände ließe sich beliebig fortführen. Die Einschränkungen treffen nicht auf alle Modelle in gleichem Maße zu. Verschiedene Modelle versuchen, den Einwänden dadurch zu begegnen, indem einzelne Punkte bereits in der Modellierung (Zielfunktion/Optimumkriterium/Ableitungsalgorithmus) berücksichtigt werden. Weiter treffen die Kritikpunkte in gleichem Maße auf die heuristischen Methoden der Etatbestimmung zu.

Die **quantitativen** Methoden besitzen in jedem Fall einen nicht zu unterschätzenden Erklärungswert und sollten schon allein deswegen soweit möglich mit in die Überlegungen zur Etatbestimmung einbezogen werden. Optimummodelle vermitteln Informationen über **mögliche Zusammenhänge** zwischen Etathöhe, Umweltsituation und erwünschter Wirkung, die es erleichtern die Orientierungsmethoden einzusetzen. Die Kenntnis der ungefähren Lage eines (theoretischen) Optimums lässt sich praktisch verwerten, wenn es gewissen Plausibilitätsprüfungen standhält oder wenn es sich bei Veränderung der Modellparameter nur unwesentlich verändert. Verschiedene Modelle können so gegeneinander getestet werden und führen in jedem Fall zu einer Verbesserung des Erkenntnisstandes der Planer.

Nachfolgend sollen für einige Modelle die Zielfunktionen bzw. die **Optimum-kriterien** kurz vorgestellt werden.

Die Ansätze von Dorfman/Steiner, Dean, Rasmussen und Parrish/Ryan (*Korndörfer*, 1965, S. 129 ff.; *Tietz/Zentes*, 1980, S. 300) bauen auf dem Prinzip der **Gewinnmaximierung** und entsprechend der **Gleichheit von Grenzkosten und Grenzerlösen** auf. Bei anderen findet man ähnliche, nur in den Parametern geringfügig geänderte Ansätze.

Der Umsatz (x) ist eine Funktion von Preis (p), Qualität (q) und Werbeanstrengungen (W). Die Werbeanstrengungen werden in Kosten gemessen. Aus

$$x = f(p,q,w)$$

und der Gewinnfunktion

$$G = p \cdot x - k \cdot x - w \rightarrow \textbf{\textit{Max!}}$$

lässt sich nach einigen Umformungen und dem Einsatz der Marginalanalyse das Optimumkriterium ableiten.

$$\eta = \frac{p}{x} \cdot \frac{dx}{dp} = p \cdot \frac{dx}{dk} = \mu$$

Die **Nachfrageelastizität** ist gleich der **Grenzumsatzrate pro Werbeeinheit.** Das entspricht der Gleichheit von Grenzkosten und Grenzerlösen. In einer anderen Formulierung ist die Werbeelastizität gleich dem Gesamtwerbeaufwand im Verhältnis zum Bruttogewinn.

$$\frac{dx}{dw} \cdot \frac{w}{x} = \frac{w}{x \cdot r}$$

Als Schätzung für das Budgetoptimum lassen sich diese Relationen auch ohne große mathematische Ableitung einsetzen. Bei genauerer Überprüfung könnten sich jedoch **Informationsschwierigkeiten** ergeben.

Bei King (*Tietz/Zentes*, 1980, S. 292) ist die Wirkung (abgesetzte Menge) nur von den **Werbeaufwendungen** abhängig.

$$x = a + \sqrt{b \cdot w}$$

Aus der Gewinnfunktion

$$G = (p - k_v)(a + \sqrt{b \cdot w}) - W - K_t \rightarrow \textbf{\textit{Max!}}$$

ergibt sich dann der optimale Werbeetat

$$W^* = \frac{1}{4} \cdot b \cdot (p - k_v)^2$$

Im Modell von Kuehn (*Tietz/Zentes*, 1980, S. 299) werden **zeitliche Aspekte** (Carry-Over-Effekte) ebenso berücksichtigt wie wahrscheinlichkeitstheoretische Überlegungen bei der Entwicklung der Absatzfunktion. Die Zielfunktion ist die abgezinste Differenzsumme der zeitlich verzögerten Werbeerträge und der Werbekosten.

$$G = \sum_{t=L+1}^{\infty} q^{-1} (p - k_v) x^t - \sum_{T=1}^{\infty} g^{-T} W^T$$

Der Verzögerungseffekt (L) errechnet sich aus dem Zeitpunkt der Werbung (T) und der Wirkung (t).

In eingeschränktem Maße ist das Modell von Vidale/Wolfe ebenfalls **dynamisch** (*Vidale/Wolfe*, 1957, S. 370 ff.). Zielgröße ist der **Umsatz** (U), dessen Veränderungen im Zeitverlauf (t) abhängig sind von dem absolut durch Werbung erreichbaren Sättigungsniveau (S), den Ausgaben für Werbezwecke (W) und einer Umsatzwirkungskonstante (r), die sich auf die Werbekosten bezieht. Daneben wird eine **Verfalls- oder Vergessensrate** des Umsatzes (^) berücksichtigt, die dem Umstand Rechnung trägt, dass ohne Werbung der Umsatz zurückgehen würde. Die Umsatzveränderung in der Zeiteinheit ist dann

$$\frac{dU}{dt} = r \cdot W_t \frac{S - U_t}{S} - \lambda U_t$$

Bei Kenntnis der Ausgangsdaten und der Umsatzziele, die erreicht werden sollen (Konstanthalten des Umsatzes, Realisierung einer bestimmten Umsatzsteigerung), ergibt sich das optimale Werbebudget als

$$W_t = \frac{(b + \lambda U_t) U_t}{r (S - U_t)}$$

wobei b die angestrebte Umsatzveränderung im Zeitverlauf kennzeichnet. Wenn die Wirkungskonstante r sowie das Sättigungsniveau und die Vergessensrate bekannt sind, ist das Modell gerade wegen seiner Einfachheit sehr brauchbar. Selbstverständlich sind die betreffenden Werte von Fall zu Fall unterschiedlich. Durch Marktbeobachtungen lassen sich aber durchaus Schätzwerte für erste Annäherungsrechnungen ermitteln. Die oben genannten Verzögerungsfunktionen findet sich auch in einem Modell von Koyck (*Koyck*, 1954; *Schubert*, 1976; *Tietz / Zentes*, 1980, S. 296). Die Umsätze sind dabei in abnehmendem Maße von den Werbeaktivitäten der vorhergegangenen Perioden abhängig. Die Wirkungen nehmen in Form einer geometrischen Reihe ab.

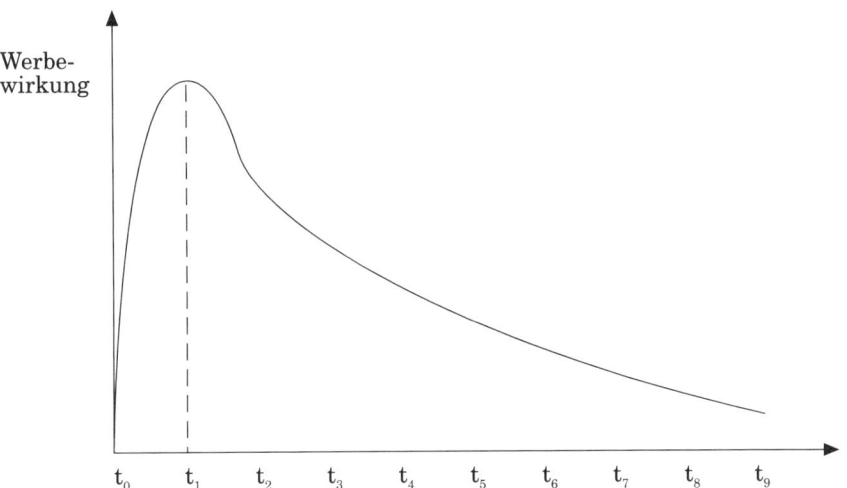

Abb.: Abnehmende Werbewirkung

Die nachfolgenden Formeln zeigen den allgemeinen Ansatz und die reduzierte Form nach einigen Umwandlungen.

$$x_t = a + b_0 W_t + b_1 W_{t-1} + b_2 W_{t-2} + b_3 W_{t-3} + \ldots$$

$$x_t = a \cdot (1 - \lambda) + b \cdot W_t + \lambda \cdot x_{t-1}$$

Die Werte λ und $(1 - \lambda)$ sind die so genannte **Erhaltungsrate** bzw. die **Vergessensrate** für den Fall, das keinerlei werbliche oder andere absatzbeeinflussenden Aktivitäten stattfinden. Auf der Grundlage der Koyck'schen Überlegungen sind mehrere Modelle entwickelt worden (*Schubert*, 1976; *Markt-Mechanik; Rogge*, 1977, S. 107 ff.). Für die nichtlineare Wirkungsfunktion der Form

$$x_t = a_0 + a_1 \log W_t + \lambda \cdot a_1 \log W_{t-1} + \lambda^2 \cdot a_1 \log W_{t-2} + \ldots$$

lässt sich als Schätzwert für den kurzfristigen **Werbegrenzertrag**

$$\frac{dx_t}{dw_t} = a_1 \cdot \frac{1}{w} \cdot \log e$$

ansetzen.

Der **langfristige Werbeerfolg** als Summe der kurzfristigen ist dann

$$\sum_{S=1}^{\infty} \frac{\delta x_s}{\delta W_{t-S}} = a_1 \cdot \frac{1}{W} \cdot \log e \quad \frac{1}{1-\lambda}$$

Simon (*Tietz/Zentes*, 1980, S.296) arbeitet mit einer verzögerten Funktion von Deckungsbeiträgen (D_t).

$$D = D_t - \lambda D_{t-1} + \lambda (D_t - \lambda D_{t-1}) + \lambda^2 (D_t \ \lambda D_{t-1}) + \dots$$

$$D = \frac{1}{1-\lambda} \ (D_t - \lambda D_{t-1})$$

Die Deckungsbeiträge werden ebenso wie die Werbeaufwendungen diskontiert. Das Werbebudget ist dann solange zu verändern, bis die diskontierten Werbegrenzkosten gleich den diskontierten Grenzdeckungsbeiträgen sind.

Hamman (*Tietz/Zentes*, S. 296) arbeitet schließlich mit einer Wirkungsfunktion, bei der die Wirkungsverzögerungen sich auf einen beschränkten Zeitraum beziehen. Nach einer endlichen Anzahl von Perioden werden keine Wirkungen aus den Werbeaktivitäten mehr beobachtet. Die Wirkungsfunktion hat dann folgendes Aussehen:

$$x_1 = a + \sum_{t=0}^{n} \sqrt{b_i \cdot W_{t-1}}$$

Die Gewinnfunktion ist wie üblich

$$G = \sum_{t=1}^{n} ((p - k_v) \cdot x_t - W_t) \rightarrow \textbf{\textit{Max!}}$$

Nach den notwendigen Differenziationen und Nullsetzungen entsprechend der Marginalanalyse ergibt sich die Folge W_{t-n}^*, W_{t-n-1}^*, W_{t-n-2}^*, ... , W_t^* mit

$$W_{t-S} = \frac{(p - k_v)^2}{4} \cdot \left(\sum_{i=1}^{S} \sqrt{b_i} \right)^2$$

Bezieht man die mögliche Wirkung des Werbeetats nicht auf die Etatsumme insgesamt, sondern auf die einzelnen Komponenten des Etats (w_i), wie das auch in der **Ziel-Mittelmethode** praktiziert wird, dann ist es unter Umständen möglich, mithilfe eines Ansatzes der linearen Programmierung (*Rogge*, 1979) eine Lösung abzuleiten. Die Gesamtetatsumme ist dann definiert als die Summe aus dem Produkt für die Werbestückkosten und den korrespondierenden Aktivitäten

$$W = \sum_{i=1}^{n} k_{W_i} \cdot W_i$$

Die Erfolgsfunktion ist ähnlich aufgebaut als Summe der Produkte aus Einzelwirkungen und Werbeaktivitäten.

$$EW = \sum_{i=1}^{n} e_{W_i} \cdot W_i$$

Daraus lässt sich die Zielfunktion formulieren:

$$G_W = \sum_{i=1}^{n} (e_i \cdot W_i) - (k_{W_i} \cdot W_i) \rightarrow \textbf{\textit{Max!}}$$

Zu beachten ist, dass die w_i unterschiedliche **individuelle** Interpretationen erlauben. Auf diese Weise ist es möglich, auch Aktivitäten mit unterschiedlichen Maßstäben bzw. qualitative Merkmale mit in die Rechnung eingehen zu lassen. Die w_i können daher sowohl unterschiedliche Einsatzmengen von Werbemitteln (4 Anzeigen, 3 TV-Spots, 1 Plakat an 50 Stellen usw.) als auch inhaltliche Gestaltungen (Anzeigenmotiv A, Spot B usw.) repräsentieren. Die Koeffizienten w_i können in solchen Fällen nur die Werte Null oder Eins annehmen.

Unterschiedliche, insbesondere **nichtlineare, Zusammenhänge** lassen sich auf diese Weise berücksichtigen, indem an den Stellen, an denen auf andere Wirkungsfunktionen übergegangen wird, neue Variable w_i definiert werden. Da der Ansatz keine Stetigkeit voraussetzt, lassen sich die eingangs erwähnten Mindesteinsatzmengen für die Aktivitäten oder Höchstgrenzen für Einzelaktivitäten und Kosten im Modell berücksichtigen. Dazu ist es erforderlich, ein System von Nebenbedingungen zu entwickeln, in dem Höchstgrenzen, Minimalgrenzen und Nichtvereinbarkeiten einzelner Maßnahmen wiedergegeben werden.

$$W_i \geq C_{i_{min}} \quad (i = 1,2,3,...,n)$$

$$W_i \leq C_{i_{max}} \quad (i = 1,2,3,...,n)$$

$$\sum_{jck} W_j \geq C_l \quad (l = 1,2,3,...,m)$$

Wobei C die Minimal- oder Maximalgrenzen kennzeichnet. n ist die Anzahl der Alternativen an Aktivitäten und m die Nebenbedingungen für eine Teilmenge der Aktivitäten. k_l bezeichnet die jeweilige Teilmengen. Die **praktische Anwendung** wird stark erschwert durch die Tatsache, dass eine adäquate Abbildung der Realität eine Vielzahl von Nebenbedingungen und Aktivitätenvariablen notwendig macht. Entsprechend lassen sich die Rechnungen nur auf einer Rechenanlage durchführen, die über entsprechende Kapazitäten verfügt. Diese stehen nicht immer in ausreichendem Maße zur Verfügung. Trotzdem kann die Formulierung eines solchen Modells wertvolle Einblicke in die reale Struktur der Werbeumgebung geben.

3. Etatpraxis

Für die praktische Anwendung der Etatplanungsmethoden gilt der Grundsatz: Je einfacher die Methode, umso größer ist ihre Beliebtheit. Das gilt in gewisser Weise für alle Länder gleichermaßen.

Entscheidungsgrundlage	Nennungen			
	absolut t	relativ %	relativ %	relativ %
fester Prozentsatz vom geplanten Umsatz	5	10	12	17
fester Prozentsatz vom vergangenen Umsatz	19	38	45	63
fester Prozentsatz vom geplanten Gewinn	1	2	2	3
Werbezielabhängigkeit	4	8	10	13
Sonstige	1	2	2	3
	30			100
keine besonderen Verfahren / Intuition	12	24	29	
	42		100	
kein Etat	8	16		
	50	100		

Abb.: Entscheidungsgrundlagen der Etatbestimmung
Quelle: *Rogge, H.-J.*: Praxis der Werbeplanung in mittelständischen Unternehmen, 1982

Empirische Verbreitung von Budgetierungsmethoden	USA 1975	D 1991	USA 1993
Quantitative Modelle	2 %		
Zielfestlegung und Aufgabenformulierung	6 %	30 %	33 %
Prozent des erwarteten Umsatzes	50 %	37 %	32 %
Werbekostenanteil je erwartete Umsatzeinheit	8 %		
Prozent des vorjährigen Umsatzes	14 %	31 %	34 %
Werbekostenanteil je Umsatzeinheit im letzten Jahr	6 %		
Gewinn		9 %	
finanzierbarer Etat	30 %	33 %	23 %
willkürlich festgesetzter Etat	12 %		13 %
wettbewerbsorientierte Methoden		25 %	4 %

Abb.: Empirische Verbreitung von Etatplanungsmethoden
Quelle: *Tietz / Zentes*, 1980; *Barth / Theis*, 1991; *Kall. A.*, 1996

Ökonomische Globalgrößen (Umsatz, Gewinn) sind die am häufigsten verwendeten Orientierungsgrößen. Interessanterweise haben sich die Verhaltensweisen im Laufe der Jahre nur unwesentlich geändert. In der überwiegenden Zahl wird der Werbeetat ausgehend von den Vergangenheitsdaten bestimmt. Das Kriterium einer leichten Beschaffung der Maßstabvariablen steht offensichtlich vor der logischen Haltbarkeit. Kleine und mittlere Unternehmen zeigen gegenüber den zielbetonten Verfahren eine noch größere Zurückhaltung. Quantitative Entscheidungsmodelle werden kaum zur Budgetfindung eingesetzt. Das gilt auch für größere Unternehmen. In seltenen Fällen findet man den Einsatz mehrerer Methoden parallel.

Kontrollfragen

(1) Welche Grundsatzentscheidungen sind in Bezug auf den Werbeetat zu treffen?

(2) Wie lang ist in der Regel die Planungsperiode für Werbeetats und wie kann das begründet werden?

(3) Von welchen anderen Teilbereichen der Werbung ist die Etatplanung abhängig?

(4) Von welchen Faktoren ist der Stellenwert der Etatplanung abhängig?

(5) Kann die Etathöhe als Ausdruck der Wichtigkeit der Werbung angesehen werden?

(6) Welche Orientierungsgrößen bieten sich an als Ausgangspunkte einer Etatplanung?

(7) Wie unterscheiden sich Optimierungsmethoden der Etatbestimmung von Orientierungsverfahren?

(8) Welchen Wert besitzen Vergangenheitsdaten für Etatplanungen?

(9) In welcher Weise unterscheiden sich Prognosedaten von Vergangenheitsdaten hinsichtlich der Etatplanung?

(10) Ist der Zusammenhang zwischen Orientierungsgröße und „Wirkung" der Etathöhe sichergestellt?

(11) Was sind die besonderen Vorteile der Restwertmethode?

(12) Welche Gefahren liegen in der Anwendung der Restwertmethode?

(13) Unter welchen Voraussetzungen lässt sich die Restwertmethode sinnvoll einsetzen?

(14) Von welchem Grundgedanken geht die Vorjahresmethode aus?

(15) Welche Fehlplanungen sind leicht möglich beim Einsatz der Vorjahresmethode?

(16) Unter welchen Voraussetzungen lässt sich die Vorjahresmethode zur Bestimmung von Werbeetats dynamisieren?

(17) Welche Orientierungsfaktoren eignen sich für Prozentwert-Methoden?

(18) Was versteht man unter dem zyklischen Problem der Werbeetatbestimmung und wie lässt es sich lösen?

(19) Von welchen Einflussfaktoren ist die Wahl der Prozentsätze bei den Prozentwert-Methoden abhängig?

(20) Welche Gefahren liegen in der Anwendung der Wettbewerbsorientierung?

(21) Von welchen Grundvoraussetzungen geht die Wettbewerbsorientierung bei der Etatplanung aus?

(22) Unter welchen Voraussetzungen lässt sich die Wettbewerbsmethode sinnvoll einsetzen?

(23) Wo bekommt man die notwendigen Informationen für die Anwendung der Wettbewerbsorientierungsmethode?

(24) Wie lassen sich Werbeetatanteile und Marktanteile miteinander verbinden?

(25) Welche Einflussgrößen gehen in das Modell Marktmechanik ein?

(26) Wie kann man das Grundprinzip der Ziel-Mittel-Methode beschreiben?

(27) Welche Arten von Kosten werden in der Ziel-Mittel-Methode berücksichtigt?

(28) Welche Einflussfaktoren werden (nebenbei) bei der Planung nach der Ziel-Mittel-Methode mit berücksichtigt?

(29) Lässt sich die Ziel-Mittel-Methode als Simultanansatz kennzeichnen?

(30) Wie wird das mögliche Überschreiten des finanziellen Rahmens berücksichtigt?

(31) Welche besonderen Vorteile zeichnet die Ziel-Mittel-Methode gegenüber anderen Methoden der Etatbestimmung aus?

(32) Welche Einschränkungen gelten für die Ziel-Mittel-Methode?

(33) In welcher Weise lassen sich unterschiedliche Methoden der Etatbestimmung zu einem Gesamtsystem kombinieren?

(34) Welche Verfahren und Hilfsmittel sind notwendig für den Einsatz und die Entwicklung von so genannten Optimierungsmodellen?

(35) Welche Haupteinwände können gegen den Einsatz von Optimierungsmodellen vorgebracht werden?

(36) Welchen Wert besitzen quantitative Modelle trotz aller Einschränkungen für die Planung?

(37) Unter welchen Voraussetzungen lassen sich die Ergebnisse von quantitativen Modellrechnungen praktisch verwerten?

(38) In welcher Form kann die Komponente Dynamik in quantitativen Modellen berücksichtigt werden?

(39) In welcher Form lassen sich qualitative Merkmale in quantitativen Modellen der Etatplanung berücksichtigen?

Lösungshinweise

Literatur

Contini, C.: Werbebudget im Optimum, in: Marketing-Journal, 1975, S. 352 ff.

Jaensch/Korndörfer: Ansätze zur Theorie des optimalen Werbebudgets, in: Zeitschrift für Betriebswirtschaft, 1967, S. 437 ff.

Korndörfer, W.: Die Aufstellung und Aufteilung von Werbebudgets, Stuttgart 1966

Kotler, P./Bliemel, F.: Marketing-Management, 9. Auflage, Stuttgart 1999

Koyck, L.M.: Distributed Lags and Investment Analysis, Amsterdam 1954

Hör zu – FUNK UHR (Hrsg.): Marktmechanik 1, 2 und 3

Rogge, H.-J.: Methoden und Modelle der Prognose aus absatzwirtschaftlicher Sicht, Berlin 1972

Rogge, H.-J.: Die Erfassung von Markteinflüssen absatzwirtschaftlicher Maßnahmen – Eine kritische Analyse des Modells Marktmechanik, in: Marktforscher 1977, S. 107 ff.

Rogge, H.-J.: Grundzüge der Werbung, Berlin 1979

Rogge, H.-J.: Planungs- und Informationsverhalten in Werbeagenturen – Ergebnisse einer empirischen Untersuchung, Arbeitsberichte aus dem Fb Wirtschaft, FH Osnabrück, Nr. 2/809, Osnabrück 1980

Rogge, H.-J.: Praxis der Werbeplanung in mittelständischen Unternehmen – Tendenzen und Hypothesen, Fachhochschule Osnabrück, Arbeitsberichte aus dem Fb Wirtschaft Nr. 6/82, Osnabrück 1982

Rutschmann, M.: Werbeplanung, Bern und Stuttgart 1976

Schubert, K.F.: Praxis der optimalen Werbebudgetierung, Heidelberg 1976

Seyffert, R.: Werbelehre, 2 Bände, Stuttgart 1966, S. 499 ff.

Sundhoff, E.: Die Werbekosten als Determinanten der Wirtschaftswerbung, Stuttgart 1976

Tietz, B. und Zentes, J.: Die Werbung der Unternehmung, Reinbek bei Hamburg 1980

Uherek, E.W.: Die Planung des Werbebudgets, in: Behrens, K.C. (Hrsg.): Handbuch der Werbung, 2. Aufl., Wiesbaden 1975, S. 417 ff.

Vidale, M.C. und Wolfe, H.B.: An Operations Research Study of Sales Response to Advertising, in: Operations Research, 1957, S. 370 ff.

Weinberg, R.S.: An Analytical Approach to Advertising Expenditure Strategy, New York 1960

F. Werbeträger

1. Systematik der Medien

Die Inhalte der Werbung müssen, bevor sie beim Umworbenen eine Wirkung erzielen können, an diesen herangetragen werden. Es muss ein **physischer Kontakt** hergestellt werden. Dazu bedient man sich der Werbeträger. Das sind die Transportmittel für die gestalteten Werbemittel (Anzeige, Spot usw.). Neben dem Begriff Werbeträger wird häufig auch der Begriff des **Mediums** verwendet. Das darf nicht verwechselt werden mit dem Werbemittel als dem Ergebnis der Gestaltungsarbeit. Werbeträger sind im Einzelfall die konkreten Ausformungen der Werbemittel. Mittel und Träger werden im Augenblick der Streuung zu einer Einheit. Sowohl Werbemittel als auch Werbeträger sind auf Dauer ohne einander nicht denkbar. Die engen Beziehungen zwischen Mittel und Träger kommen darin zum Ausdruck, dass einerseits bestimmte Mittel nur in bestimmten Trägerkategorien einsetzbar sind und andererseits bestimmte Werbeträger bestimmte Werbemittel erforderlich machen, um effektiv zu sein.

In der Regel wird eine Gegenüberstellung bzw. Trennung von Werbeträgern und Werbemitteln durch reine Aufzählungen vorgenommen. Nachteilig an solchen Vorgehensweisen ist das Fehlen von Unterscheidungsmerkmalen. Daraus folgt nicht selten eine nur ungenügende Trennung von Mitteln und Trägern im begrifflichen Bereich. Doppelnennungen sind die Folge. Verwirrung und Unklarheit breiten sich aus.

Beispielhafte **Zuordnung** von Werbeträgern und Werbemitteln:

(1) **Werbeträger**
- Zeitungen
- Zeitschriften
- Anschlagtafeln
- Schaufenster
- Ware/Verpackung
- Adressbücher
  usw.

(2) **Werbemittel**
- Anzeige
- Plakat
- Schaufenster
- Warenprobe/Muster
- Katalog
- Prospekt

Es ist daher sinnvoll, Werbeträger nach bestimmten Unterscheidungsmerkmalen zu ordnen. Es gibt eine Reihe von Vorschlägen zur Klassifizierung bzw. **Typologisierung** von Werbeträgern (*Behrens*, 1963; *Freter*, 1974; *Ruland*, 1978; *Grimm*, 1983), die teilweise unabhängig nebeneinander stehen. Nachfolgend sind einige mögliche Klassifizierungsmöglichkeiten genannt, ohne dass damit bereits eine Wertung über die Brauchbarkeit der Kriterien verbunden wäre.

- **Streugenauigkeit**
  - stark selektive Medien (z.B. Brief, eventuell Internet)
  - selektive Medien (z.B. Fachzeitschriften)
  - Massenmedien (z.B. Publikumszeitschrift)

- **Zweckbestimmung**
  - Nur-Werbeträger (z.B. Anzeigenblatt)
  - Auch-Werbeträger (z.B. Zeitung)

- **Periodizität**
  - aperiodisch (z.B. Stadtteilzeitungen)
  - periodisch (z.B. Tageszeitungen)

- **Eigentumsverhältnisse**
  - betriebseigene (z.B. Firmenwagen)
  - betriebsfremde (z.B. Publikumszeitschrift)

- **Verfügbarkeit**
  - generell (z.B. Tageszeitungen)
  - beschränkt verfügbar (z.B. Fernsehen)

- **Ortsbindung**
  - stationär (z.B. Plakatsäulen)
  - variable (z.B. öffentliche Verkehrsmittel)

- **Größe des Streubereiches**
  - lokal (z.B. lokale Tageszeitung)
  - regionale (z.B. Rundfunk)
  - national (z.B. Publikumszeitschrift)
  - international (z.B. Satellitenfernsehen, WWW)

- **Vorplanungszeitraum/Flexibilität**
  - kurzfristige Anpassung (z.B. Tageszeitung)
  - langfristige Anpassung (z.B. Fernsehen)

- **Art der Reizdarbietung**
  - optisch (Zeitung/Zeitschrift/Plakat)
  - akustisch (Rundfunk)
  - optisch und akustisch (TV, Filmtheater)
  - multimedial (Internet)

- **Interaktivität**
  - keine direkte Interaktion (Zeitschrift)
  - direkte Interaktion (Internet)

Die Aufzählung der möglichen Einteilungskriterien ist nicht vollständig und lässt sich beliebig erweitern. Die Merkmale stehen weitgehend unabhängig nebeneinander. Sie lassen sich kombinieren und zu hierarchischen Systemen ordnen. In welcher Form eine Kombination der Merkmale vorgenommen wird, ist vom Einzelfall abhängig. Mithilfe der Kriterien kann versucht werden, eine **Effektivitätsbeur-**

teilung der zur Verfügung stehen Medien vorzunehmen. In Abhängigkeit von der praktischen Planungssituation kann anhand der Unterteilungskriterien bestimmt werden, ob die grundsätzlich verfügbaren Medien bestimmte Eigenschaften besitzen (z.B. Streugenauigkeit, Anpassungsfähigkeit im Zeitverlauf usw.). Es kann dann entschieden werden, ob ein Werbeträger grundsätzlich zum Einsatz geeignet ist oder von vornherein aus der Planungsmasse ausscheidet.

Ein national streuendes Medium z.B. ist wegen der damit verbundenen Fehlstreuung für einen nur lokal tätigen Anbieter wenig geeignet. Umgekehrt sind regional oder lokal wirksame Medien zwar durchaus für einen national aktiven Anbieter einsetzbar, die Kostensituation verbietet jedoch häufig den Einsatz, weil die Medien, um national streuen zu können, in der Gesamtheit eingesetzt werden müssten.

In der Praxis wird in der Regel eine Einteilung verwendet, die grob gesprochen auf dem Umfeld, der Herstellungsart und der Nutzerstruktur der Medien aufbaut. Eine starke Verbindung von Werbeträger und Werbemittel ist erkennbar. Es wird danach zunächst nach so genannten **Printmedien** (Insertionsmedien) und elektronischen Medien (FFF: Film/Funk/Fernsehen) unterschieden. Dazu kommen die Bereiche der Außenwerbung und der Direktwerbung.

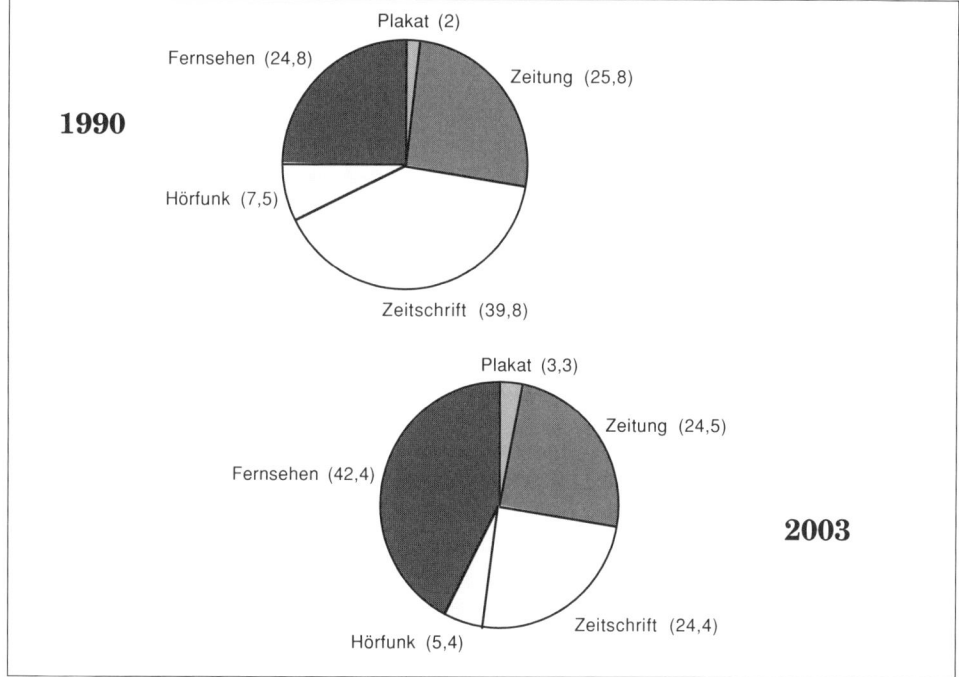

Abb.: Anteile der klassischen Medien an der Werbung

Es lässt sich von diesem Schema ausgehend eine **Typologie** bilden, die zum Ausgangspunkt für die Charakterisierung der Medienlandschaft von Regionen oder Ländern werden kann. In der realen Situation fehlen bestimmte Positionen oder sind besonders stark besetzt. Unter Umständen kommen weitere Kategorien hinzu.

Auch hier gilt der Grundsatz, dass aus der Empirie abgeleitete Typologien einem
ständigen Wandel unterworfen sind und von daher von Zeit zu Zeit angepasst
werden müssen.

Typologie von Medien
- Printmedien
  - Tageszeitungen
    Abonnementszeitungen
      regionale
      überregionale (meinungsbildende)
        politisch
        wirtschaftlich
        kulturell
    Kaufzeitungen
      regional
      überregional
  - Wochenzeitungen
    Abonnementszeitungen
      regional (Heimatzeitungen)
      überregional (meinungsbildend)
    Kaufzeitungen
      regional
      überregional
  - Anzeigenblätter
  - Supplements von
    Zeitungen
    Wochenzeitungen
    Zeitschriften
    Fachzeitschriften
  - Zeitschriften
    Publikumszeitschriften
      aktuelle Illustrierte
      Programmzeitschriften
      spezielle Publikumszeitschriften
        Frauenzeitschriften
        Elternzeitschriften
        Jugendzeitschriften
        Kinderzeitschriften
        unterhaltende Zeitschriften
        Zeitschriften für spezielle Interessengebiete:
        Auto, Garten, Sport, Elektronik, Politik usw.
  - Fachzeitschriften
  - Standes-, Berufs- und Verbandszeitschriften
  - Kunden-, Haus- und Werkszeitschriften
  - Kennzifferzeitschriften
  - Lesezirkel (Sammlung von Zeitschriften)
  - Adressbücher

- Branchenverzeichnisse
- Festschriften

- **Elektronische Medien (FFF)**
  - Werbefunk
    öffentlich-rechtliche Sender (regional)
    kommerzielle Sender (lokal, überregional)
  - Werbefernsehen
    öffentlich-rechtliche Sender (regional)
    kommerzielle Sender (überregional, international)
  - Filmtheater
    Normalkinos
    Autokinos
    Programmkinos usw.
  - Onlinedienste
    Mehrwertdienste
    Internet/www
    Mailboxen

- **Außenwerbung**
  - Plakatwerbung
    allgemeine Anschlagstellen
    Großflächen
    Spezial- und Sonderstellen
  - Uhren
  - Leuchtwerbung
  - Vitrinen
  - Verkehrsmittelwerbung
    Busse
    Bahnen

- **Direktwerbung**
  - Telefon
  - Mailings (Brief)
  - Mailings (E-Mail)
  - FAX

Jeder Punkt in dem Schema lässt sich weiter gliedern.

Unter den einzelnen Medienarten sind weitere Aufteilungen möglich. Schließlich lassen sich die Aufteilung bis hin zu den einzelnen Objekten fortführen, da sich diese jeweils auch noch unterscheiden. Die Marketing- bzw. Werbe-Fachzeitschriften (HORIZONT, WERBEN & VERKAUFEN, ZV & ZV, WERBE-FORUM usw.) liefern umfangreiches aktuelles Informationsmaterial zu einzelnen Kategorien. Die eingangs genannten Unterscheidungskriterien bzw. Merkmale der Medien liefern für eine Effektivitätsbeurteilung von Werbeträgern bessere Maßstäbe als die zuletzt gezeigte Typologie der Medien. Leider liegen die Informationen über die Messkriterien nicht immer in der gewünschten Form vor. Die empirische Typologie der Medien liefert daher die Grundlage für die Informationsgewinnung und Beurteilung der Medien. Unter Umständen lassen sich die allgemeinen Klassifizierungskriterien mit speziellen Klassifizierungen verbinden.

Einen Eindruck von der empirischen Vielfalt der Werbeträger in Deutschland vermittelt die folgende Zusammenstellung des ZAW:

Mediengruppe	Anzahl		Auflage/Verbreitung in Mio.	
	1998	2002	1998	2002
Tageszeitungen	398	385	29,7	27,8
Wochenblätter	27	25	2,3	2,0
Anzeigenblätter	1.331	1.292	88,2	86,8
Publikumszeitschriften	809	831	142,5	139,8
Fachzeitschriften	1.080	1.088	26,4	26,1
Kundenzeitschriften	72	81	52,7	63,4
Branchen-Fernsprechbücher Gelbe Seiten	131	190	34,3	39,0
Fernsehprogramme (angemeldete Geräte)	98	144	34,0	36,0
Hörfunkprogramme (angemeldete Geräte)	224	274	38,2	40,9
Online-Angebote (Page-Impressions)		395		40,2 Mrd.
Plakatanschlagstellen	ca. 389 Tsd.	ca. 390 Tsd.		
Kinosäle/Leinwände	4.435	4.868	148,9	163,9

Abb.: Medienvielfalt in Deutschland
Quelle: ZAW, Werbung in Deutschland 1999, 2003

2. Trägerkategorien

2.1 Zeitungen

Zeitungen sind **regelmäßig erscheinende Druckschriften**, deren einzelne Nummern in sich abgeschlossen und voneinander unabhängig sind (*Witt*, 1978, S. 53). Sie dienen der laufenden Berichterstattung aus allen Lebensbereichen, insbesondere der Politik, der Wirtschaft, dem Kulturleben und dem Sport. Ihrem Grundcharakter nach sind sie in erster Linie **Informationsmittel** von begrenzter Gültigkeitsdauer. D.h. Zeitungen werden nur innerhalb eines kurzen Zeitraumes als Informationsmittel genutzt, danach – meist schon nach einem Tag – verlieren sie ihren Aktualitäts- und Informationswert. Entsprechend sind mehrfache Kontakte mit dem Medium Zeitung in der Regel selten. Das wirkt sich auch auf die Einsatzmöglichkeiten in der

Werbung aus. Werbung in Zeitungen muss, um wirksam zu sein, ebenfalls einen gewissen Aktualitätswert besitzen.

Die für Werbefragen wichtigsten **Unterscheidungsarten** bei Zeitungen sind die

• Erscheinungshäufigkeit,
• Verbreitungsgebiet,
• Dauer der Nutzerbindung.

Die Mehrzahl der Zeitungen erscheint als **Tageszeitung**. Bei Wochenzeitungen ist der Übergang zur **Zeitschrift** fließend. Vom äußeren Erscheinungsbild sind gelegentlich Zeitungen und Zeitschriften schwer voneinander zu unterscheiden. Das Angebot an Zeitungen in der BRD ist recht umfangreich. In den letzten Jahren nahm zwar die Gesamtzahl der Zeitungen ständig ab, trotzdem steht immer noch eine Vielzahl von Titeln zur Verfügung.

Jahr	Tageszeitungen		Wochenzeitungen		Zeitungen insgesamt	
	Anzahl	verk. Aufl. in Mio.	Anzahl	verk. Aufl. in Mio.	Anzahl	verk. Aufl. in Mio.
1993	423	30,7	31	2,1	454	32,8
1994	420	30,5	32	2,1	452	32,6
1995	414	30,2	30	2,2	444	32,4
1996	408	29,9	27	2,1	435	32,0
1997	402	29,4	25	2,0	427	31,4
1998	398	29,0	27	2,1	425	31,1
1999	355	24,6	25	2,0	380	26,6
2000	355	23,9	25	2,0	380	25,9
2001	357	23,8	24	1,9	381	25,7
2002	349	22,8	24	1,8	373	24,6

Abb.: Entwicklung von Zeitungen in der IVW (1993 – 2002)
Quelle: ZAW - Werbung in Deutschland 1999, 2003, eigene Berechnungen

Das große Angebot an Zeitungstiteln erklärt sich im Wesentlichen durch den großen Anteil lokaler oder regionaler Titel. Nahezu jede Region (kleinere Städte, Kreise usw.) ist mit einem eigenen Titel vertreten. Der „Verbreitungsatlas für Zeitungen Regional Presse", mit dem ein guter Überblick über die Verbreitungsgebiete der Zeitungen gewonnen werden kann, ist eine wertvolle Hilfe (*Regionalpresse*, 1992). Mit der Zeitung allgemein als Werbeträger kann daher eine sehr feine **regionale Streuung** erzielt werden. Die räumliche Zielgenauigkeit durch begrenzte Verbreitungsgebiete geht allerdings zu Lasten einer geringeren Differenzierungsmöglichkeit in anderen (vor allem persönlichen) Zielgruppenmerkmalen. Hinzu kommt, dass sich im Falle einer totalen Ausdeckung über Zeitungen, die Einschaltkosten vervielfachen. **Überregionale Zeitungen** (FAZ, Die Welt, Süddeutsche Zeitung, Die Zeit, Bayernkurier usw.) sind im Gegensatz zu regionalen Tageszeitungen durch eine homogenere Leserschaft aber unschärfere regionale Abgrenzbarkeit gekennzeichnet. Wegen der besonderen **Struktur der Leser** und der in der Regel „anspruchsvolleren" Themenstellung und Berichterstattung, werden die überregionalen Zeitungen auch häufig als meinungsbildend bezeichnet. Für die Werbung ist das für die Gestaltung der Werbebotschaft inhaltlich und in der äußeren Form von Bedeutung.

Eine besondere Eigenart vieler Zeitungen, die sich werblich bemerkbar macht, ist die Häufigkeit des Lesens bzw. Länge der Bindung an die Zeitung. Diese äußert sich in der **Abonnenteneigenschaft**. Obwohl die einzelnen Nummern voneinander unabhängig sind, ist die Zeitung als solche keine einmalige in sich abgeschlossene Veröffentlichung, sondern eine Folge von Zusammenstellungen vieler Einzelaussagen (*Casper*, 1972, S. 72). Das gilt sowohl für die einzelne Ausgabe selbst als auch die Folge der Ausgaben. Die Zeitung besitzt trotz ihrer Kurzfristigkeit Kontinuität. Die Folgen für die Werbung liegen in der Art der **Kontaktverteilung** und Kenntnissen über die **Zielgruppenmerkmale** der Leser. Die Kontakte bei einer Abonnementszeitung steigen bei mehrfacher Einschaltung, bezogen auf die Einzelperson, ständig. Die Anzahl der erreichten Personen nimmt dagegen wegen des gleich bleibenden Personenkreises ständig zu. Umgekehrtes gilt für die Kaufzeitung. **Abonnementszeitungen** müssen trotzdem nicht jedesmal gelesen werden, wenn sie ins Haus kommen. Bei **Kaufzeitungen** kann zunächst davon ausgegangen werden, dass sie unmittelbar nach dem Zeitpunkt des Kaufes auch genutzt werden. Bei Abonnementszeitungen geschieht das häufiger auch zu einem späteren Zeitpunkt. Die Wahrscheinlichkeit der Nutzung durch verschiedene Personen zum gleichen Zeitpunkt dürfte bei Abonnementszeitungen größer sein als bei Kaufzeitungen. Im konkreten Entscheidungsfall für Werbung wäre das genauer zu untersuchen.

Zeitungen unterscheiden sich von anderen Werbeträgern z.B. Zeitschriften bezüglich des **Umfeldes** bzw. der **Erwartungshaltung** gegenüber der Werbung. Zeitungen erfüllen allgemein eine **Informationsfunktion**. Sie übermitteln aktuelle Nachrichten. Entsprechend gilt, dass Werbung in Zeitungen nicht von vornherein als Fremdkörper empfunden wird. Sie wird für bestimmte Produktbereiche (täglicher Bedarf) und werbliche Inhalte (regionaler Bezug, Preis, Kaufmöglichkeit, Qualität usw.) geradezu erwartet. Werbung in Tageszeitungen muss Informationscharakter haben, wenn sie wirken soll. Bei Publikumszeitschriften tritt der Informationscharakter hinter den Unterhaltungscharakter zurück. Entsprechend stellt die Werbung in solchen Medien mehr auf emotionale Elemente ab.

Zustimmung

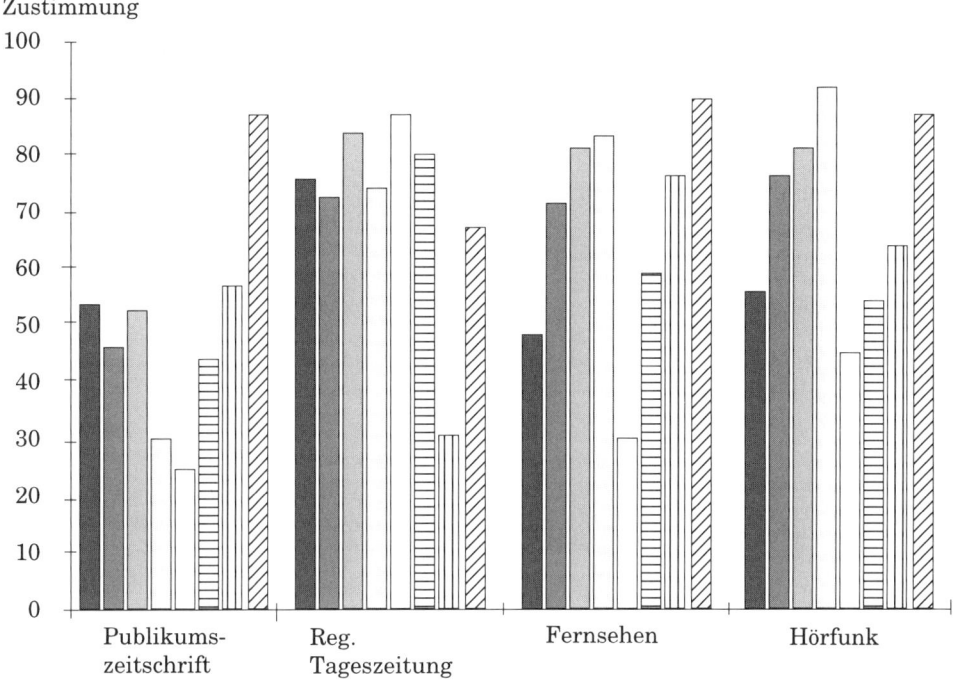

Medien

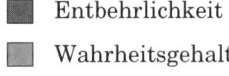 Entbehrlichkeit

 Wahrheitsgehalt

 Neuigkeitscharakter

 Schnelligkeit

 Regionalität

 Vertrautheit

 Unterhaltung

 Entspannung

Abb.: Einstellung der Bundesbürger zu den Massenmedien
Quelle: Regionalpresse

Fluktuation von Leserschaften

Kumulierte Reichweiten und Zahl der gelesenen
Ausgaben bei 1-3 Insertionen

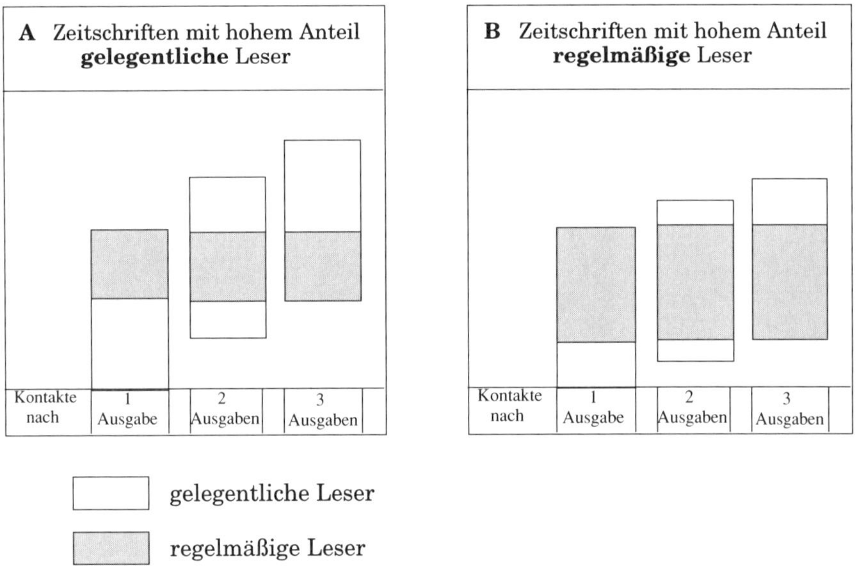

A Zeitschriften mit hohem Anteil
gelegentliche Leser

B Zeitschriften mit hohem Anteil
regelmäßige Leser

Kontakte nach	1 Ausgabe	2 Ausgaben	3 Ausgaben

Kontakte nach	1 Ausgabe	2 Ausgaben	3 Ausgaben

☐ gelegentliche Leser

▨ regelmäßige Leser

Kumulierte Reichweiten bei Insertionen in 13 Ausgaben

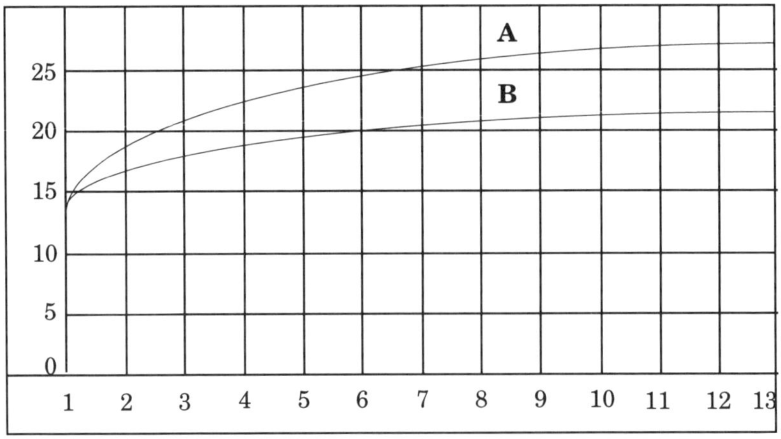

Abb.: Kontaktverteilungen Kaufzeitung Abonnementzeitung

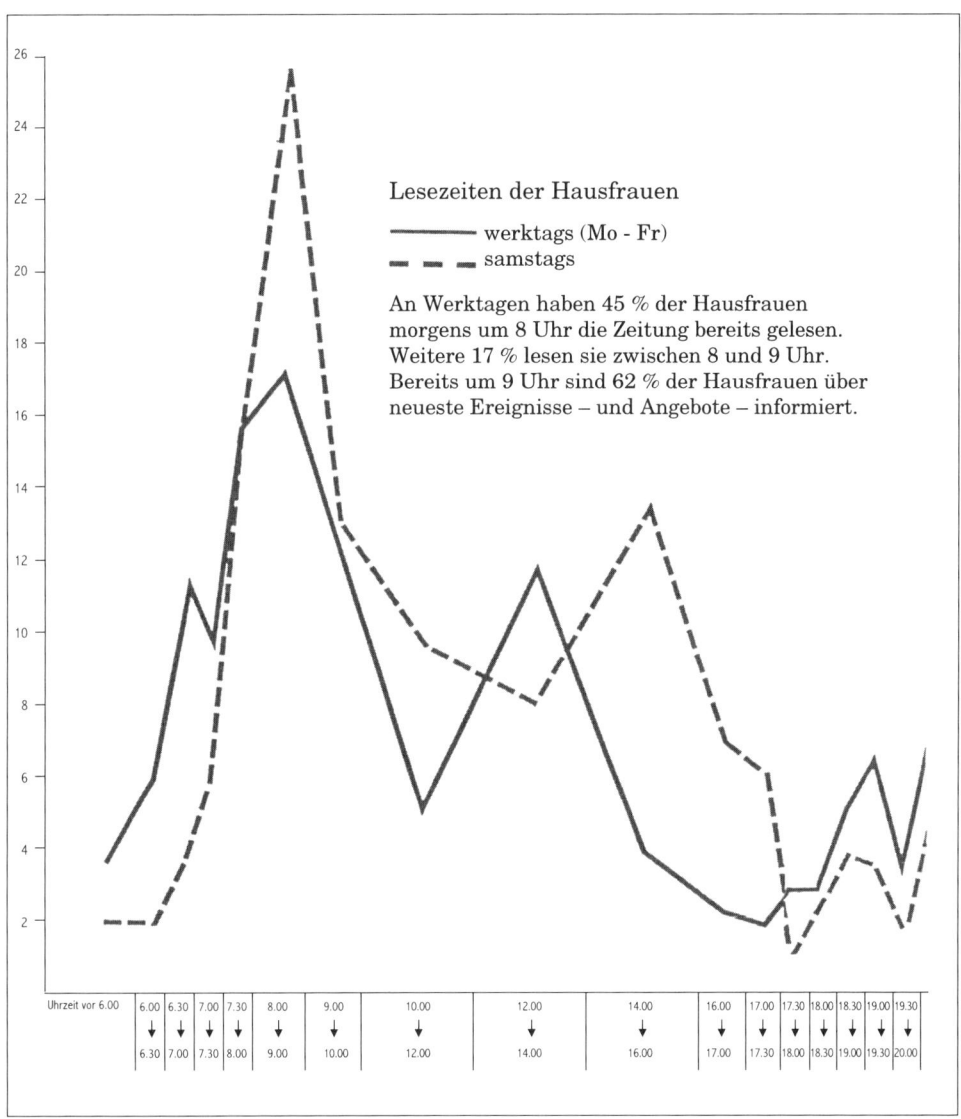

Lesezeiten der Hausfrauen

————— werktags (Mo - Fr)
— — — samstags

An Werktagen haben 45 % der Hausfrauen
morgens um 8 Uhr die Zeitung bereits gelesen.
Weitere 17 % lesen sie zwischen 8 und 9 Uhr.
Bereits um 9 Uhr sind 62 % der Hausfrauen über
neueste Ereignisse – und Angebote – informiert.

Abb.: Zeitliches Leseverhalten bei Tageszeitungen
Quelle: Regionalpresse

Eine Analyse der Werbekategorien in Zeitungen kann interessante Ergebnisse liefern und beweist den besonderen Informationscharakter des Mediums. Bei Zeitungen, ebenso wie bei anderen Nicht-Nur-Werbeträgern, wird in einen **redaktionellen** und einen **werblichen** Teil unterschieden. Das bedeutet, dass werbliche Aussage und redaktionelle Äußerungen in keinem unmittelbaren Zusammenhang stehen. Selbstverständlich erscheint die Werbung auch in redaktionell gestalteten Bereichen sichtbar getrennt. Die Kontaktchancen sind davon nicht unberührt. Eine Besonderheit von Zeitungen ist jedoch die gebündelte **Zusammenfassung von Werbung** (Anzeigen) verschiedener Werbetreibender an einigen Stellen. Das gilt nicht nur für den Bereich der Klein- und Gelegenheitsanzeigen, sondern auch für großformatige Anzeigen lokaler Händler, für ganze Sortimente und Produktkategorien. Werbung ist hier **konkurrenzsuchend**. Lediglich Anzeigen für einzelne Produkte, etwa großer Markenartikelunternehmen, sind ohne „störende" werbliche Nachbarschaft in redaktionellen Teilen untergebracht. Das beweist einmal mehr den Informationscharakter der Zeitung und der Werbung in ihr. Eine genauere Analyse der praktizierten Werbung im konkret in Aussicht genommenen Werbeträger Zeitung kann für die Planung wertvolle Hinweise liefern.

Abb.: Typische informationsbezogene Anzeigen in Tageszeitungen

Informationsmaterial über die Zeitung als Medium allgemein und im Besonderen liefern die Verlage sowie Verbände der Zeitungsverleger, RegionalPresse (jetzt ZMG, ZeitungsMarketing Gesellschaft mbH & Co. KG) und StandortPresse, in Form von Copytests und Leseranalysen. Daneben sind die Auflagenziffern der Informationsgemeinschaft zur Feststellung der Verbreitung von Werbeträgern (IVW) interessante Informationsquellen.

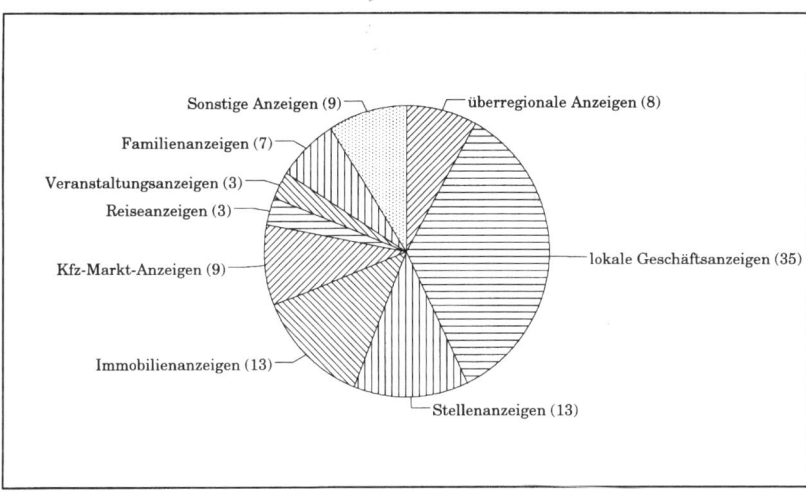

Abb.: Struktur der Anzeigenwerbung in lokalen regionalen Abonnementszeitschriften
Quelle: ZAW: Werbung in Deutschland, 1999

2.2 Zeitschriften

Die Abgrenzung der Kategorie Zeitschrift ist uneinheitlich. Das liegt sicher mit daran, dass die Zeitschrift historisch aus der gleichen Wurzel entstanden ist wie die Zeitung und schließlich Zeitschriften in ihren realen Ausprägungen eine sehr viel größere Heterogenität aufweisen als Zeitungen. Die oben gezeigte Typologie gibt bereits einen ersten Hinweis auf das breite **Gestaltungsspektrum** von Zeitschriften (*Reiter*, 1978, S. 91 ff.). Das Angebot an Zeitschriften ist noch umfangreicher als bei den Zeitungen. Ständig kommen neue Titel mit speziellen Themenstellungen hinzu.

Der Katalog Media-Analysen enthält beispielsweise mehr als 6.000 Titel in den Kategorien Publikumszeitschriften und Fachzeitschriften. Es ist unmöglich, diese auch nur annähernd vollständig hinsichtlich ihrer Wesensmerkmale zu beschreiben. Trotzdem soll auf einige **Besonderheiten** von Zeitschriften allgemein bezogen auf die Werbung eingegangen werden.

Die wichtigsten für die Werbung wesentlichen Merkmale dürften die äußeren **Gestaltungsmöglichkeiten** und die besonderen **Zielgruppenmerkmale** der Zeitschriftennutzer sein. Gegenüber der Zeitung werden für Zeitschriften bessere Druck- und Gestaltungsmaterialien verwendet (Papierqualität, Druckverfahren,

Verwendung von Farbe, Heftung bzw. Zusammenhalten der einzelnen Seiten usw.). Wegen der vergleichweise geringeren Erscheinungshäufigkeit und längeren Nutzungsdauer (1 Woche bis zu 3 Monaten) ist das leichter zu realisieren aber auch notwendiger.

Von der Themenstellung wird von einer Zeitschrift zwar auch Aktualität erwartet, aber nicht so sehr in jeder Hinsicht über alle Tages- oder Wochenereignisse. Entsprechend sind die Themen in Zeitschriften in der Regel bestimmten Schwerpunkten gewidmet, die entweder im Zeitverlauf wechseln können oder aber für einzelne Zeitschriftengattungen permanent sind. Daraus folgt in der Regel eine stärkere Aufteilung der Nutzer nach Merkmalen, wie sie in der Zielgruppenplanung verwendet werden können.

Segmentierung der Publikumszeitschriften		
Segment	Definition	Untergruppen
Massenzeitschriften	• Allgemeine Thematik • Gesamtbevölkerung • Hohe Auflagen	• Aktuelle Illustrierte • Programmzeitschriften • Bild am Sonntag
Spezialzeitschriften	• Ein oder wenige spezielle, allgemeinverständliche Themen • Gesamtbevölkerung • Niedrige Auflagen	• Wohnzeitschriften • Hobbyzeitschriften • Sportzeitschriften • Freizeitzeitschriften
Zielgruppenzeitschriften	• Zielgruppenspezifische, aber breite Thematik • Bevölkerungssegmente • Mittlere bis hohe Auflage	• Frauenzeitschriften • Elternzeitschriften • Jugendzeitschriften
Fachzeitschriften	• Ein oder wenige berufsbezogene Themen • Berufe/Branchen • Niedrige Auflage	• Werbung • Ärzte
Kundenzeitschriften	• Branchenbezogene Redaktionsschwerpunkte mit Anreicherung von allgemeininteressierenden Themen • Gesamtbevölkerung • Hohe Auflagen	• Nahrungsmittelbranche • Apothekenbereich

Abb.: Segmentierung der Publikumszeitschriften
Quelle: HORIZONT, Nr. 44/1986

Es besteht ein Zusammenhang zwischen Zeitschriftenthemenstellung und **Leserinteresse**. Je eingeengter die Themenstellungen sind, umso kleiner wird grundsätzlich auch der potenzielle Nutzerkreis. Er ist dann aber durch eine größere Zahl gemeinsamer Merkmale geprägt. Die Abonnenteneigenschaft der Zeitung wird auf diese Weise mit der zusätzlichen Eigenschaft der **Homogenität** erreicht. Das ist auf der einen Seite eine sinnvolle Eigenschaft, da sie zielgenaueres Vorgehen erlaubt. Auf der anderen Seite kann damit allerdings insgesamt erhebliche Reichweite verloren gehen. Die Entwicklung auf dem Zeitschriftenmarkt scheint in die Richtung einer zunehmenden **Spezialisierung** zu gehen.

Trotz starker Spezialisierung besitzt die Zeitschrift einen starken **Unterhaltungscharakter**, der sich auch in der Werbung niederschlägt. Die geringere Regionalität führt auch zu einer stärkeren Betonung der überregionalen Werbung für Markenprodukte. Inzwischen bestehen für die meisten überregionalen Werbeträger Möglichkeiten einer Aufteilung der Belegung (Belegungssplit) nach regionalen Kriterien, in der Regel Nielsen-Gebiete.

Die Werbung hat im Übrigen mehr Gestaltungsmöglichkeiten wegen der oben genannten Merkmale der **Druckqualität**. Auch hier ist eine Entwicklung beobachtbar, die das Gefälle zur Zeitung geringer werden lässt. Auf die unterschiedlichsten Möglichkeiten über Anzeigenformate, Farbausgestaltungen, Beihefter, Beikleber, Sonderseiten, Schwerpunkthefte (Journale) usw. kann hier nicht näher eingegangen werden (*Reiter*, 1978 S. 101 ff.).

Auf jeden Fall kann die Gestaltungsseite der Werbung auf spezielle **inhaltliche** Merkmale der Zeitschriften als Gattung oder als Einzeltitel eingehen. Eine Anpassung an redaktionelle Teile ist ohne Einflussnahme auf die redaktionellen Inhalte und umgekehrt möglich. So kann eine Unterstützung der werblichen Aktivitäten durch die inhaltlichen Teile von Zeitschriften erfolgen. Das entspricht der Abstimmung auf die Zielgruppen.

Frauenzeitschrift   Männermagazin

Abb.: Anpassung der Werbung an den Zeitschriftentyp

Hilfsmittel für Überlegungen hinsichtlich einer Abstimmung der Werbung und der Funktion der Zeitschriften bieten so genannte **Funktionsanalysen**, die durch intensives Studium der infrage kommenden Titel vorgenommen werden können.

Zeitschriften werden in der Regel nicht nur von einer Person, sondern von mehreren und über einen längeren Zeitraum genutzt. Die Nutzung fällt überwiegend in den privaten Bereich, selbst wenn sie inhaltlich zunehmend Spezialcharakter bekommen. Die Werbung bezieht sich daher auch in erster Linie auf Produkte aus dem privaten Lebensbereich.

2.3 Fachzeitschriften

Fachzeitschriften unterscheiden sich von Publikumszeitschriften in erster Linie dadurch, dass sie am Arbeitsplatz bzw. in **beruflichem** Zusammenhang genutzt werden. Ihnen fehlt weitgehend der Unterhaltungscharakter. Sie werden als **Informationsmittel** gesehen und entsprechend genutzt.

Fachzeitschriften berichten im Wesentlichen über wissenschaftliche, technische und wirtschaftliche Bereiche. Sie dienen der **beruflichen Information** und **Fortbildung** eindeutig definierbarer, nach fachlichen Kriterien abgrenzbarer Zielgruppen. Die Werbung in Fachzeitschriften ist daher offensichtlich am wirksamsten, wenn sie einen Bezug zu dem Fachgebiet besitzt, das die Fachzeitschrift als solches abdeckt. Die Reichweite von Fachzeitschriften in der Gesamtbevölkerung ist vergleichsweise gering. Praktisch für jeden Berufszweig gibt es ein Angebot von mehreren Fachzeitschriften. Konfessionelle Zeitschriften, Kundenzeitschriften, Titel der Wirtschaftspresse sowie typische „Special Interest"-Zeitschriften (Hobby und Freizeit) werden dagegen nicht zu den Fachzeitschriften gerechnet, auch wenn sie eine hohe Affinität zu bestimmten Berufsgruppen haben.

In Deutschland erscheinen ca. 3.500 Fachzeitschriften. Die **Einschaltpreise** sind in der Regel wegen der niedrigen Auflagen nicht sehr hoch, sodass sich eine Einschaltung gegenüber Publikumszeitschriften bei speziellen Produkten durchaus lohnen kann. Für bestimmte Produktkategorien (Investitionsgüter, Produktivgüter) dürfte die Fachzeitschrift ein Werbeträger mit hoher Effizienz sein.

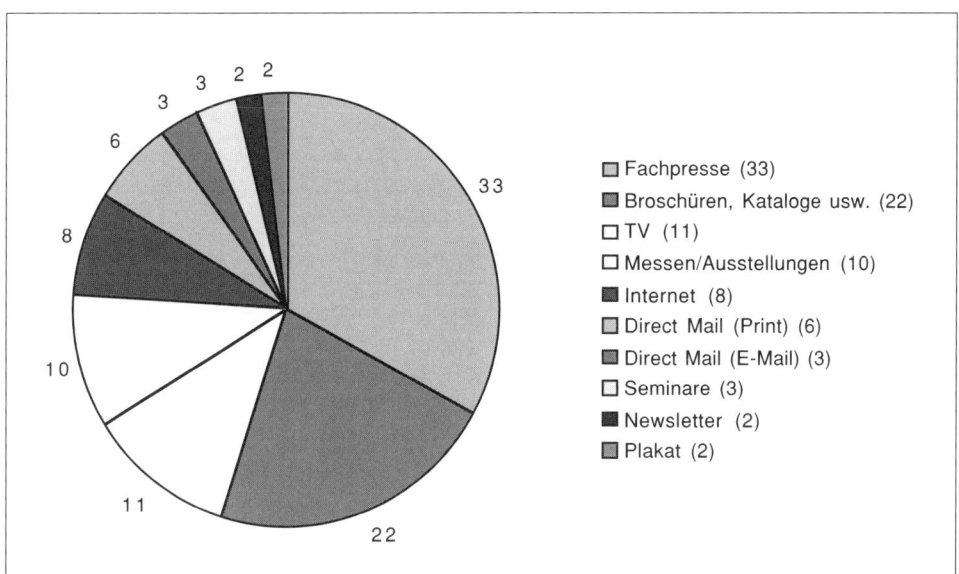

Abb.: Verteilung des Medienbudgets im B2B-Bereich (USA 2001)
Quelle: *Mulcacy, S.*: Business-to-Business Advertising, Newton 2001

Ein weiteres Unterscheidungsmerkmal ist das Merkmal der **Aktualität**. Die Inhalte der Fachzeitschriften sind zwar bezogen auf das Fachgebiet als solches aktuell, bleiben aber auch über einen längeren Zeitraum interessant. Das bedeutet, dass eine Fachzeitschrift keineswegs zum Zeitpunkt ihres Erscheinens gelesen werden muss. Vielfach werden Fachzeitschriften erst dann gelesen, wenn sie von den behandelten Inhalten her für den Leser interessant werden. Das kann zeitlich weit verzögert werden. Die Wirksamkeit der Werbung in Fachzeitschriften ist von daher nicht voll kontrollierbar bezogen auf eine Periode.

Thematische Verwandtschaft von Zeitschriften

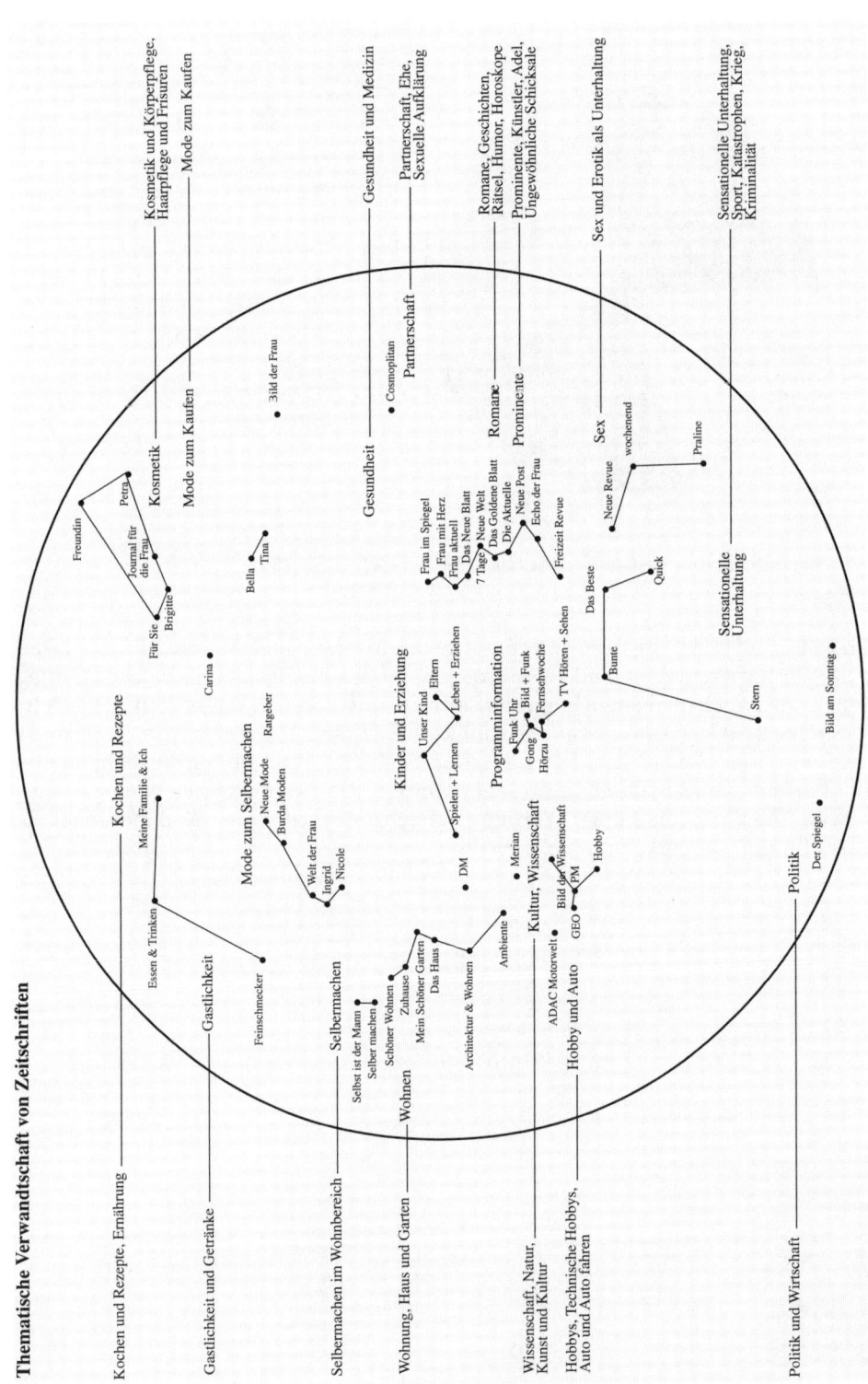

Abb.: Funktionsanalyse

Quelle: Jahreszeiten Verlag, Funktionsanalyse

Da Fachzeitschriften aus fachlichem Interesse gelesen werden, ist Werbung auch auf den erhöhten Informationsbedarf abzustimmen. Fachzeitschriften werden als überwiegende **Informationsmedien** zunehmend in einen Wettbewerb mit neuen elektronischen Kommunikationstechnologien (Datenfernübertragung, Computervernetzung, Online-Datenbanken usw.) einbezogen (ZAW, 1986, S. 138). In diesen Medien sind die Möglichkeiten der Werbung geringer. Es ist jedoch nicht zu erwarten, dass eine totale Verdrängung der Fachzeitschriften durch elektronische Informationszugriffsmöglichkeiten stattfindet. Fachzeitschrift und **Datenbank** werden einander ergänzen (*Genios-Datenbank/Handelsblatt*) und parallel nebeneinander stehen.

Fachzeitschriften besitzen vor allem im Bereich der Industriewerbung und der Kommunikation zwischen Hersteller und Handel in der Kette Hersteller-Handel-Konsument eine nicht unbedeutende Rolle. Die Grenzen zwischen Fachzeitschrift und Spezial-Interest-Zeitschrift aus dem Bereich der Publikumszeitschriften sind fließend. Computerzeitschriften wie CHIP oder PC-Professional werden sowohl privat als auch am Arbeitsplatz gelesen. Ähnliches trifft auf andere Zeitschriften dieser Branche zu.

Fachzeitschriften in Deutschland			
Verlegte Zeitschriften	**Anzahl**	**Anzeigenseiten des Jahrgangs in Tausend**	**Anzeigenumsatz in Millionen DM 1988**
Sprach- und Kulturwissenschaft	118	5	3,1
Recht, Wirtschaft, Gesellschaft	357	20	39,6
Mathematik und Naturwissenschaft	197	9	14,8
Medizin	468	73	270,1
Agrar-, Forst-, Ernährungswissenschaft	55	2	2,2
Ingenieurwissenschaft	175	37	102,1
Landwirtschaft, Ernährung, Gartenbau	173	40	117,3
Industrie und Handwerk	511	141	481,9
Handel und Dienstleistungen	606	159	565,0
Öffentliche Verwaltung	134	8	15,8
Gesundheitswesen	158	24	63,0
Bildung und Erziehung	243	7	8,9
Sonstige	20	3	12,6
Gesamt	3215	528	1696,4

Quelle: ZAW: Werbung in Deutschland 1991, S. 187

Beruflich und privat genutzte Informationsquellen	Berufliche/ Geschäftliche Gründe Gesamt %	Persönliche Neigung Gesamt %
Fachmessen	90	35
Fachzeitschriften: Redationeller Teil	87	40
Fachzeitschriften: Fachanzeigen	80	21
Gespräche mit Fachkollegen	77	33
Verkäufer, Berater der Hersteller	75	19
Fachbücher	72	30
Überregionale Tages- und Wirtschaftszeitungen	70	52
Seminare, Schulungskurse, Vortragsveranstaltungen von Herstellern oder Verbänden	65	23
Technische Mehrbranchen-Messen (z.B. Hannover-Messe)	60	19
Besichtigung in anderen Unternehmen	59	19
Lieferanten-Nachweis (z.B. Branchenverzeichnisse, Branchen-Telephonbuch)	55	7
Haus- und Firmen-Zeitschriften der Hersteller	48	9
audio-visuelle Informationsquellen (Filme, Dias, Tonbildschau)	13	4
Keine Angaben	0	6
Basis: 798 - Mehrfachnennungen		

Abb.:   **Nutzung verschiedener Mittel bzw. Träger unter besonderer Berücksichtigung der Fachzeitschrift**
Quelle: *Rost / Strothmann*, Handbuch Werbung für Investitionsgüter, Wiesbaden 1983, S. 288

Informationsmittel und **Planungshilfen** über Fachzeitschriften sind in erster Linie die Auflagenmeldungen der IVW und die so genannten AMF-Karten (Arbeitsgemeinschaft Mediaanalyse Fachzeitschriften). Diese können gegebenenfalls Angaben enthalten über

• Umfang,
• Inhalt,
• Auflage und Verbreitung,
• Empfängerstrukturen,
• Leserstrukuren,
• Reichweiten,
• Leser-Blatt-Bindung,
• Markt- und Branchendaten,
• Leseverhalten der Zielgruppen.

Leider sind diese Unterlagen nicht in dem Maße vergleichbar und detailliert wie die Unterlagen von der Arbeitsgemeinschaft Medianalyse (AG.MA) oder der Allensbacher Werbeanalyse (AWA). Die Auflagenziffern der IVW sagen wenig über die tatsächlichen Kontaktleistungen aus, wenn nicht bekannt ist wie die Verbreitung der Leser innerhalb der beziehenden Institutionen ist.

Zugang zu den Daten erhält man neben den gedruckten Informationsmaterialien der Verbände und Verlage auch in zunehmenden Maße über das Internet, z.B. bei

www.media-daten.com (MediaDaten Verlag)
www.media-info.net (Mediadatenbank der deutschen Fachpresse)
www.fachpresse.de
www.profikiosk.de
www.pressbizz.com (Service für Fachzeitschriften und ihre Kunden)

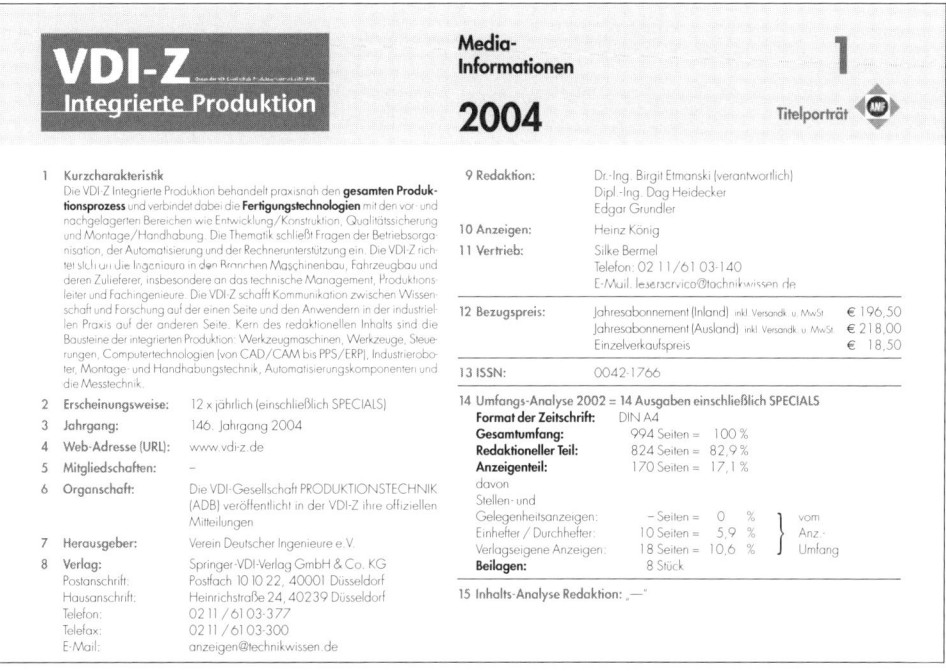

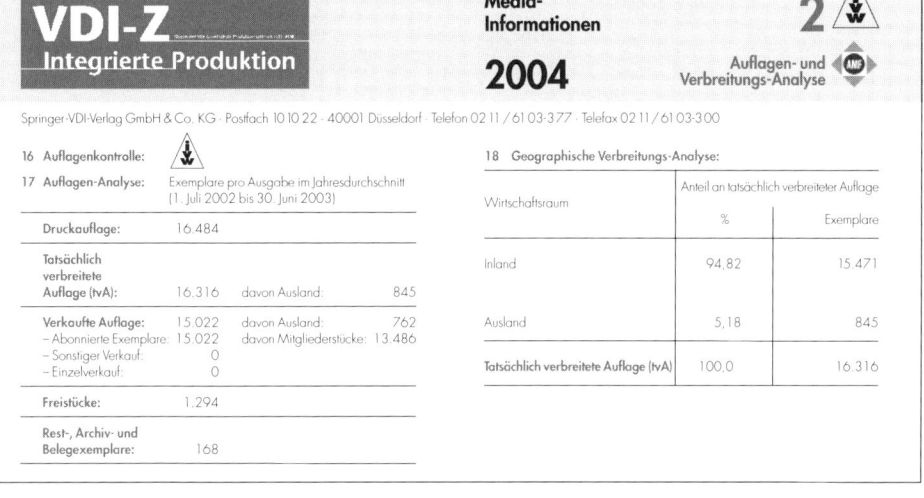

Media-Informationen

2004

3-L

Leser-Struktur-Analyse

Springer-VDI-Verlag GmbH & Co. KG · Postfach 10 10 22 · 40001 Düsseldorf · Telefon 02 11 / 61 03-377 · Telefax 02 11 / 61 03-300

19 Branchen / Wirtschaftszweige / Unternehmenstypen

Abteilung/ Gruppe/Klasse	**Empfängergruppen** Bezeichnung (lt. Klassifikation der Wirtschaftszweige)	Anteil der ermittelten Leser (WLK)	
		%	Projektion (circa)
27/28	Metallerzeugung und -bearbeitung/ Herstellung von Metallerzeugnissen	12	1.857
29(29.12-29.5)	Maschinenbau(Herstellung von Pumpen, Armaturen, Getrieben, Antriebselementen, Fördermitteln, Werkzeugmaschinen etc.)	23	3.558
34, 35.1-35.5	Fahrzeug-, Schiff-, Flugzeugbau, Bau von Schienenfahrzeugen	25	3.868
31	Elektrotechnik, Elektronik	7	1.083
33	Feinmechanik und Optik	2	309
74.20.5	Ingenieurbüros für technische Fachplanung	10	1.547
50	Handel	5	774
73.10.2	Forschung und Entwicklung	6	928
	Ausbildungseinrichtungen	4	619
	Sonstige	6	928
		100	15.471

20 Größe der Wirtschaftseinheit

	Anteil der ermittelten Leser (WLK)	
	%	Projektion (circa)
1-9 Beschäftigte	7	1.083
10-19 Beschäftigte	4	619
20-49 Beschäftigte	9	1.392
50-99 Beschäftigte	5	774
100-199 Beschäftigte	12	1.857
200-499 Beschäftigte	14	2.166
500 und mehr Beschäftigte	11	1.702
1000 und mehr Beschäftigte	36	5.569
keine Angabe	2	309
	100	15.471

21.1 Tätigkeitsmerkmal: Aufgabenbereich

	Anteil der ermittelten Leser (WLK)	
	%	Projektion (circa)
Geschäftsleitung	23	3.558
Technische Leitung	38	5.879
Produktion	38	5.879
Konstruktion	20	3.094
Entwicklung	32	4.951
Forschung	19	2.939
Arbeitsvorbereitung	32	4.951
Fertigung	36	5.569
Betriebsingenieur	17	2.630
Einkauf	19	2.939

Mehrfachnennungen (100 % = 15.447 Leser)

21.2 Tätigkeitsmerkmal: Position im Betrieb

	Anteil der ermittelten Leser (WLK)	
	%	Projektion (circa)
Inhaber/Mitinhaber	11	1.702
Vorstand/Geschäftsführer	10	1.547
Bereichsleiter	13	2.011
Abteilungs-/Gruppenleiter	33	5.106
Technischer Angestellter: Fachingenieur	24	3.713
Sonstiger technischer Angestellter	3	464
Lehre und Forschung	2	309
Sonstige	4	619
	100	15.471

22 Bildung/Ausbildung: Berufliche Ausbildung

	Anteil der ermittelten Leser (WLK)	
	%	Projektion (circa)
Realschule, Fachschule, Handelsschule	3	464
Abitur	2	309
Fachhochschul-, Hochschul-, Universitätsabschluß	95	14.698
	100	15.471

23   Alter

Abb.: Auszug aus einer AMF-Kartensammlung

Eine besondere Kategorie der Fachzeitschriften, die in erster Linie auf Werbung bzw. Produktinformationen der Anbieter aufbauen, sind die **Kennziffern-zeitschriften.** Es handelt sich hier um Fachzeitschriften, die zum überwiegenden Teil aus Anzeigen und redaktionellen Hinweisen bestehen, die aber (deutlich erkennbar) von Unternehmen mitgestaltet worden sind. Zu den einzelnen Anzeigen und Artikeln können dann direkt vom Anbieter mithilfe einer Anforderungskarte weitere Informationen abgerufen werden. Die Werbung hat hier ganz eindeutig Informationscharakter.

2.4 Fernsehen

Das Fernsehen unterscheidet sich von gedruckten Medien in erster Linie durch zusätzliche **Einwirkungsmöglichkeiten** auf die Sinnesorgane. Zu der visuellen Sinnesebene kommt die akustische hinzu. Außerdem besteht die Möglichkeit, Bilder in bewegter Form darzustellen. Die grundsätzlichen Gestaltungsmöglichkeiten des Fernsehens und der Werbung sind ungleich größer als die irgendeines gedruckten Mediums. Bezüglich der Nutzerstruktur des Mediums Fernsehen lassen sich keine spezialisierenden Aussagen in Richtung auf die Bildung bestimmter Zielgruppen wie etwa bei den Fachzeitschriften oder Publikumszeitschriften machen.

Das Angebot an Werbeträgern für Fernsehwerbung ist verglichen mit Printmedien oder auch anderen Werbeträgern ausgesprochen klein. In der Bundesrepublik Deutschland gab es bis etwa 1984 nur zwei öffentlich-rechtliche Anbieter für Fernsehen: die Arbeitsgemeinschaft der Rundfunkanstalten Deutschlands (ARD) mit 10 Sendern (ZAW, 1986, S. 193) und das Zweites Deutsches Fernsehen (ZDF). Eine regionale Streumöglichkeit war damit lediglich in bedingtem Maße bei den Sendern der ARD möglich. Darüber hinaus war die Werbung im Fernsehen durch einige **Besonderheiten** gekennzeichnet, die es wesentlich von den Printmedien unterscheiden (ZDF-Staatsvertrag v. 6.6.1961):

• keine Werbung nach 20:00 Uhr,

• keine Werbung an Sonntagen und gesetzlichen Feiertagen,

• klare Trennung der Werbung von den übrigen Teilen des Programms,

• Ausschluss jeden Einflusses von Werbetreibenden, Werbeagenturen oder Werbemittlern auf das übrige Programm,

• Festsetzung der Werbegesamtdauer der Werbung durch die Ministerpräsidenten der Länder.

Das hat dazu geführt, dass im Fernsehen in Deutschland Werbung nur in Blöcken in der Zeit zwischen 17:00 und 20:00 möglich war. Mit dem Auftreten der inzwischen recht zahlreichen privaten Fernsehsender hat sich das wesentlich geändert. Diese unterliegen nicht diesen Beschränkungen und auch das öffentlich rechtliche Fernsehen hat Wege gefunden, zu anderen Zeiten Werbung zu schalten (so genannte Patronatssendungen, Programmsponsoring usw.).

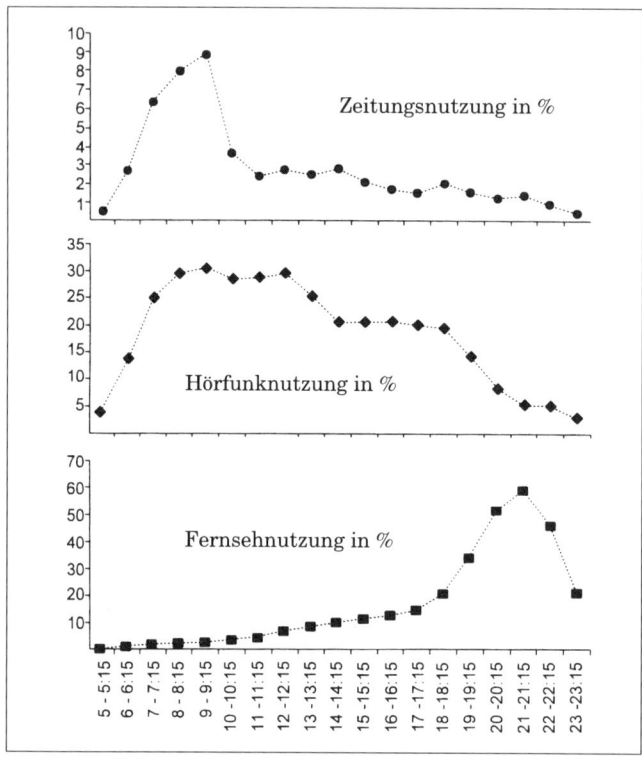

Abb.: Schwerpunkte der Mediennutzung im Tagesverlauf (2000)
Quelle: ARD/ZDF-Langzeitstudie Massenkommunikation 1990 - 2000

Mediennutzung im Tagesablauf		
Stationen des Tages (idealtypisch)	**Genutztes Medium**	**Nutzungsziele**
Das Aufwachen	Radio	Belebung, Aktivierung
Frühstückszeit	regionale Abonnementzeitung nebenher: Radio	innere Einkehr, „für sich sein", Ausrichtung auf den Tag; Belebung, Aktivierung
Der Weg zur Arbeit	regionale Abonnementzeitung, Boulevardzeitung bzw. Autoradio	„für sich sein"; Ausrichtung auf den Tag; Belebung, Aktivierung;
Während der Arbeit	Radio regionale und überregionale Zeitungen; Fachpublikationen	Belebung, Fundierung der Arbeitstätigkeit
Die Mittagspause	regionale Abonnementzeitung Radio TV	Abschaltung, Vertiefung, Belebung im Hintergrund, „durchlässige" Abschaltung
Der Weg nach Hause	regionale Abonnementzeitung Radio	aktive Gestaltung; Bearbeitung von „Tagesresten", Belebung im Hintergrund
Nach der Ankunft und samstags	regionale Abonnementzeitung Anzeigeblätter Radio	„für sich sein"; abschalten, „Rundschau", Belebung im Hintergrund
Der Vorabend	TV, Fernsehzeitschrift	leichtes Entertainment zur Anregung, Abschalten vom Alltag
Die Abendgestaltung	TV Publikumszeitschriften	Entspannung; Entwicklung eines privaten Rahmens, Loslösen von Tagesnotwendigkeiten; schmökern

Quelle: W & V / MIX 46/94

ZDF-Programm-/Werbeblockschema 2004 mit Einschaltpreisen €/Sek. *)						
Zeit	Montag	Dienstag	Mittwoch	Donnerstag	Freitag	Samstag
15:00					heute · Sport	
ca. 15:14					€ 190,00	
15:15					reiselust	
ca. 15:29						€ 190,00
15:30						Bravo-TV
ca. 16:00					WB 06	€ 190,00
16:00					heute in Europa	Bravo TV
Ca. 16:30						€ 190,00
16:15/16:30	Herzschlag	Herzschlag	Herzschlag	Herzschlag	Herzschlag	Stage Fever
ca. 16:58	€ 218,30	€ 218,30	€ 218,30	€ 218,30	€ 218,30	€ 200,00
17:00	heute	heute	heute	heute	heute	heute
17:15	hallo Deutschland	hallo Deutschland	hallo Deutschland	hallo Deutschland	hallo Deutschland	Länderspiegel
17:45	Leute heute	Leute heute	Leute heute	Leute heute	Leute heute	mach mit
ca. 17:58	€ 301,30	€ 301,30	€ 301,30	€ 301,30	€ 301,30	€275,00
18:00	Serie(1)	Serie (1)	Serie (1))	Serie (1))	Serie (1)	
ca. 18:20	€ 455,00 Serie (2)	€ 455,00 Serie (2	€ 455,00 Serie (2)	€ 455,00 Serie (2	€ 455,00 Serie (2	€ 306,30
18:52	€ 379,20	€ 379,20	€ 379,20	€ 379,20	€ 379,20	€ 295,40
ca. 18:59	heute-Uhr **) € 925 · € .1430					
19:00	heute	heute	heute	heute	heute	heute
ca. 19:18	€ 1.225,00	€ 1.225,00	€ 1.225,00	€ 1.225,00	€ 1.225,00	€ 1.112.50
19:20	Wetter	Wetter	Wetter	Wetter	Wetter	Wetter
ca. 19:21	€ 649,20	€ 604,50	€ 604,50	€ 604,50	€ 659,20	€ 502,50
19:25	WISO (1)	Serie (1)	Serie (1)	Serie (1)	Serie (1)	Serie (1)
ca. 19:50	€ 649,20 WISO (2)	€ 731,20 Serie (2)	€ 731,20 Serie (2)	€ 731,20 Serie (2)	€ 785,80 Serie (2)	€ 639.80 Serie (2)

*) Die Einschaltpreise variieren in Abhängigkeit vom Einschaltmonat
**) Die heute · Uhr kann nur wochenweise gebucht werden (€ 50.000 · 174.000) in Abhängigkeit von der Kalenderwoche

Abb.: Werbeblockschema der Fernsehwerbung am Beispiel ZDF
Quelle: ZDF 2004 (www.zdf-werbung.de)

Werbung im öffentlich-rechtlichen Fernsehen hat somit kein redaktionelles **Umfeld** wie beispielsweise die Zeitschrift oder die Zeitung. Werbung wird damit unter Umständen als Fremdkörper empfunden, wenn ihr der erwartete Unterhaltungswert fehlt bzw. wenn sie in massierter Form auftritt.

In den letzten Jahren ist in diesem Bereich der Werbeträger eine ausgesprochen dynamische Entwicklung zu beobachten. Die Anzahl der verfügbaren Werbeträger hat stark zugenommen. Aber auch neue Arten der Kontaktherstellung sind durch die technische Fortentwicklung möglich geworden. In diesem Zusammenhang spricht man von so genannten **neuen Medien**. Neu an diesen Medien ist im Wesentlichen die Datenübertragungstechnologie.

Teletext	Internet
☺ hohe technische Empfangbarkeit ☺ breite Zielgruppe ☺ messbare Nettoreichweite ☺ attraktives Preis-Leistungs-Verhältnis	☺ Zielgruppe mit hohem Niveau ☺ Messbarkeit der Ad-Impressions und Ad-Clicks ☺ kreative Gestaltungsmöglichkeiten ☺ hohe Kontaktqualität ☺ Kundenbindung durch Interaktivität
☹ niedriges Niveau bei der grafischen Gestaltung ☹ keine Messbarkeit der Werbemittelkontakte ☹ direkter Response nur über Telefon/Fax	☹ keine verfügbaren Netto-Reichweiten ☹ noch geringe technische Verbreitung ☹ aufwändiges Handling bei der Mediaplanung

Abb.: Teletext vs. Internet (Vor- und Nachteile für die Werbekunden)
Quelle: Tele Images IP Medien 1999

Die Einsatzgebiete dieser Technologien liegen nicht nur im Bereich der Werbung. Daher ist die Bezeichnung Neue Medien gegenüber der Bezeichnung „neue" Kommunikationstechnologien nicht so treffend. Fehlbeurteilungen sind die mögliche Folge. So war beispielsweise der Datex-J (vormals Bildschirmtext (Btx)) als Werbemittel mit einem breiten Einsatzgebiet relativ ungeeignet, aber als Informationsübermittlungsinstrument besonderer Art im Rahmen der Bürokommunikation durchaus brauchbar. Ein Vergleich von Fernsehen und Datex-J beispielsweise wurde meist in der Form vorgenommen, dass der Btx dem Fernsehen als unterlegen angesehen wurde. Das lag aber einfach daran, dass hier die äußere Erscheinungsform (Bildschirm) als verbindendes Merkmal benutzt wurde. Btx (als „reines" Informationsmedium) und Fernsehen (als Unterhaltungsmedium) waren auf dieser Ebene nicht vergleichbar.

Das hat sich mit der Entwicklung des World Wide Web (WWW) grundlegend geändert. Die optischen und akustischen Gestaltungsmöglichkeiten sind vielfältig. Das WWW wird darüber hinaus sowohl als Informationsmedium als auch Unterhaltungsmedium genutzt. Der Informationscharakter des Internet ist jedoch offensichtlich, sodass der Vergleich auch eher zwischen dem Teletext und dem WWW (Internet) vorgenommen werden müsste.

Bei den neuen **Kommunikationstechnologien** (*Hermanns/Bohnert*, 1983, S. 6) handelt es sich im Wesentlichen um

- modifizierte Formen der **Übertragung von Daten** und Bildern (z.B. Datenkabel, Stromkabel oder ähnlich und Digitaltechnik),

- neuartige Formen der **Speicherung von Informationen** (Videocassette, Bildplatte),

- neue Möglichkeiten der **Verbindung von Datenübertragung und Datenverarbeitung** (z.B. Teletext, ISDN, digitales Fernsehen),

- neue Möglichkeiten der **Interaktion** (Internet, Teleshopping, CD mit Online-Verbindungsmöglichkeit).

Im ersten Fall gibt es direkte Berührungspunkte zur Werbung bzw. Werbeträgern. Für den Umworbenen ist die neue Technik nicht unmittelbar erkennbar. Ob eine Sendung über Kabel oder Antenne ins Haus kommt, ist zunächst für die Werbewirkung nicht wichtig. Das Gleiche gilt für die Art der Antenne (herkömmliche Antenne oder Parabolspiegel). Durch die Einführung von Kabel- und Satellitenfernsehen bzw. Funk hat sich allerdings die Gesamtangebotssituation an Werbeträgern verändert. D.h. nicht so sehr die Technik ist eine andere, sondern der Medienmarkt und die Verteilung der Werbeaktivitäten auf die Medien hat sich verschoben.

Es gibt inzwischen bisher unbekannte **Formen des Fernsehen** wie Stadtfernsehen, Textfernsehen, Hotel- und Wartezimmerfernsehen usw. Diese werden zwar insgesamt gesehen nicht von sehr großer Relevanz werden (*Vogler*, 1985, S. 66), doch sind daneben eine Reihe weiterer Fernsehsender tätig, die eine bedeutende Erweiterung der Werbemöglichkeiten darstellen.

Durch das veränderte **Medienangebot** hinsichtlich Umfang des Angebots und Herkunft (vergrößerte Reichweiten, Internationalität) sind Änderungen im **Nutzungsverhalten** der Umworbenen nicht ausgeschlossen. Z.B. das Hin- und Herschalten zwischen mehreren Sendern und somit das Ausblenden aus Werbesendungen (Zapping) ist nicht so sehr eine Frage der technischen Fernbedienung, sondern mehr eine der Angebotsvielfalt. Das Angebotsverhalten hat sich geändert. Entsprechend ändert sich das Nutzerverhalten.

Bisher nicht bekannte **Formen der Fernsehwerbung** sind nunmehr möglich und setzen sich in zunehmendem Maße durch:

Beispiele für TV-Sender mit Werbemöglichkeiten	
Sender	**Schwerkpunkte**
bundesweite Vollprogramme	
ARD, ZDF (öffentlich-rechtlich)	Information, Kultur, Unterhaltung
Kabel 1, Pro Sieben, RTL, RTL II, Sat 1, Vox	Unterhaltung
bundesweite Spartenprogramme	
DSF, EuroSport	Sport
MTV, MTV 2 Pop, Viva, Viva Plus	Musik, Jugend
n-tv, N24, TV Bloomberg	Nachrichten, Finanzen
Private Shopping TV-Sender	
Home Shopping Europe, QVC, RTL Shop, Sonnenklar TV, TV Travelshop	
bundesweite ausländische Sender mit teilweise deutschsprachigem Programm	
BBC World, CNN, EuroNews, NBC	Informationen

Abb.: Ausgewählte TV-Sender mit Werbemöglichkeiten

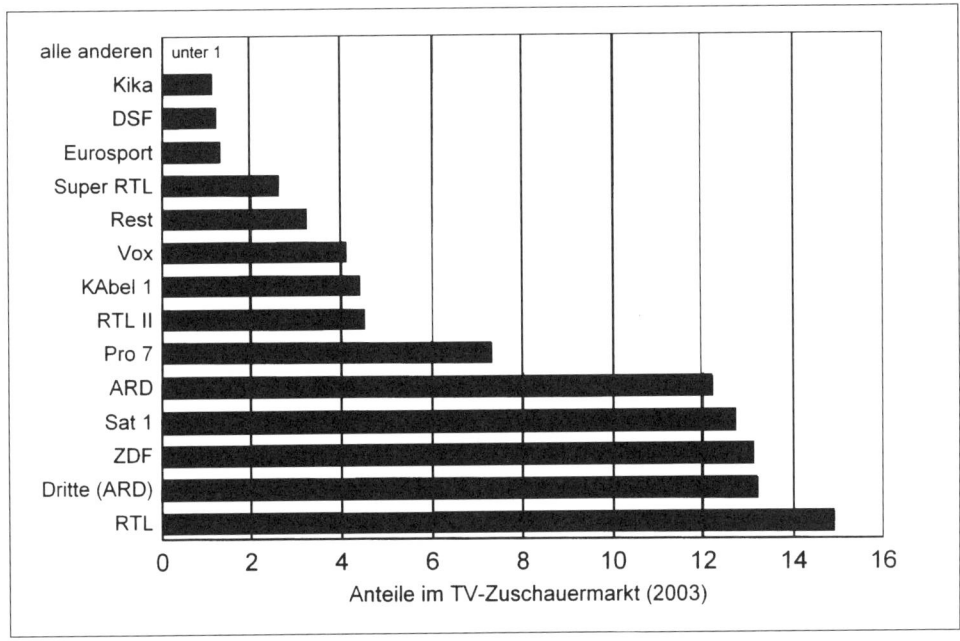

Abb.: Reichweite im Zuschauermarkt von Fernsehsendern
Quelle: AGF/GFK-Fernsehforschung: PC # TV (2004)

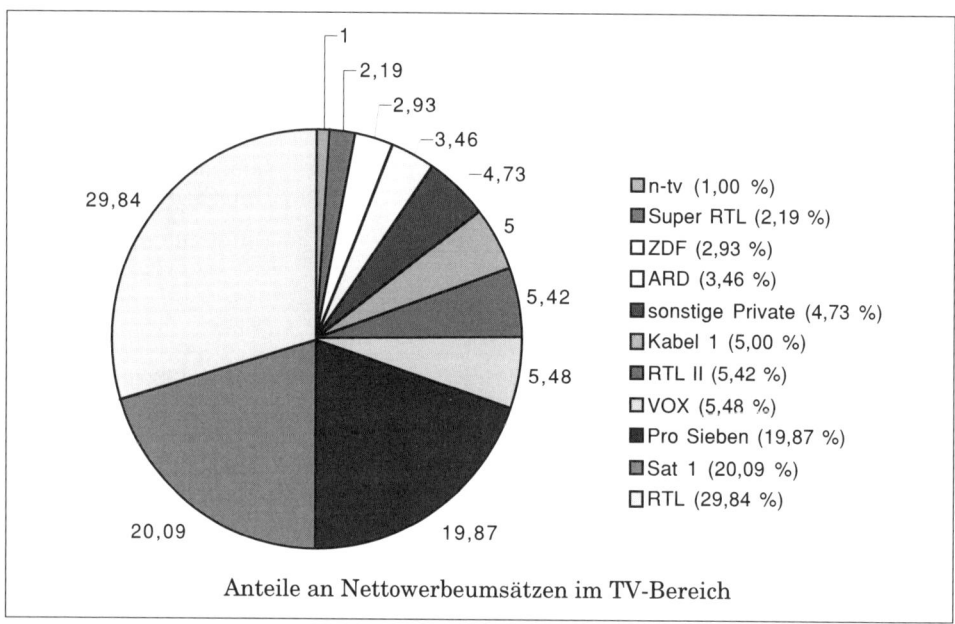

Abb.: Marktanteile von Fernsehsendern mit Werbung an Werbeumsätzen
Quelle: ZAW, Werbung in Deutschland 2003

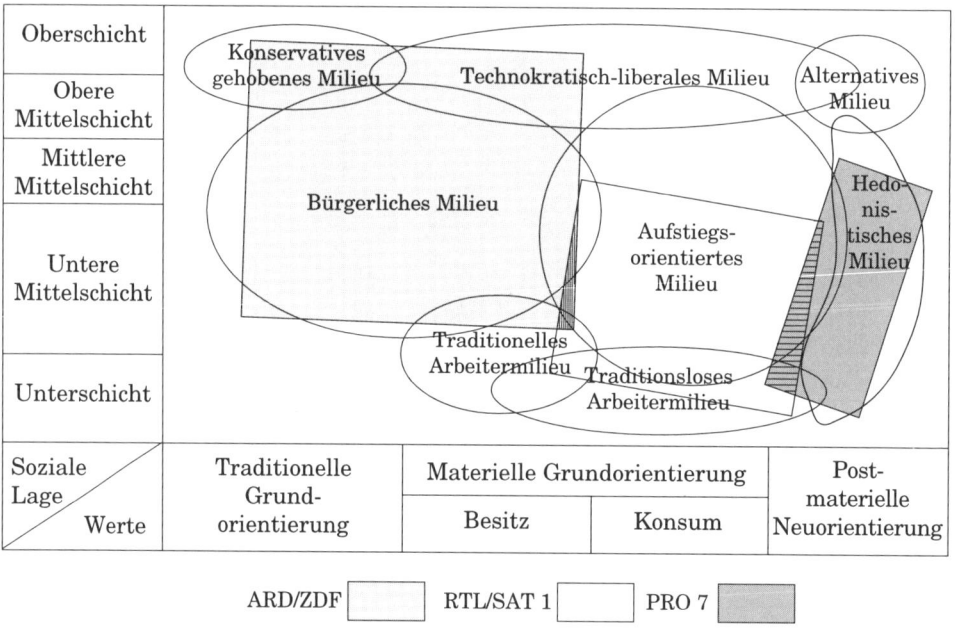

Abb.: Positionierung von TV-Sendern nach dem Sinus-Milieu-Konzept

- Werbezeitenverteilung über den ganzen Tag auch in die Abendzeiten,
- mehrfache Unterbrechung von Sendungen,
- Laufbänder mit Werbeeinblendungen,
- Einblendungen eines weiteren Bildschirmfensters,
- individuell gesteuerte Werbeeinblendungen und Blöcke,
- Werbung an Sonn- und Feiertagen,
- Patronatswerbung,
- Sponsorwerbung,
- Themenabend,
- Direct Response („Bestellen Sie JETZT"),
- Gewinnspiele, Quizshows usw.,
- Dauerwerbesendungen usw.

Den weiteren Entwicklungsmöglichkeiten sind nahezu scheinbar keine Grenzen gesetzt. Es bleibt jedoch abzuwarten, wie einerseits die Gesetzgebung (z. B. in der Europäischen Union) und die Umworbenen selbst auf die zunehmend massiver werdenden Werbeaktivitäten reagieren.

2.5 Internet

Die Abgrenzung des Internet als Kategorie von Werbeträgern ist etwas schwieriger als bei den anderen Kategorien (Zeitschriften, Fernsehen usw.). In der oben erwähnten Typologie ist das Internet bereits an mehreren Stellen zu finden. Im Prinzip handelt es sich beim Internet in Bezug auf die Werbung um eine **Mischkategorie**, in der verschiedene Elemente der klassischen Werbeträger kombiniert werden. Sowohl aus dem Bereich der Printmedien kommen Impulse (Gestaltungsübernahmen) als auch aus dem Bereich der „klassischen" elektronischen Medien und der Direktwerbung (Onlinedienste, Datex, Telefon usw.). Bei näherer Betrachtung ergibt sich, dass das Internet, oder besser die Internet-Werbung, ohne die klassische Werbung nicht seine volle Wirkung entfalten kann. Die so genannte **integrierte Kommunikation** bekommt in Zusammenhang mit dem Internet eine stärkere Bedeutung (*Rogge*, 2000, S. 249). Deutlich wird das, wenn man sich vergegenwärtigt, dass das Internet in verschiedene Ebenen eingeteilt werden kann. Das Internet in seiner Gesamtheit ist die weltweite Verbindung zahlreicher Rechner und Rechnersysteme zum **Austausch von Daten** bzw. Informationen. Besondere Merkmale (*Höller, Pils, Zlabinger,* 1999, S. 15 f.) sind dabei:

- relativ anonyme Öffentlichkeit,
- Nutzung der Datenwege als Massenkommunikationsmittel,
- weitgehend informale Organisationsstruktur, d. h. kein festes Regelsystem
- freiwillig übernommene Verhaltensregeln (netiquette),
- Fehlen allgemein verbindlicher (länderübergreifende) Rechtsvorschriften,
- starke Ausrichtung auf allgemeine Informationen und Public Relations,
- Möglichkeit und Tendenz zur Bildung von homogeneren Teilgruppen (z. B. geschlossene Nutzergruppen, Diskussionsforen, virtuelle Gruppen im Sinne von „Linkverbindungen").

Im Internet stehen verschiedene Dienste zur Verfügung, die für werbliche Zwecke eingesetzt werden können, z. B.:

- **Electronic Mail** (E-Mail), die elektronische Form des Briefes bzw. des Fax. Die Parallele zum klassischen (Werbe-)Brief ist offensichtlich. Es gelten im Übrigen die gleichen Regeln wie bei der Direktwerbung.

- **Mailing Listen** als Erweiterung der E-Mail als eine Art Abonnement auf bestimmte Themen und Nachrichten. Hier besteht eine gewisse Ähnlichkeit mit Fachzeitschriften.

- Das **File Transfer** Protocol (FTP) erlaubt es, größere Datenmengen zu übertragen. Die Verbindung wird erst auf Initiative des Informationsanfragers hergestellt, ähnlich wie beim Faxabruf. Der Zugang kann auf wenige Berechtigte beschrankt werden oder allgemein verfügbar gemacht werden.

- **Diskussionsforen** und Chat-Rooms mit der Möglichkeit auf elektronischem Wege mit anderen in einen Informationsaustausch zu treten. Hier sind Elemente der Printmedien (Fachzeitschriften) aber auch des unterhaltenden Fernsehens (z. B. Talkshows) zu entdecken.

- Das World Wide Web (WWW) ermöglicht den Abruf von Daten und Informationen in einer graphisch gestalteten Umgebung.

Im **World Wide Web** (WWW) sind im Prinzip alle Dienste des Internet enthalten bzw. nutzbar, sodass zumindest in Bezug auf die Werbung bzw. Werbegestaltung, Internet und WWW synonym verwendet werden können.

Die für werbliche Fragestellungen relevanten Ebenen des World Wide Web sind

- das WWW in seiner Gesamtheit,
- die Präsenz eines Unternehmens mit einer oder mehreren Seiten im WWW sowie
- Verweise auf Werbeobjekte von eigenen oder fremden Anbietern.

Allen Ebenen gemeinsam ist die unterschiedliche **Nutzungsweise** im Vergleich zu den „klassischen" Werbeträgerkategorien. In den traditionellen Medien wird der Kontakt zu den Umworbenen von den Werbetreibenden hergestellt. Der Umworbene muss nicht selbst aktiv werden, sondern kommt mehr oder weniger zufällig mit dem Werbeträger, dem Werbemittel bzw. der Werbeaussage in Berührung. Die Steuerung seitens der Werbetreibenden geschieht über die Definition bzw. Auswahl von Zielgruppen und die Anpassung über die Streueigenschaften der Werbeträger und die Gestaltungselemente zur Erzeugung von Aufmerksamkeiten usw. Ein besonderes **Involvement** der Umworbenen ist nicht von vornherein notwendig, um eine Wirkung zu erzielen. Beim WWW hingegen wird der Kontakt mit dem Medium und dem Nutzer bewusst hergestellt. Zufällige Kontakte sind eher willkürlich. Der Begriff des „Surfens durch das Internet" ist irreführend, da die meisten, und vor allem für die Werbung interessanten Nutzer, sich nicht treiben lassen, sondern gezielt nach **Informationen** suchen.

Das gesamte WWW kann mit einem riesigen **Medienkatalog** oder einer großen Bibliothek bzw. Buchhandlung mit einer Vielzahl von Büchern, Zeitschriften, Zeitungen und Hinweistafeln oder u. U. einer Messe (z. B. der CeBIT) verglichen werden. Der Zugang zu den Daten und Informationen ist nur denen möglich, die die Informationsorganisationsstruktur des Web annähernd kennen. Alle anderen werden über kurz oder lang die Angebote nicht mehr nutzen. Es ist daher wichtig, dass für Werbung im Internet die anderen zur Verfügung stehenden Kommunikationsmittel genutzt werden, um auf die „Internetpräsenz" aufmerksam zu machen, z. B. Hinweise auf entsprechende Domains oder **WWW-Adressen** in Print oder TV.

Es kann grundsätzlich von einem größeren **Informationsinteresse** und einem höheren **Produktinvolvement** der Mehrzahl der Nutzer ausgegangen werden. Das Medium kann nur unter bestimmten Nebenbedingungen genutzt werden (Telefon, Modem/ISDN, PC usw.) und setzt eine hohe Affinität zu Technik, insbesondere Elektronik voraus. Nutzerschaftsuntersuchungen (*Fittkau / Maaß* 1999) geben erste Hinweise darauf, sollten aber nicht überbewertet werden. Bisher veröffentlichte Nutzerstrukturen beziehen sich in der Regel auf das WWW in seiner Gesamtheit und sind daher für spezielle Bewertungen von WWW-Auftritten wenig brauchbar, da die Nutzer entsprechend ihrem Involvement bzw. Interessengebieten an unterschiedlichen Bereichen des WWW interessiert sind. Die ursprünglichen Merkmale der Nutzerschaften (überwiegend jung, männlich, höherer Ausbildungsstand usw.) verändern sich mehr oder weniger langsam. Die Unterschiede werden immer geringer (*Groebel, J. / Gehrke, G.*, 2003). Die grundsätzlich wegen der Heterogenität der Informationsangebote des WWW breite und wenig zielgenaue Streuung auf der Basis allgemeiner Nutzerdaten kann verbessert werden, wenn auf das entsprechend hohe Involvement der Nutzer eingegangen wird.

Aus alledem folgt, dass die klassischen Zielgruppen- und Nutzerbeschreibungen in vielen Fällen nicht ausreichen, sondern erweitert werden müssen. Erweiterungen (*Bruhn,* 1997, S. 331; *Rogge,* 2000, S. 250) über das bereits angesprochene Involvement hinaus, die die Eigenarten des WWW berücksichtigen, könnten sein:

- intrapersonelle Einsatzbarrieren, z. B. Einstellungen zur Technik (Cyberphobie) oder Sicherheitsbedenken,
- kollektive Akzeptanz der Multimedia-Kommunikation (Informations-Subkultur),
- Zeit- und Kostenbudget für die Multimedia-Kommunkation,
- Nutzungssituation (geschäftlich, privat),
- Anwendererfahrungen,
- (Vor-)Kenntnisse über den Kommunikationsgegenstand,
- Interaktivitätsbedürfnisse (individuelle Informationsbedürfnisse),
- Erwartungshaltungen (Information, Unterhaltung, Aktualität, Detailliertheit),
- Erlebnis-, Informations- und Servicebedürfnisse,
- Involvement in Bezug auf das Kommunikationsobjekt.

Bei der Gestaltung der Informationsangebote ist außerdem besonders auf den **thematischen Zusammenhang** zwischen Zielgruppe, Aussage und tatsächlichen Nutzern zu achten. Art und Inhalt der Informationsangebote wirken sich auf die Einschätzung der umworbenen Produkte bei den Konsumenten aus (Positionierung).

Stimmt der „Informationscharakter" nicht mit den Erwartungen der Zielgruppen überein, so können erhebliche Beurteilungskonflikte auftreten. Der Einsatz z.B. von Gewinnspielen oder „unterhaltsamen" Animationen auf reinen Informationsseiten kann die Seriosität der Informationsangebote und damit der Produkte infrage stellen.

Die **Datenfülle** der WWW-Angebote und die Tatsache, dass die Nutzer ein bestimmtes Informationsbedürfnis besitzen, das sie relativ einfach befriedigen möchten, hat innerhalb des WWW eine besondere Angebotskategorie geschaffen, die den Nutzern Zugang zu den gewünschten Informationen verschafft. Die so genannten **Suchmaschinen** (Yahoo, Lycos, Excite usw.) oder Internet-Präsenzen mit Katalogcharakter (Verbände, Hochschulen usw.) und **Mehrwertdienste** (T-Online, AOL, CompuServe usw.) stellen das Verbindungsglied zur zweiten Ebene des WWW (einzelne Webauftritte der werbetreibenden Unternehmen) dar.

Der Vergleich mit **Kennziffernzeitschriften** aus dem Fachzeitschriftenbereich oder so genannten Specials aus der Ebene der Publikumszeitschriften liegt nahe. Die Nutzung dieser Internet-Präsenzen für die Schaltung von Werbeeinblendungen bzw. Hinweise auf assoziierte Produkte und Leistungen bietet sich an. Voraussetzung ist jedoch eine genaue thematische Zuordnung, die entweder über das generelle Themengebiet der jeweiligen Internet-Präsenz hergestellt wird (z. B. Bücher bei Hochschulen) oder eine Auswertung des Interessen- bzw. Abrufverhaltens der Nutzer und individualisierte Rückkoppelung. Die Möglichkeiten sind hier weitaus vielfältiger als bei den klassischen Medien.

In zunehmendem Maße sind auch die klassischen Printmedien mit ihren elektronischen Äquivalenten vertreten. Diese können ähnlich wie die Printversionen als eigenständige Werbeträger eingesetzt werden. Es ist jedoch darauf zu achten, dass eine Eins-zu-Eins-Umsetzung der Printwerbung nicht möglich ist. Einerseits stehen mehr Möglichkeiten durch den Einsatz **multimedialer Effekte** zur Verfügung. Bilder können bewegt sein. Tonfrequenzen können eingespielt werden. An olfaktorischen Impulsen durch Einsatz von Druckern mit Geruchspartikeln wird derzeit erfolgreich gearbeitet. Wesentlich anders ist jedoch die **Aufnahme-** bzw. **Nutzungssituation**. Wegen des höheren Involvements bei den Nutzern werden die Textteile zuerst wahrgenommen, Bilder dienen nur der Erläuterung. Auch eine Erhöhung der Übertragungsraten in Zukunft wird daran voraussichtlich wenig ändern. Die Aufmerksamkeits- und Interessenwirkung von Bildern kann im Zusammenhang mit Internetwerbung nicht in gleichem Maße wie bei Printmedien unterstellt werden.

Beispiele für Online-Werbung (Banner-Format 234x60 / 468x60)		
Medium	URL	Preis in Euro
Online-Zeitungen		
Frankfurter Allgemeine Zeitung	www.faz.de	45,- / 55,-
Financial Times	www.ftd.de	45,- / 50,-
Handelsblatt	www.handelsblatt.com	30,- / 55,-
Süddeutsche Zeitung	www.sueddeutsche.de	30,- /40,-
Die Welt	www.welt.de	- / 30,-
Die Zeit	www.zeit.de	- / 55,-
Publikumszeitschriften		
Allegra	www.allegra.de	- / 30,-
Brigitte	www.brigitte.de	- / 40,-
Capital	www.capital.de	- / 40,-
DM	www.dmeuro.de	30,- / 55,-
Für Sie	www.fuer-Sie.de	25,- / 35,-
Gala	www.gala.de	30,00
Kicker	www.kicker.de	25,- / 35,-
Spiegel	www.spiegel.de	30,- / 40,-
Wirtschaftswoche	www.wiwo.de	30,- / 55,-
Fernsehsender		
Kabel	www.kabel1.de	- / 20,-
n-TV	www.n.tv	10,- / 20,-
RTL	www.rtl.de	10,- / 20,-
Sat 1	www.sat1.de	- / 20,-
Vox	www.vox.de	10,- / 20,-
Portale		
Ebay	www.ebay.de	- / 10,-
GMX (pro Woche)	www.gmx.de	15.000 /30.000
Ricardo	www.ricardo.de	- / 30,-
Web.de	www.web.de	8,- / 15,-
Ricardo	www.ricardo.de	20,00

Abb.: Klassische Medien im Internet
Quelle: Etat-Kalkulator 2003/2004, creativ collection Verlag GmbH

Der **Informationscharakter** des WWW, auch als Werbeträger, steht im Vordergrund. Der eigentliche WWW-Auftritt der Unternehmen (mit eigener Adresse und möglicherweise mehreren Seitenangeboten) ist für sich genommen vergleichbar dem klassischen Prospekt. Daher ist bei der Gestaltung der Seiten bzw. Informationsangebote insbesondere auf den thematischen Zusammenhang zwischen Zielgruppen, Aussageinhalten und äußerlicher Erscheinungsweise zu achten. Stimmt der Auftritt nicht mit den Erwartungen der Zielgruppen überein bzw. befriedigt der

Inhalt sowohl nach Umfang als auch nach Schnelligkeit des Zugriffes nicht die **Informationsbedürfnisse** der Zielgruppen, bleibt die WWW-Präsenz ohne positive Kommunikationswirkung. Es ist daher zweifelhaft, ob viele der neu entwickelten Möglichkeiten der (animierten) Bannerwerbung oder Pop-Up und Flash-Fenster neben der temporären Aufmerksamkeitswirkung noch weitere dem Werbezweck dienende Reaktionen initiieren. Es ist vielmehr eher zu vermuten, dass die Informationssuchenden **Abwehrstrategien** entwickeln, um vor lästigen Ablenkungen sicher zu sein. Andererseits kann natürlich Werbung einen Informationsgehalt besitzen. Den Interessen der Informationssucher kommt daher eine Platzierung an Positionen, die einerseits leicht gefunden werden können, aber anderseits den Lesefluss wenig behindern, am ehesten entgegen. Im rechten Seitenbereich angeordnete contextbezogenen Werbung (Banner oder Hinweise auf themenrelevante Links) wären eine akzeptable Lösung.

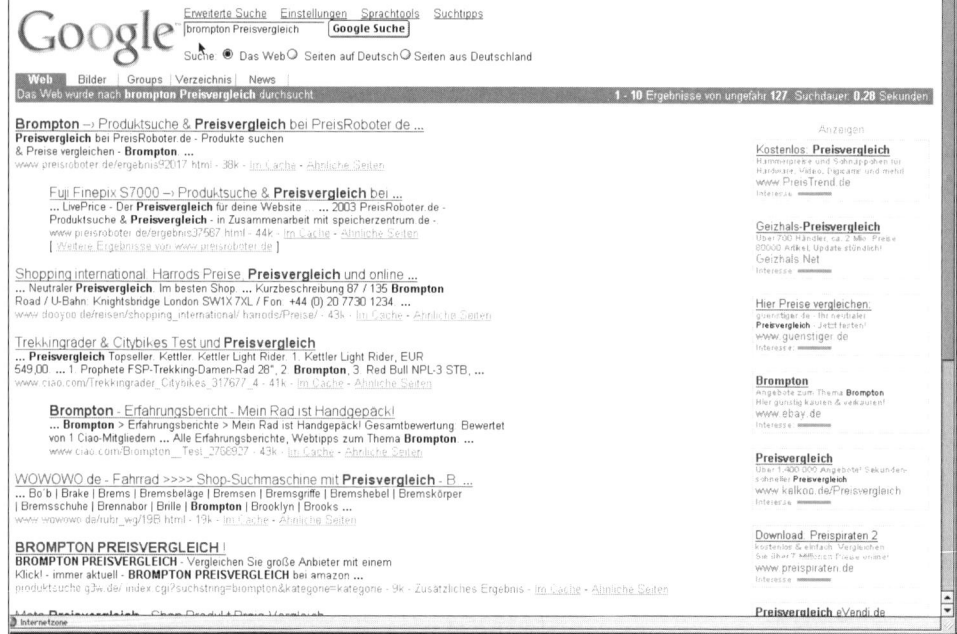

Abb.: Webseite mit Werbung im rechten Bildschirmbereich

Da letztlich aber auch bei reinen Informationsangeboten emotionale Elemente eine Rolle spielen, ist eine Einteilung nach „Informationsgehalten" sinnvoll. Für die Leistungen des WWW im Rahmen werblicher Kommunikation können drei Kategorien (*Fantapie Altobelli / Hoffmann,* 1996, S. 45) unterschieden werden:

- Bei hohem **Produktinvolvement** oder relativ umfangreichen Vorkenntnissen steht die zielgruppenindividuelle Informationsbereitstellung im Vordergrund. Das werbliche Element kommt ergänzend hinzu (**Infotisement** = Information + Advertisement).

- Bei weniger involvierten Nutzern und solchen, die mehr oder weniger zufällig oder aus Neugier (möglicherweise über den Hinweis von klassischen Werbemedien) auf die WWW-Seiten gelangen, hat der WWW-Auftritt, neben der werblichen Werbe-aussage, nicht unwesentlich unterhaltsamen Charakter (**Advertainment** = Advertisment + Entertainment). Die Unterhaltung sollte jedoch nicht die eigent-liche Werbeaussage verdrängen (kannibalisieren). Vor allen Dingen sollten ei-gentliche Zielgruppe und Nutzer sich entsprechen, damit keine Positionierungs-konflikte auftreten (*Rogge,* 2000, S. 251).

• Der Auftritt im Web kann auch einen eigenständigen Nutzen für die Umworbenen haben, die über den Unterhaltungs- und Informationswert hinausgehen. Die zusätzlichen Leistungen (Mehrwert) stellen einen Anreiz dar, sich mit dem werblichen Umfang auseinander zu setzen (**Benefitting** = Benefit + Advertising). Die oben angesprochenen Suchmaschinen und Kataloge funktionieren nach diesem Prinzip. Aber auch werbetreibende Unternehmen können entsprechende Angebote machen (Linksammlungen für verwandte Produkte von Herstellern, Verwendertipps, Hilfestellungen bei allgemein interessierenden Themen usw.).

Die dritte Ebene im Internet als Werbeträger sind einzelne Elemente auf den Seiten. Die Grenze zu den Werbemitteln ist fließend. Es werden ständig neue Möglichkeiten entwickelt, sodass die nachfolgende Aufzählung von Werbeformen (*Krause,* 1999, S. 291 ff.) nur beispielhaft sein kann und unvollständig bleiben muss. Teilweise handelt es sich um Übertragungen aus dem Bereich klassischer Medien, teilweise sind es Kombinationen aus verschiedenen klassischen Elementen in neuer Form und teilweise handelt es sich um echte Neuheiten aufgrund bisher nicht vorhande-ner technischer Möglichkeiten. Ausgangselement ist das so genannte **Werbe-banner**, ein (kleines) grafisches Element, das stark an eine Minianzeige in einem klassischen Medium erinnert. Es lassen sich Formen unterscheiden, die keine Aktivität des Umworbenen verlangen und Formen bei denen eine (bewusste) Entscheidung für die Werbeberührung notwendig ist. Alle Formen können durch Bewegung und/oder Ton (Animation) ergänzt werden.

• Formen ohne Interaktivität:

  - „klassische" HTML-Banner in Form kleiner Grafiken und Texte in rechteckiger Form unterschiedlicher Ausmaße, die über die WWW-Seite verteilt sind;

  - Buttons oder Badges: knopfähnliche Grafiken mit Logos, Signet, Abzeichen usw.;

  - Navigationsleisten mit assoziierten Werbeinhalten;

  - Audiobanner: im Hintergrund ablaufende Sounddateien mit Werbespots;

  - Intermercials, PopUp-Advertisements: Zusätzlich sich öffnende Browserfenster mit Werbeinhalten;

  - Interstitals: Unterbrechungen der eigentlichen WWW-Sitzung mit Seiten mit Werbeinhalten, ähnlich den Werbebreaks, Werbeunterbrechung im Fernsehen;

  - Syndicated Content: Zusammenfassungen von WWW-Seiten mit einem verbun-denen Inhalt, der die Werbeaussagen enthält;

  - e-Zine-Publikationen: Elektronische Magazine und Unterhaltungsblätter mit redaktionellen Beiträgen.

- Formen, die **Interaktivität** erfordern:

  - alle genannten Formen ohne Interaktivität, wenn sie „anklickbar" gemacht werden;

  - Textlinks: Verweise (normale Links) im Text, die zum Aufruf anderer Seiten, insbesondere mit Werbeinhalten führen;

  - Opt-In E-Mail: Aufforderungen zur Kontaktaufnahme über E-Mail (auch ohne eigenes E-Mail-Programm) über optische Anreize (animierte Bilder);

  - Microsites: Komplette Seitenangebote in „schwebenden" Zusatzfenstern oder zusätzlich geöffneten Browserfenstern, z. B. Bestellformulare, Warenkörbe usw.;

  - Giveaways: Zusatzangebote bzw. Downloads mit Zusatznutzen, z. B. Spiele, Bildschirmschoner, kleinere Dienstprogramme oder Shareware/Freeware;

  - Datenbanken/Suchabfragen: elektronische Formulare mit der Möglichkeit vordefinierte und/oer eigene Suchbegriffe einzugeben;

  - echte interaktive Formen auf der Nutzer-Oberfläche des WWW wie Nachrichtendienste (Newsletter), Mailinglisten, Diskussionsforen, Chatrooms usw.

Insbesondere animierte Formen finden zunehmend Verbreitung. Die Palette der vor allem Aufmerksamkeit bzw. Ablenkung erzeugenden Arten wird ständig erweitert, z.B.:

- sich permanent ändernde Inhalte bzw. Bilder,
- sich über den Bildschirm bewegende Objekte,
- Filmsequenzen,
- auf- und zuklappende Teilfenster,
- erst nach Beendigung einer Sitzung sichtbar werdende Fenster,
- den gesamten Bildschirm einnehmende Sonderinhalte,
- Umlenkungen auf andere Fenster.

Der Unterhaltungscharakter überwiegt in der Regel vor dem Informationscharakter.

ausgewählte Internet-Dienstleistungen		
Preise in Euro	von	bis
Stundenabrechnung		
Geschäftsführung	100	230
Artdirection	100	130
Beratung / Projektleitung	100	130
Kontakt / Briefing	80	100
Redaktion / Text (pro Seite)	80	150
Web-Design	40	160
Web-PR	100	130
Flash-Programmierung	70	140
Java Script Programmierung	70	160
Wartung	40	120
Administration	40	80
Websites		
Web-Baukasten / Shopsysteme		2.700
Contenteinkauf für eigene Website pro Monat	6	750
Contentmanagementsysteme	750	20.000
Werbebanner		
ohne Animation	100	300
mit einfacher Animation	250	1.000
multifunktionale Banner	400	1.500
Serverkosten		
Web-Serverstatistik (je Auswertung)		130
Web-Speicherplatz je MB und Monat	5	26
Transfervolumen je GB	0,51	500
Domainkosten	*einmalig*	*jährlich*
.at (Österreich)	110	
.ch (Schweiz)	80	
.de (Deutschland)	120	41
.com /.net /.org	65	33

Abb.: Internet Dienstleistungen
Quelle: Etat-Calculator 2002, creativ collection Verlag GmbH

3. Medieneinsatz

3.1 Intermedia-Vergleich

3.1.1 Basisentscheidungen

Der Auswahlprozess der Werbeträger, die schließlich im Rahmen einer Werbekampagne zum Einsatz kommen, gliedert sich in verschiedene **Teilabschnitte**. Grundsätzlich kann in eine Grobauswahl und eine Feinauswahl unterschieden werden. Die infrage kommenden Medien werden nach unterschiedlichen Kriterien bewertet und ihrer Eignung entsprechend geordnet.

Der erste Schritt ist der so genannte **Intermediavergleich**. Hier werden die Werbeträger in generelle Kategorien eingeteilt, die nach allgemeinen Merkmalen beschrieben werden können. Die gängigen Kategorien sind in der Systematik der Werbeträger beschrieben worden. Innerhalb einer Kategorie gibt es verschiedene konkrete Werbeträgerobjekte, die sich nach weiteren Merkmalen (Reichweite in einer speziellen Zielgruppe, spezielle Einschaltkosten usw.) unterscheiden. Eine **Werbekampagne** besteht insgesamt aus einer Kombination der Werbeaussagen, Werbemittel und Werbeträger, die auf die gewählte Zielgruppe möglichst effektiv wirken soll. Da die Werbeentscheidungen in der Regel nicht simultan getroffen werden können, sind in anderen Bereichen jeweils Teilentscheidungen bereits gefallen. Daraus folgt, dass bestimmte **Vorentscheidungen** unmittelbar Einfluss auf andere Entscheidungen haben. Im Bereich der Werbeträgerauswahl sollen die Medien, die bereits durch Vorentscheidungen kategoriemäßig weitgehend vorbestimmt sind, als **Basismedien** bezeichnet werden. Es sind dies Medien, die in jedem Fall in einem Streuplan enthalten sein müssen. Das können allgemeine Medien (Fernsehen, aktuelle Publikumszeitschriften) sein oder aber auch bereits ganz konkrete Träger als solche (Tageszeitung X, Rundfunksender Y usw.) Die vorgestellten Medienkategorien sind nicht von sich aus bereits Basismedien, sondern erhalten erst durch die begleitenden Umstände diese Eigenschaft.

Mögliche Ansatzpunkte für die **Bestimmung von Basismedien** können sein:

- Werbemittel,
- Zielgruppe,
- Absatzradius,
- Produkteigenschaften,
- Werbebotschaft,
- Konkurrenzverhalten,
- Angebotslage,
- Flexibilität,
- Kommunikationseigenschaften.

Werbemittel und Werbeträger werden im Augenblick der Streuung zu einer **Einheit** und müssen daher aufeinander abgestimmt werden. Konkret gestaltete Werbe-

mittel erfordern das dazu passende Medium. Ist die Entscheidung im Gestaltungsbereich z.b. zu Gunsten eines Werbespots ausgefallen, dann kann als Medium nur
das Fernsehen oder ein Filmtheater eingesetzt werden. Umfangreiche Textinforma-
tion in gedruckter Form z.b. ist nur über eine Zeitung, Zeitschrift oder ein anderes
gedrucktes Medium kommunizierbar. Entsprechend ist beispielsweise für den
örtlichen Handel das Ziel der Verbreitung von Preisinformationen nur über die
örtliche Tageszeitung als Basismedium erreichbar. An diesen Beispielen wird klar,
dass die Frage nach dem Basismedium nicht an einem einzigen Merkmal entschieden werden kann.

Die **Struktur und Größe eines Marktes** ist bestimmend für die Art und die
Anzahl der Kontaktaufnahmen. Die Zielgruppe ist Ausdruck dieser Merkmale und
bestimmt damit die Auswahl der Werbeträger bereits auf einer der konkreten
Reichweitenbeurteilung der einzelnen Träger vorgelagerten Stufe. Ganz allgemein
werden die unterschiedlichen Trägerkategorien von einzelnen Gruppen unterschiedlich genutzt. Die Zielgruppen reagieren in unterschiedlicher Weise. Unabhängig vom einzelnen Träger ergeben sich bestimmte **Bevorzugungen**. So nimmt etwa
die Nutzung der Zeitschriften mit zunehmendem Alter ab, während die Nutzung des
Fernsehens zunimmt. Ähnliche Beobachtungen lassen sich für Zielgruppenmerkmale
wie Schulbildung oder Geschlecht machen. Informationen über derartige Bevorzugungen lassen sich den Unterlagen mit Mediainformationen (AG.MA, AWA, LAE,
VA usw.) entnehmen. Die genaue Kenntnis der Zielgruppenmerkmale führt damit
bereits zu einer Bevorzugung bestimmter Trägerarten. (Beispiel: Jugendliche –
Jugendzeitschriften, Frauen bestimmten Bildungsniveaus und Altersklasse – Re-
genbogenpresse).

Der **Absatzradius**, die **Absatzdichte** bzw. das Distributionssystem haben eine
Bedeutung hinsichtlich der regionalen Streufähigkeit der Werbeträger. Ein Anbieter mit einem großen überregionalen Aktionsradius wird zunächst auf Werbeträger mit einem entsprechend großen Verbreitungsgebiet setzen, wenn die Absatzdichte genügend groß ist. Überregionale Herstellerwerbung wird daher mit überregionalen Medien wie Fernsehen oder Publikumszeitschriften arbeiten. Die Anbieter von Investitionsgütern werden wegen der fehlenden Absatzdichte eher auf
Fachzeitschriften als Basismedium zurückkommen, während ein regional tätiger
Händler mit einem begrenzten Absatzradius die regionale Tageszeitung als Basismedium einsetzen wird.

Die Art und **Beschaffenheit der Produkte** werden bereits bei der Wahl und
Gestaltung der Werbemittel berücksichtigt. Von dort geht ein Einfluss auf die Basismedienentscheidung aus. Darüber hinaus gibt es weitere Verbindungen zwischen
Produkt und Werbeträger. Die Produkte erfordern eine bestimmte Gestaltungsmöglichkeit, die nur durch bestimmte Träger gegeben ist. Wenn farbige oder
optische Einwirkungen wünschenswert sind oder Bewegungsabläufe dargestellt
werden sollen, dann kommen nur Medien infrage, die das zu leisten vermögen. Der
so genannte Zauber-Würfel oder Rubik-Cube wurde offensichtlich erst ein Erfolg als
(im Verband mit geschicktem Timing und Warenpräsentation) das Fernsehen in die
Werbung eingeschaltet wurde, um die Funktionsweise des Spielzeugs zu demons-
trieren.

Für technische Produkte, die in unterschiedlichen Varianten nachgefragt werden, könnte sich das WWW mit seinen interaktiven Möglichkeiten als besonders wirksam erweisen.

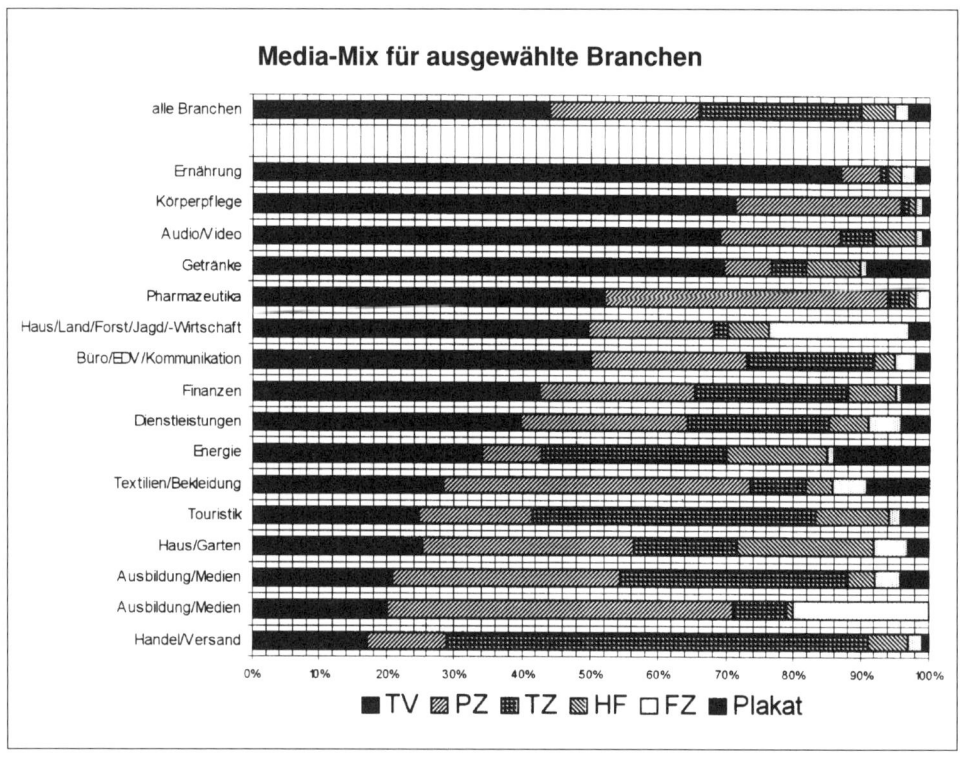

Abb.: Media-Mix nach Branchen 2003
Quelle: Nielsen Media Research 2004

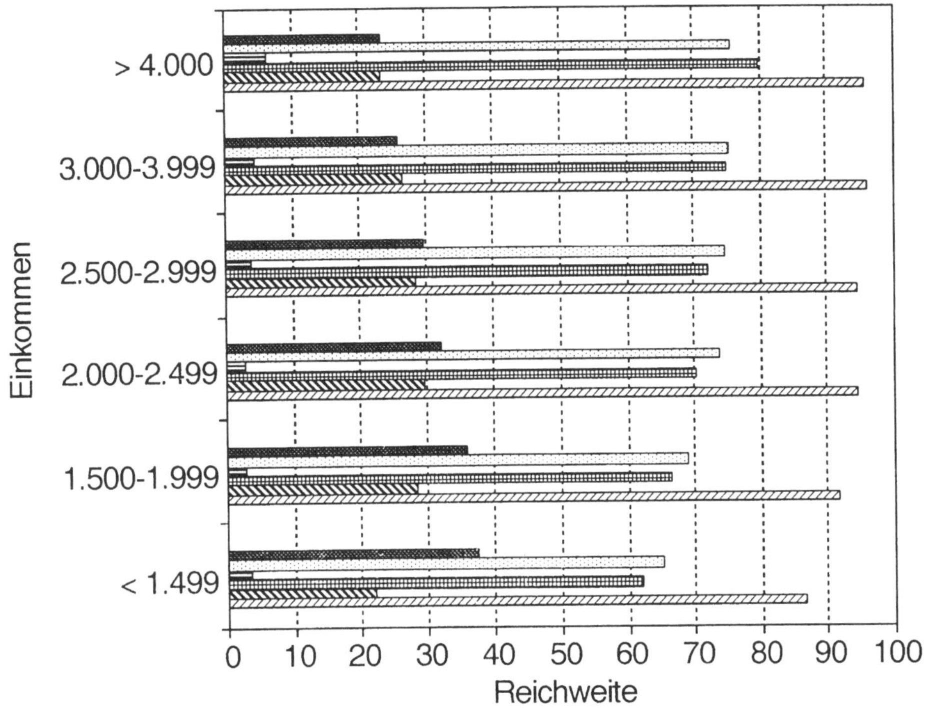
Einkommen
> 4.000
3.000-3.999
2.500-2.999
2.000-2.499
1.500-1.999
< 1.499
0 10 20 30 40 50 60 70 80 90 100
Reichweite

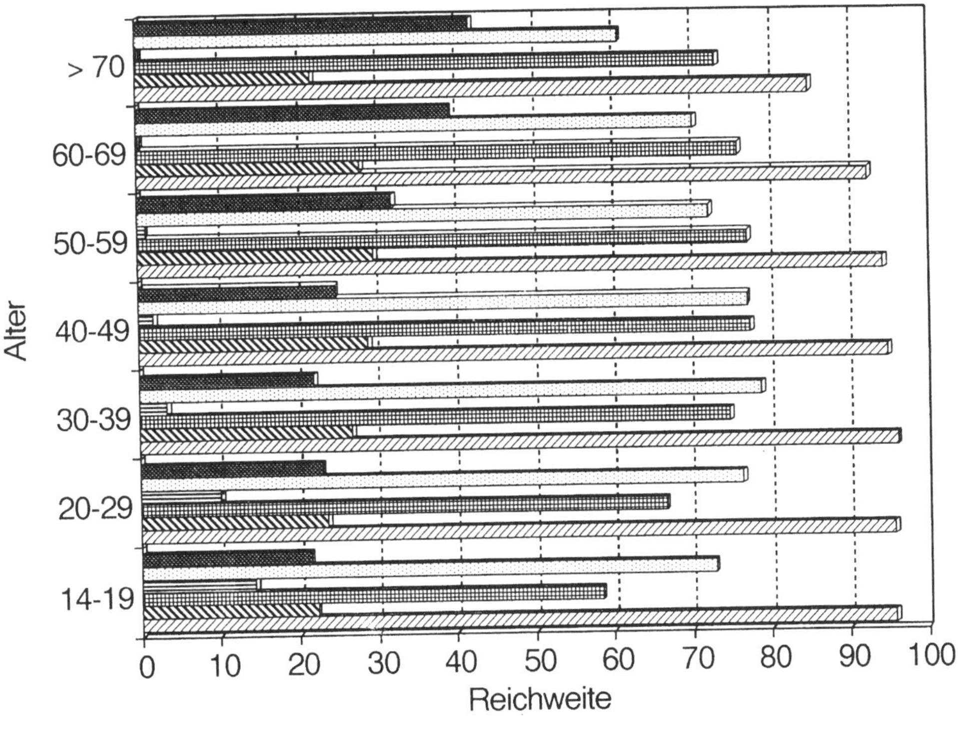
Alter
> 70
60-69
50-59
40-49
30-39
20-29
14-19
0 10 20 30 40 50 60 70 80 90 100
Reichweite

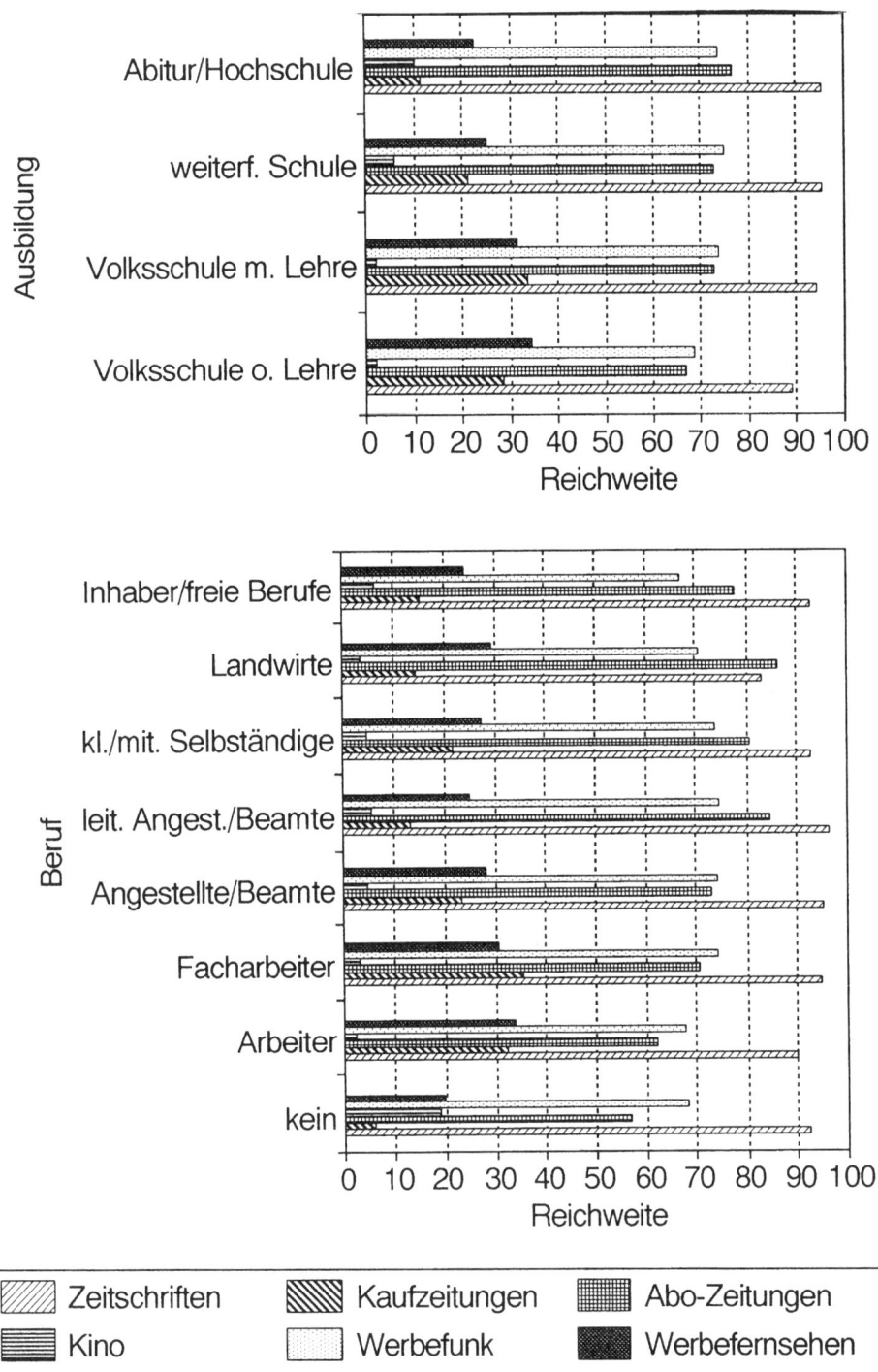

Abb.: Unterschiedliche generelle Reichweiten für ausgewählte Trägerkategorien nach AG.MA-Zahlen

Weitere Verbindungen zwischen Produkteigenschaften und Werbeträgern liegen im **Image**, dass beiden Objekten anhaftet. Produkte werden in ein Wahrnehmungsfeld positioniert. Images oder Funktionen von Trägern können von den Zielgruppenmitgliedern von den Trägern auf die Produkte übertragen werden. Daraus ergibt sich u.U. ein **Verstärkungseffekt**. Luxusprodukte werden entsprechend in Trägern mit entsprechenden Eigenschaften umworben. Z.B: teuere französische Weine in den Hauszeitschriften von (exklusiven) Kreditkartenorganisationen. Produkte der Klasse der Konsumästhetik in entsprechend stützenden Zeitschriften (so genannte Zeitgeistzeitschriften). Im Negativsinn stehen für bestimmte Produkte ganze Trägerklassen wegen gesetzlicher oder freiwilliger Beschränkungen nicht zur Verfügung (z.B.: Zigarettenwerbung nicht im Fernsehen, Arzneimittelwerbung im Allgemeinen nicht in Publikumszeitschriften) (*Gessner,* 1974, S. 885 ff; *Albrecht,*o. J.; *ZAW-Edition,* 1975).

Die **Art der Werbebotschaft** beeinflusst die Gestaltung der Werbemittel und somit die Werbeträger. Je schwieriger beispielsweise eine Botschaft ausfällt, desto eher sind optische oder längerwirkende Werbeträger geeignet. Je mehr es auf die Demonstration von Gebrauchsmöglichkeiten ankommt, desto eher müssen bewegte Werbeträger eingesetzt werden. Die Funktion der Werbeträger und der Inhalt der Botschaft stehen in einem Zusammenhang. Fachzeitschriften sind Basismedien für umfangreiche technische Informationen. Plakate sind im Rahmen der Erinnerungswerbung gut einsetzbar.

Das **Verhalten der Mitwettbewerber** bestimmt nicht selten das eigene Werbeverhalten. Entschließt sich die Konkurrenz, bestimmte Arten von Werbeträgern zu schalten, dann kann man sich in der Regel nicht anders verhalten, als sich dieser Wahl anzuschließen. Eine starke Überpräsenz der Mitanbieter bei den Zielgruppen kann den Werbeerfolg infrage stellen. Die allgemeine Praxis der Werbeträgerwahl in der Vergangenheit ist ein nicht unwesentliches Element bei der Grundauswahl von Werbeträgern.

Es kann nicht immer davon ausgegangen werden, dass alle Werbeträger in ausreichendem Maße zur Verfügung stehen. Werberaum und Zeit sind nicht in beliebiger Form vermehrbar. Daher bestimmt die allgemeine **Angebotslage** im Mediabereich die Grundsatzentscheidung für die Medien. Im Fernseh- und Rundfunkbereich war lange Zeit eine Angebotsbeschränkung vorherrschend, die es nur wenigen und großen Unternehmen ermöglichte, dieses Medium zu schalten. Inzwischen hat sich mit der Einführung der neuen Informationstechnologien die Angebotslage wesentlich verändert, sodass diese Werbeträger auch von kleineren Unternehmen als Basismedium eingesetzt werden können.

Die Möglichkeit der schnellen Anpassung an veränderte Situationen wird als **Flexibilität** bezeichnet. In bestimmten Situationen ist es sinnvoll, Werbeträger einzusetzen, die über flexible Einsatzmöglichkeiten verfügen und relativ kurze Abstände zwischen den Erscheinungsintervallen besitzen. Für den örtlichen Handel, der ein rasch wechselndes Angebot hat bzw. mit Preisen, die sich relativ schnell ändern können wirbt, sind daher Medien wie Fernsehen und Rundfunk, wegen der langen Annahmeschlusszeiten weniger gut geeignet als etwa Tageszeitungen in verschiedenen Varianten (Anzeige, Beihefter, Beilage usw.) oder Handzettel.

3.1.2 Medienbewertung

Die Werbeträger schaffen die Möglichkeit der physischen Kontaktaufnahme zwischen Umworbenen und Werbebotschaft. Die Chance, dass der Kontakt tatsächlich stattfindet und darüber hinaus auch zu einer mehr oder weniger wirksamen Reaktion beim Umworbenen führt, ist nicht unwesentlich von den so genannten **Kommunikationseigenschaften** der gewählten Medien abhängig. In dieser Hinsicht besitzen die Werbeträgerkategorien unterschiedliche Eigenschaften. Es lassen sich mehrere **Beurteilungskriterien** für die Kommunikationseigenschaften ableiten (*Dohmen*, 1972, S.63), die je nach konkreter Situation eine andere reale Ausprägung besitzen können:

- Kriterien, die sich von den Erfordernissen der **Werbebotschaft** ableiten lassen
  - Inhaltsbreite des Mediums
  - Gestaltungs- und Ausdrucksmöglichkeiten

- Kriterien, die sich vom **Medium** direkt ableiten lassen
  - Grundfunktion
  - Penetrationskraft (Reichweite)
  - Kostensituation
  - regionale Steuerbarkeit (Teileinsatz)
  - Verfügbarkeit (Marktangebot)
  - Expositionsvermögen (Werbemittelkontakt)
  - Umfeldbedingungen
  - Wertschätzung

- Kriterien, die von den **Empfängern** abhängig sind
  - Selektivität
  - Empfangssituation

Als **Entscheidungshilfe** für Medienentscheidungen, sowohl im Bereich der Vorentscheidungen nach Kategorien für Basismedien und Ergänzungsmedien ebenso wie für die konkrete Feinauswahl, lassen sich diese Kriterien heranziehen. Dazu ist es notwendig, dass die Kriterien in Abhängigkeit von der Einzelsituation beurteilt und dann zu einer **Gesamtbewertung** zusammengefasst werden. Als Verfahren kann ein so genanntes **Punktbewertungsverfahren** eingesetzt werden. Jedem Kriterium wird ein bestimmter Punktwert zugeordnet. Die Gesamtbeurteilung ergibt sich dann aus einer Addition der einzelnen Punktwerte. Selbstverständlich ist das eine subjektive Bewertung der jeweiligen Entscheider und lässt sich nicht in dem Sinne verallgemeinern, dass eine Kategorie grundsätzlich immer besser oder schlechter für Werbezwecke geeignet ist als eine andere. Für den Fall, dass einzelne Kriterien im konkreten Entscheidungsfall eine besondere Bedeutung besitzen, ist eine zusätzliche **Gewichtung** durch Multiplikation der betreffenden Punktzahlen mit einem Gewichtungsfaktor möglich. Im Bedarfsfall müssen die Kategorien weiter aufgespalten werden bis hin zu einzelnen Titeln bzw. konkreten Werbeträgern.

Mediagruppen							
Eigenschaften	**Zeitungen**	**Zeitschriften**	**Fernsehen**	**Funk**	**Film**	**Plakat**	**Internet**
Inhaltsbreite	10	10	6	6	8	2	4
Gestaltungsmöglichkeit	6	7	10	3	10	4	10
Grundfunktion	10	5 - 10	5	5	2	10	3
Penetrationskraft	9	7	5	5	2	10	2 - 10
Kostensituation	6	10	9	10	2	8	2
Regionale Steuerbarkeit	9	0 - 5	6	5	10	10	0 - 4
Verfügbarkeit	10	10	2	4	10	6	10
Expositionsvermögen	7	5	9	8	10	2	2
Umfeldbedingungen	5	5 - 10	0	0	0	0	2 - 10
Wertschätzung	10	5 - 10	6	5	3	2	2
Selektivität	2	2 - 10	2	5	8	2	5
Empfangssituation	8	5	8	5	10	2	5
Punktbewertung: 0 = Eigenschaft trifft überhaupt nicht zu 10 = Eigenschaft trifft in sehr starkem Maße zu							

Abb.: Punktbewertungsschema in Anlehnung an Dohmen

Als Interpretationshilfe soll kurz auf die einzelnen Kriterien eingegangen werden. Es zeigt sich, dass mehrere Kriterien unmittelbar zusammenhängen. Aus dem Grunde ist besondere Sorgfalt bei der Konstruktion von Punktbewertungskennzahlen vonnöten. Mögliche Übergewichtungen sind sonst nicht ausgeschlossen.

Die **Inhaltsbreite** kennzeichnet die Fähigkeit eines Mediums, in aller Ausführlichkeit und Breite auf die werbliche Information einzugehen und diese weiterzugeben. Die klassischen Printmedien (Zeitungen, Zeitschriften, Prospekte) besitzen hier schon allein wegen der technischen Möglichkeiten einen größeren Entfaltungsspielraum. Tatsächlich spielt aber in diesem Zusammenhang die Aufnahmebereitschaft der Konsumenten eine ebenso große Rolle. Plakate sind daher wegen der vorwiegend geringen Kontaktzeiten ebenso bezüglich der Inhaltsbreite beschränkt, wie es Funk- und Fernsehsendungen sind. Veränderungen im Konsumentenverhalten (z.B. mehr Bereitschaft, auch längeren Werbespots Aufmerksamkeit zu schenken: Postwerbespot) lassen andere Einschätzungen ohne weiteres möglich erscheinen. Auch in Printmedien sind der Inhaltsbreite Wirkungsgrenzen gesetzt, wenn sie überzogen wird.

Das Kriterium der **Gestaltungsmöglichkeit** bezieht sich auf die Art der Informationsdarbietung bzw. übermittlung. Die multisensorische Ansprache (Wirkung auf verschiedene Sinnesorgane gleichzeitig) wird in diesem Zusammenhang höher bewertet als die monosensorische. Medien mit optischer und akustischer Einwirkungsmöglichkeit sind daher grundsätzlich höher zu bewerten als solche mit nur einer Komponente. Das Gleiche gilt für die Gestaltungsmöglichkeiten innerhalb der sensorischen Kategorien (Farbe/Schwarzweiß, Mehrdimensionalität usw.). Es sei hier aber ausdrücklich darauf hingewiesen, dass die Ausschöpfung der Gestaltungsmöglichkeiten als solche auch die Fähigkeit des Werbenden voraussetzt, die Gestaltungsmöglichkeiten auszunutzen. Zu der Qualität des Mediums muss die kreative Qualität des Werbetreibenden hinzukommen.

Die Werbeträger haben neben ihrer Funktion als Werbeträger in der Regel andere Aufgaben, wie Unterhaltung oder allgemeine oder spezielle Informationsübermittlung, zu erfüllen. Bei einigen liegt die Hauptfunktion in der werblichen Information (Anzeigenblätter, Handzettel, Prospekte usw.). Bei den meisten wird jedoch die Werbung nur Nebenaufgabe sein (*Behrens, K.C.,* 1963, S. 92). Die Übereinstimmung zwischen den eigentlichen Aufgaben der Werbeträgers und den werblichen Aufgaben findet in der Bewertung der **Grundfunktion** ihren Niederschlag. In diesem Zusammenhang muss aber gleichzeitig berücksichtigt werden, wie die entsprechenden Umworbenen (Zielgruppen) diese Vereinbarkeit sehen.

Tageszeitungen besitzen einen starken **Informationscharakter**. Das überträgt sich auch auf die Werbung. D.h. Werbung in Tageszeitungen wird geradezu erwartet und als Einkaufsinformation interpretiert. Werbung in einer aktuellen Sendung des öffentlich-rechtlichen Fernsehens würde als Störung der Grundfunktion der Information empfunden. Der gleiche Sachverhalt muss allerdings bei Sendungen von privaten Anbietern nicht unbedingt als Störung der Grundfunktion empfunden werden. Ähnliche Überlegungen lassen sich bezüglich des **Unterhaltungscharakters** von Werbeträgern anstellen. Der Film im Filmtheater dient in erster Linie der Unterhaltung. Werbung kann dann als lästig und störend empfunden werden. Selbstverständlich sind diese Einschätzungen von dem Verhalten der Zielgruppen abhängig. Bevor daher derartige konkrete Bewertungen vorgenommen werden können, sind entsprechende Untersuchungen über die Einstellung bei den Zielgruppen notwendig. Es gibt eine Wechselwirkung: Die Übereinstimmung zwischen **Grundfunktion** und Werbung bestimmt die Einstellung der Umworbenen und damit ihre Aufnahmebereitschaft. Die vorhandene Einstellung bestimmt die empfundene Übereinstimmung zwischen Grundfunktion und Werbefunktion.

Mit **Penetrationskraft** wird die Fähigkeit bezeichnet, Kontakte mit den Angehörigen der Werbezielgruppen herzustellen bzw. die definierte Zielgruppe zu durchdringen. Der Begriff der relativen Reichweite (als quantitatives Maß) ist weitgehend damit identisch. Nicht die absolute Anzahl möglicher Kontakte oder die Auflage sind Beurteilungsmaßstäbe, sondern lediglich die Kontakte mit den Werbegewollten sind von Wichtigkeit. Mehrfachkontakte sind nicht wichtig. Die Übereinstimmung von Zielgruppen und Nutzergruppen der Medien kann ebenfalls als Maßstab herangezogen werden. Die Penetrationskraft lässt sich somit nicht ohne Informationen über die Zielgruppen ermitteln.

In räumlicher Hinsicht, bei sonst undifferenzierter Zielgruppe, haben regionale Medien wie Tageszeitungen, Plakatanschlagstellen aber auch Regionalsender die größte Penetrationskraft. Zu Zeiten des nicht privaten Funks war das anders. Dohmen spricht von einer Ausdeckung von nur 25 %. Filmtheater besitzen wegen der veränderten Freizeitgewohnheiten (*Dohmen*, 1972, S. 54; *Rogge*, 1979, S. 118). nur noch eine geringe allgemeine Penetrationskraft. Bei speziellen Titelgruppen (Fachzeitschriften, Special Interest Zeitschriften) ist die regionale Penetrationskraft zwar ausgesprochen gering, dafür aber innerhalb der speziellen Zielgruppe sehr hoch. Eine mehrfache Belegung der Medien führt in der Regel zu schnell wachsenden Mehrfachkontakten, während die Gesamtreichweiten nur geringfügig kumuliert werden. Bei einer möglichen Gewichtung des Kriterium sollte das mit in die Betrachtung einbezogen werden.

Die **Kostensituation** bezeichnet die absoluten und relativen Kosten, die für den Einsatz der Medien im Mediaplan aufgewendet werden müssen. So klar Kostenaussagen im Allgemeinen auch formuliert werden können, so problematisch sind sie beim Vergleich der Mediengattungen. Kosten lassen sich im Allgemeinen nur für konkrete Objekte ermitteln. Innerhalb der Kategorien sind die Kostenstreuungen teilweise sehr groß. Durchschnittsbildungen sind nicht ohne weiteres möglich. Die Bedingungen, unter denen die Kosten entstehen, sind unterschiedlich. Die Verwendung der üblichen Kostenleistungsverhältnisse (Tausenderpreise) ist nur bedingt zulässig, da die Kontakte über die Kategorien nicht als voll vergleichbar angesehen werden können. Die Intensität und Aufnahmebereitschaft in den Klassen sind unterschiedlich.

Bei der Beurteilung der Kostensituation sollte von einer doppelten Sichtweise ausgegangen werden. Neben den **absoluten Kosten** sollten auch die Kosten der **Vorbereitung des Medieneinsatzes** (unterschiedliche Gestaltungsvoraussetzungen) berücksichtigt werden. Die **relativen** Kosten müssen ebenso in die Betrachtung Eingang finden. Es ist möglich, dass sich bestimmte Medien als relativ preisgünstig und absolut teuer erweisen und umgekehrt. Die Tageszeitung etwa ist, bezogen auf den einzelnen Kontakt, im Allgemeinen günstig, während unter der Voraussetzung des Einsatzes in großen Märkten sehr schnell die Grenze des Machbaren überschritten wird. Überregionale Medien wie Zeitschriften oder Fernsehen können, je nach individueller Streuweite, als teuer oder günstig angesehen werden. Überstreuungen machen sich in der Regel zumindest im relativen Bereich als kostensteigernd bemerkbar.

Das Kriterium der **regionalen Steuerbarkeit** bezeichnet die Fähigkeit, in räumlicher Hinsicht eine Auswahl über den Einsatz der Medien zu treffen. Wenn der eigene Absatzradius nur beschränkt ist, wenn das Konsumentenverhalten regional unterschieden werden kann, wenn die Einrichtung von Testmärkten zur Debatte steht oder allein aus Kostengründen, kann dieses Merkmal im Rahmen der Medienentscheidung wichtig sein. Kleinere Tageszeitungen, Stadtteilzeitungen, Anschlagstellen usw. lassen sich räumlich gezielt einsetzen. Publikumszeitschriften bieten die Möglichkeit in beschränktem Maße (Splitting). Durch die so genannten Neuen Medien ist das für den Bereich des Funks und des Fernsehens in Zukunft mehr möglich.

Die Aufnahmekapazität der Werbeträger bzw. das Angebot an Werberaum und Zeit am Markt für die betreffende Trägerkategorie bezeichnet die so genannte **Verfügbarkeit**. Dieses Kriterium ist hinsichtlich seiner Einschätzung stark vom Verhalten der Mitwettbewerber abhängig. Auch wenn die Medien generell in allen Kategorien in ausreichendem Maße zur Verfügung stehen, kann sich für einzelne Träger und Märkte eine Übernachfrage ergeben. Veränderte und verschärfte Bedingungen in der Abwicklung der Medienbelegung sind die Folge (Buchungsschlusszeiten, Zwang der Belegung über Werbemittler).

Nachdem der Kontakt zum Umworbenen über den Werbeträger hergestellt worden ist (Werbeträgerkontakt, allgemeine Kontaktchance), muss für eine wirksame Kommunikation noch der Kontakt zum eigentlichen Werbemittel hergestellt werden. Durch die einzelnen Träger wird eine Vielzahl konkreter Werbemittel übertragen. Der physische Kontakt zur Werbebotschaft bzw. die Wahrnehmung der Botschaft (Werbemittelkontakt) sind nicht zwangsläufig. Das hängt nicht zuletzt von der **Konkurrenzsituation** der Werbemittel innerhalb eines Trägers ab. Die Fachzeitschrift HORIZONT veröffentlicht in regelmäßigen Abständen Listen mit Anzeigenumfängen.

Die Übereinstimmung von physischem Kontakt und Wahrnehmung der Botschaft wird als **Expositionsvermögen** bezeichnet. Der Film besitzt in diesem Sinne ein ausgesprochen großes Expositionsvermögen, da sich der Besucher einer Filmveranstaltung dem Werbeimpuls zunächst nicht entziehen kann. Anschlagstellen sind wegen der geringen Kontaktdauerzeiten niedrig eingestuft. Auch dieses Kriterium ist im Einzelfall in Abhängigkeit von den Zielgruppen einzuordnen. Veränderungen im Konsumenten- und Informationsverhalten sind ebenfalls zu berücksichtigen. Das so genannte Zapping beim Nutzen von Fernsehprogrammen und Fernsehwerbung lässt das Expositionsvermögen nicht unberührt.

Mit den **Umfeldbedingungen** eines Werbeträgers werden die Zusammenhänge beschrieben, die zwischen dem konkreten Werbemittel in einem Werbeträger und anderen Informationsimpulsen bestehen. Die Werbebotschaft im Träger befindet sich nicht nur in der Nachbarschaft anderer Werbebotschaften, sondern auch in einer redaktionelle Umgebung. Je größer die Übereinstimmung von redaktioneller Aussage und benachbarter Werbeaussage ist, umso mehr kann die Werbebotschaft auf das Bewusstsein wirken bzw. umso größer kann die Aufnahmebereitschaft werden.

In gewisser Hinsicht gilt das auch für die Nachbarschaft von Werbeaussagen, soweit die Werbeaussagen in den Augen der Umworbenen Informationscharakter besitzen (Anzeigenteil einer Tageszeitung, Werbung in so genannten Sonderheften mit gleichartiger themenbezogener Werbung). Das Umfeld von Fernsehen, Rundfunk, Plakat und Film kann im Allgemeinen nicht so gestaltet werden, wie das von Zeitungen oder Zeitschriften (Themensonderhefte). Es besteht aber neuerdings auch die Möglichkeit der Patronats- oder Sponsorwerbung. Eine direkte Einflussnahme auf den redaktionellen Teil ist in der Regel nicht gegeben. Die Anpassung an die Umfeldbedingungen geschieht in der Regel über die Berücksichtigung des Gesamtthemenkatalogs (Funktionsanalyse). Da das bereits eine Frage der Feinauswahl ist, kommt dem Umfeld im Rahmen des Intermediavergleiches nur eine untergeordnete Bedeutung zu.

Die **Wertschätzung** äußert sich in der allgemeinen **Einstellung** der Umworbenen gegenüber den Medien. Diese setzt sich zusammen aus mehreren Einzelfaktoren wie Glaubwürdigkeit, Sozialprestige, Autorität usw. des Medium im Allgemeinen (*Dohmen,* 1972, S. 59) sowie der Einstellung zur Werbung in dem Medium. Die Wirkungen auf die Erreichung der Werbeziele können sowohl positiv als auch negativ sein. Eine positive Grundeinstellung zum Medium, verbunden mit einer Negativeinstellung zur Werbung im Medium, ist ebenso möglich wie eine doppelt positive Einschätzung oder nur Negativeinschätzung des Mediums. Es bestehen enge Verbindungen zum Beurteilungskriterium Grundfunktion des Mediums sowie zu den Zielgruppenmerkmalen. Bewertungen von Medien hinsichtlich der Wertschätzung allgemein haben daher einen stark vereinfachenden Charakter.

Statements zu Anzeigen und Werbung treffen zu auf	Zeitschriften %	Tageszeitungen %	Fernsehen %	Radio %
Wenn es in diesem Medium keine Anzeigen (Werbung und Reklame) gäbe, wäre mir das lieber.	41	30	52	52
Anzeigen (Werbung und Reklame) in diesem Medium geben dem Leser oft nützliche Anregungen.	57	68	50	41
Anzeigen (Werbung und Reklame) in diesem Medium sind im Allgemeinen glaubwürdig und zuverlässig.	35	62	37	34
Anzeigen (Werbung und Reklame) in diesem Medium empfinde ich meist als sehr anregend.	39	44	37	23
Ich richte mich oft nach dem, was die Anzeigen (Werbung und Reklame) in diesem Medium anbieten.	20	41	20	14

Abb.: Einstellung gegenüber den Medien
Quelle: *Hermanns, A.*: Konsument und Werbewirkung, Berlin – Köln 1979, S. 136

Im Prinzip soll Werbung nur auf die Angehörigen der Zielgruppen wirken. Dort kann die größte Wirkung erwartet werden. Je besser eine genaue Anpassung der Träger an die ausgewählten Zielgruppenmerkmale möglich ist, umso wirksamer können die Kommunikationseigenschaften der Träger in Bezug auf die Werbung sein.

Das Kriterium **Selektivität** bezeichnet die Eigenschaft, zwischen verschiedenen Zielgruppen nach verschiedenen Beurteilungskriterien unterscheiden zu können.

Die Übereinstimmung zwischen Zielgruppe und Nutzerschaft der Medien lässt sich konkret nur für einzelne Träger und nicht für ganze Kategorien entscheiden. Innerhalb der Trägerkategorien ist eine Differenzierung wegen der Gleichartigkeit der zugehörigen Medien nur schwer möglich. Gesamtaussagen über die Selektivität verbieten sich daher zunächst. Andererseits sind die Träger in Teilbereichen durchaus homogen und unterscheiden nach verschiedenen Zielgruppenmerkmalen. Insofern ist die Zusammenfassung von Trägern innerhalb einer Kategorie und die Möglichkeit, aus zielgruppenbezogenen Trägern im Einzelnen auswählen zu können, als positiv im Sinne der Selektivität zu sehen. Speziell im Zeitschriftenbereich existiert eine Vielzahl von Spezialtiteln mit einem in sich homogenen Leserkreis, sodass dort eine große Selektivität vermutet werden kann. Der einzelne Titel kann aber nicht mehr zwischen **unterschiedlichen** Zielgruppen differenzieren (*Rogge*, 1979, S. 121). Er ist durch einen Leserkreis fixiert. Mit größer werdenden Zielgruppen bzw. allgemeineren Beschreibungsmerkmalen erweist sich diese Form der Selektivität als in Konkurrenz zur Kostensituation stehend (notwendige Mehrfachbelegungen bzw. überschneidungen bei vielen Einzelträgern).

Schließlich ist die allgemeine **Empfangssituation** mit für die Wirkung der Kommunikation verantwortlich. Damit ist das allgemeine Umfeld bzw. die Umwelt in der konkreten Aufnahmesituation gemeint. Anders ausgedrückt: die **Ablenkungsmöglichkeit** während des Kontaktes oder die Konzentration auf das Medium und den von ihm ausgehenden Werbeimpuls. Der Umworbene hat bei verschiedenen Trägern die Möglichkeit, sich den Einwirkungen zu entziehen. Für den Werbefilm im Filmtheater dürfte das am wenigsten gelten. Gleichzeitig kann sich das aber im Bereich der Wertschätzung bzw. der Grundfunktion negativ niederschlagen. Das Plakat hat in diesem Zusammenhang eine äußerst ungünstige Empfangssituation. Es sollte aber auch beachtet werden, dass in die Empfangssituation eine entsprechende Nähe zur durch die Werbung zu initiierenden Kaufentscheidung einbezogen werden muss. Wenn es an der Kaufmöglichkeit fehlt oder andere Rahmenfaktoren der Bedarfsbildung nicht gegeben sind (*Leitherer,* 1974), kann auch bei günstiger Empfangssituation keine positive Werbewirkung eintreten.

3.1.3 Bewertungs-Checkliste

Der Einsatz eines Punktbewertungsverfahrens, etwa für die Kommunikationseigenschaften oder auch die anderen genannten Beurteilungskriterien der Medienkategorien, setzt voraus, dass Klarheit über die Wichtigkeit der einzelnen Kriterien und ihr Verhältnis untereinander besteht. Als weiterer unerlässlicher Arbeitsschritt muss daher ein **Gewichtungssystem** für eine Vergleichbarkeit der unterschiedlichen Medien geschaffen werden. Allgemeingültigkeit kann ein solches System selbstverständlich nicht besitzen. Vielmehr sind solche **Gewichtungsschemata** in jedem Einzelfall, d.h. für jeden unterschiedlichen Zweck neu festzulegen. Hilfestellung für die Bestimmung der Eigenschaften kann dabei die Interpretation der Einzelkriterien leisten, wie sie oben beschrieben wurden. Einen ähnlichen Zweck erfüllen die andere Übersichten mit qualitativen Eigenschaften der Medien.

Punktbewertungsverfahren vermitteln zuweilen den Eindruck einer Genauigkeit, den sie in Wirklichkeit nicht besitzen. Im Übrigen ist es nicht immer einfach, die entsprechenden Punktbewertungen als solche zu erstellen. Eine andere Möglichkeit, um zu Informationen über Medienunterschiede und darauf basierenden Entscheidungen zu kommen, ist der Aufbau und Einsatz so genannter Checklisten. Der Hauptunterschied zu dem beschriebenen Punktbewertungsverfahren liegt darin, dass keine exakten Bewertungen notwendig sind. Es genügt die Feststellung, ob in einer Liste enthaltene Eigenschaften grundsätzlich gegeben sind bzw. ob die erforderlichen Mindestvoraussetzungen bei einzelnen Merkmalen vorhanden sind.

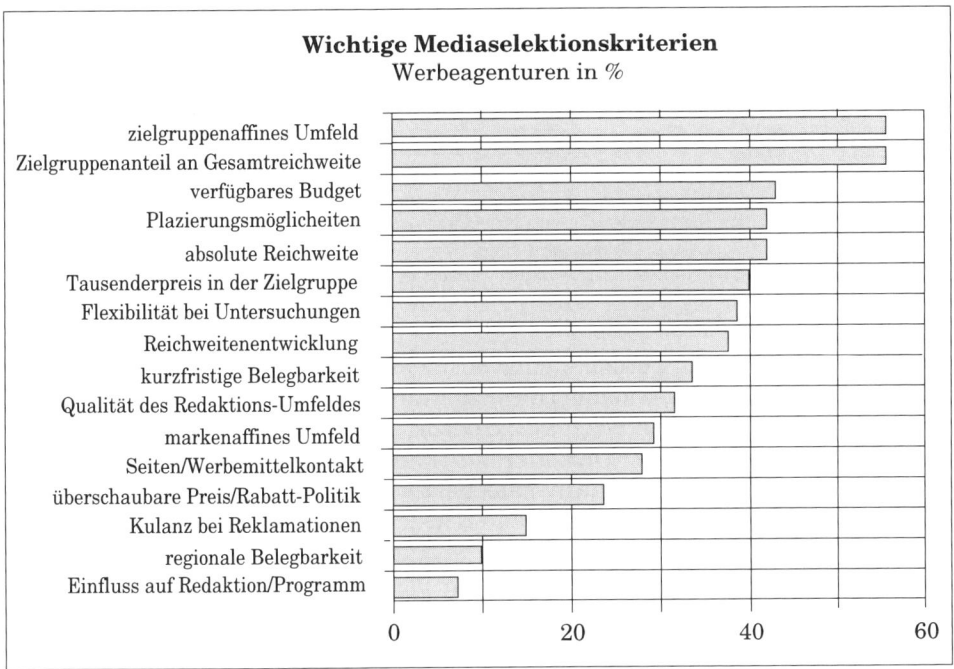

Quelle: Deutscher Fachverlag: Media Decision Center; W & V 49/94

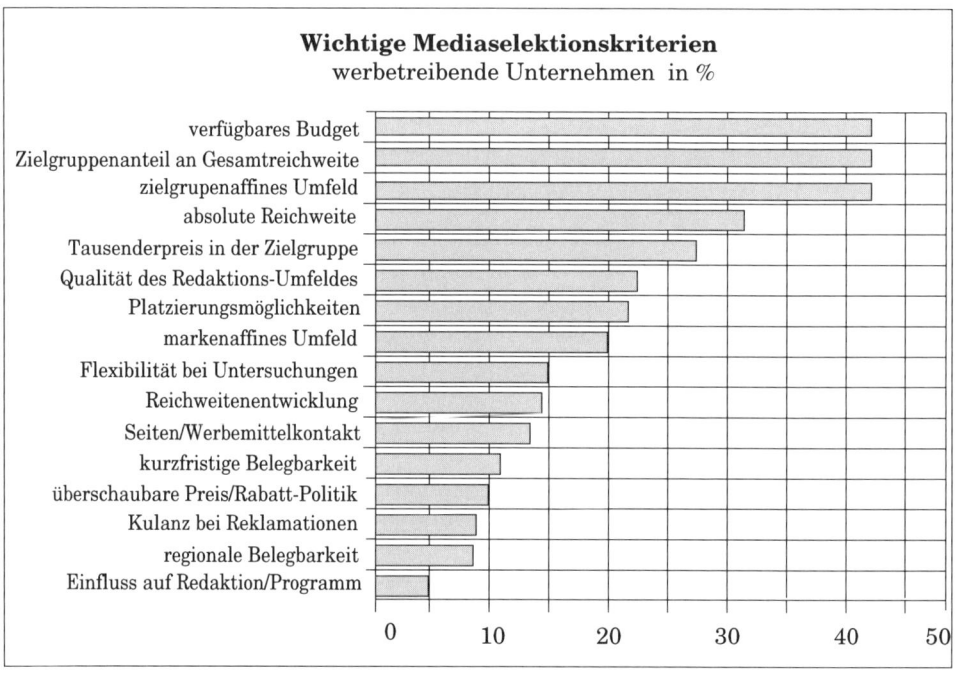

Wichtige Mediaselektionskriterien
werbetreibende Unternehmen in %

Quelle: Deutscher Fachverlag: Media Decision Center; W & V 49/94

In einem ersten Schritt werden die für notwendig erachteten Kriterien als solche aufgelistet. Anhaltspunkte können die in der Literatur gemachten Vorschläge über Einflusskriterien sein (*Dohmen,* 1972; *HÖRZU-Service,* 1974; *Tietz / Zentes,* 1980). Für jedes Kriterium muss im konkreten Fall festgelegt werden, mit welchen Mindestanforderungen quantitativ gerechnet werden muss bzw. ob das Merkmal wichtig ist. Eine globale Festlegung genügt in den meisten Fällen. Anschließend ist für jedes Merkmal zu entscheiden, inwieweit für die einzelnen Trägerkategorien oder auch bereits einzelne Titel die Anforderungen erfüllt sind. Kann den Anforderungen nicht genügt werden, so scheidet die Trägerkategorie zunächst je nach Wichtigkeit des Kriteriums aus. Diese **Negativauswahl** kann für unterschiedliche Anforderungsniveaus mehrmals wiederholt werden. Im Endergebnis bleibt eine Teilmenge von Trägern für weitere Untersuchungen und Entscheidungen im Rahmen der individuellen Trägerauswahl verfügbar.

Medien im regionalen Raum

BUNTE · **BILD+FUNK**

Eine Übersicht zum Inter-Media-Vergleich

HORIZONT — Advertising Age — Wochenzeitung für Marketing, Werbung und Kommunikation

Kriterien zum Inter-Media-Vergleich	regionale Abonnement-zeitungen	regionale Kaufzeitungen	Anzeigen-blätter	Supplements/ Programm-Supplements	Publikums-zeitschriften	TV	Funk	Kino	Plakat	Direkt-werbung
Funktion des Werbeträgers	aktuelle Informationen aus Politik, Wirtschaft, Sport, Kultur, Kommunen, lokale Institutionen	Tages-Sensationen gesellschaftlicher, politischer, wirtschaftlicher Art, individuelle Schicksale in Schlagzeilen verpackt	veröffentlichen fast ausschließlich Werbung, bieten nur sehr eingeschränkt lokale Informationen	zum Teil sehr eingeschränkte Programminformationen, unterhaltende oder einige Schwerpunktthemen	Unterhaltung, Information, Orientierung, Lebenshilfe	Unterhaltung, aktuelle Informationen	Unterhaltung, Politik, aktuelle Informationen	ausschließlich Unterhaltung	out-door-Werbung	ausschließlich persönliche oder unadressierte Werbung
Kommunikation	zu Hause, primär morgens, am spätem Vormittag und auch am Arbeitsplatz	zu Hause, vormittags oder auf dem Weg zur Arbeit, in Pausen	zu Hause, unbestimmt	zu Hause, nachmittags, eher abends	in häuslicher Atmosphäre, nachmittags, eher abends	zu Hause, primär abends, zusammen mit der Familie	zu Hause, im Auto, den ganzen Tag	im Filmtheater, nachmittags, in erster Linie abends	auf der Straße, zufällig im Vorübergehen, -fahren	zu Hause, am Arbeitsplatz, bei der Post-Selektion
kommunikations-inhalte	rationale Übermittlung von Sachverhalten und Argumenten	emotionale und aufreiberisch aufbereitete Nachrichten und Informationen	lokale Nachrichten, Anzeigen	rational aufbereitete Programminformationen, Unterhaltung	rationale und/oder emotionale Übermittlung von Sachverhalten und Argumenten	rationale und emotionale Handlungsabläufe, Demonstrationen, Argumente	rationale und emotionale Handlungen oder Argumente	rationale und emotionale Handlungsabläufe, Demonstrationen, Argumente	rationale oder emotionale Produktpräsentationen, Schlagworte	rationale oder emotionale Argumente
kommunikations-eigenschaften	entspannt, intensiv, konzentriert, keine Nebenbeschäftigung, Aufbau von Leser-Blatt-Bindung glaubwürdig	entspannt, intensiv, keine Nebenbeschäftigung, Aufbau auf Leser-Blatt-Bindung	entspannt, in der Regel flüchtiges Durchblättern	entspannt, Nebenbeschäftigung	entspannt, konzentriert, keine Nebenbeschäftigung, genießt Expertenstatus, baut Leser-Blatt-Bindung auf	entspannt, oft mit Nebenbeschäftigung verbunden. TV-Spots werden nur zum Teil bewußt wahrgenommen	entspannt, aber selten bewußte Wahrnehmung. Funk ist oft nur Hintergrundkommunikation	optimal: entspannt, intensiv, konzentriert	eher unbewußt, oft mit anderen Tätigkeiten verbunden	je nach Ansprache intensive oder flüchtige Kommunikation
Lernerfolge	kurzzeitig, stimulierend und informierend	kurzzeitig, emotional informierend	kurzzeitig, rationales Durchblättern	geringe Stimulanz, da kostenlose Ergänzung zur Tageszeitung	langfristig, nachhaltig wirksam und motivierend	kurzzeitig, aktualisierend und informierend	kurzzeitig, aktualisierend und unterstützend	kurzzeitig, aber nachhaltig wirksam, sehr stimulierend	unterstützend	informierend
Werbeträger-leistung	schlagartig hohe Reichweite im regionalen/lokalen Raum	hohe Reichweite im regionalen/lokalen Raum, z.T. hohe Überschneidungen mit reg. Abo-Zeitungen	alle Haushalte im lokalen Einzugsgebiet	hohe Reichweite im regionalen Raum entsprechend Trägerzeitung	im Rahmen der Teilbelegung Zusatzreichweite an gebundenen Zielgruppen, qualifizierte Kontakte zur Tagespresse, Funk, TV	niedrige Blockreichweite, aber hoher Kumulationseffekt	Wirkung nur durch hohe Frequenzen	relativ gering	unterschiedlich nach Standort und Art des Plakatanschlags	nahezu hundertprozentig in der Zielgruppe
Werbemittel-kontakte	während eines Tages, wiederholbar	während eines Tages, wiederholbar	kaum Mehrfachkontakte	innerhalb der Programmwoche, wiederholbar	verschiedene Nutzungsphasen, wiederholte Betrachtung	eine Spotlänge innerhalb des Senderaumes, nicht reproduzierbar	eine Spotlänge innerhalb 17.30 und 20.00 Uhr, nicht reproduzierbar	einmalige Betrachtung im Blocksystem	in der Regel sehr kurz während der Heiligkeit, selten intensiv	je nach Aufmachung einmaliger oder wiederholbare Kontakte
Werbeträger-nutzung	beliebig	beliebig	in der Regel kurz	innerhalb der Programmwoche	titelspezifische Selektion nach Zielgruppen	einmalige Betrachtung	einmaliges Hören	pro Kinobesuch	pro Säule oder Großfläche, mindestens 10 Tage	unbeschränkt Nutzungschancen
Typische Nutzer dieses Mediums	überdurchschnittlich Männer, 30–59 Jahre, Grundschulabschluss	Bevölkerungsquerschnitt	primär Hausfrauen	Bevölkerungsquerschnitt	titelspezifische Selektion nach Zielgruppen	Männer/Frauen analog Bevölkerungsquerschnitt, 50 Jahre und älter, Grundschulabschluss	Männer/Frauen analog Bevölkerungsquerschnitt, überdurchschnittlich jüngere Personen	Schwerpunkt bei jüngeren Personen	keine Selektionsmöglichkeit	Bevölkerungsquerschnitt oder spezielle Zielgruppen
Werbemittel-umfeld	Formatabhängig, Streifen überwiegend Redaktion	Formatabhängig, Streifen überwiegend Redaktion	nahezu ausschließlich Anzeigen	überwiegend Redaktion, Programmteil	Redaktion	Werbeblock	meist Werbeblock	Werbe-Block	kein Umfeld	kein Umfeld
Produktionskosten des Werbemittels	niedrig	niedrig	niedrig	niedrig	niedrig	hoch	niedrig	niedrig bis hoch (Dia oder Film)	hoch	niedrig bis hoch. Gewicht, Aufmachung beeinflussen Portokosten
Bedeutung des Mediums im Rahmen des Media-Mix	geeignet für eine zeitlich genaue Koordination zwischen Verkaufsförderung und Werbung. Basis-Medium im regionalen Markt. Geeignet für Bekanntmachungen und Neu-Einführungen im lokalen Bereich	geeignet für eine zeitlich genaue Koordination zwischen Verkaufsförderung und Werbung. Basis-Medium im regionalen Markt. Geeignet für Bekanntmachungen und Neu-Einführungen im lokalen Bereich	Für POS-Aktionen einer Stadtteil-Filiale geeignet	regionale Steuerung des Werbedrucks	Schaffung und Pflege von Image. Geeignet für Neu-Einführungen. Testmärkte. Kann zur Tageszeitung auch im regionalen Markt Basis-Medium sein.	Basismedium nur bei ausreichender Kontaktdichte.	Reaktivierung von Werbebotschaften. Nur Zusatznutzen	Zusatz-Medium. Zur Stimmungsübermittlung geeignet	überdimensionale Produktpräsentationen. Vermittelt Appelle und Impulse. Kann nur als interstitierendes Medium sein	Komplementär- oder Ergänzungsmedium zu den klassischen Werbeträgern

Abb.: Medieneigenschaften

Checkliste für Intermediavergleich

Kriterien	Mindest-anforderung/ Wichtigkeit	erfüllt ja/nein
Technische Kriterien Verfügbarkeit Buchungsfristen Steuerbarkeit – zeitlich – regional – Zielgruppen		
Trägerkapazitäten Quantität des Werbeträgers Reichweite pro Einschaltung Kumulationsverlauf Kontaktdichte Typische Nutzer Wiederholbarkeit des Kontaktes Schnelligkeit der Penetration		
Kommunikationsqualitäten Darbietungsmöglichkeiten – Optik – Farbe – Größe – Akustik – Bewegungsablauf Umfeld des Werbemittels Funktion des Werbeträgers Nutzungssituation		
Ökonomie Kostenhöhe (absolut) Teilbarkeit der Kosten Tausender-Preise		
Bedeutung des Mediums im Media-Mix Funktion Wirkung Stellung im Mediaplan		

3.2 Zeitlicher Medieneinsatz

Mit der Entscheidung über die Höhe der zu tätigenden Werbeausgaben (Etat) und die Verteilung auf die Werbeträger nach Art und Menge ist nur ein Teilproblem der Werbeplanung gelöst. Darüber hinaus müssen Entscheidungen über den zeitlichen Einsatz der Werbung getroffen werden. Das Problem lässt sich unter verschiedenen Sichtweisen betrachten

- langfristig,
- mittelfristig/saisonal,
- kuzfristig.

Langfristig kann darunter der schwerpunktmäßige Einsatz der Werbung im Lebenszyklus eines Produktes oder einer Produktgruppe gesehen werden. Ebenso fallen **Anpassungen** an konjunkturelle Veränderungen darunter. In bestimmten Phasen des Lebenszyklus kommt der Werbung eine besondere Bedeutung zu. In der Einführungsphase oder der Reife/Sättigungsphase z.B. sind mehr werbliche Anstrengungen vonnöten als in anderen.

Phasen Aktions- bereiche	Einführungs- phase	Wachstums- phase	Reifephase	Degenera- tionsphase
Werbung	xxx	x	xxx	x
Preisgestaltung	xx	x	xx	x
Absatzorganisation	x	xxx	xx	x
Produktgestaltung	xx	x	xxx	xx

Abb.: Einsatz von absatzwirtschaftlichen Aktionsbereichen in Abhängigkeit vom Lebenszyklus

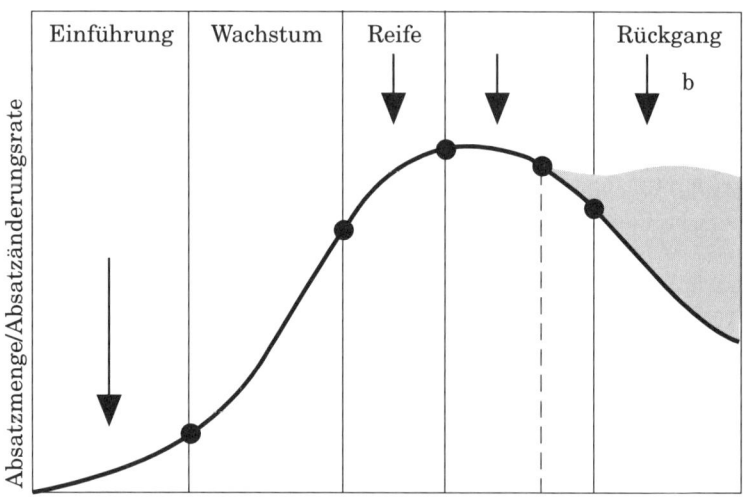

Abb.: Lebenszykluskurve und schwerpunktmäßiger Einsatz der Werbung

Das Problem der **Verteilung** der Werbung im **Zeitverlauf** stellt sich besonders, wenn saisonale Einflüsse wirksam werden. Es stellt sich besonders die Frage, ob synchron oder asynchron geworben werden soll. Betrachtet man die Werbeaktivitäten in der Realität und nimmt man die Werbeaufwendungen als Indikator, dann lässt sich für Deutschland eindeutig ein saisonales Werbeverhalten nachweisen. Die Werbeaufwendungen zeigen deutlich Höhepunkte im Frühjahr/Vorsommer und zum Jahresende.

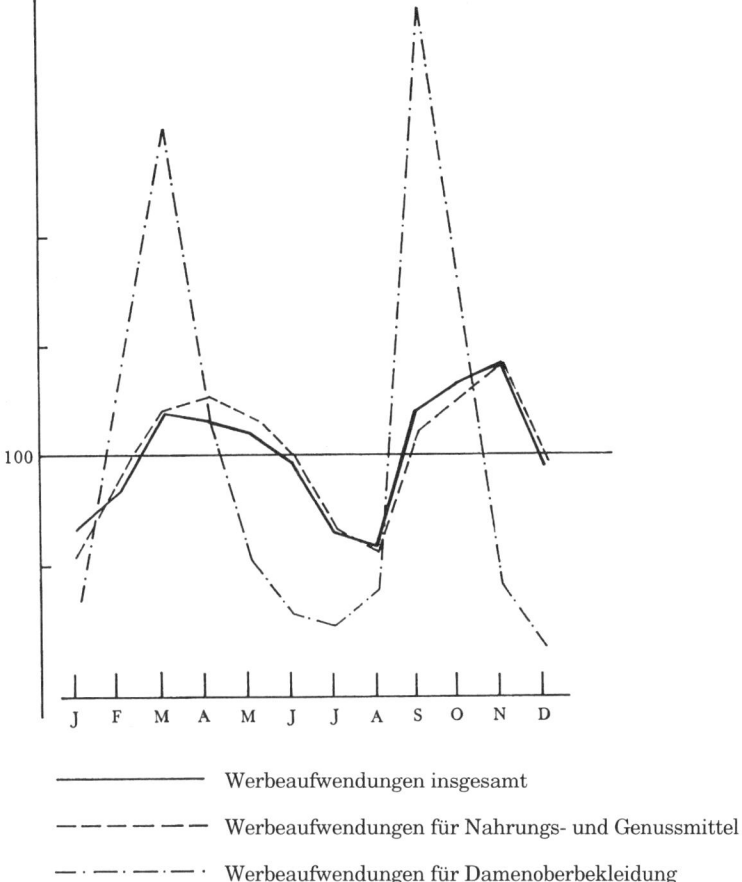

Werbeaufwendungen insgesamt

Werbeaufwendungen für Nahrungs- und Genussmittel

Werbeaufwendungen für Damenoberbekleidung

Abb.: Monatliche Entwicklung der Werbeaufwendungen (Index) in der Bunderepublik Deutschland

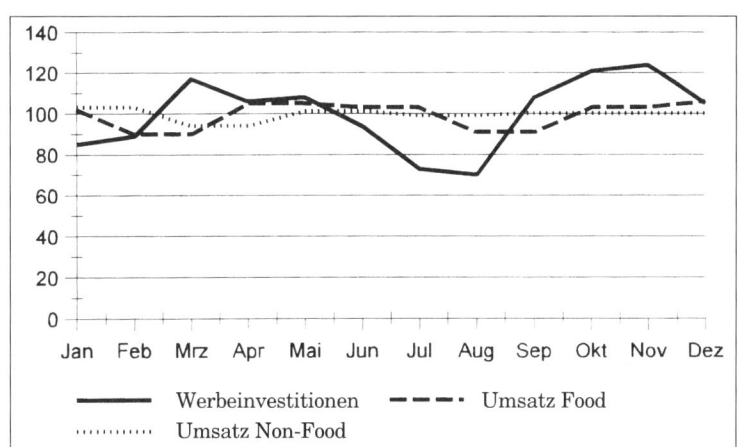

Werbeinvestitionen   Umsatz Food
Umsatz Non-Food

Abb.: Verteilung von Werbeaufwendungen und Konsumausgaben 2002
Quelle: Nielsen Media Research; Bauer Media KG, Hamburg 2003

Die Grundform des Kurvenverlaufs lässt sich über Jahre hinweg bis heute nachweisen. Im Prinzip sind alle Medien mit unterschiedlichen Schwankungsbreiten davon betroffen. Ob diese Werbesaison allerdings mit tatsächlichen Saisonverläufen innerhalb der umworbenen Produktgruppen zusammenhängt, ist noch zweifelhaft (*Uenk*, 1972, *Gruner + Jahr*, 1977, *Bauer Media*, 2003). Als **Gründe** für dieses allgemeine Verhalten werden in der Regel angeführt:

* Im Sommer ist ganz Deutschland verreist.
* Im Sommer werden die Medien weniger genutzt.
* Der Etat reicht nicht aus, um das ganze Jahr über mit vollem Einsatz zu werben.
* Das Produkt ist saisonabhängig.
* Im Januar, Februar wird nicht gekauft, weil niemand mehr Geld besitzt.

Im Einzelnen lassen sich die Argumente größtenteils entkräften, da entweder die Behauptungen (Reisethese) statistisch nicht belegbar, nur bedingte Gültigkeit (Mediennutzungsthese, Geldmangelthese) besitzen oder andere Handlungsalternativen (Mediennutzung, Etat, Geldmangel) durchaus zur Verfügung stehen. Das Problem ist daher für die jeweilige Werbesituation bzw. das Produkt im konkreten Fall individuell zu lösen. Generell lässt sich sagen: Wenn saisonale Produktumsatzentwicklungen beobachtet werden, müssen die werblichen Anstöße in jedem Fall zeitlich vorgelagert sein. Selbst bei streng **zyklischem** Werbeverhalten muss, damit ein Zusammenhang zwischen auslösender Ursache (Werbung) und Wirkung (eventueller Kauf) hergestellt werden kann, eine, wenn auch geringe, zeitliche **Verschiebung** eingeplant werden. Jedes andere Verhalten bedeutet nur eine Vergeudung von Ressourcen. Die Größe der zeitlichen Verschiebung ist abhängig von der Art des Produktes, von der Länge und Art des Kaufentscheidungsprozesses, den Übertragungseffekten der jeweiligen Werbung (Carry-Over-Effekte) und der relativen Höhe der saisonalen Ausschläge. Teilweise besteht eine gegenseitige Abhängigkeit. Werbetreibende, die sich antizyklisch verhalten, müssten bei entsprechend sorgfältiger Planung wegen des geringeren Werbedrucks eine weit größere Wirkung erzielen können, als zu anderen Zeiten.

Der **Übertragungseffekt** der Werbung kennzeichnet die Eigenschaft, eine gewisse Zeit nach dem Einsatz der Werbung noch zu einer Wirkung zu führen. Anders ausgedrückt: Die Wirkung des Werbeeinsatzes stellt sich nicht sofort und voll ein, sondern kann mit einer zeitlichen Verschiebung in Portionen eintreten. Im Allgemeinen nimmt die Wirkung mit zunehmendem Zeitabstand zum Einsatzzeitpunkt ab. Gründe für diese zeitliche Verzögerung können in der Person der Umworbenen liegen, die diese zu verzögertem Handeln veranlassen (kognitive Verarbeitung, Entscheidungsanlass). Die **Verzögerungsfunktionen** im Zusammenhang mit der Ermittlung des optimalen Werbebudgets sind ähnlich begründet. Unterschiedliche Wirkungsabgaben der Medien (wiederholte oder verspätete Kontaktaufnahme) sind ebenfalls dafür verantwortlich. Je geringer die Übertragungseffekte sind, umso kürzer können die Abstände zwischen Werbeeinsatz und geplanter Wirkung werden. Es kann schließlich zu einem quasi-zyklischen Verhalten kommen. Je länger die Wirkungsdauer der Werbemaßnahmen ist, umso unabhängiger wird die Werbung von der Saison, da die Wirkungen über die Saisongrenzen hinausreichen.

Die Art des **Kaufverhaltens** und Länge des **Entscheidungsprozesses** äußern sich unter anderem in einem Gewohnheitsverhalten. So ist es beispielsweise nicht selten, dass Kaufentscheidungen relativ schnell und im Prinzip immer in der gleichen Weise getroffen werden. Die Konsumenten entscheiden sich für die gleiche Marke oder die gleiche Produktgattung. Gewohnheitsverhalten wird sowohl durch die (Vor-) Kaufentscheidungen als auch durch die Werbung beeinflusst. Starke Markenbindung erfordert starke werbliche Aktivitäten, um das Kaufverhalten zu verändern. Veränderungen fester Verhaltensweisen erfordern eine gewisse **Kontinuität**. Bei geringer Markenbindung kann der **punktuelle** Einsatz von Werbung ausreichen. Je mehr Zeit die Kaufentscheidung in Anspruch nimmt, umso größer kann der zeitliche Abstand zwischen dem Kaufentscheid und der Werbemaßnahme liegen. Andererseits wird auch hier wegen der Länge des Kaufentscheidungsprozesses und der auf ihn wirkenden Faktoren eine kontinuierliche Werbung vonnöten sein.

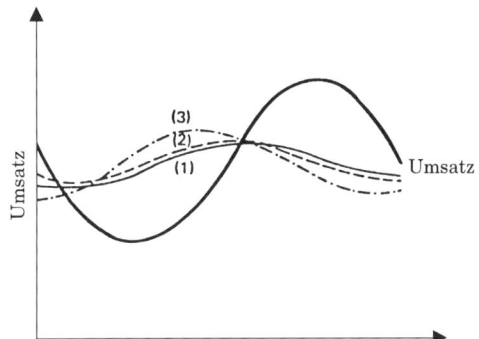

Optimaler Werbeeinsatz bei:
(1) kein Übertragungseffekt
(2) mittlerer Übertragungseffekt
(3) hoher Übertragungseffekt

Abb.: Zeitlicher Werbeeinsatz bei hohem gewohnheitsmäßigen Kaufverhalten und unterschiedlicher Intensität von Übertragungseffekten nach Kuehn
Quelle: *Rutschmann, M.*: Werbeplanung, Bern und Stuttgart 1976, S. 141

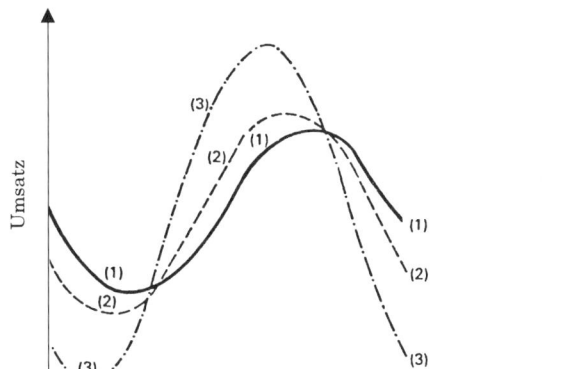

Optimaler Werbeeinsatz bei:
(1) kein Übertragungseffekt
(2) mittlerer Übertragungseffekt
(3) hoher Übertragungseffekt

Abb.: Zeitlicher Werbeeinsatz bei geringem gewohnheitsmäßigen Kaufverhalten und unterschiedlicher Intensität von Übertragungseffekten nach Kuehn
Quelle: *Rutschmann, M.*: Werbeplanung, Bern und Stuttgart 1976, S. 142

Die Abbildungen zeigen einige Möglichkeiten der Zusammenhänge (*Kuehn*, 1968, S. 280), aus denen sich folgende weitere **Schlussfolgerungen** ableiten lassen (*Rutschmann,* 1976, S. 142 ff.):

- Wenn im konkreten Fall mit keinem Übertragungseffekt und keiner gewohnheitsmäßigen Markenwahl zu rechnen ist, dann ist der Werbeeinsatz direkt proportional zur Zielgröße zu planen.

- Je mehr mit Übertragungseffekten und/oder Gewohnheitsverhalten gerechnet werden kann, umso größer wird der zeitliche Abstand zur Zielgröße sein müssen.

- Ein starkes gewohnheitsmäßiges Kaufverhalten führt zu einer Verringerung der Schwankungsbreiten des Werbeeinsatzes und wirkt somit auf die Werbeplanung saisonausgleichend.

- Je stärker und konzentrierter der Übertragungseffekt wird, umso größer werden die notwendigen Schwankungen des Werbeeinsatzes und umso mehr sind sie zeitlich vorgelagert, sodass ein saison-antizyklisches Verhalten in der Werbung notwendig wird.

- Je länger und wichtiger der Kaufentscheidungsprozess wird, umso weiter wird die Werbung vorgelagert sein müssen.

In diesem Zusammenhang scheint eine weitere Überlegung wichtig. Die Konsumenten besitzen eine **Präferenzenordnung**, die die Konkretisierungsmöglichkeiten der Bedürfnisse steuern. Diese Ordnung ist nicht fest, sondern durch vielfältige Einflüsse, so auch durch Werbung, veränderbar. Es ist denkbar, dass mit jedem wirksamen Werbeimpuls die betroffene Alternative auf der Leiter der Präferenzenskala nach oben rückt. Da das grundsätzlich für alle Produkte in der Liste der Möglichkeiten und für alle Werbeimpulse (auch die konkurrierenden) gilt, findet eine ständige Veränderung der Präferenzenordnung und damit der Kaufwahrscheinlichkeit statt. Eigene absatzwirtschaftliche Aktivitäten lassen die **Kaufwahrscheinlichkeit** steigen, während die Aktivitäten der Mitwettbewerber den Aufstieg behindern oder rückgängig machen. Durch eine Dosierung und Verteilung von Werbeanstößen im Zeitverlauf kann man versuchen, sowohl eine hohe Rangstelle in der Präferenzenordnung allgemein zu erhalten, als auch eine günstige Ausgangsposition zum wahrscheinlichen Zeitpunkt der Kaufentscheidung zu bekommen (*Hofmann,* 1975, S. 254, *Hofmann,* o. J.).

Die Entscheidung über die Verteilung der Anstöße ist u.a. abhängig von

- dem erwarteten Zeitpunkt,
- der Häufigkeit der Kaufentscheidung,
- der Länge des Entscheidungsprozesses,
- der Stärke der Präferenzenordnung (habitualisiertes Verhalten, Markentreue),
- dem Verhalten bzw. dem Aktivitätsniveau der Mitwettbewerber,
- der Länge der Wirkungszeiträume,
- der Art der Werbeträger,

• dem allgemeinen Involvement der Umworbenen,
• dem zeitlichen Involvement der Umworbenen.

Wenn der ungefähre Zeitpunkt der Bedarfsdeckung bekannt ist, wie beispielsweise
bei extrem saisonabhängigen Produkten, dann kann nach diesen Überlegungen
versucht werden, durch eine **konzentrierte** Zahl von Werbeimpulsen über einen
genügend langen Zeitraum vor dem Kaufzeitpunkt, die Präferenzenordnung zu
Gunsten des eigenen Produktes zu verändern. Wenn der genaue Zeitpunkt nicht bekannt ist, muss die hohe Stellung in der Präferenzenordnung über eine mehr oder
weniger lange Periode gehalten werden, damit im Zeitpunkt des tatsächlichen
Kaufes die Werbung auch wirksam sein kann. Je genauer der Zeitpunkt fixiert
werden kann, umso konzentrierter wird die Werbung sein können bzw. sein müssen.
Stark ausgeprägte Saisoneinflüsse machen sich somit zeitlich verschoben auch im
Werbeverhalten bemerkbar, das umso prägnanter ist als auch die Mitwettbewerber
sich danach verhalten. Die Länge der „Saison" ist nicht bestimmt. Es sind auch
Saisonrhythmen auf Tages-, Wochen- oder Monatsbasis möglich.

Interesant ist vor allem das Einkaufsverhalten im Wochenbereich durch verändert
Öffnungszeiten im Handel. Die Schaltung von (Sonderangebots-) Anzeigen und
Verteilung von Direktwerbematerial lässt sich gut auf die Einkaufsrhythmen
einstellen.

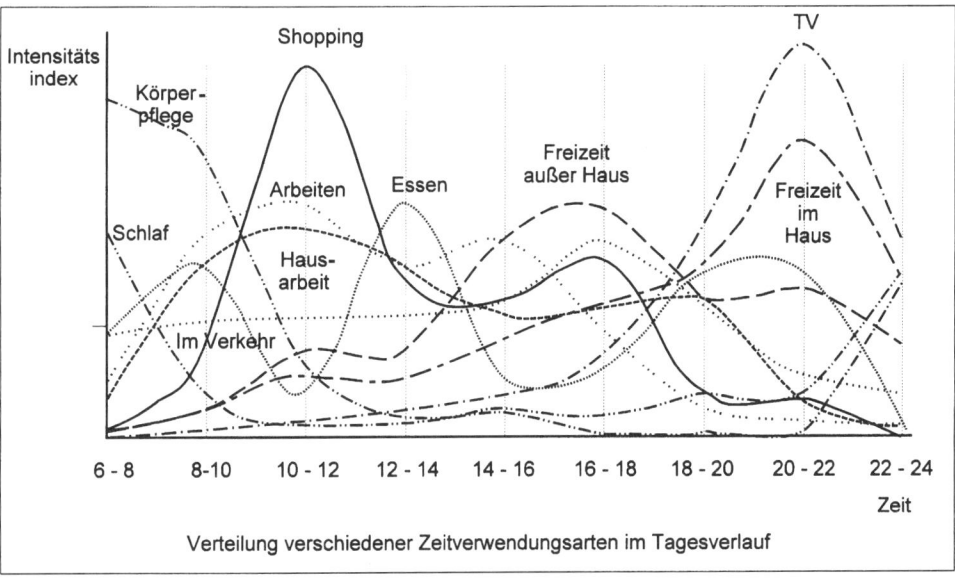

Abb.: **Zeitverwendungsarten im Tagesverlauf**

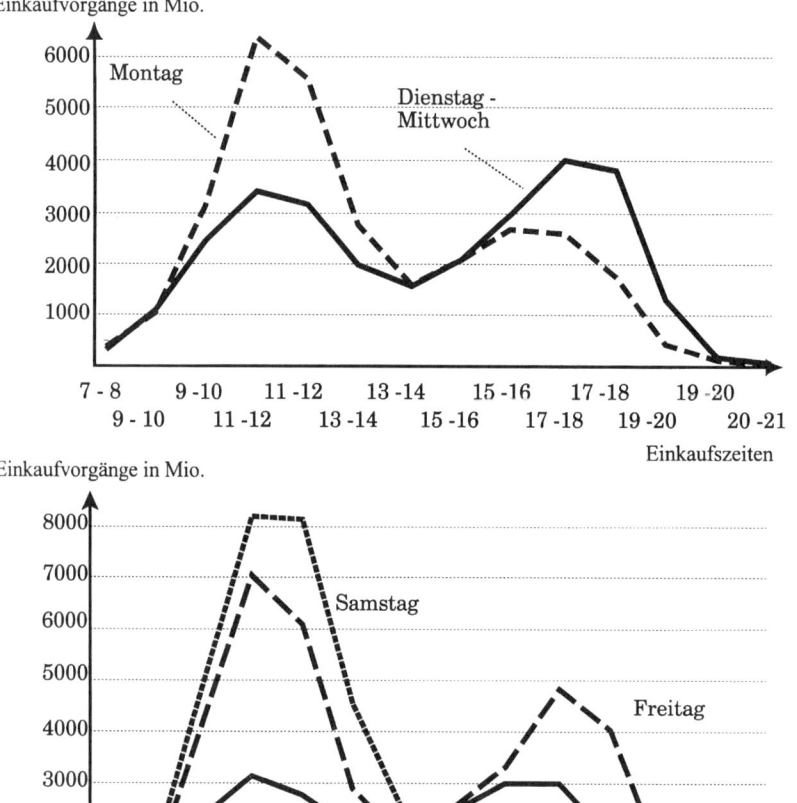

Abb.: Die Einkaufskurve: Wer geht wann einkaufen?
(In Anlehnung an Daten der MA 96/IP Deutschland)

Eine geschickte **Anstoßplatzierung** lässt es grundsätzlich auch möglich erscheinen, den Zeitpunkt der Kaufhandlung bzw. Entscheidung vorzuverlegen. Durch die konzentrierte Abgabe von Werbeimpulsen wird die Präferenzenskala **dauerhaft** so verändert, dass sich ein zeitlich verändertes Kaufverhalten einstellt. Berücksichtigt werden muss hierbei jedoch, dass vorgezogene Werbewirkungen nicht notwendigerweise auch insgesamt mehr Werbewirkung bedeuten.

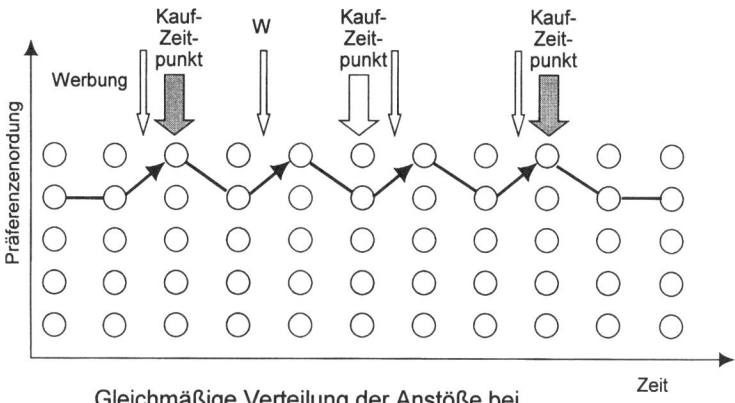

Gleichmäßige Verteilung der Anstöße bei
regelmäßig verteilten Kaufzeitpunkten

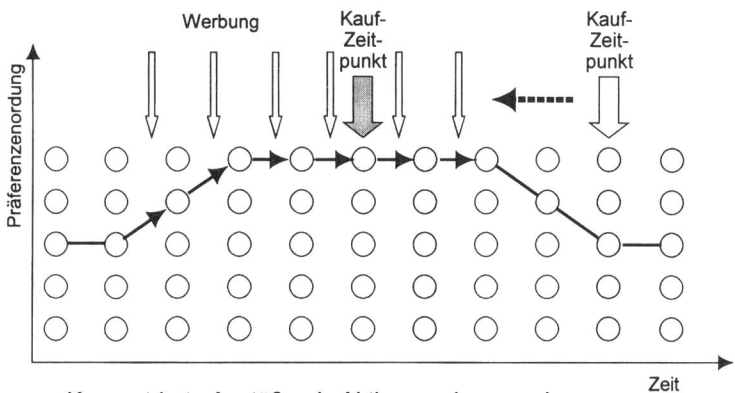

Konzentrierte Anstöße als Aktionswerbung und
zur Verschiebung des Kaufzeitpunktes

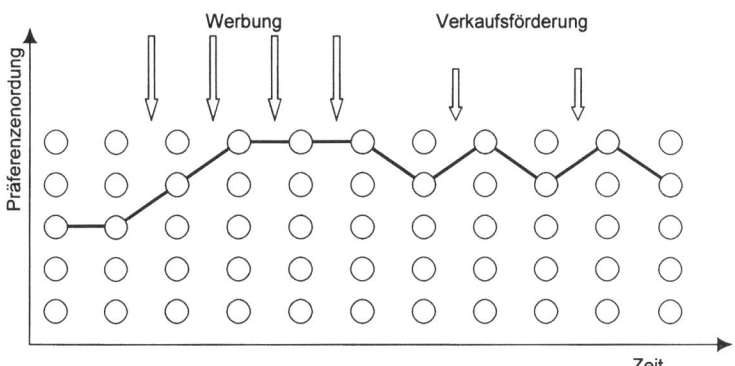

Zusammenspiel von Werbung und
Verkaufsförderung bei der Anstoßplacierung

Abb.: Möglichkeiten des Trägereinsatzes im Rahmen von Anstoßstrategien

Wenn der Kaufzeitpunkt nicht oder nur ungenau bestimmt werden kann bzw. wenn sich die Kaufzeitpunkte mehr oder weniger gleichmäßig über die Planungsperiode verteilen, kommt es darauf an, im „richtigen" Moment eine entscheidungsrelevante Präferenzenposition zu besetzen. Somit erscheint eine **Strategie der verteilten Anstöße** die geeignetste zu sein. Mit einer gleichmäßigen Verteilung der Impulse wird erreicht, dass die günstigen Positionen sich ebenfalls gleichmäßig über den Planungszeitraum verteilen. Es lässt sich zwar keine absolute Übereinstimmung zwischen Kaufentscheidungszeitpunkt, Produktpräferenz und Werbeeinwirkung erreichen, langfristig steigt aber die Wahrscheinlichkeit für das Zusammentreffen der Komponenten. Gleichzeitig kann ein solches Vorgehen die Festigung einer Präferenzenordnung bedeuten, unter der Voraussetzung, dass eine hohe Position erreicht ist. Es führt zum Ausbau von habituellen Verhaltensweisen.

Die Impulse können durch unterschiedliche Werbeträger gegeben werden, die sich in differenzierter Weise für den mehrfachen bzw. auf den gewünschten Zeitpunkt gezielten Einsatz eignen. Die Interdependenz von Intermediavergleich und konkreter Trägereinsatzplanung wird wieder deutlich. Besondere Berührungspunkte ergeben sich für die klassische Mediawerbung und die Verkaufsförderung (*Rogge*, 1999, S. 147).

"Zielbar" auf Kaufzeitpunkt	einer	mehrere	viele
präzis	Vertreter-besuch	Briefliche Direktwerbung	Point-of-Sale-Werbung (Verkäufer-Schulung)
		Zeitungs-anzeige	Schaufensterwerbung
ungefähr	TV/Funk-"Aktions-Spots"	Zeitungs-Beilage Prospekte	
unbe-stimmt	TV/Funk-"Erinnerungs-Spots"	Zeitschriften-Anzeige	Kataloge
			Verkehrsmittelwerbung Plakat, Außenwerbung
	einer	**mehrere**	**viele** → Auslösbare Anstöße pro Einheit

Abb.: **Möglichkeiten des Trägereinsatzes im Rahmen von Anstoßstrategien**
Quelle: *Hofmann, H.W.*: Strategien im Wechsel der Konjunktur, Nürnberg Maul & Co. o. J.

Andere Überlegungen zur Beantwortung der Frage, ob ein massierter Einsatz der Werbung im Zeitverlauf oder eine Verteilung der Aktivitäten sinnvoll ist, gehen von dem Zusammenhang von **Kontaktzahl** und **Werbewirkung** aus. **Werbewirkungs-funktionen** (Responsefunktionen) sind Grundlage dieser Überlegungen. Ausgehend von der Tatsache, dass verteilte Werbeaktivitäten ebenso wie bei einem gleichzeitigen Einsatz verschiedener Werbeträger zu einem Wachstum an Kontakten führen, wird die Existenz von unterschiedlichen Werbewirkungsfunktionen begründet. Bei mehrfacher Belegung eines Mediums ergeben sich die internen Überschneidungen bzw. **Kontaktkumulationen** ebenfalls im Zeitverlauf. Wären die zeitliche Verteilung und die Anzahl der Kontakte unabhängig voneinander, dann würde es genügen, die „notwendige" Zahl von Kontakten zu erreichen, unabhängig von der zeitlichen Verteilung. Die Überlegungen zur Saisonalität von Umsätzen und Kaufentscheidungsprozessen könnten die Frage eines massierten oder verteilten Einsatzes der Werbung hinreichend befriedigend beantworten. Tatsächlich ist jedoch eine weitere Komponente im Zusammenhang mit der Werbewirkung zu berücksichtigen, die durch die Zeit bedingt ist.

Das **Vergessen** (Wirkungsverfall) als Gegenpol zum **Lernen** (Wirkungsaufbau) spielt eine nicht zu vernachlässigende Rolle. Würde die weitere werbliche Einwirkung auf die Umworbenen nach Erreichen des **Wirkungsmaximums** eingestellt, dann würde in Abhängigkeit von der Zeit, dem Inhalt des Gelernten, dem Involvement des Betroffenen zum Gegenstand des Gelernten und einigen weiteren Einflussfaktoren ein Teil des Gelernten wieder vergessen werden. Reduziert auf die Zeitdimension, würde zu Beginn einer Vergessensperiode die **Vergessensrate** am größten sein und dann immer weniger abnehmen. Ein bestimmtes Niveau an „Wissen" bleibt in der Regel erhalten, sodass darauf zu einem späteren Zeitpunkt wieder aufgebaut werden kann. Die einmal erzielte Werbewirkung ist nur eine beschränkte Zeit wirksam und bedarf ständiger Auffrischungen.

Kombiniert man die Lernkurve (Responsefunktion) mit der Vergessenskurve so entsteht eine **Gesamtwirkungsfunktion** im Zeitverlauf, die durch ein typisches Sägezahnmuster charakterisiert ist. Durch Experimente (*Zielske*, 1952, S. 239 ff.; *Vierteljahreshefte für Mediaplanung; Simon*, 1982) ist nachgewiesen worden, dass sich grundsätzlich bei gleichmäßiger Verteilung ein langfristig höheres Wirkungsniveau erreichen lässt als bei konzentriertem Einsatz. Im Fall der zeitlich intensiven Werbung wird zwar ein höheres Wirkungsniveau überhaupt erreicht, wegen der danach folgenden Untätigkeitsphase folgt jedoch ein relativ rapider Wirkungsverfall. Im einen Fall festigen die in Abständen wirkenden Impulse bereits vorhandenes Grundwissen, reaktivieren bereits Vergessenes und erhöhen die Menge des Gelernten im Speicherbereich des menschlichen Gehirns. Im anderen Fall besteht, wegen der unmittelbar aufeinander folgenden Impulse, zunächst keine Möglichkeit zum Vergessen. Später verfällt ein Großteil des Wissens, da keine Reaktivierungsmaßnahmen getroffen werden.

Die völlig unterschiedlichen Ergebnisse der zeitlichen Werbeverteilung lassen sich nicht unmittelbar miteinander vergleichen. Welcher Kurvenverlauf als günstiger zu beurteilen ist, hängt von verschiedenen Faktoren ab. Wird das **absolute Wirkungsniveau** zum Maß der Beurteilung, dann ist offenkundig ein massierter Einsatz sinnvoll. Im Rahmen von Einführungswerbung ist diese Strategie richtig, um zunächst einmal ein auswertbares Niveau an Werbewirkung zu erzielen. Wenn s-förmige Wirkungskurven Gültigkeit besitzen, ist der **massierte** Einsatz ebenfalls einsetzbar, da so besser Widerstände überwunden werden können. Für das langfristige Durchschnittsniveau der Wirkung ist der verteilte Einsatz angebracht. Bei eingeführten Produkten oder Werbemaßnahmen mit der Zielsetzung der Erinnerung kann auf einem Grundwissen aufgebaut werden. Ein konvexer Lernkurvenabschnitt bekommt dadurch eine größere Wahrscheinlichkeit. Das langsame Steigern und Halten des erreichten Niveaus wird wichtiger, was zur Bevorzugung der Strategie der verteilten Kontakte führt.

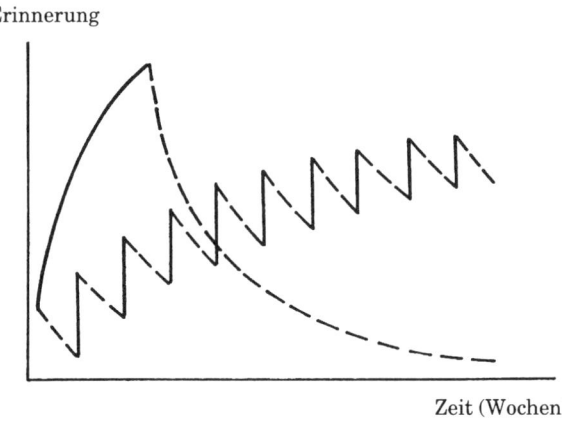

Abb.: Erinnerung bei wöchentlichen und vierwöchentlichen Abständen zwischen den Kontakten

Kontrollfragen

(1) Was versteht man unter Werbeträgern bzw. Medien?

(2) In welchem Verhältnis stehen Werbeträger und Werbemittel zueinander?

(3) Nach welchen Kriterien lassen sich Werbeträger klassifizieren?

(4) Welchen praktischen Wert haben Klassifikationen von Werbeträgern für die Lösung von Planungsaufgaben?

(5) Welche Gliederungen von Werbeträgern sind besonders verbreitet?

(6) Wo bekommt man Informationen über Werbeträger und Trägerkategorien?

(7) Welche Eigenschaften von Zeitungen sind für die Beurteilung der Werbeträgerkategorie wichtig?

(8) Worin liegen die besonderen Vorteile der Trägerkategorie Zeitung?

(9) Sind überregionale und regionale Zeitungen hinsichtlich des werblichen Einsatzes gleich einzuschätzen?

(10) Was lässt sich aus den Abonnementseigenschaften von Werbeträgern schließen?

(11) In welchem Zusammenhang stehen die Informationsfunktion und die Werbefunktion von Zeitungen?

(12) In welcher Beziehung stehen die redaktionelle Gestaltung und die Werbung bei Zeitungen?

(13) Welches sind die Hauptunterschiede zwischen Zeitungen und Zeitschriften bezogen auf den werblichen Einsatz?

(14) Wie sind Zeitschriften bezüglich der Zielgruppenansprache zu beurteilen?

(15) Welche Zusammenhänge bestehen bei Zeitschriften zwischen der redaktionellen (inhaltlichen) Gestaltung und der Werbung?

(16) Wie ist das Umfeld von Zeitschriften in Bezug auf die Werbung zu beurteilen?

(17) Wie kann man das Nutzungsverhalten von Zeitschriftenlesern allgemein beurteilen?

(18) In welcher Weise unterscheiden sich Fachzeitschriften von anderen Zeitschriften?

(19) Wie lässt sich das Nutzerverhalten von Fachzeitschriftenlesern charakterisieren?

(20) Welche Informationsquellen über Fachzeitschriften stehen zur Verfügung?

(21) Welches sind die Hauptunterscheidungsmerkmale von Fernsehen und Printmedien?

(22) Welchen Beschränkungen ist der Einsatz von Fernsehwerbung unterworfen?

(23) Wie ist das Umfeld der Fernsehwerbung zu beurteilen?

(24) Was versteht man unter den Neuen Medien?

(25) Ist Bildschirmtext ein geeignetes Werbemedium?

(26) In welcher Weise könnte sich das Nutzerverhalten beim Fernsehen durch die veränderte Angebotsstruktur verändern?

(27) Wie lässt sich der Intermediavergleich in seiner Arbeitsweise skizzieren?

(28) Was versteht man unter so genannten Basismedien?

(29) Von welchen Einflussfaktoren und (Vor-) Entscheidungen ist die Bestimmung der Basismedien abhängig?

(30) Wie lassen sich die Informationen zur Beurteilung von Basismedien beschaffen?

(31) Welcher Einfluss geht von der Unternehmensgröße auf die Wahl der Werbeträger aus?

(32) Inwieweit bestimmen Produkteigenschaften die Wahl von Werbeträgern?

(33) Wie wirkt sich der Botschaftsinhalt auf die Wahl der Werbeträger aus?

(34) Welche Beschränkungen begrenzen die Wahl der Basiswerbeträger?

(35) Welche (quantitativen) Möglichkeiten der Medienbewertung gibt es?

(36) Was versteht man unter einem Punktbewertungsmodell des Mediavergleichs?

(37) Welche Kriterien werden beim quantitativen Medienvergleich berücksichtigt?

(38) Welche so genannten Kommunikationseigenschaften werden zum Medienvergleich herangezogen?

(39) Auf welchen Eigenschaften liegen die Schwerpunkte für die Trägerkategorien?

(40) Welche Rolle spielen Kosten bei der Beurteilung von Mediengattungen?

(41) Für welche Medien lässt sich ein Splitting betreiben?

(42) Welche Bedeutung hat die allgemeine Wertschätzung von Medien im Medienvergleich?

(43) Wie arbeiten Check-Listen der Medienbeurteilung?

(44) Welche Probleme ergeben sich beim Timing von Werbeträgern?

(45) Welche Gründe können für die Existenz des so genannten Sommerloches genannt werden?

(46) Wovon ist die Entscheidung für oder gegen den zyklischen Einsatz von Werbung abhängig?

(47) Wovon ist die Wirkungsverzögerung bei der Schaltung von Werbemaßnahmen abhängig?

(48) Welche Verbindungen bestehen zwischen der Art der Kaufentscheidung und der Wirkungsverzögerung von Werbung?

(49) In welcher Weise lassen sich Präferenzenordnungen durch die Dosierung des Werbeinsatzes beeinflussen?

(50) In welcher Weise kann auf das Kaufverhalten durch den zeitlichen Einsatz der Werbung Einfluss ausgeübt werden?

(51) Welchen Einfluss hat das Vergessen auf den zeitlichen Einsatz der Werbung?

(52) Welche Form hat die Werbewirkungsfunktion im Allgemeinen unter Berücksichtigung von Vergessen und Lernen?

(53) Welche Schlüsse lassen sich aus der Berücksichtigung von Vergessen und Lernen auf den zeitlichen Einsatz der Werbung ziehen?

(54) Wovon ist die Entscheidung für einen massierten oder verteilten Einsatz der Werbung im Wesentlichen abhängig?

(55) Welcher Art ist die Nutzung einzelner Mediengattungen im Tagesverlauf?

(56) Welche Ziele werden von den Nutzern verschiedener Medien verfolgt?

(57) Welche Unterschiede werden bei der Beurteilung von Mediaselektionskriterien gemacht von werbetreibenden Unternehmen und Werbeagenturen?

(58) Kann das WWW als eigenständiges Werbemedium eingesetzt werden?

(59) Wie unterscheidet sich Werbung im WWW von klassischer Werbung?

(60) Welche Dienste stehen für die Werbung im WWW zur Verfügung?

(61) Wie kann das Nutzerverhalten im WWW im Vergleich zur klassischen Werbung beschrieben werden?

(62) Wie wird der Kontakt zu einer Internetpräsenz hergestellt?

(63) Lassen sich Aussagen über die Nutzerstruktur im WWW für Werbezwecke machen?

(64) Welche besonderen Formen der WWW-Werbung lassen sich unterscheiden?

(65) Welche Rolle spielt die so genannte Interaktivität in der WWW-Werbung?

Lösungshinweise

Frage	Seite	Frage	Seite
(1)	179	(34)	207
(2)	179	(35)	208
(3)	180	(36)	209
(4)	180 f.	(37)	209
(5)	182 ff.	(38)	209 f.
(6)	183	(39)	209 f.
(7)	185	(40)	211
(8)	185	(41)	211
(9)	185	(42)	213
(10)	186	(43)	214 f.
(11)	186	(44)	220 ff.
(12)	190	(45)	221
(13)	185	(46)	222
(14)	191 f.	(47)	222
(15)	192 f.	(48)	224 f.
(16)	193	(49)	224
(17)	193	(50)	228
(18)	194 f.	(51)	229
(19)	198 f.	(52)	229
(20)	185	(53)	229
(21)	187	(54)	229 f.
(22)	187	(55)	188
(23)	189	(56)	188
(24)	190 f.	(57)	215 f.
(25)	191	(58)	194 f.
(26)	191	(59)	195
(27)	202	(60)	195
(28)	202	(61)	196
(29)	202 f.	(62)	196
(30)	203 f.	(63)	196
(31)	203	(64)	199 f.
(32)	203	(65)	199 f.
(33)	207		

Literatur

Albrecht, U.: Werberechtliche Aspekte bei der Neuordnung des Arzneimittelrechts, München o. J.

Bauer Media KG (Hrsg.): Gibt es ein Sommerloch?, Hamburg 2003

Behrens, K.C.: Absatzwerbung, Wiesbaden 1963

Casper, P.: Zeitungen, in: Ruland, J. (Hrsg.): Werbeträger, 3. Aufl., Bad Homburg 1972, S. 69 ff.

Dohmen, J.: Wesen und Aufgabe der Werbeträger, in: Ruland, J. (Hrsg.): Werbeträger, 3. Aufl., Bad Homburg 1972, S. 29 ff.

Ernst, O.: Die Bedeutung der überregionalen Tages- und Wirtschaftspresse, in: Rost, D. und Strothmann, K.H. (Hrsg.): Handbuch der Werbung für Investitionsgüter, Wiesbaden 1983, S. 295 ff.

Fantapie Altobelli, C./Hoffmann, S.: Werbung im Internet, Kommunikations-Kompendium Band 6, MGM Media-Gruppe, München 1996

Fittkau, S./Maaß, H.: Zielgruppen für Online-Werbung und -Vertrieb: Entwicklungen und Trends, in transfer - Werbeforschung und Praxis, 1/99 S. 16 ff.

Flögel, H.: Kleckern oder klotzen – Betrachtungen zur Problematik des Einsatzes der Werbung, in: Die Anzeige, 1/1967, S. 5 ff.

Freter, H.W.: Mediaselektion, Wiesbaden 1974

Gaede/Kernbebeck/Landgrebe/Vogt: Werbe-Informations-System, Band 5, Werbeträger, Werbeorientierungs-Kreis III, Hamburg (BILD) o. J.

Geßner, J.-J.: Werbung für Arzneimittel, in: Behrens, K.C. (Hrsg.): Handbuch der Werbung, 2. Aufl., Wiesbaden 1974, S. 833 ff.

Grimm, R.: Medien, in: Pflaum, D./Bäuerle, F. (Hrsg.): Lexikon der Werbung, Landsberg am Lech 1983, S. 171 ff.

Groebel, J./Gehrke G. (Hrsg.): Deutschland und die digitale Welt, Opladen 2003

Gruner + Jahr (Hrsg.): Urlaubszeiten der Werbung, Hamburg 1977

Hermanns, A. und Bohnert, D.: Die neuen Informationstechnologien – Systematisierung und Beschreibung, in: Hermanns, A. (Hrsg.): Neue Kommunikationstechnologien im Marketing, Studien- und Arbeitspapiere Marketing, Band 2/1983, Hochschule der Bundeswehr München, Neubiberg 1983, S. 3 ff.

Höller, J./Pils, M./Zlabinger, R. (Hrsg.): Internet und Intranet, 2. neubearb. u. erw. Aufl., Berlin/Heidelberg/New York 1999

Hörschgen, H.: Der zeitliche Einsatz der Werbung, Stuttgart 1967

Hofmann, H.W.: Grundgedanken und Anwendungen eines empfängerorientierten Ansatzes im Marketing, in: Jahrbuch der Absatz- und Verbrauchsforschung, 1975, S. 241 ff.

Hofmann, H.W.: Strategien im Wechsel der Konjunktur, Nürnberg (Maul & Co.) o. J.

HÖR ZU-Service (Hrsg.): Media-Strategie und Selektrion, Hamburg 1986

Jacobi, H.: Die Planung der Werbestrategien, in: Behrens, K.C. (Hrsg.): Handbuch der Werbung, 2. Aufl., Wiesbaden 1975, S. 435 ff.

Leitherer, E.: Betriebliche Marktlehre, 1. Teil, Grundlagen und Methoden, Stuttgart 1974

Krause, J.: Electronic Commerce und Online-Marketing, München/Wien 1999

Kuehn, A.A.: How Advertising Performance Depends on Other Marketing Factors, in: Barban, A./Sandog, C.H: (Hrsg.): Readings in Advertising and Promotion Strategy, Homewood, III. 1968, S. 277 ff.

Meffert, H.: Neue Medien im Marketing, 2. Münsteraner Marketing-Symposium 13. Oktober 1984, Münster 1984

Müller-Kalthoff, Björn (Hrsg.): Cross-media Management, Berlin/Heidelberg/ New York 2002

Mulcacy, S.: Business-to-Business Advertising, Newton 2001

Pepels, W.: Kommunikations-Management, Marketing-Kommunikation vom Briefing bis zur Realisation, 3., überarb. u. erw. Aufl., Stuttgart 1999

Rogge, H.-J.: Grundzüge der Werbung, Berlin 1979

Rogge, H.-J.: Die Verkaufsförderung und Kommunikationspolitik, in: Pepels, W. (Hrsg.): Verkaufsförderung, München/Wien 1999

Rogge, H.-J.: Marktsegmentierung durch Werbepolitikaktivitäten, in: Pepels, W. (Hrsg.): Marktsegmentierung - Marktnischen finden und besetzen, Heidelberg 2000, S. 218 ff.

Ruland, J. (Hrsg.): Werbeträger, 3. Aufl., Bad Homburg 1972

Ruland, J. (Hrsg.): Werbeträger, 5. Aufl., Bad Homburg 1979

Rutschmann, M.: Werbeplanung, Bern und Stuttgart 1976

Seyffert, R.: Werbelehre, 2 Bände, Stuttgart 1966, S. 499 ff.

Tietz, B. und Zentes J.: Die Werbung der Unternehmung, Reinbek bei Hamburg 1980

Unger, E. et a.: Mediaplanung - Methodische Grundlagen und praktische Anwendungen, Heidelberg 2002

Uenk, R.: Absatz ohne Werbung, Fakten, Urteile und Vorurteile zum Thema Absatz und Sommerflaute, Bad Homburg 1972

Witt, U.: Zeitungen, in: Ruland, J. (Hrsg.): Werbeträger, 4. Aufl., Bad Homburg 1978, S. 53 ff.

Zielske, H.B.: The Remembering and Forgetting in Advertising, in: Journal of Marketing, 1952, S. 239 ff.

G. Mediaselektion

1. Hilfsmittel und Kriterien der Einzelbeurteilung

1.1 Gängige Maßzahlen

1.1.1 Auflagen/Verbreitung

Nachdem im Rahmen der Basismedienentscheidung bzw. des Intermediavergleichs eine Grobauswahl der einzusetzenden Werbeträger vorgenommen worden ist, ergibt sich die Notwendigkeit einer konkreten Auswahl im Einzelnen. Innerhalb der Trägerkategorien stehen in der Regel mehrere Träger (Kandidaten) zur Verfügung, die sich teilweise nur geringfügig in bestimmten Merkmalen unterscheiden. Eine **Gesamtbelegung** verbietet sich schon allein aus Kostenüberlegungen und ist auch aus Effektivitätsgründen (Überschneidungen der Wirkung usw.) nicht zweckmäßig. Die Auswahl der Einzeltitel einschließlich der Entscheidung über die Quantität der Belegung (Anzahl der Einschaltungen, Größe oder Länge der Einschaltung) wird Mediaselektion genannt. Ziel der Media-Selektion ist die zielgruppengerechte Auswahl von Trägern unter der Nebenbedingung, die für die Erreichung der Werbeziele notwendige **Kontaktmenge** und die richtige Intensität einzuhalten und den vorgegebenen **Kostenrahmen** nicht zu überschreiten, sondern möglichst weit darunter zu bleiben. Mediaselektion ist ein äußerst komplexer Prozess der **Wirkungsoptimierung** oder **Kostenminimierung**. Beide Ziele gleichzeitig lassen sich nicht erreichen. Es ist jeweils einem Ziel der Vorrang zu geben. Die Kostengrenze ist in der Regel durch den Etat vorgegeben.

Der Planungsbereich der Mediaselektion entscheidet über die Aufteilung der verfügbaren Kostenmenge nach dem Kriterium der größten Wirksamkeit. Zu den in der Mediaplanung zu berücksichtigenden Kosten zählen jedoch nur die reinen **Einschaltkosten**. Das sind Kosten, die in unmittelbarem Zusammenhang mit der Aufnahme des Werbemittels in den Werbeträger verbunden sind. Sie sind abhängig von der Art des Trägers und der Häufigkeit, Größe und (trägerabhängigen) Ausstattung des Mittels im konkreten Einschaltungsfall. Kosten für die Vorbereitung und Entwicklung der Werbemittel, die natürlich auch von den Trägern abhängig sein können, werden im Rahmen der Mediaselektion nicht mehr berücksichtigt. Sie stellen gewissermaßen 'fixe' Vorkosten dar. Sie können allerdings in der Vorstufe des **Intermediavergleiches** als gattungsabhängige Kosten berücksichtigt werden. Wenn der Versuch einer **Simultanplanung** unternommen wird, sind selbstverständlich diese Kosten unmittelbar mit einzubringen. Da die Kosten für sich minimiert keine sinnvolle Orientierungsgröße darstellen, werden sie als Maßstab für die Beurteilung der Wirkungsgrößen herangezogen. Für einzelne Wirkungsmaßstäbe lassen sich so kombinierte Maßzahlen als Kosten-Wirkungsverhältnisse formulieren.

Als Möglichkeit, die Leistung und damit die werblich relevante Wirkung zu bestimmen, kommen verschiedene Maßstäbe unterschiedlicher **Komplexität** infrage. Als einfachste Wirkungsmaße in diesem Zusammenhang können so genannte **Verbreitungsmaßzahlen** gelten. Das können Auflagenziffern bei Printmedien, angeschlossene Fernseh- bzw. Rundfunkteilnehmer für Funkmedien, Sitzplatzkapazität in Filmtheatern, Anzahl von Anschlagstellen für Außenwerbung oder die Anzahl von Besuchern von Messen und Ausstellungen sein. Der besondere Vorteil dieser Maßzahlen ist, dass sie relativ einfach und problemlos erhoben und berechnet werden können. Die notwendigen Daten lassen sich allgemeinen statistischen Veröffentlichungen entnehmen bzw. werden von den Anbietern von Werberaum und Zeit zur Verfügung gestellt.

Es sind quantitative Maße, die durch einfaches **Zählen** ermittelt werden können. Sie sind relativ aktuell und lassen sich aus den Absatzunterlagen der Werbeträger ableiten. Die Informationsgesellschaft zur Feststellung der Verbreitung von Werbeträgern e.V. (IVW) beschafft und stellt auf der Grundlage von Meldungen, Erhebungen und Kontrollen vergleichbare und objektiv ermittelte Unterlagen über die Verbreitung eines Werbemittels bereit (§ 1 der Satzung der IVW). Die IVW ist eine Tochtergesellschaft des Zentralverbands der deutschen Werbewirtschaft (ZAW) (*Zielinski,* 1974) und überprüft die Angaben der freiwillig angeschlossenen Werbeträger. Die Mitglieder der IVW sind an dem Zeichen in den Publikationsorganen und den Planungsunterlagen erkennbar.

Die IVW stellt Daten über die **Gruppen**

- Tageszeitungen,
- Publikumszeitschriften,
- Fachzeitschriften,
- Kalender, Adressbücher und Branchenfernsprechbücher,
- Anschlagstellen,
- Besucher von Filmtheatern,
- Websites

zur Verfügung.

Für den Bereich der **Messen** und **Ausstellungen** werden ähnliche Informationen von der Gesellschaft zur freiwilligen Kontrolle von Messe- und Ausstellungszahlen, Hannover (FKM) und dem Ausstellungs- und Messeausschuss der Deutschen Wirtschaft e.V., Köln (AUMA) zur Verfügung gestellt.

Leider sind die Verbreitungsziffern an sich noch wenig genau. Als Maßstab für die **Kontaktchance** mit dem Werbeträger oder gar dem Werbemittel können sie nur bedingt herangezogen werden. Die Tatsache der Verbreitung sagt noch wenig über die Nutzung der Medien aus. Bei unterschiedlichen Auflagen sind ohne weiteres unterschiedliche Nutzerschaften sowohl qualitativ als auch quantitativ denkbar. Ein Werbeträger kann durchaus von mehreren Nutzern gleichzeitig oder nacheinander genutzt werden (Abonnements-Tageszeitung), während andere nur einen oder wenige Nutzer pro Exemplar haben (Kaufzeitung, Filmtheater). Schließlich ist es sinnvoll, Informationen über die Art der Verbreitung bei der Auflagenbeurteilung mit zu berücksichtigen. Gekaufte oder verschenkte (verteilte) Auflage sind unterschiedlich zu werten bezüglich der Kontaktchance. Ebenso können Angaben über die Struktur der Auflagen feinere Auskünfte geben.

Die **Einteilungsmöglichkeiten** für Verbreitungsziffern sind nachfolgend am Beispiel von Auflagenziffern der IVW beispielhaft aufgelistet:

- Druckauflage
- verbreitete Auflage

  - kostenlos verteilte Exemplare
  - gekaufte Exemplare

  - Abonnement
  - Einzelbezug

  - Aufteilung nach Verbreitungsgebieten
  - Aufteilung nach Wirtschaftszweigen
  - Aufteilung nach Position (im Unternehmen)

- Remittenden

Verbreitungsziffern sind allgemeine Maßzahlen, die auf individuelle Unterschiede nur bedingt eingehen. Wegen ihrer großen allgemeinen Gültigkeit werden sie zur Grundlage der **Preiskalkulation**. Höhere Verbreitungsziffern allgemein sind mit höheren Einschaltpreisen verbunden. Für eine differenziertere Planung sind weitere Überlegungen notwendig, die weitergehende Informationen bereitstellen.

1.1.2 Kontakte/Reichweiten

Die eigentliche Aufgabe der Werbung besteht in der Übermittlung von Botschaften, die natürlich nur wirksam werden können, wenn ein entsprechender **Kontakt** hergestellt worden ist. Das Wirkungskriterium Auflage ist zwar eine Voraussetzung bzw. Indikator für Kontakte, selbst aber noch nicht differenziert genug. In der Regel ist die Zahl der Kontakte, die durch ein Medium hergestellt wird, größer als die Auflage des Mediums. Das liegt daran, dass ein Exemplar von mehreren Personen in einem bestimmten Zeitraum genutzt wird (Tageszeitung in der Familie, Fachzeitschrift im Betrieb, Zuschauer im Fernsehzimmer). Je größer die Nutzerschaft eines Mediums pro Exemplar ist, umso geringer könnte eventuell die Auflage sein. Fälle in denen die Anzahl der erzielten Kontakte geringer ist als die Auflage, sind ebenfalls denkbar. Beispielsweise wenn ein erheblicher Teil der Auflage nicht gelesen wird: be-stimmte Medien in Urlaubszeiten, Medien die kostenlos verteilt werden und wegen Zeitmangel nicht genutzt werden usw.

Einige **gebräuchliche Maßzahlen** aus dem Bereich der Kontakte sind die sogenannten LpA-, LpN- und K-Werte. Es handelt sich hierbei um quantitative Maße für die Kontaktleistung der Medien.

Der **LpN-Wert** (Leser pro Nummer) ist eine Maßzahl, die angibt, wie viel Personen von einer durchschnittlichen Ausgabe eines Titels erreicht werden. Der LpN wird durch Befragung erhoben, der LpA (Leser pro Ausgabe) wird **berechnet**. Die Nutzer werden gefragt, ob sie innerhalb eines bestimmten Zeitraumes (Erscheinungsintervall) überhaupt eine Ausgabe des betreffenden Titels gelesen haben. Dabei kommt es nicht darauf an, ob es die letzte Ausgabe war. Wegen der Nutzung einer Ausgabe über mehrere Perioden, kann davon ausgegangen werden, dass die Ergebnisse bezogen auf einen Leser im Erscheinungsintervall und einen Leser pro Nummer weitgehend identisch sind.

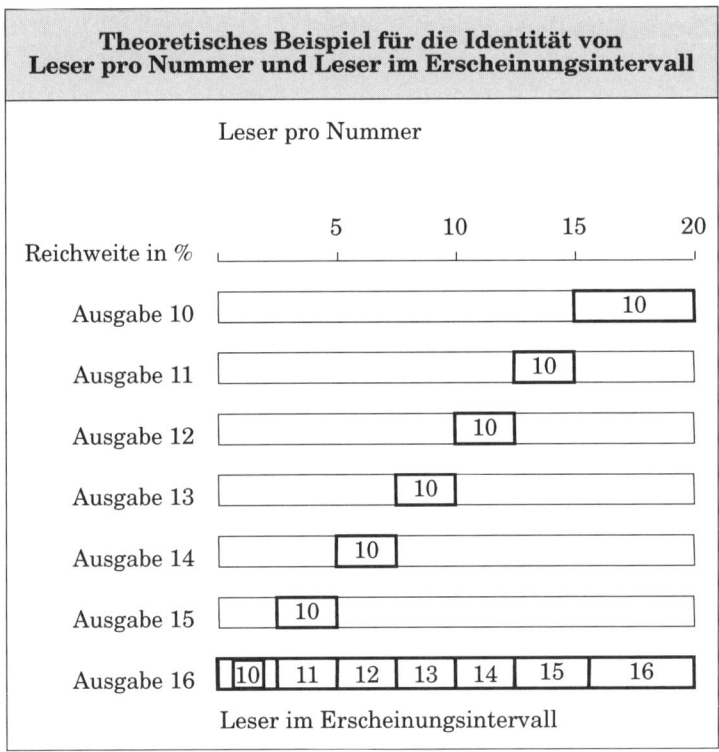

Abb.: Identität von Leser pro Nummer und Leser im Erscheinungsintervall
entnommen: HÖR ZU (Hrsg.) Media-Kriterien, S. 22

Als **weitester Leserkreis** wird die Anzahl der Personen bezeichnet, die innerhalb des interessierenden Zeitraumes überhaupt jemals mit dem Medium in Berührung kommt. Erhebungstechnisch bereitet es Schwierigkeiten, diesen Wert zu bestimmen. An die Stelle des weitesten Leserkreises treten daher die so genannten K-Werte. Das sind Werte, die etwas über die Nutzung bei mehrfacher Schaltung (Kumulation) des Mediums aussagen. Der K_{12}-Wert bezeichnet dann die Gruppe derer, die bei 12-facher Einschaltung insgesamt erreicht werden. Entsprechend ist der K_1-Wert das Maß für die Anzahl der erreichten Personen bei einmaliger Einschaltung. Die K-Werte werden durch Frage nach der **Nutzungshäufigkeit** ermittelt. Theoretisch sollten der K_1-Wert und der LpN übereinstimmen. Das ist nicht der Fall.

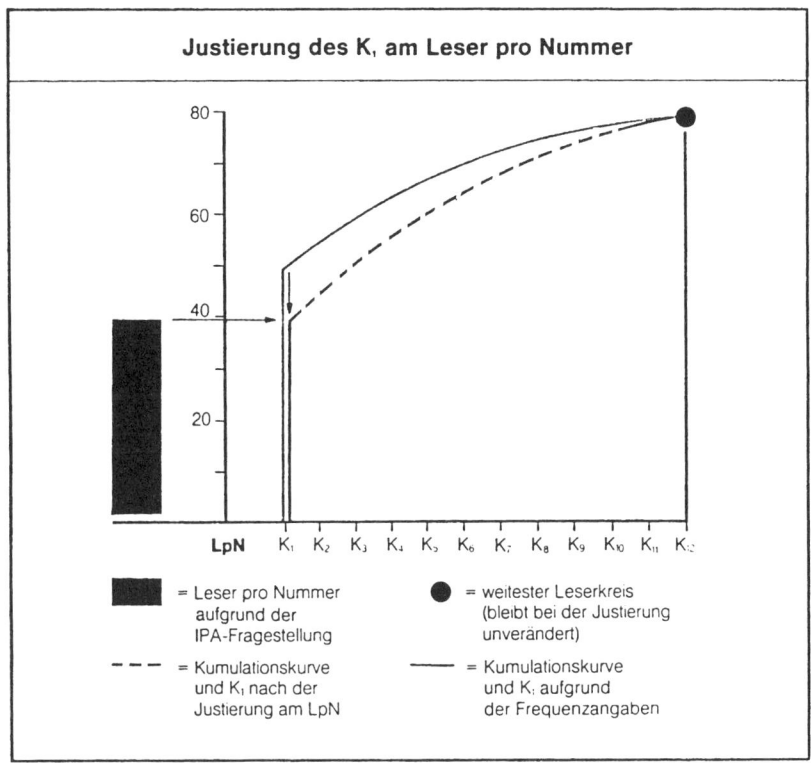

Abb.: Vergleich LpN und K-Werte
Quelle: HÖRZU-Service (Hrsg.): Media-Kriterien, Media-Programme, Media-Probleme, Hamburg

Die Verbindung zwischen den beiden Werten stellt praktisch der **LpA-Wert** dar. Der LpA (Leser pro Ausgabe) ist definiert als die **durchschnittliche** Leserschaft einer Nummer (Ausgabe) eines Printmediums. Entsprechend kann bei Nicht-Printmedien die durchschnittliche Nutzerschaft innerhalb einer bestimmten Zeit (halbe/volle Stunde Sendezeit beim TV/Rundfunk) mittels dieses Wertes beschrieben werden. Bei der Berechnung des LpA werden die **Nutzungswahrscheinlichkeiten** der Nutzer (Vielnutzer, Wenignutzer) berücksichtigt. Definiert man den LpA allgemeiner als Nutzer pro Ausgabe (NpA), dann kommt man zur so genannten **Reichweite** nach einer Schaltung. In den letzten 20 Jahren ist viel über die Erhebungsmethodik diskutiert worden (*Vierteljahreshefte für Mediaplanung*). An dieser Stelle soll nicht weiter darauf eingegangen werden. Für den Anwender genügt es, dass die veröffentlichten Maße in den einzelnen Perioden im Großen und Ganzen miteinander vergleichbar sind. Einzelne Verschiebungen in den Bewertungen der Träger lassen sich nicht vermeiden und sind nur subjektiv/qualitativ zu berücksichtigen.

Die Reichweiten in allgemeiner Form sind noch nicht genügend differenziert, um als Grundlage einer effektiven Medienplanung zu dienen. Allgemeine Reichweiten berücksichtigen keine Zielgruppenmerkmale. Das ist aber ohne weiteres möglich.

Die Reichweiten der infrage kommenden Werbeträger werden auf der Grundlage der **individuellen Zielgruppendefinitionen** berechnet. Nur die zur Zielgruppe gehörigen Personen werden mit in die Rechnung einbezogen. Alle nicht in die Zielgruppe gehörigen Nutzer fallen praktisch heraus. Spezifische Reichweiten sind daher immer geringer als allgemeine Reichweiten. Auf der anderen Seite sind die möglichen Kontakte bei Zielgruppenmitgliedern in der Regel von größerer Effektivität. Bei gleicher allgemeiner Reichweite können Unterschiede in der Bewertung der Medien wegen unterschiedlicher Reichweite innerhalb der Zielgruppen festgestellt werden.

1.1.3 Überschneidungen

Die Reichweiten der Werbeträger lassen sich bei Mehrfacheinsatz der Werbeträger nicht ohne weiteres addieren, wenn die Reichweiten als **Personenreichweiten** und nicht als **Kontaktreichweiten** verstanden werden. Wegen möglicher Überschneidungen bei der Nutzung der Medien vervielfacht sich die Anzahl der berührten Personen nicht proportional, sondern nur unterproportional. Die einfache Addition von unberichtigten Einzel-Reichweiten wird als **Bruttoreichweite** und die um mögliche Überschneidungen berichtigte Reichweite als **Nettoreichweite** bezeichnet. Für die Feststellung der Nettoreichweite müssen von der Summe der Einzelreichweiten die Doppelkontakte abgezogen werden. Wenn es Dreifach- oder Mehrfachkontakte gibt, so müssen diese ebenfalls abgezogen werden. Dabei ist darauf zu achten, dass Mehrfachkontakte, die bereits in anderen Mehrfachkontakten enthalten sind (Dreifachkontakte sind auch Doppelkontakte und möglicherweise dort bereits mitgezählt worden), wieder addiert werden. Zur Berechnung von Nettoreichweiten sind daher genaue Aufstellungen über die **Verteilung der Kontakte** nötig. Es kann sich eine äußerst komplizierte Rechnung ergeben (*Schweiger*, 1975, S. 118).

In so genannten **Quantuplikationstabellen** können externe Überschneidungen für ausgewählte Titel zusammengefasst werden. Die Quantuplikationstabellen haben heute weitgehend ihre Bedeutung verloren, da sie sehr schwierig zu handhaben sind. An ihre Stelle sind die Möglichkeiten der Sonderauszählungen in so genannten **Evaluierungsprogrammen** getreten, die auch die Berücksichtigung von **internen** Überschneidungen (Kumulationen) gestatten. Die Mediaplaner haben darüber hinaus heute die Möglichkeit, direkt über das Internet/WWW auf Dienste der Verlage zuzugreifen, die Zielgruppen bzw. Medienkombinationen auszuzählen (z.B. http://www.tdwi.de). Die Kombinationsmöglichkeiten von Überschneidungen steigen schnell an, wenn mehrere Titel berücksichtigt werden. Außerdem sind solche Tabellen auf relativ allgemeine Zielgruppenmerkmale beschränkt.

Nummer der Kombinationen	TITEL	NETTO-REICHWEITE LESER PRO NUMMER								SEITENPREISE			
		Gesamt (100 % = 42.940 Mill.)		Männer (100 % = 20.360 Mill.)		Frauen (100 % = 22.580 Mill.)		Hausfrauen (100 % = 18.690 Mill.)		schwarz/weiß		vierfarbig	
		in %	absolut in Mill.	in %	absolut in Mill.	in %	absolut in Mill.	in %	absolut in Mill.	absolut DM	pro 1000 Leser Gesamt DM	absolut DM	pro 1000 Leser Gesamt DM

Abb.: **Beispiel einer Quantuplikationstabelle**

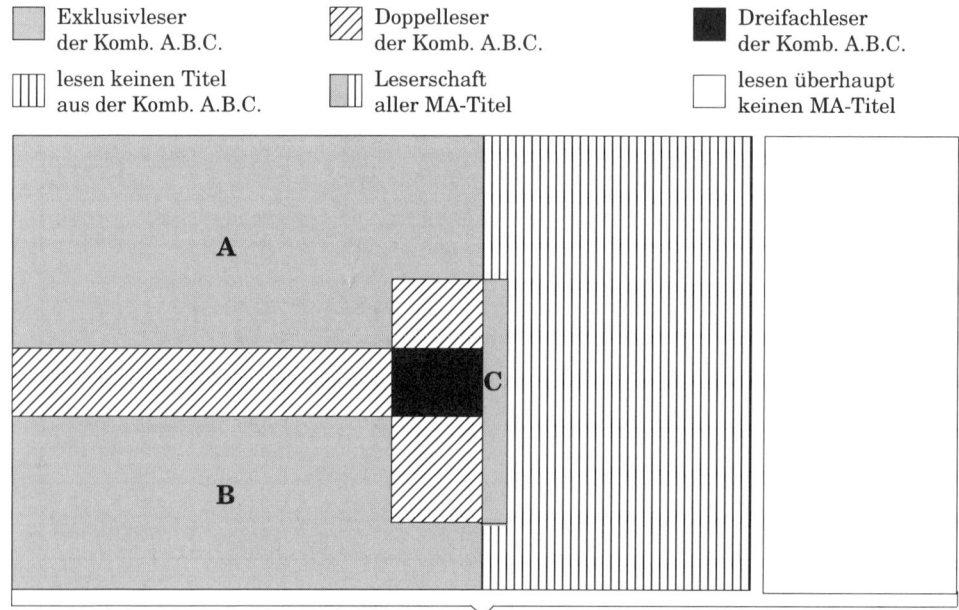

Gesamtbevölkerung (14 - 70 Jahre)

Brutto-Reichweite = A + B + C
Netto-Reichweite = (A + B + C) − (A/B + A/C + B/C + A/B/C)

$$\frac{\text{Brutto-Reichweite}}{\text{Netto-Reichweite}} = \text{Ø-Kontakt}$$

Abb.: Schema von Werbeträgerüberschneidungen
Quelle: HÖRZU (Hrsg.), Media-Kriterium, Hamburg

Es kann zwischen zwei Formen der Überschneidung unterschieden werden. **Externe Überschneidungen** berücksichtigen die Tatsache, dass bei der Schaltung unterschiedlicher Medien diese von den gleichen Personen (Mehrfachnutzer) genutzt werden. Interne Überschneidungen liegen vor, wenn bei mehrfacher Einschaltung eines Mediums die gleichen Personen wiederholt erreicht werden (Dauernutzer). Im Zusammenhang mit der Diskussion so genannter Kontaktverteilungen wird noch einmal auf diese Unterscheidung eingegangen.

Zur Bestimmung der Nettoreichweite sind verschiedene Verfahren vorgeschlagen worden, die dann eingesetzt werden können, wenn kaum Informationen über Mehrfachnutzungen von Medien vorliegen (*Schweiger*, 1975, S. 119 ff.). Die nachfolgend gezeigten Formelansätze zeigen einerseits das Grundprinzip von Überschneidungen und lassen sich andererseits als allgemeine **Entscheidungshilfen** verwenden.

Bezieht man die absolute Einzelreichweite (E) auf die jeweilige Gesamtzielgruppe (G), dann kann die errechnete Relation als **Kontaktwahrscheinlichkeit** (p) des Werbeträgers in der Zielgruppe interpretiert werden. Unter der Annahme, dass die Nutzung der verschiedenen Medien unabhängig voneinander geschieht (stochastische

Unabhängigkeit der Kontaktwahrscheinlichkeiten), könnten durch Multiplikation der Einzelkontaktwahrscheinlichkeiten die Wahrscheinlichkeiten für Mehrfachnutzungen (externe Überschneidungen) theoretisch bestimmt werden. Diese könnten dann wie tatsächliche Überschneidungsdaten verrechnet werden. Die so genannte **Sainsbury-Methode** geht nach diesem Schema vor, indem einfach von der Zielgruppe diejenigen abgezogen werden, die nach der Rechnung überhaupt nicht erreicht werden. Die Formel ist zur Abschätzung der Überschneidungen bei vielen Medien als erste Orientierung brauchbar.

E_i = absolute Einzelreichweite von i

G = Gesamtzielgruppe

P_i = Nutzungswahrscheinlichkeit durch i

N = Nettoreichweite

$$P_i = \frac{E_i}{G} \quad \text{relative Reichweite}$$

$p_{ij} = p_i \cdot p_j$ Wahrscheinlichkeit für die Nutzung von i und j

$(1 - p_i)$ Wahrscheinlichkeit für die Nicht-Nutzung von i

$N = 1 - (1 - p_1) \cdot (1 - p_2) \cdot ... \cdot (1 - p_n)$

Die Prämisse der stochastischen Unabhängigkeit lässt sich in der Realität häufig nicht aufrecht erhalten. Die Mehrfachnutzung verschiedener Medien findet ihre Begründung häufig in den besonderen Medieneigenschaften und den Zielgruppenmerkmalen. Bei besonderem Interesse werden Medien parallel genutzt (z.B. Zeitungen bestimmter politischer Richtungen, Special-Interest Zeitschriften, Rundfunksender mit überwiegend Unterhaltungsmusik usw.) Es ist vorgeschlagen worden, die Formel zur Berechnung der Überschneidungen so zu modifizieren, dass eventuelle **systematische Überschneidungen** Berücksichtigung finden. Bei Kenntnis einzelner Überschneidungsdaten, lässt sich diese Information zur Berichtigung bzw. Anpassung der Kontaktwahrscheinlichkeiten bei stochastischer Abhängigkeit verwenden. Im Grundprinzip wird das Berechnungsverfahren beibehalten. An die Stelle der theoretischen Wahrscheinlichkeiten (p_i) treten die **angepassten** relativen Reichweiten (p_i^*), die sich ergeben in Abhängigkeit von der Reichweite, die sich bereits durch andere Medien erzielen lässt. Die Quantuplikationsdaten werden in die Formel hineingerechnet. Die Berichtigung wird so vorgenommen, dass sich aus den bekannten Einzelreichweiten und den bekannten Nettoreichweiten von paarweisen Kombinationen die angepassten Einzelreichweiten (p^*) ergeben. Sie werden zur **Gesamtnettoreichweite** zusammengefasst.

E_i = absolute Einzelreichweite von i

G = Gesamtzielgruppe

P_i = Nutzungswahrscheinlichkeit durch i

N = Nettoreichweite

P_i = angepasste Nutzungswahrscheinlichkeit von i
in Abhängigkeit von anderen Medien

N_{ij} = Nettoreichweite von Medium i und j (Duplikation)

$N_{ij} = 1 - (1 - p_i) \quad (1 - p_j^*) \quad mit \ p_i > p_j$

$\rightarrow p_{ij}^* = \dfrac{1 - N_{ij}}{1 - p_i}$

$N = 1 - (1 - p_i) \cdot (1 - p_2^*) \cdot (1 - p_3^*) \cdot \ .... \ \cdot (1 - p_n^*)$

Eine weitere Annäherung kann die so genannte **Agostini-Formel**, in der die empirischen Einzelreichweiten (E_i) und die paarweisen Überschneidungen (Duplikationen) (D_{ij}) aufeinander bezogen werden, liefern. Die Nettoreichweite ergibt sich als Quotient aus dem Quadrat der Summe der Einzelreichweiten (Bruttoreichweite) und der mit einer empirischen Konstante gewichteten Summe der Doppelreichweiten vermehrt um die Bruttoreichweite.

Zu dieser zunächst seltsam anmutenden Formel kommt man durch folgende Überlegungen (*Bender,* 1976, S.82 f.). Die Summe der Einzelreichweiten (ΣE) ist größer als die Nettoreichweite (N). Entsprechend ist die Nettoreichweite als Bruchteil der Bruttoreichweite interpretierbar.

$$N = z \cdot \sum E$$

Das Verhältnis aus Bruttoreichweite und allen Doppelnutzungen bzw. Überschneidungen ($\Sigma\Sigma_D$)

$$x = \frac{\sum \sum D}{\sum E}$$

steht ebenfalls in einem Verhältnis zu dem Anteil der Nettoreichweite an der Bruttoreichweite und lässt sich in einen allgemeinen Formelausdruck fassen.

$$z = f(x)$$

Je mehr Doppelnennungen vorliegen, umso geringer wird die Nettoreichweite gemessen an der Bruttoreichweite. Durch empirische Untersuchungen hat Agostini einen Zusammenhang gefunden, der sich durch eine Funktion der Form

$$z = \frac{1}{c \cdot x + 1}$$

abbilden lässt. Die Konstante c kann durch einen Vergleich des Formelansatzes mit tatsächlichen empirischen Netto- und Bruttoreichweiten ermittelt werden. Bei Agostini hat sie einen Wert von 1,125.

E_i = Einzelreichweiten von i

Di_j = Doppelnutzerschaften von i und j

N = Nettoreichweite

c = empirische Konstante (1,125)

$$N = \frac{\displaystyle\sum_{i=1}^{n} E_i}{c \cdot \dfrac{\displaystyle\sum_{i=1}^{n}\sum_{i=1}^{n} D_{ij}}{\displaystyle\sum_{i=1}^{n} E_i}}$$

oder

$$N = \frac{\left(\displaystyle\sum_{i=1}^{n} E_i\right)^2}{c \cdot \displaystyle\sum_{i=1}^{n}\sum_{i=1}^{n} D_{ij} + \displaystyle\sum_{i=1}^{n} E_i}$$

Die Überprüfung für verschiedene Länder hat ergeben, dass im Allgemeinen recht gute Ergebnisse damit erzielt werden können. Individuelle Anpassungen sind möglich (*Schweiger*, 1975, S. 121/123) und sollten im Bedarfsfalle auch vorgenommen werden. Je größer die Konstante wird, umso stärker wirken sich einfache Doppelnutzung auf eine Verringerung der Nettoreichweite gegenüber der Bruttoreichweite aus. Nachfolgend wird an einer kleinen Beispielrechnung gezeigt, wie die gezeigten Ansätze Annäherungen von Nettoreichweiten liefern.

Rechenbeispiel

Ausgangsdaten:

$G = 2.500$
$N_1 = 1.000$ $p_1 = 0,40$ $D_{12} = 160$ $Q_{123} = 16$
$N_2 = 800$ $p_2 = 0,32$ $D_{13} = 100$
$N_3 = 500$ $p_3 = 0,20$ $D_{23} = 80$

Sainsbury-Methode:

$p = 1 - (1 - 0,4)(1 - 0,32)(1 - 0,2)$
$= 1 - 0,3264$
$= 0,6784$

$N = 1.684$

Modifizierte Sainsbury-Methode:

$N_{12} = 1.000 + 800 - 160 = 1.640$
$N_{13} = 1.000 + 500 - 100 = 1.400$

$p_{12} = 1.640/2.500 = 0,656$
$p_{13} = 1.400/2.500 = 0,56$

$1 - p_2^* = (1 - 0,656)/(1 - 0,4) = 0,5733$
$1 - p_3^* = (1 - 0,56)/(1 - 0,4) = 0,7333$

$p = 1 - (1 - 0,4)(0,5733)(0,7333)$
$= 0,7477$

$N = 1869$

Agostini-Formel:

$N_1 + N_2 + N_3 = 1.000 + 800 + 500 = 2.300$

$D_{12} + D_{13} + D_{23} = 160 + 100 + 80 = 340$

$N = 2.300^2 / (1.125 \cdot 340 + 2.300)$
$= 1.972$

Tatsächliche Netto-Reichweite:

$$N = 1.000 + 800 + 500 - 160 - 100 - 80 + 16$$
$$= 1.976$$

Je größer die Einzelreichweiten der Werbeträger als solche sind, umso größer wird auch die Wahrscheinlichkeit von Überschneidungen. Da das Gleiche auch im umgekehrten Fall gilt, sind die Reichweitenzuwächse bei Medien mit niedrigen Einzelreichweiten zunächst am größten. Das kann dann besonders interessant sein, wenn die zu Streuzwecken zur Verfügung stehenden Mittel relativ knapp bemessen sind. Wenn niedrige Reichweiten auch mit geringem Kosteneinsatz verbunden sind, lassen sich wirksame Streupläne entwickeln. Für die tatsächliche Entscheidung sind daher die Kosten mit einzubeziehen.

1.1.4 Kontaktverteilungen

Die reinen Kontakte (Reichweiten) allein reichen in vielen Fällen nicht aus zur Beurteilung der **Leistungsfähigkeit** der Medien. Durch parallele oder zeitlich aufeinander folgende Einschaltungen erzielte **Mehrfachkontakte** wirken in unterschiedlicher Weise auf die Umworbenen. Grundsätzlich kann davon ausgegangen werden, dass bei mehrmaligem Kontakt mit dem Werbemittel dieses auch stärker auf das Bewusstsein wirkt bzw. eher zur Erreichung des gesetzten Werbezieles führt. Externe und interne Überschneidungen sind somit nicht unbedingt als unerwünscht anzusehen.

Aus dem Verhältnis der kumulierten Einzelreichweiten (Bruttoreichweite) und der um die Mehrfachkontakte bereinigten Reichweite (Nettoreichweite) lässt sich die **durchschnittliche** Kontaktzahl ermitteln, die bei der Einschaltung der entsprechenden Medienkombination erzielt wird. Als Entscheidungskriterium für die Effektivität einer Medienkombination ist dieser Durchschnitt jedoch weitgehend unbrauchbar. Es sagt nichts über die tatsächliche Verteilung der erzielten Kontakte bei den Zielgruppen aus. Der Durchschnittswert ohne weitere Informationen ist umso unsicherer, je mehr Einschaltungen bzw. Kontaktmöglichenkeiten zu Grunde liegen.

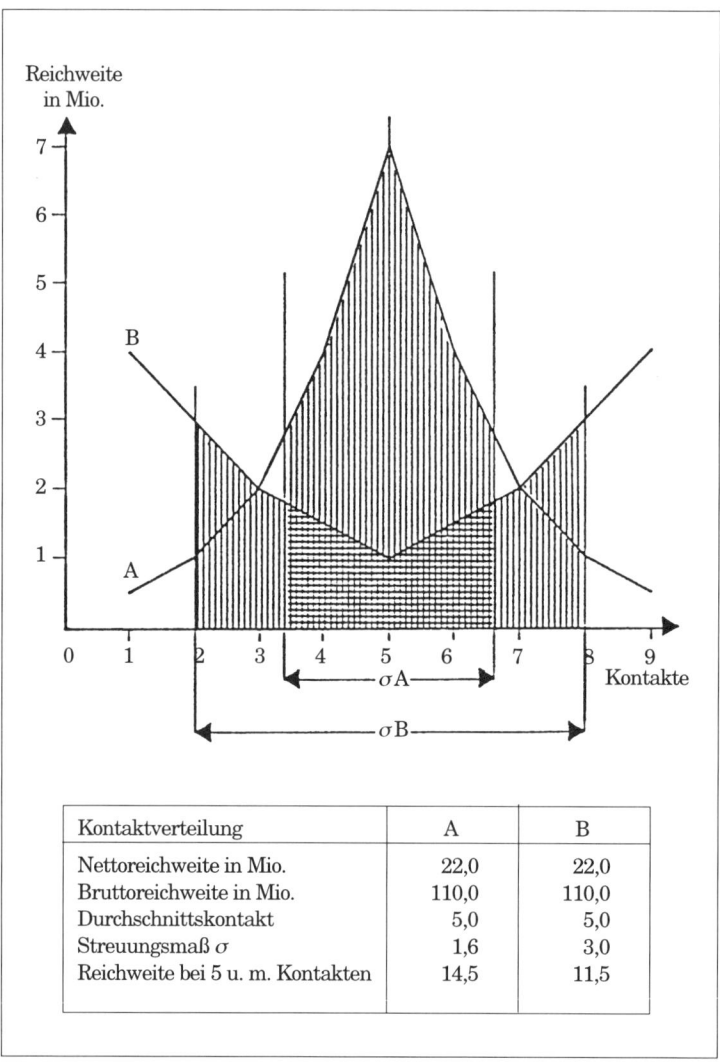

Die zugehörige Tabelle:

Kontaktverteilung	A	B
Nettoreichweite in Mio.	22,0	22,0
Bruttoreichweite in Mio.	110,0	110,0
Durchschnittskontakt	5,0	5,0
Streuungsmaß σ	1,6	3,0
Reichweite bei 5 u. m. Kontakten	14,5	11,5

Abb.: Beispiel gegensätzlicher Kontaktverteilungen
Quelle: HÖRZU (Hrsg.) Media-Kriterium, Hamburg

Es ist beispielsweise möglich, dass bei gleichem Durchschnitt völlig unterschiedliche **Verteilungen** vorliegen. So können die meisten Kontakte sehr eng um den
Durchschnittswert streuen. Aber auch die Konzentration an den Extrempunkten
der Verteilung und eine schwache Besetzung der Werte um den Mittelwert würde
das gleiche Ergebnis liefern. Bei einem Vergleich der Durchschnittswerte mit den
Wunschwerten einer **Responsefunktion**, würden falsche Ergebnisse herauskom-
men. Aus den Kontaktverteilungen lässt sich ersehen, wo tatsächlich die Schwerpunkte der Kontakte liegen.

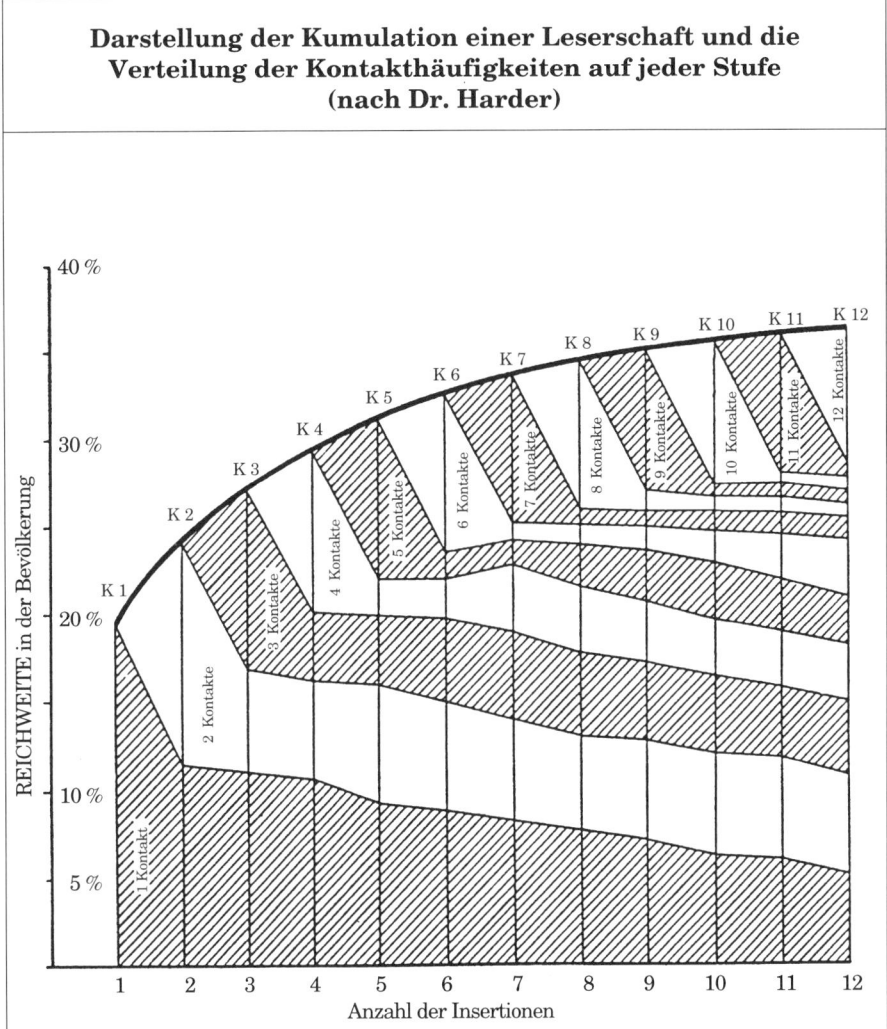

Darstellung der Kumulation einer Leserschaft und die Verteilung der Kontakthäufigkeiten auf jeder Stufe (nach Dr. Harder)

Abb.: Kontaktverteilung
Quelle: HÖRZU (Hrsg.): Media-Kriterien, S. 43

Unterstellt man, dass die eigentliche Kommunikationsleistung von der Anzahl der Kontakte abhängig ist, dann lässt sich bei Kenntnis der genauen Kontaktverteilung des Mediaplanes ein neues Leistungsmaß, die so genannte **wirksame Reichweite**, errechnen. Wenn jeder Kontakt zu einem Bruchteil an der gesamten Werbewirkung beteiligt ist, dann sind die Reichweiten mit den dazugehörigen Kontakten zu gewichten. Das geschieht in der Weise, dass man die Reichweiten in einzelne Reichweiten für Kontaktklassen zerlegt und diese dann mit den dazugehörigen Wirksamkeitsgraden (aus einer Responsefunktion) gewichtet.

N = Nettoreichweite (absolut)

N_i = Anzahl der Umworbenen mit i Kontakten in der Nettoreichweite

R_{N_i} = Anteil der Nettoreichweite für Kontaktklasse i

$N = N_1 + N_2 + N_3 + ... + N_n$

$$R_{N_i} = \frac{N_i}{N}$$

$$R_W = g_i \cdot \frac{N_i}{N} + g_1 \cdot \frac{N_2}{N} + ... + g_n \cdot \frac{N_n}{N}$$

$$R_W = \sum_{l=1}^{n} g_i \, R_{N_i}$$

Die wirksame Reichweite ist ein **gewichteter Durchschnitt**. Die Nettoreichweite muss bei unterschiedlichen Kontaktverteilungen und verschiedenen Responsefunktionen unterschiedlich interpretiert werden. Den Personen der Nettoreichweite kommt in Abhängigkeit von der bei ihnen erzielten Kontaktzahl ein unterschiedliches Gewicht zu. Dieses Gewicht wird durch die Responsefunktion bestimmt. Innerhalb der wirksamen Reichweite werden nur die Anteile an der Nettoreichweite berücksichtigt, bei denen die **mindestens geforderte Kontaktzahl** erreicht worden ist.

Aus diesem Grunde soll noch einmal kurz auf einige Zusammenhänge eingegangen werden, die sich aus den Überschneidungen beim Werbeträgereinsatz ableiten lassen. Durch das mehrfache Belegen eines oder mehrerer Werbeträger lassen sich grundsätzlich zwei Wirkungen erzielen: die Nettoreichweite steigt an, d.h. es werden mehr Personen erreicht (**Nettokumulation**), oder die Anzahl der Kontakte pro erreichter Person steigt, weil die Anzahl der Gesamtkontakte (**Bruttokumulation**) bei gleichbleibender Zahl der Erreichten steigt. Ein Zusammenwirken beider Effekte ist ebenso denkbar. Die Verbindungen der unterschiedlichen Wirkungselemente lassen sich in so genannten Kumulationsgesetzen formulieren (*Gaede/Kernebeck/Landgrebe/Vogt*, o. J., 3.4.1.2, 3.4.1.1, 3.4.2).

Ein starkes **Reichweitenwachstum** bedingt ein schwaches **Kontaktwachstum**. Umgekehrt bedingt ein schwaches Reichweitenwachstum ein starkes Kontaktwachstum. Anders ausgedrückt: Reichweitenwachstum geht zu Lasten des Kontaktwachstums. Dieser Zusammenhang gilt sowohl für die Mehrfachbelegung eines Mediums (interne Überschneidungen) als auch die gleichzeitige Belegung mehrerer Medien (externe Überschneidungen). Beide Zielgrößen (Kontakte, Reichweiten) gleichzeitig lassen sich nur über weitere Einschaltungen und andere Kombinationen erreichen, indem die Gesamtkontaktzahl erhöht wird. Im realen Fall wird sich der Mediaplaner (schon aus Kostengründen) für eine der beiden Möglichkeiten entscheiden müssen.

Aus der **Struktur der Nutzerschaften** eines Mediums bezüglich des Nutzerverhaltens lassen sich Aussagen über den möglichen Reichweitenzuwachs (Kontaktzuwachs) ableiten. Viele regelmäßige Nutzer im Nutzerkreis führen zu vielen Überschneidungen, die sich in höheren Kontaktwerten pro Person auswirken. Entsprechend bedingen viele regelmäßige Nutzer im weitesten Nutzerkreis ein schwaches Reichweitenwachstum, aber einen starken Kontaktzuwachs bzw. viele gelegentliche Nutzer ein starkes Reichweitenwachstum aber schwaches Kontaktwachstum. Je nach Zielsetzung lassen sich somit für die Wahl einzelner Medien im Rahmen der Mehrfachbelegung (interne Überschneidungen) bereits aus der Kenntnis des allgemeinen Nutzerverhaltens Entscheidungsregeln ableiten, auch ohne größere Rechnungen angestellt zu haben. Für Belegungen unterschiedlicher Medien ließe sich unter Umständen das Merkmal regelmäßiger Nutzer durch Gleichartigkeit der Nutzer ersetzen.

Für Überschneidungen (extern und intern) allgemein gilt, dass starke Überschneidungen mit schwachem Reichweitenzuwachs aber starkem Kontaktzuwachs verbunden sind und geringe Überschneidungen durch ein starkes Reichweitenwachstum und schwaches Kontaktwachstum gekennzeichnet sind. Alle genannten Merkmale sind wechselseitig miteinander verbunden.

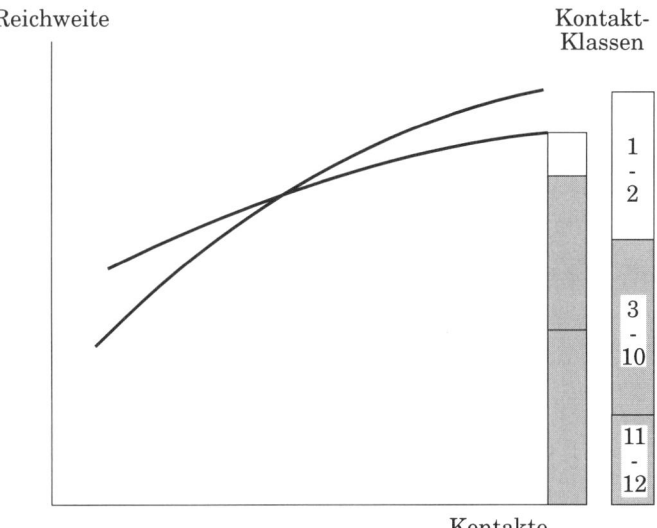

Abb.: Kumulation und Kontakte

In diesem Zusammenhang soll auf eine weitere Eigenart der Überschneidungen hingewiesen werden. Die Summe der Einzelreichweiten bei mehrfacher Belegung ist wegen möglicher Mehrfachkontakte größer als die tatsächliche Nettoreichweite (als Einfachkontakt definiert). Dabei gibt es keinen Unterschied, ob die Mehrfachbelegung über gleiche oder andere Titel zustande kommt. Die kontaktgewichtete oder wirksame Reichweite stellt ein genaueres Maß dar. Bei **Mehrfachbelegung eines Mediums** ist die wirksame Reichweite jeweils neu zu berechnen oder mittels der Kenntnisse über die Nutzerstrukturen abzuschätzen. Bei der Parallelbelegung mehrerer Medien kann man ähnliche Überlegungen anstellen wie bei den Einzelreichweiten. Die Summe der kontaktrichtigen Reichweiten der einzelnen Medien lässt sich nicht ohne weiteres addieren. Die wirksame Reichweite wird in der Regel niedriger sein als die wirksame Bruttoreichweite. In Abhängigkeit von der zu Grunde liegenden Responsefunktion sind aber auch Effekte aus Überschneidungen denkbar, die dazu führen, dass die **wirksame Nettoreichweite** sogar höher als die Summe der Einzelreichweiten ist (*Opfer,* 1979, S.121 ff.). Das liegt daran, dass nur tatsächlich wirksame Kontakte gezählt werden und durch Überschneidungen plötzlich neue Kontaktkumulationen hinzukommen.

Die genannten Zusammenhänge sind umso deutlicher, je steiler die Responsefunktion verläuft, d.h. je stärker sich die wirksamen Kontakte um einen Punkt konzentrieren. Nimmt man zu einem bereits mehrfach belegten Titel (x mal) einen anderen mit der gleichen Belegung dazu, so sind die mit dem zweiten Titel kontaktrichtig (x mal) erreichten Personen zum Teil schon in der kontaktgewichteten Reichweite des ersten Titels enthalten. Dieser Effekt mindert also die kontaktgewichtete Reichweite der Kombination gegenüber der Summe. Andererseits werden Personen aus der Leserschaft des ersten Titels, die weniger als x Kontakte mit den x Anzeigen bekommen, durch die Belegung des zweiten Titels dann so oft erreicht, dass sie nun zur kontaktgewichteten Reichweite der Zielgruppe mit der gewünschten Mindeskontaktzahl zählen, also im Ganzen die gewünschte Kontaktzahl x oder mehr haben. Dieser Effekt bläht die kontaktgewichtete Reichweite auf (*Opfer,* 1979, S. 121 ff.).

Die **Nutzerstruktur** der Medien wirkt sich hier teilweise in genau gegensätzlicher Weise aus wie oben beschrieben. Viele regelmäßige Nutzer führen im einfachen Fall zu einer Erhöhung der Kontaktzahlen. Im Falle der Doppelnutzung wirken sich gerade diese nun nicht erhöhend auf die Kontaktdosis aus. Vielmehr tragen die gelegentlichen Doppelleser zu der Vermehrung der Kontaktzahlen pro Person bei. Der Effekt ist umso höher, je höher die gewünschten Kontaktzahlen sind, die als wirksam angesehen werden.

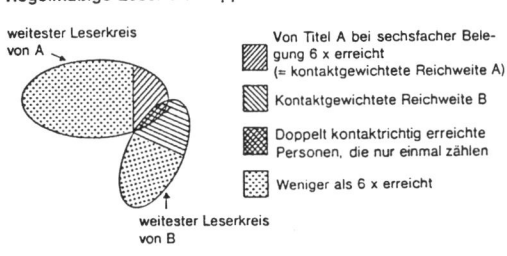

Regelmäßige Leser als Doppelleser

weitester Leserkreis
von A

Von Titel A bei sechsfacher Belegung 6 x erreicht
(= kontaktgewichtete Reichweite A)

Kontaktgewichtete Reichweite B

Doppelt kontaktrichtig erreichte
Personen, die nur einmal zählen

Weniger als 6 x erreicht

weitester Leserkreis
von B

Häufige und gelegentliche Leser als Doppelleser

WLK von A

Von jedem Titel weniger als 6 x, von
Titel A und B zusammen aber mindestens 6 x erreicht.

WLK von B

Verhalten der Leserschaften bei Kontaktmenge 1

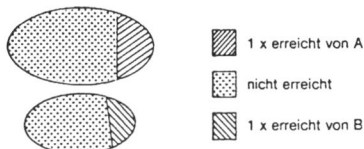

1 x erreicht von A

nicht erreicht

1 x erreicht von B

Abb.: Kontaktkumulation bei Mehrfachbelegung über mehrere Medien
Quelle: *Opfer, G.*: Besseres MA-Vorwissen für Planer, in: *Opfer, G.* und *Zacharias, G.*:
    Mediaplanung, Hamburg 1979, S. 123

1.2 Leistungsrelationen/Bewertungen

1.2.1 Tausenderpreise

Die Beurteilungskriterien Kosten und Leistung, etwa in Form von Reichweiten, sind
als unabhängige Bewertungskriterien relativ ungeeignet, da sie miteinander verbunden sind und gegenläufige Tendenz aufweisen. Versucht man die Kosten zu
minimieren, dann wird damit in der Regel gleichzeitig eine Verminderung der
Leistung verbunden sein und umgekehrt. Die Anzeigenpreislisten beispielsweise
sind von den Auflagenziffern direkt abhängig. Eine Möglichkeit, diesem Bewertungs-
dilemma zu begegnen, ist die Berechnung von Kosten/Leistungsrelationen in einer
Kennziffer. Ein solches allgemein übliches Kombinationsmaß ist der so genannte
Tausenderpreis. Die Kosten für die Einschaltung einer (oder gegebenenfalls mehrerer) Werbemaßnahmen werden in Beziehung gesetzt zu der Gesamtmenge der erzielten Leistungen und mit dem Faktor 1.000 multipliziert. Das Ergebnis ist der
Preis, der für die Erreichung von 1.000 Leistungseinheiten (verkaufte Exemplare,

erreichte Personen, Kontakte usw.) zu zahlen wäre. Der Tausenderpreis sagt nichts über die tatsächlichen absoluten Einschaltkosten aus. Er ist lediglich ein Vergleichs-maß, das die gegenüberstellende Bewertung von Werbeträgern mit unterschiedli-chen absoluten Kosten und Leistungen gestattet. In seiner einfachsten Form stellt sich der Tausenderpreis als unqualifizierter Tausenderpreis dar.

$$T_A = \frac{Preis\ pro\ Einschaltung \cdot 1.000}{Auflage}$$

An die Stelle der Auflage treten bei anderen Mediengattungen die äquivalenten Maße Anschlüsse, Anschlagstellen usw. Als Preise für die Einschaltung sind die normal üblichen Größen für die Einschaltung anzusetzen. Im Bereich der Printme-dien wird im Allgemeinen der Preis für eine 1/1 Seite in schwarz/weiß angesetzt. Bei elektronischen Medien kann eine Spotlänge von 15 oder 30 Sekunden zu Grunde gelegt werden. Wenn die Preise für die geplanten Einschalteinheiten verwendet werden und nur Tausenderpreise mit der gleichen Grundeinheit im Kostenbereich miteinander verglichen werden, ist letztlich die Wahl der Preiseinheit unerheblich. Schwierigkeiten treten allerdings dann auf, wenn die Preiseinheiten nicht unmittel-bar miteinander vergleichbar sind. Die Wirkungen einer Anzeigenseite, eines Werbespots, eines Werbefilms oder eines Plakates sind nicht unmittelbar miteinan-der vergleichbar. Daher ist bei späteren Vergleichen von Tausenderpreisen darauf zu achten, dass Vergleiche möglichst nur innerhalb einer Trägerkategorie statt-finden.

Der unqualifizierte Tausenderpreis sagt noch wenig über das tatsächliche Preis/ Leistungsverhältnis der Werbeträger aus. Wie wir gesehen haben, ist die Auflage nur eine Grundvoraussetzung für das Eintreffen weiterer Leistungsgrößen. Ebenso wie die Leistungsbegriffe als solche sich weiter differenzieren lassen, ist das für den Tausenderpreis auch möglich. Eine Verfeinerung, und damit größere Aussagekraft, lässt sich dadurch erreichen, indem die Größe Auflage durch genauere und mehr zielbezogene Größen ersetzt wird. Vergleichsgrößen können Leser pro Ausgabe, Hörer pro Zeitintervall usw. sein. Dadurch wird der Tatsache Rechnung getragen, dass trotz geringer Auflage eine hohe Kontaktwahrscheinlichkeit eines Titels besteht, da dieser auch von anderen genutzt wird. Die Tausenderpreise verbessern sich dadurch zunächst. Je nach Zielsetzung lässt sich so eine Reihe qualitativ unterschiedlicher Tausenderpreise ermitteln.

Für die Zielsetzung einer möglichst großen Reichweite im Rahmen einer Allgemein-umwerbung könnte der Tausenderpreis nützlich sein.

$$T_R = \frac{Preis\ pro\ Einschaltung \cdot 1.000}{allgemeine\ Reichweite}$$

Diese Tausenderpreise lassen sich auch aus den vorhergehenden und entsprechenden **Korrekturfaktoren** ermitteln (*Tietze / Zentes*, 1980, S. 310).

$$T_R = \frac{T_A \cdot Auflage \cdot 100}{1.000 \cdot allgemeine\ Reichweite\ (\%)\ Gesamtbevölkerung}$$

Weitere Verbesserungen und Anpassungen an die jeweiligen Zielsetzungen lassen sich durch die Berechnung **zielgruppengerechter Tausenderpreise** erreichen. Die Wirkungsgröße, die den Kontaktbereich beschreibt, wird um Kontakte bereinigt, die im Sinne der Aufgabenstellung weniger erfolgversprechend sind. Die Reichweiten der infrage kommenden Werbeträger werden nur auf der Grundlage der individuellen Zielgruppendefinition berechnet. Nur die zur Zielgruppe gehörigen Personen werden als Nutzer erkannt.

$$T_{ZG} = \frac{Preis\ pro\ Einschaltung \cdot 1.000}{Reichweite\ in\ Zielgruppe}$$

Weitere **Gewichtungen,** etwa nach Kontaktklassen, Werbeträgerkategorien usw. sind grundsätzlich möglich. Mit zunehmender Differenzierung wird das Leistungskriterium immer kleiner. Daraus folgt ein ständiges Steigen der Tausenderpreise. Für die Planung ist daher darauf zu achten, dass mögliche Vergleiche nur innerhalb einer vergleichbaren Leistungskategorie stattfinden. Die höheren Tausenderpreise sind dann auch mit qualitativ besseren Werbewirkungen gekoppelt.

1.2.2 Rangreihen

Tausenderpreise gewinnen ihre eigentliche Bedeutung erst durch einen Vergleich untereinander. Ein einzelner Tausenderpreis hat wenig Aussagekraft, wenn man einmal davon absieht, dass hohe absolute Einschaltkosten eher begreifbar werden. Wenn die Tausenderpreise für die verschiedenen infrage kommenden Objekte nach der Größe geordnet werden, dann lässt sich aus dieser so genannten Rangreihe der Beitrag ablesen, den die Medien in Relation zu dem Kostenaufwand zur Wirksamkeit der Werbung leisten. Das Medium mit dem niedrigsten Tausenderpreis, also dem günstigsten Preis/Leistungsverhältnis, würde am ehesten in einen Streuplan aufgenommen. Bei einem begrenzten Werbeetat ist es somit möglich, auf der Grundlage der Tausenderpreise sukzessive zu bestimmen, welche Medien in den Mediaplan aufgenommen werden. Die absoluten Einschaltkosten des Mediums verringern die noch zur Verfügung stehenden Etatmittel. Die Liste der Medien würde nach dem Tausenderpreiskriterium solange abgearbeitet werden, bis keine Etatmittel oder keine verplanbaren Medien mehr zur Verfügung stehen würden.

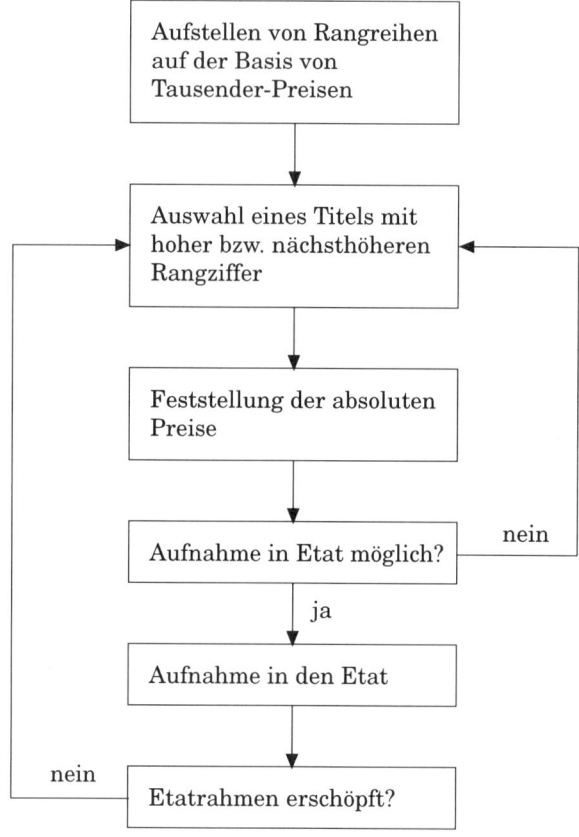

Abb.: Schema der sukzessiven Streuplanung

Es ist nicht notwendig, dass der Planer jedesmal die Liste der Tausenderpreise neu berechnet. Da die Tausenderpreise bzw. die Rangreihen ein allgemein übliches Planungsverfahren kennzeichnen, liefern die Werbeträger entsprechende **Entscheidungshilfen**, indem sie Listen mit bereits errechneten Tausenderpreisen bzw. Ranglisten zur Verfügung stellen.

Neben allgemeinen Rangreihen werden dabei zusätzlich differenzierte Rangreihen für unterschiedliche, fest vordefinierte Zielgruppen angeboten. Die Zielgruppenrangreihen orientieren sich einmal an den allgemein üblichen Zielgruppenmerkmalen und Kombinationen und zum anderen an den speziellen Strukturmerkmalen der Werbeträger. Da die Entscheidungshilfen der Werbeträger ihrerseits selbst Werbung (nämlich für den Verkauf von Werberaum und Zeit) darstellen, spiegeln sich die besonderen Strukturstärken der Träger in den Merkmalen der Rangreihen wieder. An den Objektivität der Daten selbst besteht jedoch kein Zweifel. Die Planungsüberlegungen des Mediaplaners schließen somit wieder die zielgerechte

Auswahl der Rangreihenmerkmale mit ein. Die Rangreiheninformationen enthalten neben den reinen Rangplätzen und den Tausenderpreisen in der Regel auch Angaben über die **tatsächliche Reichweite** und die **Struktur der Medien,** sowie die absoluten Einschaltpreise.

Je nach gewählter Zielgruppendefinition können sich die Rangreihen verändern. Es ist sinnvoll für die Mediaplanung verschiedene Rangreihen zu verwenden und gegenüber zu stellen. Wenn sich bei diesem Verfahren herausstellt, dass mehrere Medien immer auf den ersten Rangplätzen liegen, dann wird dadurch die Entscheidung für diese Medien wesentlich erleichtert.

Es kann vorkommen, dass sich Kandidaten mit hohen Rangplätzen in einem Mediaplan nicht verwirklichen lassen, da die absoluten Kosten zu hoch sind und der Etat die Schaltung nicht zulässt. Dann sind diese Medien aus der Rangliste zu streichen. Die Titel mit den größten Reichweiten liegen nicht notwendigerweise auf den ersten Plätzen, sodass für die Mediaplanung der Einsatz mehrerer kleinerer und absolut billigerer Titel gerechtfertigt erscheinen kann. In diesem Zusammenhang ist jedoch wieder auf die Überschneidungen hinzuweisen.

Das normale Tausenderpreisrangreihenverfahren geht von der Annahme aus, dass keine Überschneidungen vorliegen. Ranglisten führen umso eher zu „richtigen" Ergebnissen, je geringer die Überschneidungen sind. Zusätzliche Informationen über (externe) Überschneidungen sollten daher, wenn auch nur qualitativ, mit in die Beurteilungen einbezogen werden. Der Tausenderpreis eines Titels muss sich streng genommen in Abhängigkeit von den bereits vorher eingeplanten Titeln ändern. Je größer die Überschneidungen sind, umso höher ist ein neuer „exakter" Tausenderpreis. Liegen daher zwei Medien bezüglich ihrer Tausenderpreise relativ nahe beieinander und sind gleichzeitig große Überschneidungen feststellbar, dann kann es sinnvoll sein, nur einen Titel in den Plan zu übernehmen und als nächsten einen anderen Titel zu wählen, der zwar einen höheren Tausenderpreis hat, aber dafür zu weniger Überschneidungen führt. Besser ist es selbstverständlich, die Rechnung bei der Kombination von Titeln sofort auf die Nettoreichweite abzustellen. Entweder kann man sich hierfür der bereits genannten, formelmäßigen Verfahren zur Ermittlung der Nettoreichweiten aus den Einzelreichweiten bedienen oder man setzt, so weit verfügbar, die tatsächlichen Nettoreichweiten ein.

Für bestimmte Kombinationen werden Tausenderpreise bereits in den Listen geführt. Es handelt sich hier aber um so genannte **Rabattkombinationen.** Das sind Werbeträger, die sich in der Hand eines Eigners befinden und gleichzeitig belegt werden können. Für die Kombination wird dann auch ein besonderer Rabatt gewährt. Die Tausenderpreise sinken wegen der Rabatte, steigen jedoch wegen der Überschneidungen. Wenn es gelingt, die Überschneidungen zu erfassen, dann steigt praktisch im Diagramm von Leistung (Streudichte, Reichweite) und Kosten die Leistung gegenüber den Kosten unterproportional an.

Die Einschaltfrequenzen für die einzelnen, in den Plan einzubeziehenden Medien müssen im Voraus festgelegt und als unabhängige Realisationsgrößen angesehen werden.

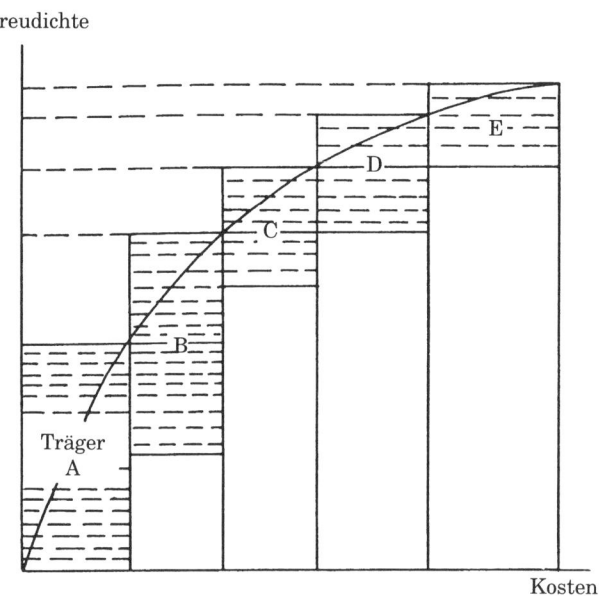

Abb.: Werbeträgerbestimmung und Etatausschöpfung nach dem Kriterium der Kostengünstigkeit

Die bisherigen Überlegungen gelten nur für das Zielkriterium Maximierung der Reichweite. Für die Maximierung der Kontakte insgesamt sind Differenzierungen nicht notwendig. Wenn jedoch die Anzahl der Kontakte pro (Ziel-)Person eine Rolle für die Wirksamkeit der Werbung spielt, dann sind weitere Berechnungen notwendig. Die Rangreihen sollten dann auf der wirksamen d.h. kontaktrichtig gewichteten Reichweite basieren. Die herkömmlichen Rangreihen sagen dann nur noch wenig aus, da unterschiedliche Kontaktklassen in ihnen nicht berücksichtigt werden. Die ursprünglichen Rangreihen können sich sehr wesentlich verändern. Die Richtung der Änderung ist nicht ohne weitere Informationen ersichtlich.

Rangfolgen-Verschiebung bei mehr Kontakten

Einmalbelegung	Sechsmalbelegung
1. DAS BESTE	1. HÖR ZU
2. QUICK	2. TV HS
3. HÖR ZU	3. DAS BESTE
4. TV HS	4. BASIS KOMB.
5. STERN	5. QUICK
6. BUNTE	6. STERN
7. BASIS KOMB.	7. BUNTE
8. NEUE R.	8. NEUE R.

Abb.: Beispiel für eine Rangfolgenverschiebung bei mehr Kontakten
Quelle: *Opfer, G.*: Besseres MA-Vorwissen für Planer, in: *Opfer, G.* und *Zacharias, G.*:
   Mediaplanung, Hamburg 1979, S. 112

Neue Rangreihenberechnungen sind streng genommen bereits durchzuführen, wenn einzelne Medien mehrfach belegt werden sollen (interne Überschneidungen). Opfer hat sich mit diesem Problem beschäftigt und kommt zu folgenden Ergebnissen (*Opfer*, 1979, S. 85 ff.):

• Die Rangfolge der Kandidaten verschiebt sich bei Mehrfacheinschaltungen und dem Beurteilungskriterium „gewünschte Kontaktmenge" erheblich.

• Es lohnt sich, bei der Planung auch höhere Belegungsfrequenzen als die gewünschten bei den einzelnen Titeln ins Auge zu fassen.

• Der Tausenderpreis für kontaktrichtig erreichte Personen wächst mit zunehmender gewünschter Kontaktzahl überproportional.

• Der Abstand vom günstigsten zum teuersten 1.000-Preis für kontaktrichtig erreichte Personen wächst mit ansteigender gewünschter Kontaktmenge überproportional.

Es lohnt sich umso mehr, Rangreihen für „kontaktrichtig erreichte Personen" zu benutzen, je höher die gewünschte Kontaktmenge ist, denn umso größer werden die Kostenunterschiede.

Ein Rechenbeispiel für die Arbeit mit solchen differenzierten Rangreihen findet sich bei Opfer ebenfalls (*Opfer,* 1979, S.118/119).

Beispiel für Reichweiten und Tausenderpreise für gewünschte Kontaktmenge 6

Titel	Belegungen	5x	6x	7x	8x
HÖR ZU	(1)		10,29	11,21	11,55
	(2)		–	0,92	0,34
	(3)		55,53	103,51	280,10
TV HS			5,30	5,98	6,26
			–	0,68	0,28
			60,88	79,14	192,19
DAS BESTE			1,96	2,35	2,63
			–	0,39	0,28
			71,71	60,04	83,12
BASIS KOMBI		3,97	8,11	8,75	10,32
		–	–	1,64	0,57
		135,11	76,10	62,72	180,46
QUICK			2,04	2,46	2,69
			–	0,42	0,28
			95,32	77,14	115,71
STERN			3,98	5,24	5,78
			–	1,26	0,54
			97,14	52,91	123,44
BUNTE			2,74	3,51	3,86
			–	0,77	0,35
			100,61	59,67	131,25
NEUE REVUE			2,10	2,71	3,04
			–	0,61	0,33
			118,16	67,77	125,28

Arbeitsschritte:	Frequenz	kontakt-richtig erreicht (Mio)	kumuliert II Kosten* (1000 DM)	kumuliert III 1000-Preis (DM) II:I
● Man beginnt mit dem günstigsten Titel: HÖR ZU	6	10,29	571,40 (=10,29×55,53)	55,53
● Mit einem Markierungsstift streicht man die „verbrauchte Zahl" 55,53 an. Das zeigt an, daß bei HÖR ZU nun die 7. Belegung zum 1000-Preis von 103,51 (für den Zuwachs) zur Disposition steht. Dieser Preis steht aber innerhalb der Titelliste ungünstig.				
● Die nächstbeste Belegung ist TV-HS. Wieder wird die zugehörige Zahl (60,88) markiert, was auf die 7. Belegung mit 79,14 hinweist.	6	15,59 (=10,29 + 5,30)	894,05 (= 571,40 + x 60,88)	57,35
● Nun folgt DAS BESTE	6	17,65 (=15,59 + 1,96)	1034,62 (= 894,05 + x 1,96 71,71)	58,82
● Die nächste Belegung von DAS BESTE hat nun mit 60,04 den niedrigsten 1000-Preis in der Liste, also nimmt man diesen Titel noch einmal dazu.	1	17,94	1035,54	57,72
● Die b Belegung von DAS BESTE ist mit 83,12 noch nicht interessant.				
● Es steht nun BASIS KOMBI 6x an nächster Stelle. Man müßte nun aber TV HS wieder aus dem Plan eliminieren, da diese Zeitschrift in der BASIS KOMB. enthalten ist. Auch kann es sein, daß mit diesem „großen Brocken" der Etat schon überschritten wird (Kosten 76,10 x 8,11). Dann würde man statt dessen die 7. Belegung von TV HS zum 1000-Preis von 79,14 und Gesamtkosten 79,14 x 0,68 nehmen.	6 6x TV-HS wieder heraus	20,75	1330,05	64,10
● So fährt man fort, bis das Budget erschöpft ist.				

* Die bei einem Schritt neu hinzukommenden Kosten errechnen sich aus den Zahlen der Tabelle so: 1000-Preis x Zuwachs an kontaktrichtig erreichten Personen = Wert in Zeile 2 x Wert in Zeile 3 Bei der 6. Belegung ist statt Zeile 2 die Zeile 1 zu nehmen.

Abb.: Beispielrechnung für Reichweiten und Tausenderpreise für gewünschte Kontaktmenge 6
Quelle: *Opfer, G.*: Besseres MA-Vorwissen für Planer, in: *Opfer, G. und Zacharias, G.*: Mediaplanung, Hamburg 1979, S. 118/119

Im Prinzip sind Rangreihenverfahren relativ einfach durchzuführen. Gerade bei kleinen Etats ist ein komplexes, unkompliziertes Beurteilungsverfahren wegen der damit verbundenen niedrigen Kosten und der Schnelligkeit von großem Vorteil. Selbstverständlich ist mit Rangreihen und Tausenderpreisen auch eine Reihe von Kritikpunkten verbunden, die im Einzelfall gegen die Kosten bzw. den Genauigkeitsgewinn abgewogen werden müssen (*Schweiger,* 1972, S. 356 ff.; *Schweiger,* 1975, S. 201 f.; *Meyer/Hermanns,* 1981, S. 119, *Tietz / Zentes,* 1980, S. 320).

• Die Wirtschaftlichkeitsvergleiche gehen von möglichen und nicht von tatsächlichen Kontakten aus. Der Werbeträgerkontakt wird vor den Werbemittelkontakt gestellt.

• Die unterschiedlichen Kontaktqualitäten (Kommunikationseigenschaften) der Träger werden nicht berücksichtigt. Es wird angenommen, dass alle Träger gleichermaßen für die Übermittlung der Botschaft geeignet sind.

• Es wird in der Regel unterstellt, dass die Werbewirkung unabhängig von der Anzahl der Kontakte im Einzelnen ist. Es wird eine Linearität zwischen Kontakten und Einschaltungen angenommen. Reichenweitenkumulationen sowie Überschneidungen von Medien interner und externer Art werden kaum berücksichtigt.

• Die Methode der Rangreihe ist nicht optimal, da die Etatgrenzen die Realisation bestimmter Träger nicht zulassen. An sich ungünstige Einzelträger werden nicht in günstigen Kombinationen eingesetzt. Anderer Meinung ist hier Schmalen, der keinen Unterschied in den Ergebnissen der Rangreihenmethode und dem Einsatz von Linearen Optimierungsrechnungen sieht (*Schmalen,* 1985, S.144). Dieser Ansicht kann jedoch nicht zugestimmt werden, da der Einsatz der linearen Optimierung durchaus bei Vorliegen von Etatgrenzen und unterschiedlicher Inanspruchnahme des Etats durch Träger (Restlücken) andere und damit auch in der Leistung unterschiedliche Pläne zulässt.

• Die Rangreihen lassen sich nur innerhalb der gleichen Medienkategorie verglechen. Die Ermittlungsverfahren der Kontakte sind unterschiedlich bzw. mit unterschiedlichen Fehlern behaftet, die sich in einem Vergleich nicht neutralisieren. Während bei den klassischen Medien die tatsächlichen Kontaktzahlen eher zu hoch sein dürften wegen Fehler in der Erinnerung der Befragten, sind die Kontaktzahlen bei den direkten Erhebungsverfahren im Internet über die so genannten Log-Files eher zu niedrig, da Kontakt aus Zwischenspeichermöglichkeiten der Informationen über Rechner-Cache und Proxi-Server nicht berücksichtigt werden.

Den Kritikpunkten kann jedoch, wenn sie bekannt sind, in Form von individuellen und qualitativ begründeten Korrekturen an den Plänen begegnet werden, sodass sich das Rangreihenverfahren als durchaus brauchbares Mediaplanungsverfahren mit folgenden Schritten anbietet:

(1) Auswahl von Zielgruppenmerkmalen und Zielgruppenbeschreibung;

(2) Vorauswahl von Einzelträgern nach der Übereinstimmung von Nutzerschaft und Zielgruppendefinition (Entsprechung der Nutzerstruktur);

(3) Ermittlung von Tausenderpreisen auf der Basis der Zielgruppenmerkmale für verschiedene Einschaltfrequenzen;

(4) Ordnen und Erstellen einer Rangreihe nach dem Kriterium der Kostengünstigkeit bzw. Erfolgswirksamkeit;

(5) Auswahl der Einzeltitel nach der Reihenfolge der Rangreihe bis zur Ausschöpfung einer eventuellen Etatgrenze;

(6) Auswahl von Kombinationen bis zur Etatgrenze.

1.3 Gewichtungen

Eine tatsächliche **Vergleichbarkeit** der Träger über Tausenderpreise, Rangreihen usw. ist im Prinzip erst gegeben, wenn den Trägern die gleiche Ausstattung zu Grunde liegt. Sie müssen bezüglich der Größe, den Gestaltungsmöglichkeiten, der Einschätzung durch die Zielgruppe, der Informationsqualität usw. vergleichbar sein. Diese Vergleichbarkeit ist in der Regel nicht gegeben. Der Intermediavergleich über verschiedene Mediengattungen hat das bereits gezeigt. Auch innerhalb einer Gattung sind die Titel nur bedingt vergleichbar (z.B. Spiegel, DIE ZEIT). Außerdem kann eine Auswahl nur nach Zielgruppenmerkmalen im Sinne von „gegeben" und „nicht gegeben" zu falschen Ergebnissen führen, da auch Nicht-Zielgruppenmitglieder zur Werbewirkung beitragen können.

Diese Einschränkungen lassen es sinnvoll erscheinen, weitere **Korrekturen** in Form von so genannten Gewichtungen einzuführen. Die Ausgangsdaten bzw. das ursprüngliche Bewertungskriterium (Reichweite, allgemeine Nutzungswahrscheinlichkeit o. Ä.) wird nacheinander mit verschiedenen Korrekturfaktoren berichtigt. In der Regel geschieht das über eine fortlaufende Multiplikation mit einem Koeffizienten, der die Ausgangswirkung vermindert. Zum Schluss wird die neue berichtigte Wirkungsgröße zur Entscheidungsgrundlage gemacht. Es werden Personengewichtungen, Kontaktgewichtungen und Mediengewichtungen (*Freter*, 1974; *HÖRZU-Service*, 1974; *Schweiger*, 1975) unterschieden.

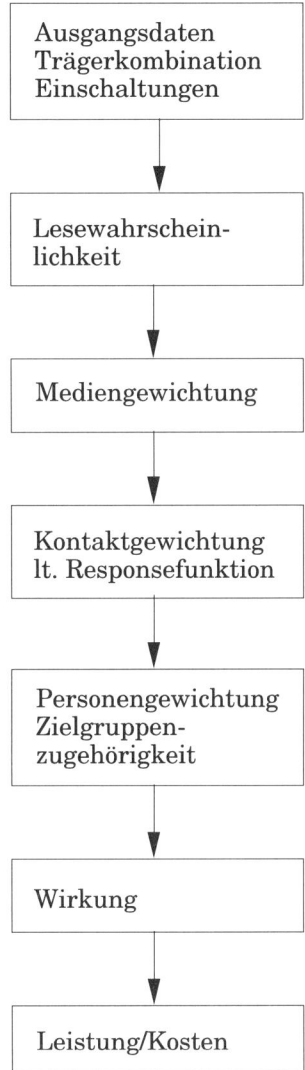

Abb.: Schema des Gewichtungsablaufes in der Media-Selektion

1.3.1 Zielgruppengewichtungen

Im Begriff der wirksamen Reichweite wird bereits nach unterschiedlichen Wirkungsintensitäten unterschieden, indem die Anzahl der notwendigen Kontakte und die Zielgruppenzugehörigkeit berücksichtigt wird. Ein Zielgruppenmitglied trägt zur Werbewirkung bei. Eine Nichtzielgruppenperson hat keinen Einfluss auf die Wirkung. Entsprechend ist jeder Kontakt zu einem Nicht-Zielgruppenmitglied im Prinzip überflüssig. Überstreuungen der Medien machen sich somit in einem hohen zielgruppenbezogenen Tausenderpreis bemerkbar und verursachen (vermeidbare) Kosten. Die **Zielgruppenabgrenzung** entscheidet wesentlich über die Medienauswahl. Wenn im Rahmen einer Multi-Zielgruppenstrategie mit mehreren verschiedenen Zielgruppen gearbeitet wird, können diese in der Gesamtbetrachtung mit dem Anteil gewichtet werden, der dem erwarteten Beitrag der Gruppe zur Zielerreichung entspricht. Verfolgt man diesen Gedanken weiter, dann kommt man zu dem Ergebnis, dass auch Überstreuungen, d.h. Kontakte bei Personen, die nicht in der definierten Zielgruppe sind, zu Wirkungen führen. Die Wirkungsintensität der Kontakte ist selbstverständlich bei Zielgruppenangehörigen größer als bei den anderen. Die wirksame Reichweite muss genau genommen um die nach Gruppenzugehörigkeit **gestufte Wirkungsintensität** erweitert werden.

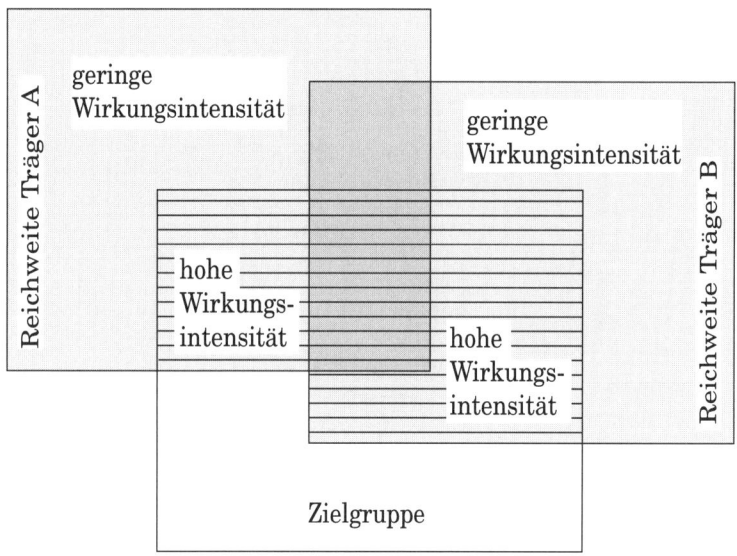

Abb.: Reichweite und Wirkunsgintensität in Abhängigkeit von Zielgruppe und Träger

Eine **Personengewichtung** soll die erreichten Personen nach dem Beitrag ordnen, den diese für die Erfüllung der Werbeziele leisten. Das lässt die Berücksichtigung mehrerer Zielgruppen nebeneinander zu. Die verwendeten Gewichte sollen zum Ausdruck bringen, ob ein Kontakt den vollen, keinen oder einen anteiligen Beitrag zur Zielerreichung liefern kann. Die Gewichte, die Wahrscheinlichkeiten vergleichbar sind, können unter verschiedenen Gesichtspunkten gebildet werden. Personenabhängige Aufmerksamkeit, Reaktionswahrscheinlichkeit, Ansprechbarkeit durch Werbung generell, Kaufverhalten und Intensitäten oder andere Variable der Marktsegmentierung usw. können Ausgangspunkte für die Wahl von Wirkungsgewichten sein. Jedem dieser Beeinflussungsfaktoren können eigene Teilgewichte zugeordnet werden. Es ergibt sich dann das Problem der **Verknüpfung** der Einzelgewichte zu einem Gesamtpersonengewicht (*HÖRZU-Service,* 1974, S. 209 ff.). Es gibt eine Reihe von Verknüpfungsverfahren für die einzelnen Personenmerkmalen zugeordneten Teilgewichten.

Eine **multiplikative** Verknüpfung (*HÖRZU-Service*, 1974, S. 209) der Einzelgewichte interpretiert die Gewichte als Erfolgswahrscheinlichkeiten für die demografischen Untergruppen, die durch Multiplikation zu einer neuen Gesamtwahrscheinlichkeit zusammengefasst werden.

$$G_m = g_1 \cdot g_2 \cdot g_3 \cdots \cdot g_n$$

Dieses Verfahren unterstellt eine stochastische **Unabhängigkeit** der Einzelmerkmale mit ihren Wirkungsanteilen. Das kann nicht immer vorausgesetzt werden. Da die Einzelgewichte nicht größer als eins werden können, besteht die Tendenz, dass die Gesamtgewichte immer kleiner werden. Je kleiner einzelne Teilgewichte sind bzw. je mehr Gewichte in die Rechnung eingehen, umso stärker wird dieser Effekt. Schließlich können die Wirkungsgewichte so klein werden, dass überhaupt keine Wirkung mehr berücksichtigt wird. Das Gesamtgewicht ist in jedem Fall kleiner als das kleinste Einzelgewicht. Wenn einzelne Zielgruppenmerkmale unbedingte Voraussetzung für die Wirksamkeit der Werbung sind, liefert diese Methode gute Ergebnisse. Eine Multiplikation mit Null führt zu einem (gewünschten) völligen Herausfallen der Person. Die generell kleineren Ergebniswerte wirken sich unter Umständen auf die Gesamtentscheidung nicht aus, da alle Medien gleichermaßen von der Maßstabverschiebung betroffen sind.

Eine Möglichkeit die Maßstabverkleinerung zu umgehen bzw. die zu starken Auswirkungen kleiner Einzelgewichte zu mindern, liegt in der Verwendung eines geometrischen **Mittels** (*HÖRZU-Service*, 1974, S. 210).

$$G_g = \sqrt[n]{g_1 \cdot g_2 \cdots \cdot g_n}$$

Das Endgewicht liegt zwischen dem niedrigsten und dem höchsten Einzelgewicht.

Eine weitere Möglichkeit besteht in der **Addition der Gewichte** für Merkmalskombinationen. Dabei kann es geschehen, dass die Summe der Gewichte größer als eins wird. Dann dürfen die Gewichte jedoch nicht mehr als Wahrscheinlichkeiten interpretiert werden. Im Gesamtergebnis ist das nicht wesentlich, da alle beteiligten Medien in gleichem Maße betroffen sind. Trotzdem erscheint es angebracht, schon allein aus Gründen der besseren Einsichtigkeit, ein arithmetisches Mittel zu verwenden.

$$G_a = \frac{g_1 + g_2 + \dots + g_n}{n}$$

Das Endgewicht hat dann einen Wert, der zwischen dem minimalen und dem maximalen Einzelgewicht liegt. Die besondere Bedeutung einzelner Gewichte kann in der Form nicht mehr zur Geltung kommen. Es bietet sich an, unter Umständen für einzelne Teilmerkmale, die als unabdingbare oder besonders wichtige Merkmale angesehen werden, **zusätzliche Wichtungsfaktoren** einzuführen, sodass das einfache arithmetische Mittel zu einem gewichteten arithmetischen Mittel wird.

Weitere mögliche Verknüpfungsregeln sind das Mittel der Quadrate der Einzelgewichte

$$G_q = \sqrt{\frac{g_1^2 + g_2^2 + \dots + g_n^2}{n}}$$

und das Mittel der Komplemente der Quadrate aus der einfachen multiplikativen Verrechnung (*HÖRZU-Service, 1974, S. 211/212*).

$$G_k = \sqrt{\frac{(1-g_1)^2 + (1-g_2)^2 + \dots + (1-g_n)^2}{n}}$$

Genauere Ergebnisse liefert das Verfahren der **Zellengewichtung**. Die Gewichte werden nicht mehr unabhängig voneinander verknüpft, sondern es werden für die Gesamtzielgruppe bzw. die Gesamtgruppe der Werbeerreichten einzelne Segmente gebildet, die mit sozio-demografischen oder psychologischen Merkmalen beschrieben werden können. Für jede Merkmalskombination (Zelle) wird unabhängig ein eigenes Gewicht bestimmt. Das Problem der stochastischen Unabhängigkeit stellt sich nicht mehr, da die Wirkungsgewichte anhand empirischer Untersuchungen bestimmt werden. Im Datenerhebungsbereich ist allerdings ein erheblich größerer Aufwand zu betreiben, der nicht immer geleistet werden kann.

Das **Informationsproblem** reduziert sich, wenn im Rahmen der Serviceleistungen dem Werbeträger Informationen über Segmentationen (Typologien usw.) bereit gestellt werden. Werbeträger (insbesondere Großverlage) bieten ihren Kunden einen Auszählservice an, in dem für vorgegebene Zielgruppen und für bestimmte Belegungspläne entsprechende Berechnungen durchgeführt werden. Die Zellengewichtung wird dann zur Grundlage einer **Simulation**, bei der Personenstichproben gezogen werden (Kartensatz) und bei der für jede einzelne Person in der Stichprobe anhand der Zellengewichtungsmethode festgestellt wird, welchen Beitrag die Person liefert.

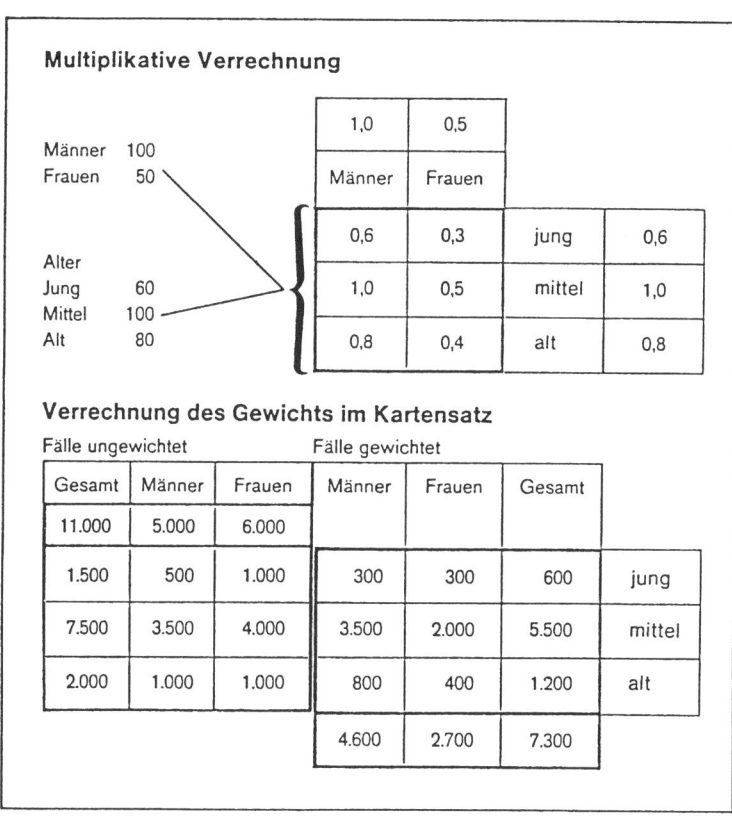

Abb.: Zellengewichtungsschema
Quelle: HÖRZU-Service (Hrsg.): Media-Kriterien, Media-Programme, Media Probleme, Hamburg

Für erste Übersichten eignen sich die einfachen Verknüpfungen gut. Vor allem die multiplikative Verrechnung ist gut geeignet, wenn darauf geachtet wird, dass nicht zu viele Merkmale in die Rechnung einbezogen werden und wenn nicht gleichzeitig stark miteinander korrelierende Zielgruppenmerkmale verknüpft werden. Eine unerwünschte Kumulation der Teilgewichte sowohl nach oben als auch nach unten ist die sonst vermeidbare Folge.

1.3.2 Kontaktgewichtung

Den Gedanken der kontaktrichtig erreichten Personen haben wir bereits kennen gelernt. Ausgehend von der Annahme, dass mit steigender Anzahl der Kontakte auch die Wirkung der Werbung steigt, erscheint es sinnvoll, den Werbeträgereinsatz ebenfalls nach der Anzahl der erzielten Kontakte bzw. nach den Häufigkeiten in den **Kontaktklassen** zu gewichten. Dazu ist es notwendig, dass Erkenntnisse über den Zusammenhang zwischen Kontakt und Werbewirkung vorliegen. Die Zusammenhänge zwischen Kontakten und Werbewirkung werden in so genannten Responsefunktionen dargestellt. Es sind verschiedene Formen für **Responsefunktionen** (linear, gestuft, degressiv, s-förmig) vorgeschlagen worden (HÖRZU-Service, 1974, S. 58 ff.; *Schweiger*, 1975, S. 152 ff.; *Bender*, 1976, S. 115 ff.).

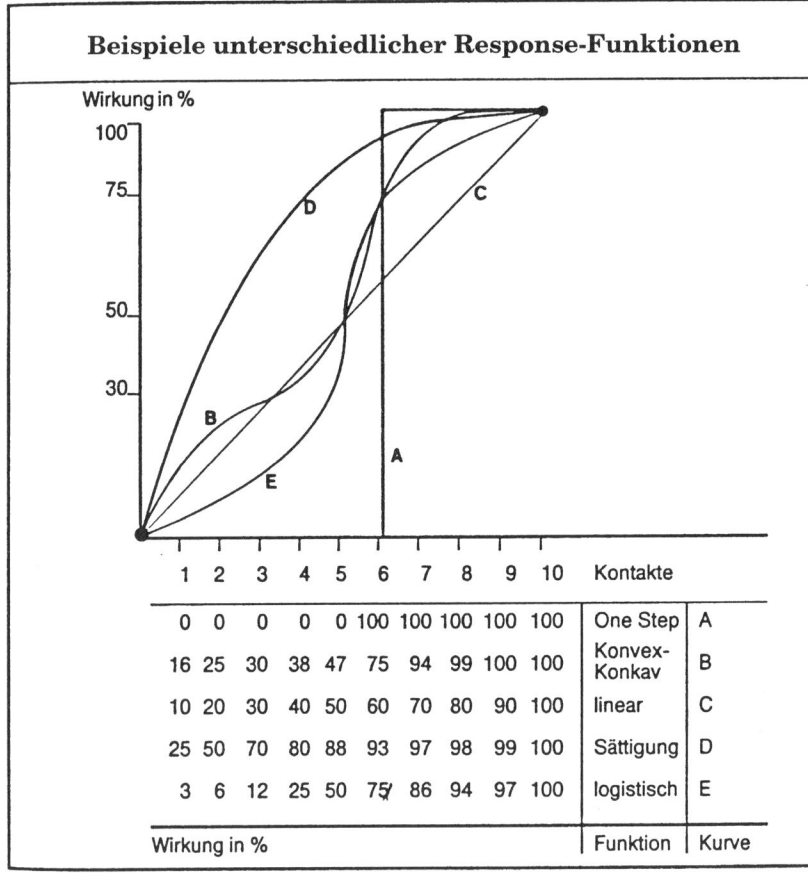

Beispiele unterschiedlicher Response-Funktionen

	1	2	3	4	5	6	7	8	9	10	Kontakte	
	0	0	0	0	0	100	100	100	100	100	One Step	A
	16	25	30	38	47	75	94	99	100	100	Konvex-Konkav	B
	10	20	30	40	50	60	70	80	90	100	linear	C
	25	50	70	80	88	93	97	98	99	100	Sättigung	D
	3	6	12	25	50	75	86	94	97	100	logistisch	E
Wirkung in %											Funktion	Kurve

Abb.: Unterschiedliche Responsefunktionen
Quelle: HÖRZU-Service (Hrsg.): Media-Kriterien, Media-Programme, Media-Probleme, Hamburg

Ein Grundproblem der Responsefunktion liegt in der Wahl der Wirkungsgröße. In Abhängigkeit von der Zielgröße sind unterschiedliche Funktionsformen denkbar. Ist die Wirkungsgröße die Erinnerungsfähigkeit oder der Bekanntheitsgrad eines Produktes oder einer Produkteigenschaft, dann kann die Wirkungssteigerung als mehr oder weniger kontinuierlich angenommen werden. Ähnliches kann für die Einstellung gelten. Ist die Zielgröße die Auslösung einer Kaufhandlung, dann kann die Wirkung nur entweder voll eintreten (Kauf) oder überhaupt nicht (Nichtkauf) (*Bender,* 1976, S. 118). Eine Sprungfunktion ist die Folge. Werden die Funktionen für mehrere Personen aggregiert, dann können sich unter Umständen wegen der Differenzen im Verhalten der Personen und wegen unterschiedlicher Verteilungen der Personengruppen andere mehr oder weniger kontinuierliche Funktionen ergeben (*Bender,* 1976, S. 118 ff.).

Die **One-Step-Response**-Funktion geht von der Annahme aus, dass sich tatsächlich die Wirkung erst nach einer bestimmten Kontaktzahl einstellt, dann aber voll. Zeitliche Verzögerungen sind möglich. Alle Personen, die nicht die entsprechende Kontaktzahl erreicht haben, bekommen das Gewicht Null und fallen aus der Rechnung heraus. Personen mit mehr als den notwendigen Kontakten gehen mit dem gleichen Gewicht ein. Für die Werbeplanung bedeutet das, dass alle Kontakte über der verlangten Kontaktmenge letztlich überflüssig sind und nur unnötig Kosten verursachen.

Degressive Response-Funktionen unterstellen einen abnehmenden Einfluss der Kontakte. Dieser Fall ist denkbar, wenn auf einer bestimmten Wirkungsmenge (Erinnerung, Grundwissen über Produkt) aufgebaut werden kann und zusätzliches Lernen, gemessen an dem vorhergehenden Zustand, in immer geringerem Maße (Sättigungseffekt) möglich wird. Grundsätzlich sind sogar fallende Funktionsverläufe denkbar, wenn nämlich eine Übersättigung stattfindet (Ungehaltensein-über-das-ständige-der-Werbung-Ausgesetztsein).

Der **s-förmige** Funktionsverlauf geht von der Annahme aus, dass zunächst Widerstände überwunden werden müssen, bevor eine Wirkung bzw. Lernen stattfinden kann. Die s-förmige Responsefunktion enthält im Prinzip alle anderen Funktionsformen als Sonderfall. Je nach Steigung lassen sich daraus lineare, one-step- oder degressive Funktionen ableiten.

Aussagen über die **Allgemeingültigkeit** bestimmter Funktionsverläufe lassen sich nicht machen. Verschiedene empirische Untersuchungen (*Bender,* 1976, S. 132) haben keine eindeutigen Befunde geliefert. Alle Funktionsverläufe lassen sich nachweisen. Das hat seine Gründe z.T. in unterschiedlichen Untersuchungsansätzen, ist aber wesentlich mit durch das Wirkungskriterium und die konkrete Umfeldsituation beeinflusst. Merksätze wie „5, 6 oder 10 Kontakte sind notwendig", lassen sich daher auch nicht anwenden. Es sollte versucht werden, in der konkreten Situation eigene Vorstellungen über Kontaktbewertungsfunktionen zu entwickeln. Das Experimentieren mit verschiedenen Funktionsverläufen und der anschließende Vergleich der Ergebnisse ist ebenfalls ein guter Weg, die Entscheidungssituation zu bewältigen.

Nachfolgend einige allgemeine **Kritikpunkte** (*Schweiger,* 1975, S. 159 ff.) zu Kontaktbewertungskurven, denen jedoch im Einzelfall begegnet werden könnte.

- Die Kontaktbewertung stellt nur einen Zusammenhang zu einem Werbewirkungskriterium her. Werbewirkung ist aber nicht durch ein Merkmal allein bestimmt.

- In der Regel beginnen die Wirkungskurven bei Null. Wirkungen können aber wegen Vorwissen überproportional ansteigen.

- Die Kurven steigen monoton und berücksichtigen keine Vergessenseffekte. Voraussetzung dafür ist aber, dass keine zeitlichen Verzögerungen oder Verteilungen wirksam sind.

- Kontaktbewertungskurven nehmen keine Rücksicht auf den Inhalt und die Gestaltung der Botschaft.

- Die besonderen Eigenschaften der Medien bleiben unberücksichtigt.

- Zusammenhänge zwischen Kontaktwirkungen und Produkten bleiben außer Ansatz.

- Die Wirkung der Konkurrenzwerbung und Kontakte zu anderen Werbemitteln und sonstige Umwelteinflüsse werden außer Acht gelassen.

- Die Merkmale der Zielpersonen können nicht nur zu allgemeinen Wirkungsunterschieden sondern auch zu unterschiedlichen Bewertungen der Kontakte führen.

1.3.3 Mediengewichtung

Wie bereits mehrfach betont, bestehen Unterschiede sowohl in den Kommunikationseigenschaften der Medien als auch in der Ausstattung der einzelnen Träger. Die Einführung eines Mediengewichtes soll eine direkte **Vergleichbarkeit der Werbeträger** herstellen. Ziel ist die Ermittlung eines Faktors, der das Wirkungsverhältnis eines Titels im Vergleich zu anderen Titeln ausdrückt. Ein für eine entsprechende Aufgabenstellung geeigneter Werbeträger erhält ein höheres Gewicht als ein weniger geeigneter. Ein Mediengewicht muss, um brauchbar zu sein, eine Reihe von Einflussfaktoren berücksichtigen. Das Gesamtgewicht des einzelnen Werbeträgers setzt sich zusammen aus einer Vielzahl von Einflussfaktoren. Die Kriterien des Intermediavergleiches gewinnen hier erneut an Bedeutung. Grundsätzlich kann von drei **Hauptfaktoren** (Exposition, Perzeption und Apperzeption) ausgegangen werden.

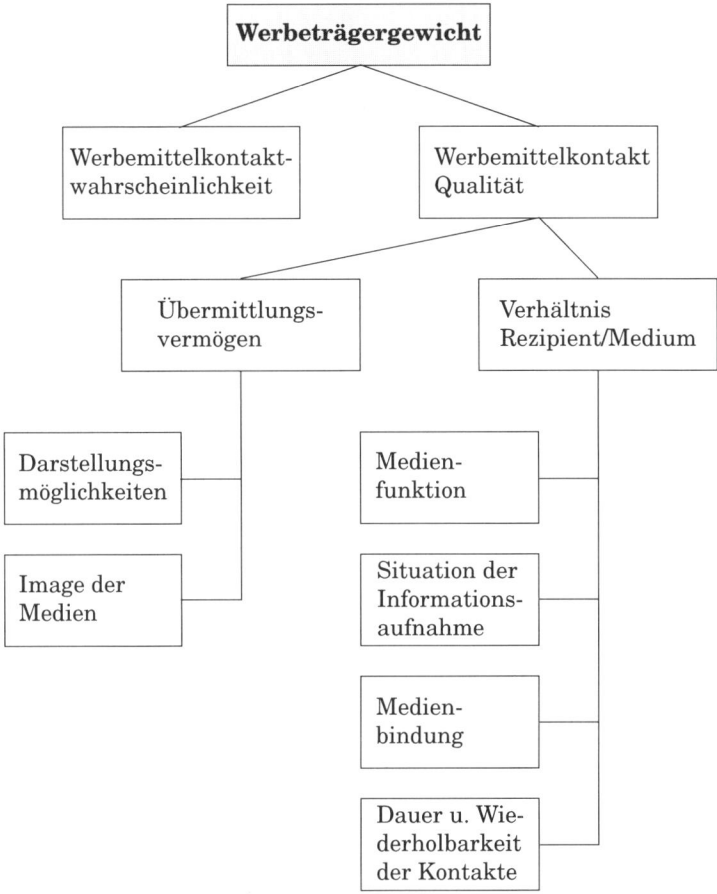

Abb.: Werbeträgergewichtungsschema

Als Exposition wird in diesem Zusammenhang die Fähigkeit des einzelnen Mediums verstanden, die Botschaft tatsächlich an den Umworbenen heranzutragen. Bisher wurde stets unterstellt, dass die bloße Kontaktchance (Reichweite) bereits eine Wirkung induziert. Tatsächlich ist über den Werbeträgerkontakt noch ein Kontakt mit dem Werbemittel notwendig (Seitenkontakt beim Printmedium, Spotkontakt bei Funkmedien usw.). Diese Werte können durch empirische Erhebungen gewonnen werden bzw. sind den veröffentlichten Untersuchungen der Werbeträger zu entnehmen. Die **Werbemittelkontaktchance** dürfte den größten Anteil an einer Mediengewichtung besitzen.

Perzeption und Apperzeption sind Formen der **Qualität des Werbemittelkontaktes**. Nicht jeder Kontakt als solcher ist in seiner Wirkung auf die Individuen als gleich zu bewerten. Die Perzeption (Übermittlungsvermögen) geht über die bloße Kontaktchance hinaus und beinhaltet die Aussage, ob die Umworbenen die Botschaft auch sinnesmäßig wahrgenommen haben. Eine weitere gedankliche Verarbeitung ist dazu nicht notwendig. Verantwortlich dafür können eine Reihe von Faktoren wie

- Format, Größe oder Länge des Werbemittels,
- Abhebung vom Umfeld durch Form, Farbe, Ton oder sonstige Abhebungselemente,
- Umfang des Werbeträgers (Heftumfang, Länge des Werbeblocks),
- Dauer der Ladezeiten bei Informationsabruf über Internet/WWW,
- Anzahl der Werbeeinblendungen in multimedialen Nutzungsformen (WWW),
- Umfang und Platzierung des Werbemittelteils,
- Umweltbedingungen der Mediennutzung

sein.

Mit der Apperzeption wird die Wirkungsstufenleiter um eine weitere Stufe erweitert. Sie setzt voraus, dass die Umworbenen die Botschaft aufnehmen und weiter verarbeiten. Das ist teilweise durch die Umworbenen selbst und teilweise durch das Medium bestimmt. Hier sind Unterfaktoren zu nennen wie

- technische Qualität des Trägers (Papier, Druck, Ton usw.),
- redaktionelles Umfeld,
- Anzeigenumfeld,
- zeitliche Nutzung und Freiheitsraum bei der Nutzung,
- Leserblattbindung,
- Glaubwürdigkeit,
- Image,
- Einstellung.

Die Liste ist nicht vollständig. Querverbindungen bzw. gegenseitige Abhängigkeiten der Teilfaktoren sind möglich. Die **Hauptproblematik** der Mediengewichtung liegt in der Beschaffung der empirischen Daten für die Ausgangsbewertung der Einzelfaktoren und deren Verknüpfung. Es gibt zwar eine Vielzahl von Untersuchungen zu den Merkmalen, aber eine eindeutige Aussage ist bisher nicht möglich gewesen. Die Ergebnisse sind zum Teil widersprüchlich (*Schweiger*, 1975, S. 172 ff.). Allgemein gültige Aussagen sind kaum möglich. Mit Ausnahme der empirisch belegten Kontaktchance kann die Verwendung von Gewichtungsfaktoren nur im Sinne einer qualitativen Korrektur vorgenommen werden, die auf die konkrete Planungssituation Rücksicht nimmt. Eine mathematische Verknüpfung ist problematisch, weil gerade bei multiplikativer Verrechnung die Gesamtgewichte sehr klein werden können. Die Annahme, dass die Einzelfaktoren nicht miteinander korrelieren, kann noch weniger aufrecht erhalten werden wie bei den Personengewichten. Unter Umständen kann hier ebenfalls ein gewichteter Durchschnitt zur Grundlage eines Mediengewichtes gemacht werden. In den Modellrechnungen der Werbeträger, die als Service für Werbekunden angeboten werden, werden Mediengewichte in der Regel nicht berücksichtigt (*HÖRZU-Service*, 1974, S. 226). Der Grund dürfte darin liegen, dass man sich Ärger ersparen möchte.

2. Modelle

Die vorgestellten Bewertungs- und Beurteilungskriterien können in mehr oder weniger komplexen Modellen zusammengefasst werden. Hauptziel der **Media-Selektions-Modelle** ist die Ableitung der unter den gegebenen Bedingungen jeweils besten Streupläne (Optimierung). Das Optimalitätskriterium kann allerdings in der Realität mit den bisher bekannten Methoden nur bedingt erreicht werden. Mithilfe mathematischer Methoden (Lineare Optimierung, nichtlineare Programmierung, dynamische Programierung) (*Schweiger*, 1975, S. 205 ff.; *Schmalen*, 1985, S. 144 ff.) lassen sich in der Theorie optimale Streupläne entwickeln. Wesentlicher Nachteil der mathematischen Optimierungsmethoden sind jedoch die teilweise stark **einschränkenden Nebenbedingungen** bzw. Modellvoraussetzungen. Ein Haupteinwand gegen die komplexen mathematischen Modelle ist, dass als Wirkungskriterium lediglich die Kontaktsumme eine Rolle spielt (*Schweiger*, 1975, S. 212). Vor allem externe und interne Überschneidungen werden häufig nicht genügend berücksichtigt. Zwar lässt sich dieses Problem durch weitere Verfeinerungen der Modelle mittels zusätzlicher Nebenbedingungen und Funktionen erreichen (*Schmalen*, 1985, S. 148 f.), aber der Rechen-, Informations- bzw. Kostenaufwand (Rechnerkapazität, qualifizierte Modellrechner) bleibt nach wie vor hoch, sodass aus wirtschaftlichen Überlegungen heraus für die tägliche Planungspraxis mathematische Optimierungsverfahren in der Regel nicht infrage kommen. Die formale Struktur des linearen Programmierungsansatzes für die Mediaselektion hat folgendes Aussehen:

$$W = \text{Gesamtwirksamkeit}$$

$$w_i = \text{Einzelwirkung des Mediums } i$$

$$x_i = \text{Einschaltung / Belegung des Mediums } i$$

$$W = \sum_{i=1}^{n} x_i \cdot w_i \rightarrow Max!$$

unter den Nebenbedingungen

$$\sum_{i=1}^{n} x_1 \cdot p_i \leq B$$

$$x_i > 0 \quad (i = 1, 2, \dots, n)$$

Der Lösungsansatz bestimmt die optimale Zahl der Belegungen (x_i) für jeden Werbeträger i. Offensichtlich liegen den Berechnungen Bruttoreichweiten zu Grunde. Überschneidungen bzw. die Wirkung unterschiedlicher Kontakthäufigkeiten gehen nicht in die Rechnung ein. Eine mögliche Verbesserung ist die Einführung differenzierter Wirkungsmaße (w_{ij}), die sich auf die Träger und die Belegungen beziehen und entsprechende Überschneidungen und besondere Kontaktwirkungen berücksichtigen. Die Wirkungseinheit könnte analog der gezeigten Gewichtungsverfahren aus den **Nutzungswahrscheinlichkeiten, Personengewichten, Mediengewichten** und **Kontaktgewichten** abgeleitet werden. Der formale Ansatz stellt sich dann in der folgenden Form dar.

$$r_{ij} = \textit{Nutzungswahrscheinlichkeit von Träger i bei j Belegungen}$$

$$z_{ij} = \textit{zielbezogenes Personengewicht von Träger i bei j Belegungen}$$

$$m_i = \textit{Wirkungsgewicht des Mediums i}$$

$$k_i = \textit{Wirkungsgewicht bei j Belegungen}$$

$$w_{ij} = \textit{Einzelwirkungsmaß für Träger i bei j Belegungen}$$

$$x_{ij} = \textit{Belegungsentscheidung für oder gegen das Medium i bei j}$$
$$\textit{Belegungen}$$

$$w_{ij} = w_{ij}\,(r_{ij}\,,\,z_{ij}\,,\,m_i\,,\,k_j)$$

$$W = \sum_{i=1}^{n} \sum_{j=1}^{m} x_{ij} \cdot w_{ij} \rightarrow Max!$$

$$\sum_{i=1}^{n} \sum_{j=1}^{m} x_{ij} \cdot o_{ij} \leq B$$

$$\sum_{j=1}^{m} x_{ij} \leq 1 \quad (1 = 1,2,...,n)$$

$$x_{ij} > 0$$

Als Alternativen stehen einige weitere Methoden zur Verfügung, die nicht den Anspruch erheben, das absolute Optimum zu liefern. Sie bedienen sich mehr heuristischer Lösungsverfahren.Technisches Hilfsmittel ist in der Regel die Computersimulation. D. h. mithilfe eines Computers werden verschiedene Streupläne auf ihre Wirksamkeit überprüft. Die Wirkungen werden entweder auf der Basis von empirisch begründeten Wahrscheinlichkeitsverteilungen simuliert oder mittels mathematischer Verknüpfungen der Wirkungsgewichte ermittelt. Die Pläne werden nach dem Prinzip des trial and error entwickelt bzw. variiert. Das Rechnen der Mediaselektionsmodelle erfordert den Einsatz von Rechnern (in der Regel Großrechner). Da eine entsprechende Ausrüstung bei den Werbetreibenden nicht vorausgesetzt werden kann, bieten einige Werbeträger (Großverlage) einen Rechenservice an, der den Anzeigenkunden die (in der Regel) kostenlose Nutzung der Optimierungs- und Auszählprogramme gestattet. Voraussetzung dafür ist, dass detaillierte Vorgaben über Zielkriterien, Zielgruppen usw. gemacht werden.

Input	Output
A Muss-Eingaben	
1. Zielgruppe	Fallzahl der Zielgruppe und
z.B. demografische Merkmale - Zellen	Hochrechnung
2. Etatzone	
z.B. 1 Mio € ± 5 %	
3. Kandidaten	Leistung, Kosten
z.B. Einzelmedien Titelkombinationen	Leistung/Kosten pro Kandidat und Belegung
4. Frequenzrahmen	Ordnung der Kandidaten
z.B. Minimal- und Maximalfrequenz	nach Leistung/Kosten unter Berücksichtigung der Wirkungskurven
5. Preis pro Kandidat z.B. für 1/1 Seite, s/w m. A.	
6. Optimierungskriterium	Ausweis der optimierten
z.B. Nettoreichweite Bruttoreichweite	Pläne - geordnet nach ihrem Wert im jeweiligen Optimierungskriterium
7. Wirkungskurve (nur wenn 6. = Nettoreichweite) z.B. Personenabhängige, Wirkungskurven oder -flächen	
B Soll-Eingaben	Leistung des Ausgangsplanes
8. Ausgangsplan z.B. Hörzu 4 x, neue mode 2 x	
9. Zahl der zu erzeugenden Kerne und Streupläne z.B. 16 Kerne à 2 Streupläne	Pro Plan • Leistung in Mio. und % • Einschaltkosten • Kosten/Leistungswerte • Bruttoreichweite • ungewichtete Nettoreichweite Fallzahl ungewichtet
C Kann-Eingaben	
10. Sample-Reduzierung z.B. 1 : 2, 1 : 7	
11. Personen- bzw. Zellengewicht	Gewichtete Hochrechnung
12. Mediengewicht	Deskriptive Beschreibung nach
13. Mindest- bzw. Höchst-Titelzahl pro Streuplan z.B. min. 3 Titel - max. 6 Titel	• Kosten des Plans • Nettoreichweite (ungewichtet und gewichtet) in Mio. und % • Bruttoreichweite vor und nach Mediengewicht
14. Obligatorische Vorgabe von Titeln z.B. Neue Revue für alle Pläne obligatorisch	• Kosten pro 1.000-Kontakte • Kontaktverteilung vor und nach Wirkungskurve • Aufteilung nach demografischen Merkmalen

Abb.: Beispiel für Input- und Output von Auszählprogrammen für die Mediaselektion (*Moses*)
Quelle: *Maier, H.-J.*: Optimierung, in: *Pflaum / Bäuerle* (Hrsg.): Lexikon der Werbung, Landsberg am Lech 1988, S. 195 f.

Die Rechenmodelle lassen sich in die **Klassen**

- Konstruktionsmodelle
- Verbesserungsmodelle
- Bewertungsmodelle

einteilen, deren Funktionsweise hier kurz erläutert werden soll.

Die **Konstruktions- oder Aufbaumodelle** versuchen, einen Streuplan zu entwickeln, der den Nebenbedingungen genügt und das Wirkungskriterium weitgehend maximiert. In verschiedenen Iterationen tasten die Modelle sich schrittweise an das vermutete Optimum heran. Die oben geschilderten Verfahren der **Rangreihenberechnung** und Etatausschöpfung gehören generell in die Klasse der Konstruktionsmodelle. Auswahlkriterium können z.b. Grenzkosten (Tausenderpreis) oder Grenzwirkungen sein.

Die **Iterationsverfahren** gehen von der Annahme aus, dass eine einmal gefällte Entscheidung richtig war. Die Anzahl der weiteren Entscheidungsalternativen reduziert sich deshalb auf jeder Iterationsstufe um die bereits gefällten Entscheidungen. Die Abbildung zeigt die generelle Funktionsweise des Entscheidungsschemas. Auf jeder Stufe wird die jeweils beste verfügbare Alternative gewählt. Der Wirkungszuwachs muss daher mit zunehmendem Planungsfortschritt abnehmen bzw. die Grenzkosten steigen sukzessive. Der Prozess wird dann abgebrochen, wenn die Nebenbedingungsgrenze des Etats erreicht ist. Die computergestützten Konstruktionsmodelle unterscheiden sich im Prinzip von Rangreihenmodellen dadurch, dass mehrere Wirkungskriterien bzw. differenziertere Planungsdaten (interne Überschneidungen, externe Überschneidungen, Responsefunktionen, Gewichtungschemata) berücksichtigt werden (*Schweiger*, 1975, S. 233 ff.; *Freter*, 1980, S. 215 ff.).

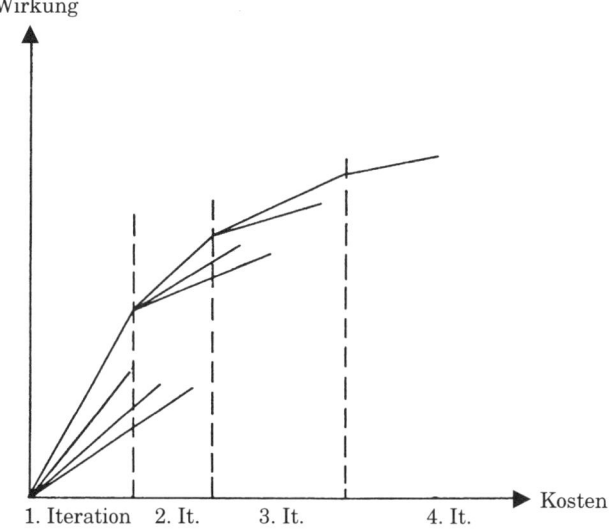

Abb.: Konstruktionsprinzip der iterativen Mediaselektion

Verbesserungsmodelle gehen von einem bereits bestehenden Streuplan aus und versuchen, diesen durch mehr oder weniger systematische Veränderungen zu verbessern. Grundsätzlich werden hier zwei unterschiedliche Verfahren eingesetzt. Das Prinzip des **alternativen Austausches** (*Freter, 1974, S. 145*) verändert einen vorgegebenen Plan in der Weise, dass Belegungen aus dem Plan herausgenommen werden, bei denen eine im Vergleich zur Kostenverringerung nur kleine Wirkungsveränderung erwartet wird. Dann werden Belegungen neu hineingenommen, mit der Maßgabe, eine größere Wirkungssteigerung zu erlangen. Der Austauschprozess wird mehrfach wiederholt. Teilweise werden Planverbesserungen, teilweise auch Planverschlechterungen eintreten. Aus den bewerteten Plänen wird dann derjenige gewählt, der das beste Wirkungs/Leistungsverhältnis besitzt. Durch dieses Probieren nähert man sich schrittweise der unbekannten Marginallinie von Wirkungen und Kosten. Ob der Plan tatsächlich optimal ist, kann nicht entschieden werden. Die Ergebnisse sind stark von dem zu Grunde liegenden Ausgangsplan abhängig (*Meyer/Hermanns,* 1981, S. 124).

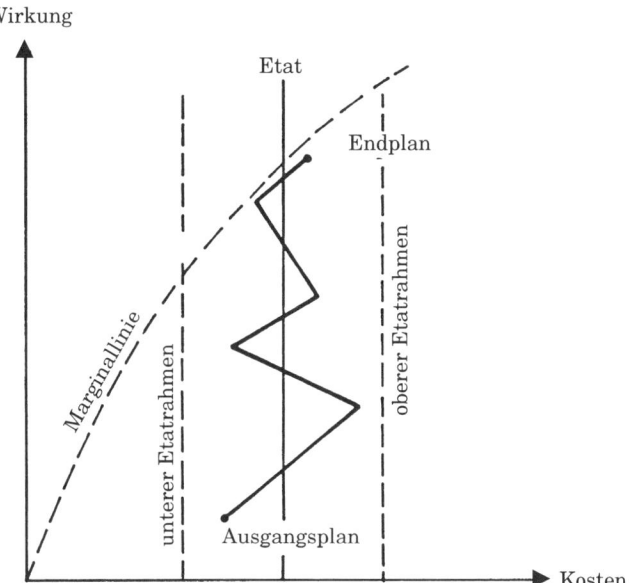

Abb.: Mediaplanverbesserung nach dem Prinzip des alternativen Ausgleiches

Die so genannten Umgebungsprüfungs- oder auch Permutationsverfahren nehmen Bewertungen für eine Anzahl von Streuplänen vor und wählen daraus den besten aus. Ausgangspunkt ist in diesem Fall kein Ausgangsplan, sondern der Etatrahmen. Für eine Medienkombination, die sich in einem gewissen Bereich ober- bzw. unterhalb der Etatvorstellung realisieren lässt, wird das Wirkungsmaß berechnet. Das Gleiche wird für andere Kombinationen vorgenommen. Dabei werden aber nicht alle möglichen Kombinationen (vollständige Enumeration), sondern nur eine beschränkte Auswahl geprüft. Entsprechend ist auch hier nicht sichergestellt, dass der unter den gegebenen Umständen optimale Plan auch wirklich gefunden wird.

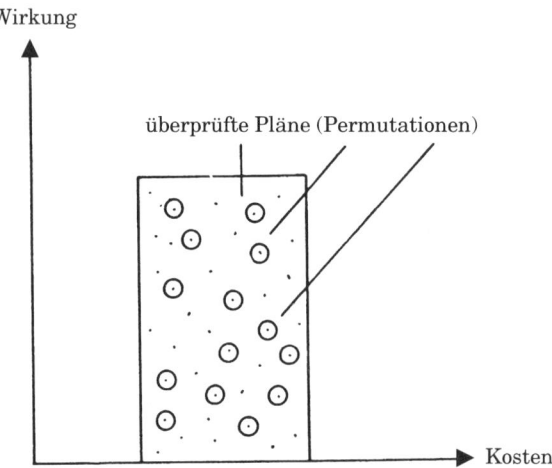

Abb.: Schema des Planungsprinzips Verbesserung von Mediaplänen im Rahmen des Permutationsverfahrens

Evaluierungsverfahren überprüfen schließlich lediglich für einen oder mehrere vorgegebene Mediapläne, inwieweit die Wirkungskriterien erfüllt sind bzw. mit welcher Wirkung überhaupt gerechnet werden kann. Ein Vergleich mehrerer Evaluierungen (Bewertungen) kann dann den günstigsten Plan aus einer vorgegebenen Menge liefern, nicht aber das absolute Optimum. Da alle modellgestützten Methoden im Wesentlichen nur mit quantitativen Größen arbeiten und qualitative Wertungen nicht beachten, besteht die Möglichkeit, im Rahmen einer Evaluierung zunächst mittels qualitativer (subjektiver) Auswahlkriterien Vorschläge zu entwickeln, die dann mit der Evaluierungsmethode überprüft werden. Man kann auch mehrstufig vorgehen, indem zunächst nach Rangreihenmethoden erste Vorstellungen über Streupläne entwickelt werden. Qualitative bzw. individuelle Veränderungen und Anpassungen führen zu einer Reihe von Alternativplänen, die schließlich mittels der Evaluierungsmethoden in eine Entscheidungsrangfolge gebracht werden.

3. Empirische Bedeutung der Planungsverfahren

Die Bedeutung der Optimierungsprogramme hat in den letzten Jahren stark abgenommen. Die Verlage als Anbieter der Rechenprogramme haben ihr Angebot eingeschränkt (*Maier, H.-J.,* 1983, S. 193). Simon/Thiel haben in einer Untersuchung festgestellt, dass gerade die Optimierungsmodelle in der Akzeptanz sehr niedrig liegen. Obwohl keine Kosten für die Rechenläufe entstanden, wurde fast überhaupt nicht Gebrauch davon gemacht. Rangreihenprogramme und Evaluierungsrechnungen hingegen haben stetig zugenommen. Die Gründe dafür liegen hauptsächlich in folgenden Punkten (*Simon / Thiel,* 1978, S: 11 ff.):

- Die Modelle bzw. Optimierungskriterien berücksichtigen in zu geringem Maße qualitative Aspekte.

- Die Streupläne sind sich stark ähnlich.

- Die Mediaanalyse als Datenbasis ist zu allgemein. Es werden produktspezifische Medianutzungsdaten benötigt.

- Die Mediaplaner haben scheinbar nur geringe Eingriffsmöglichkeit und fühlen sich in ihrer Entscheidungsfreiheit beengt.

„Die Akzeptanzwahrscheinlichkeit von Marketingmodellen scheint umso größer zu sein,

- je mehr sie dem Manager Rechenarbeit abnehmen und Entscheidungshilfen bieten, ohne ihm (scheinbar) die Entscheidung wegzunehmen;

- je mehr Möglichkeiten zu Eingriffen und zur Berücksichtigung (auch nichtquantifizierter) subjektiver Urteile die Modelle bieten;

- je transparenter und weniger komplex die Modelle sind." (*Simon / Thiel,* 1978, S. 17).

Planungsvorgaben

Markt: Finanzanlagen

Produkt: Investitionsfinanzierung

Marketingziel: Vorstellung und Penetration eines neuen Finanzierungsmodells

Mediaziel: Erreichung eines optimalen Werbedrucks mit hoher Kontaktintensität bei Finanz-
                      Entscheidern

Zielgruppe: Entscheider im Bereich Finanzen

Medien/Budget: Publikumszeitschriften / Wirtschaftsmagazine
                      0,8 Mio € (1/1 S. 4c ang.)

Werbezeitraum: Juli bis November 2003

- 1. Zielgruppendefinition
- 2. Titelselektion
- 3. Plan-Evaluierungen

1. Zielgruppendefinition:
Die Beschreibung der Zielgruppe erfolgt auf Basis der Leseranalyse Entscheidungsträger (LAE).
Die Untersuchung stellt den Einfluss von rund 2,2 Mio. Führungskräften auf betriebliche
Entscheidungsprozesse in Deutschland dar.

Definition: Personen, die in Unternehmen Entscheidungen im Finanzbereich zu
              Investitionsfinanzierungen/Kredite alleine oder in einer Delegation treffen

              Potenzial: 0,78 Mio. (3.189 Fälle gew.)
              Quelle: LAE 2003

2. Titelselektion:
Die mediatechnische Bewertung von Zeitschriftentiteln erfolgt nach ihrer Wirtschaftlichkeit
(TKP = Tausendkontaktpreis) und Nettoreichweite.

Alleinentscheider, Entscheidungsdelegation Finanzen
Rangreihe nach TKP in EUR

	TKP/Euro
Handwerk Magazin	135,88
FOCUS	180,20
Creditreform	201,73
Markt und Mittelstand	229,95
Der Spiegel	230,32
Manager Magazin	272,71
Stern	273,76
Die Welt	274,68
Capital	281,79
Welt am Sonntag	296,23
Der Handel	312,02
Finanzen	317,25
Wirtschaftswoche	337,81
Handelsblatt	372,81
Süddeutsche Zeitung	376,33
Impulse	383,48
VDI nachrichten	421,97

3. Plan-Evaluierung:

Auf Basis der Budgetvorgabe sowie der Titelselektion (Top 20 nach TKP) werden verschiedene Planalternativen errechnet und bewertet:

Entscheider Finanzen: Investitionsfinanzierung / Kredit

	Plan 1		Plan 2		Plan 3	
	Der Spiegel	9 x	Manager Mag.	6 x	Handwerk Mag.	6 x
	Manager Mag.	6 x	Handwerk Mag.	6 x	Handelsblatt	6 x
	Handwerk Mag.	6 x	Handelsblatt	6 x	FOCUS	12 x
	Handelsblatt	6 x	FOCUS	12 x	Creditreform	6 x
	Die Welt	6 x	Die Welt	6 x	Capital	6 x
	Markt u.	6 x	Markt u.	6 x	Markt u.	6 x
	Mittelstand		Mittelstand		Mittelstand	
	Creditreform	6 x				

Kosten	TEUR	840,2	835,2	848,2
Medialeistung				
Reichweite%		72,2	75,5	75,9
	Mio	0,56	0,59	0,59
Kontakt	Ø	7,2	7,9	8,0
	Mio	4,03	4,66	4,75
GRP's (Gross Rating Points)		518	598	610
TNP € (Tausendnutzerpreis)		1.493,93	1.420,85	1.435,74
TKP € (Tausendkontaktpreis)		208,26	179,27	178,45

Potenzial: 0,78 Mio (Alleinentscheider/Entscheidungsdelegation / LAE 2003)
Basis: PZ 1/1 S. 4c ang. / TZ 1/2 S. 4c / Preise 2003 netto

Zur Ansprache von Finanz-Entscheidern in Unternehmen weisen Nachrichtenmagazine die höchsten Reichweitenwerte und Mittelstandsmagazine überproportionale Affinitäten auf.
Die Hinzunahme von FOCUS (Plan 2+3) ermöglicht eine Werbedrucksteigerung (GRP's) von bis zu 18% und gleichzeitig eine deutliche Verbesserung der Wirtschaftlichkeit (TKP).

Abb.: Beispiel für eine Media-Plan-Evaluation
Quelle: Focus Medialine

Kontrollfragen

(1) Wie lässt sich Mediaselektion kurz charakterisieren?

(2) Welche grundsätzliche Zielsetzung verfolgt die Mediaselektion?

(3) Welche Rolle spielen Kosten in der Mediaselektion?

(4) Welche Arten von Kosten spielen in der Mediaselektion eine Rolle?

(5) Welche einfachen Wirkungsmaße können als Vorstufe der Mediaselektion herangezogen werden?

(6) Wo sind Informationen über einfache Wirkungsmaße der Mediaselektion verfügbar?

(7) Welche Daten werden von der IVW oder ähnlichen Institutionen zur Verfügung gestellt?

(8) Welche Aussagekraft haben Auflagenziffern?

(9) Wie lassen sich Auflagenangaben weiter differenzieren?

(10) Was versteht man unter einem LpN-Wert?

(11) Was kennzeichnet den weitesten Leserkreis?

(12) Welche Zusammenhänge bestehen zwischen dem weitesten Leserkreis, dem LpN und den so genannten K-Werten?

(13) Was versteht man unter Reichweite?

(14) In welcher Form werden Zielgruppenüberlegungen mit in Reichweitenbetrachtungen einbezogen?

(15) Worin unterscheiden sich Personenreichweiten und Kontaktreichweiten?

(16) Wie sind Bruttoreichweiten und Nettoreichweiten definiert?

(17) Welche Möglichkeiten der Nettoreichweitenermittlung gibt es?

(18) Was ist eine Quantuplikationstabelle?

(19) Welchen Wert haben Quantuplikationstabellen heute?

(20) Welche Arten der Überschneidungen kann man generell unterscheiden?

(21) Wie lässt sich aus Einzelreichweiten (Einzelkontaktwahrscheinlichkeiten) die Nettoreichweite ermitteln?

(22) Welche Nebenbedingung muss erfüllt sein, damit die Sainsbury-Methode „richtig" eingesetzt werden kann?

(23) Wie lässt sich die einfache wahrscheinlichkeitstheoretische Verknüpfung von Einzelreichweiten verbessern?

(24) Von welcher Grundüberlegung geht die Agostini-Formel zur Ermittlung von Nettoreichweiten aus?

(25) Gibt es einen Zusammenhang zwischen der Höhe der Einzelreichweiten und den Überschneidungen?

(26) Sind Überschneidungen bzw. Mehrfachkontakte positiv oder negativ zu werten?

(27) Welchen Aussagewert haben Durchschnittskontaktzahlen?

(28) Welchen Aussagewert besitzen Kontaktverteilungen?

(29) Was versteht man unter wirksamer Reichweite?

(30) Welche Folgen kann der Mehrfacheinsatz von Werbeträgern haben?

(31) In welchem Zusammenhang stehen Reichweiten und Kontakte?

(32) In welchem Zusammenhang steht das Nutzerverhalten bei den Werbeträgern mit den Kontaktzahlen oder den Reichweiten?

(33) In welcher Weise wird die wirksame Reichweite von Mehrfachbelegungen der Werbeträger beeinflusst?

(34) Wie lassen sich die Bewertungskriterien Kosten und Leistung miteinander verbinden?

(35) Welche grundsätzlichen Möglichkeiten gibt es zur Ermittlung von Tausenderpreisen?

(36) Sind verschiedene Tausenderpreise miteinander vergleichbar?

(37) Wie lassen sich Tausenderpreise in die Mediaauswahlplanung einarbeiten?

(38) Wo bekommt man Informationen über Tausenderpreise und Rangreihen?

(39) Nach welchen Kriterien werden Rangreihen ermittelt?

(40) Welche Informationen lassen sich aus Rangreihenzusammenstellungen ableiten?

(41) Welche Zusammenhänge bestehen zwischen Rangplätzen in Tausenderpreisrangreihen und Reichweiten der Werbeträger?

(42) Welche Rolle spielen Überschneidungen bei der Berechnung von Rangreihen?

(43) Welchen Einfluss haben so genannte Rabattkombinationen auf die Berechnung von Tausenderpreisen?

(44) Wovon ist die Neuberechnung von Rangreihen abhängig?

(45) Welche Kritikpunkte lassen sich gegen Rangreihen und Tausenderpreise vorbringen?

(46) Wie lassen sich Rangreihenverfahren insgesamt sinnvoll in einen Planungsprozess integrieren?

(47) Zu welchem Zweck werden so genannte Gewichtungen in der Mediaselektion durchgeführt?

(48) Welche grundsätzlichen Gewichtungskategorien sind in der Mediaselektion üblich?

(49) Auf welchem Grundgedanken basiert die Zielgruppengewichtung?

(50) Welche Einzelfaktoren können im Rahmen der Zielgruppengewichtung berücksichtigt werden?

(51) Welche Probleme können sich aus der Verknüpfung unterschiedlicher Zielgruppengewichte ergeben?

(52) Welche Formen der Verknüpfung lassen sich in der Zielgruppengewichtung durchführen?

(53) Welche Eigenschaften besitzen die verschiedenen Formen der Zielgruppengewichtsverknüpfung?

(54) Was versteht man unter Kontaktgewichtung?

(55) Welche Formen von Responsefunktionen sind üblich im Rahmen der Kontaktgewichtung?

(56) Welche Wirkungsgrößen werden üblicherweise den Responsefunktionen zu Grunde gelegt?

(57) Welcher Grundgedanke liegt der One-Step-Responsefunktion zu Grunde?

(58) Was ist von der Allgemeingültigkeit der Responsefunktionen zu halten?

(59) Welche Kritik lässt sich an Kontaktgewichtungen bzw. Bewertungen anbringen?

(60) Welchen Zweck verfolgt die so genannte Mediengewichtung?

(61) Welche Hauptfaktoren bestimmen die Mediengewichtung?

(62) Wie ist die praktische quantitative Verwertbarkeit von Mediengewichten zu beurteilen?

(63) Welchen Stellenwert haben Optimalmodelle für die Mediaselektion?

(64) Welche Komponenten können theoretisch in Optimierungsmodellen berücksichtigt werden?

(65) Welche Rolle spielt die Computersimulation in der Mediaselektion?

(66) Wie sieht die Grundstruktur von Konstruktionsmodellen der Mediaselektion aus?

(67) Wie kann das Arbeitsprinzip der Iterationsmodelle in der Mediaselektion charakterisiert werden?

(68) Was versteht man unter Evaluierung von Mediaplänen?

Lösungshinweise

Frage	Seite	Frage	Seite
(1)	253	(35)	271 ff.
(2)	253	(36)	273
(3)	253	(37)	274
(4)	253	(38)	274
(5)	254 f.	(39)	275
(6)	254	(40)	275 f.
(7)	254 f.	(41)	277
(8)	254 f.	(42)	277
(9)	255	(43)	275
(10)	256	(44)	277
(11)	256	(45)	278
(12)	256 f.	(46)	280
(13)	258	(47)	280
(14)	258 f.	(48)	281 f.
(15)	258	(49)	282
(16)	258	(50)	282 f.
(17)	261 f.	(51)	283
(18)	258	(52)	283 f.
(19)	258	(53)	283 f.
(20)	260 f.	(54)	286
(21)	263	(55)	286
(22)	261	(56)	287
(23)	261	(57)	287
(24)	262	(58)	287
(25)	263	(59)	288
(26)	265	(60)	288
(27)	265	(61)	288 f.
(28)	265 ff.	(62)	290
(29)	267	(63)	291
(30)	268	(64)	291
(31)	268	(65)	292
(32)	269	(66)	294
(33)	269 f.	(67)	294
(34)	271 f.	(68)	296

Literatur

Behrens, K.C.: Absatzwerbung, Wiesbaden 1963

Bender, M.: Die Messung des Werbeerfolges in der Werbeträgerforschung, Würzburg – Wien 1976

Freter, H.W.: Mediaselektion, Wiesbaden 1974

Freter, H.W.: Quantitative Methoden der Streuplanung, in: Diller, H. (Hrsg.): Marketingplanung, München 1980, S. 215 ff.

Gaede/Kernebeck/Landgrebe/Vogt: Werbe-Informations-System, Band 6, Media-Planung und -Einsatz, Werbeorientierungs-Kreis IV, Hamburg (BILD) o. J.

Hansen, J.: Das Problem der Verknüpfung quanititativer und qualitativer Kriterien in der Mediaplanung, GJ-Schriftenreihe, Band 15, Hamburg 1973

HÖRZU-Service (Hrsg.): Media-Strategie und Selektion, Hamburg, 1985

Huth, R. und Pflaum, D.: Einführung in die Werbelehre, Stuttgart – Berlin – Köln – Mainz 1980

Jacobi, H.: Die Planung der Werbestrategien, in: Behrens, K.C. (Hrsg.): Handbuch der Werbung, 2. Aufl., Wiesbaden 1975, S. 435 ff.

Maeschig, P.: Media-Selektions-Modelle, in: Ruland, J. (Hrsg.): Werbeträger, 3. Aufl., Bad Homburg 1972, S. 277 ff.

Maier, H.-J.: Optimierung, in: Pflaum/Bäuerle (Hrsg.): Lexikon der Werbung, Landsberg am Lech 1983, S. 193 ff.

Meyer, P. und Hermanns, A.: Theorie der Wirtschaftswerbung, Stuttgart – Berlin – Köln – Mainz 1981

Opfer, G.: Besseres MA-Vorwissen für Planer, in: Opfer, G. und Zacharias, G.: Mediaplanung, Hamburg 1979

Rogge, H.-J.: Grundzüge der Werbung, Berlin 1979

Rogge, H.-J.: Planungs- und Informationsverhalten in Werbeagenturen – Ergebnisse einer empirischen Untersuchung, Arbeitsberichte aus dem Fb Wirtschaft, FH Osnabrück, Nr. 2/80, Osnabrück 1980

Rogge H.-J.: Praxis der Werbeplanung in mittelständischen Unternehmen – Tendenzen und Hypothesen, Fachhochschule Osnabrück, Arbeitsberichte aus dem Fb Wirtschaft Nr. 6/82, Osnabrück 1982

Schmalen, H.: Kommunikationspolitik, 2. Aufl., Stuttgart – Berlin – Köln – Mainz 1992

Schweiger, G.: Mediaselektion mit Hilfe quantitativer Verfahren, in: Bidlingmaier, J. (Hrsg.): Modernes Marketing – Moderner Handel, Wiesbaden 1972, S. 356 ff.

Schweiger, G.: Mediaselektion – Daten und Modelle, Wiesbaden 1975

Simon, H. und Thiel, M.: Die Anwendung von Mediaselektionsprogrammen, Bonn 1978

Tietz, B. und Zentes, J.: Die Werbung der Unternehmung, Reinbek bei Hamburg 1980

Zielinski, J.: Die IVW – Ein Lernprogramm, o.O. (ZAW) 1974

H. Werbemittel

1. Mengenstrategie

Das Werbemittel ist die konkretisierte Botschaft unabhängig von dem eingesetzten Werbeträger, der das Mittel zum Umworbenen transportiert. Werbemittel sind **sachliche Ausdrucksformen** der Werbung. Sie können als „Zusammenfassungen von Werbeelementen und/oder Werbefaktoren (verstanden werden), die als letzte nicht weiter zerlegbare Bestandteile Werbewirkungen auslösen sollen" (*Behrens*, 1963, S. 69). Wenn die Wirkungen, die vom Einsatz der Werbeträger erwartet werden, in erster Linie im Bereich der Kontakte liegen, so kann man für die Werbemittel eher eine Wirkung auf das **Bewusstsein** bzw. die **kognitive Verarbeitung** unterstellen. Die Werbemittel, die sich in unterschiedliche Kategorien einteilen lassen, wirken einerseits durch ihre spezifischen Eigenschaften innerhalb der Gattung und andererseits durch die Gestaltung von Teilelementen der Mittel im Einzelnen.

Die Gestaltung ist das Betätigungsfeld der so genannten **Kreativen**. Neben der Fähigkeit, Ideen zu produzieren oder innovativ denken zu können, sind dafür künstlerisch-technische Fähigkeiten und Kenntnisse notwendig. Die letzteren können bei Betriebswirten nicht unbedingt vorausgesetzt werden. Die Gestaltung von Werbemitteln gehört damit nicht unmittelbar zu deren Aufgabenbereichen. Trotzdem kann ein Betriebswirt sehr wohl entsprechende **Vorschläge für die Gestaltung** machen oder die Brauchbarkeit der Gestaltungsvorschläge im Hinblick auf bestimmte Zielsetzungen zu beurteilen versuchen. Kreativität lässt sich in eine quantitative wissenschaftliche und eine qualitative künstlerische Kreativität einteilen (*Rogge*, 1982, S. 59). Es soll nur kurz auf einige Bereiche der **Werbemittelgestaltung** eingegangen werden.

Zunächst soll das Problem des **mengenmäßigen Einsatzes** von Werbemitteln geschildert werden. Sobald ein bestimmter Werbeträger mehrfach eingesetzt wird, kann davon ausgegangen werden, dass auch das dazugehörige konkrete Werbemittel zum mehrfachen Einsatz kommt. Grundsätzlich gelten daher die gleichen Überlegungen wie für den Mehrfacheinsatz der Werbeträger. Träger und Mittel stellen eine Einheit dar. Andererseits wirft die Überlegung, dass die eigentliche Werbewirkung der konkreten Werbemittel nicht in der Kontaktleistung allein liegt, die Frage auf, wie sich die Wirkung der Mittel bei mehrfachem Einsatz verändert. Die bekannten Responsefunktionen müssen korrigiert werden.

Nach der **Abnutzungstheorie** (wear-out) muss damit gerechnet werden, dass bei der wiederholten Darbietung einer gleichbleibenden Botschaft die Wirkungen (Aufmerksamkeit, Lernen) nach einer anfänglichen Steigerung abnehmen (*Kroeber-Riel*, 1980, S. 399 ff.), weil der Botschaft der Neuigkeitsgehalt fehlt.

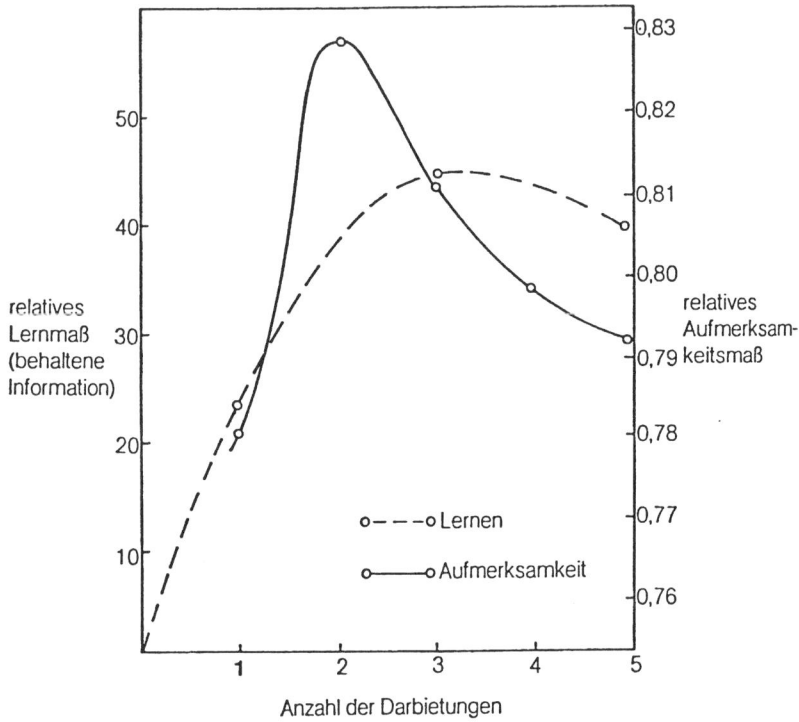

Abb.: Werte für Aufmerksamkeit und Lernen in Abhängigkeit von der wiederholten Darbietung einer Werbebotschaft
Quelle: *Kroeber-Riel, W.*: Konsumentenverhalten, 2., neue gef. und erw. Aufl., München 1980, S. 400

Wenn diese Theorie Gültigkeit besitzt, dann ist es offensichtlich notwendig, die Werbebotschaft ständig in ihrer Darstellungsform zu verändern. Empirische Untersuchungen haben ergeben, dass die Theorie nicht immer gültig ist (*Wimmer*, 1980; *Kroeber-Riel*, 1980). Tatsächlich scheint eine Abhängigkeit von der jeweiligen Zielsetzung und dem Inhalt bzw. Gegenstand der Werbebotschaft sowie den besonderen Eigenschaften der Zielgruppen vorzuliegen. Wenn das Ziel der Aufbau eines **Grundwissens** und die ständige **Reaktivierung der Erinnerung** über das Produkt ist, dann kann eine ständige Wiederholung der gleichen Botschaft sinnvoll sein. Es ist lediglich darauf zu achten, dass die äußere Form sich nicht wegen veränderten Zeitgeschmackes oder wechselnder bzw. sich ebenfalls verändernder Zielgruppen als überholt darstellt. Produkte, die gewohnheitsgemäß gekauft werden, könnten so umworben werden.

Bereiche, in denen gezielt nach Informationen gesucht wird, erfordern eine gewisse **Wiedererkennbarkeit** und damit Kontinuität in der Darstellung (z.B. Anzeigen in Tageszeitungen über Produkte des täglichen Bedarfs mit Preisangaben). Schließlich kann die Erzeugung von besonderer Aufmerksamkeit durch Veränderung erst erreicht werden, nachdem eine bestimmte Vorstellung über das „Normale" durch Dauereinwirkung entstanden ist (z.B. eine Anzeige für Kräuterlikor mit der Abbildung einer Person in einer typischen Posehaltung: Vorzeigen der „Flasche" ohne die Flasche und ohne Textzusatz nach einer Serie von Hunderten Anzeigen mit Flasche und witzigem Trinkspruch). Generell kann davon ausgegangen werden, dass Werbemittel umso wirksamer sind, je mehr Aufmerksamkeit sie zu erringen vermögen, die ihrerseits durch **Abwechslung** erzeugt wird. Im konkreten Fall sind jedoch Abweichungen von dieser Regel durchaus begründbar.

Text/Handhaltung/Flasche   Handhaltung

Abb.: Wirkung durch wiederholte Verwendung von Grundelementen

Mehrfacher Werbemitteleinsatz lässt sich auch interpretieren als gleichzeitiger Einsatz unterschiedlicher Werbemittel. In diesem Falle reichen Überlegungen im Sinne einer Kontaktmultiplikation, wie bei der Auswahl der Werbeträger, nicht mehr aus. Da die Werbemittel durch unterschiedliche Merkmale und Wirkungen auf die Sinnesorgane gekennzeichnet sind, führt der (gleichzeitige) Kontakt mit den Werbemitteln auch zu unterschiedlichen **Kontaktqualitäten**. Die Kontakte führen je nach Art des Werbemittels zu einer Qualitätsmultiplikation. Quantitativ können diese Zusammenhänge nicht in eine allgemein gültige Formel gefasst werden. Tendenzielle **Verhaltensregeln** lassen sich aus den Funktionen der Werbemittel bzw. den Wirkungen der Gestaltungselemente ableiten.

Ohne das Gesagte weiter vertiefen zu wollen, sei nur auf einige **Grundfunktionen** hingewiesen, die mit **Werbemittelkategorien** verbunden sind.

• Die **Anzeige** dient in erster Linie der **Übermittlung von Informationen**. Sie kann diese Funktion wegen der Möglichkeit einer längeren Kontaktdauer und der Möglichkeit einer größeren Darbietungsmenge besonders gut erfüllen. Je weniger Information (in Wort oder Bild) sie enthält, umso mehr nähert sie sich in ihrer Funktion der reinen Aufmerksamkeits- bzw. Erinnerungsfunktion.

• Das **Plakat** hat nur geringe Kontaktzeiten und kann daher in erster Linie der Fundierung und **Aktivierung von Erinnerung** dienen. Je größer ein Plakat, umso weniger quantitative Information enthält es.

• Der **Fernsehspot** dient der Erläuterung von **Funktionsabläufen**. Er kann positive Hinstimmung erzeugen wegen der vielfältigen Einwirkungsmöglichkeiten auf die Sinnesorgane (Ton, Bewegung, Farbe usw.).

• Der **Rundfunkspot** erzeugt **Assoziationen** und **Erinnerungswirkungen**. Die Menge der übermittelten Informationen ist wegen beschränkter Aufnahmekapazitäten beim Umworbenen und die lediglich akustische Einwirkung ebenfalls beschränkt.

• Die **Internetseite** dient, ähnlich wie die Anzeige, in erster Linie der Übermittlung von Informationen. Anders als diese wird sie aber in der Regel von den Nutzern bewusst bzw. gezielt aufgerufen. Zufällige Berührungen sind eher selten. Die Kontaktdauer kann im Prinzip beliebig lang sein. Je mehr Informationen enthalten sind, umso intensiver wird sich der Nutzer in der Regel damit auseinander setzen. Im Gegensatz zur Anzeige wird hier eine Textlastigkeit eher zu längeren Verweilzeiten führen, da grundsätzlich ein höheres Interesse der Nutzer an der Information vorliegt. Bilder enthalten in diesem Zusammenhang meist weniger Information und führen auch wegen längerer Ladezeiten zu Abbrüchen. Ähnlich verhält es sich mit in die eigentliche Internetseite eingestreuten Werbeeinblendungen in Form von Bannern der verschiedensten Art. Diese dienen der Aufmerksamkeitserregung und **Aktivierung der Erinnerung**, lenken aber vom eigentlichen Informationszweck der Seite ab.

Die Werbemittel wirken gemeinsam vor allem wegen der Ausnutzung unterschiedlicher Umfeldbedingungen. Zwischen dem Einsatz der unterschiedlichen Werbemittel gibt es Überschneidungen. Rundfunkhörer lesen auch Zeitungen oder kommen mit Plakaten in Berührung. Für die reine Informationsübermittlung genügt u.U. ein Kontakt, für die Auslösung bzw. Vorbereitung von Kaufentscheidungen insgesamt sind mehrere Kontakte unterschiedlicher Qualität bzw. Intensität nötig. Werbemittelkontakte haben ihre eigenen Kontaktqualitäten.

Zum Beispiel schafft ein Spot im Fernsehen die erste Berührung mit dem Produkt, eine Anzeige in einer Zeitschrift oder Zeitung übermittelt die notwendigen Informationen aufgrund der durch den Spot aktivierten Aufmerksamkeit, ein Plakat, eine Schaufensterdekoration oder ein Schild in den Verkaufsstätten verstärkt die Wirkung im oder kurz vor dem Kaufzeitpunkt oder festigt die Erinnerung. Unabhängig von der Anzahl der möglichen Werbemittelkontakte empfiehlt sich der Einsatz mehrerer Werbemittel, wenn sich dadurch eine bessere Erreichbarkeit der Zielgruppenmitglieder erreichen lässt. Mit einem Mittel kann nicht immer die volle Identität mit der Zielgruppe erzielt werden. Vor allem die Existenz mehrerer Zielgruppen parallel macht den unterschiedlichen Mitteleinsatz sinnvoll (z.B. TV-Spot, Rundfunk-Spot bei Jugendlichen, Tageszeitung, Plakat bei Erwachsenen).

Der Einsatz mehrerer Werbemittel, auch unterschiedlicher Art, kann trotz oder gerade wegen der zu erwartenden Überschneidungen zu **erhöhten Werbewirkungen** führen. Die Vervielfachung der Werbemittel ist nicht mit einem proportionalen Wirkungszuwachs verbunden. Es sind alle Wirkungsverläufe denkbar. Selbst überproportional ansteigende Wirkungen sind möglich, wenn sich die eingesetzten

Werbemittel gegenseitig unterstützen. Die Verläufe sind von den konkreten Zielsetzungen und den Mittelkombinationen sowie den Gestaltungsmerkmalen im Einzelnen abhängig. Der Einsatz des Internet/WWW als Werbeinstrument macht in besonderem Maße den Einsatz anderer Medien erforderlich, damit die Marktteilnehmer überhaupt Kenntnis von der Internetpräsenz erhalten. Andererseits kann die Verwendung von Internet-Elementen (WWW-Adressen. @-Zeichen usw.) auch besondere Assoziationswirkungen bei den anderen Medien hervorrufen.

Der mehrfache Einsatz von Werbemitteln lässt auch die Kostenseite nicht unberührt. Die Einschaltkosten werden im Rahmen des Werbeträgereinsatzes berücksichtigt. Daneben entstehen jedoch zusätzliche **Kosten für die Gestaltung** zusätzlicher Werbemittel. Die Kosten sind abhängig von der Art der Werbemittel. Fernsehspots oder Filme sind in der Regel von den Produktionskosten her teurer als Rundfunkspots. Plakate verursachen andere Entwicklungskosten als Anzeigen. Die Entwicklung einer Anzeigenserie mit gleicher Grundaussage aber unterschiedlichen Motiven verursacht andere Kosten als auch in der Grundaussage unterschiedliche Kampagnen.

Welcher Art die Kostenverläufe sind, lässt sich nicht allgemeingültig formulieren. Es gibt allerdings gute Gründe, grundsätzlich eine **Kostendegression** beim Mehrfacheinsatz von Werbemitteln anzunehmen. Bleibt man in einer Mittelkategorie, so entstehen Kosten für die Grundkonzeption, Entwürfe usw. nur einmal. Auf der Seite der Werbeträger wirkt sich die Inanspruchnahme von Rabatten zusätzlich aus. Selbst bei völliger Neugestaltung einzelner Werbemittel oder dem Umsteigen auf andere Werbemittelkategorien kann davon ausgegangen werden, dass die Kosten unterproportional steigen, da bestimmte Vorarbeiten im Bereich der Gestaltung (Überlegungen zur Zielgruppenargumentation, Grundinhalte usw.) bereits geleistet worden sind. Selbstverständlich gibt es „teurere" und „billigere" Werbemittel.

Im konkreten Entscheidungsfall müssen die Informationen über zusätzlich zu erwartende Kosten und zusätzlich erwartete Wirkungen ermittelt und gegeneinander abgewogen werden. Genaue Prognosen lassen sich nur schlecht machen, da wesentliche Wirkungen schließlich von den Ergebnissen der Gestaltung (konkrete Gestaltung) ausgehen (*Jacobi,* 1985, S. 448).

2. Platzierung/Reihenfolge

Ein Gestaltungsproblem besonderer Art ist die so genannte Platzierung. Es handelt sich nicht um die Gestaltung des Mittels an sich oder die **Anordnung einzelner Elemente** des Werbemittels innerhalb des Mittels, sondern um das **Verhältnis des Werbemittels** zu seinem Umfeld im konkreten Einsatzfall. Damit kann die Platzierung nicht unabhängig von dem Werbeträger gesehen werden. In Abhängigkeit von der relativen Stellung des Werbemittels zu anderen konkurrierenden Werbemitteln oder sonstigen konkurrierenden Impulsen (redaktionelles Umfeld, Aufnahmesituation) kann von dem Werbemittel ein unterschiedlich zu wertender Impuls ausgehen. Die Anordnung kann sowohl in einer räumlichen als auch in einer zeitlichen Dimension gesehen werden. Im Rundfunk, Fernsehen oder Film sind die Werbespots zeitlich nacheinander angeordnet. Es stellt sich die Frage, ob die Reihenfolge der Anordnung der Spots Wirkungen auf die Wahrnehmung ausübt. Bei Printmedien ist die Anordnung auf einer Fläche (innerhalb einer Seite: Simultangestalt) oder auch auf verschiedenen nicht gleichzeitig wahrnehmbaren Flächen (verschiedene Seitenbelegungen: Sukzessivgestalt) möglich. Die Problematik einer unterschiedlichen Seitenbelegung ist damit auch in der Zeitdimension zu sehen.

1. Seite   2. Seite

Abb.: Aufmerksamkeitswirkung durch Verteilung über mehrere Seiten

Es gibt eine Reihe von Untersuchungen, die dieser Frage nachgegangen sind (*Seyffert* 1966, S. 499 ff.; *Jacobi,* 1975, S. 451 ff.). Im Allgemeinen wird von einer **Aufmerksamkeitswirkung** oder **Gedächtniswirkung** als Beurteilungsmaß ausgegangen. Die Versuche sind generell so angeordnet, dass das Darbietungsfeld mit einem Raster (zwei, vier oder neun Felder) überzogen wird, sodass den entstehenden Sektoren unterschiedliche Wirkungen im Sinne des gewählten Beurteilungsmaßes zugewiesen werden können.

Abb.: Raster für die Platzierungsbeurteilung

Teilt man das Feld in vier Sektoren (oben, unten, links, rechts) ein, dann wird im Allgemeinen den oberen Feldern eine größere Wirkung zugesprochen als den unteren. Die rechten Teile eines Darbietungsfeldes sollen wirksamer sein als die linken. Die Ergebnisse verschiedener Studien widerlegen die „oben-unten-These" nicht eindeutig. Es scheint eine leichte **Bevorzugung oberer Plätze** vorzuliegen. Widersprüchlich hingegen sind die Ergebnisse bei Versuchen zur links-rechts-Orientierung oder zur Beurteilung des Zentrums oder des Randes von Seiten.

In Abhängigkeit von der jeweiligen Versuchssituation sind unterschiedliche Ergebnisse erzielt worden. Hier soll angemerkt werden, dass letztlich für die Wirksamkeit des Darbietungsplatzes des Werbeimpulses zwei Dinge eine besondere Rolle spielen, die es verbieten allgemeine Aussagen über die Günstigkeit von Platzierungen innerhalb eines Darbietungsfeldes vorzunehmen: Die Nutzungsgewohnheiten der Zielgruppenmitglieder und das sonstige Umfeld des Werbemittels.

Mögliche Einflüsse des Nutzerverhaltens seien am Beispiel einer Zeitschrift demonstriert. Je nachdem, von welcher Seite aus man eine Zeitschrift durchblättert: Beim flüchtigen Durchsehen ist einmal die linke (Blättern von vorne) oder rechte (Blättern von hinten) Seite zuerst sichtbar. Beim langsamen Durchblättern kann sich das ins Gegenteil umkehren. Bei Doppelseiten sind jeweils die linken und rechten Innenhälften nicht sichtbar. Die **Nutzungsgewohnheiten** sind in der Regel nicht zielgruppenbezogen beschreibbar, sodass keine allgemeingültigen Aussagen in dieser Richtung gemacht werden können.

Die Platzierung des Werbemittels kann nicht losgelöst von den Inhalten der Botschaft, der äußeren Gestalt der Werbebotschaft und dem Inhalt und der Form des Umfeldes gesehen werden. Über die **Ausgestaltung des Umfeldes**, soweit es über das eigene Werbemittel hinausgeht, können in der Regel keine Aussagen gemacht werden. Von daher sind eingehendere Beschäftigungen mit Platzierungsfragen nicht sehr fruchtbar. Schließlich kann in den meisten Fällen auch kein besonderer Einfluss auf die Platzierung im Besonderen genommen werden. Ähnliches gilt in Bezug auf das Umfeld.

Bei der Planung des Mitteleinsatzes bzw. der Gestaltung können verschiedene Einflüsse häufig nur in Form von Negativbedingungen berücksichtigt werden. Anders im Falle konkurrenzsuchender Werbung: Güter des täglichen Bedarfes z.B. werben häufig mit dem Preisargument und erfordern eine mehr oder weniger leichte Vergleichbarkeit, außerdem werden Werbeinformationen gezielt gesucht. Entsprechend werden Anzeigen unterschiedlicher Anbieter in einem gemeinsamen Umfeld dargeboten. Ähnliche Überlegungen gelten für die Nähe zum redaktionellen Umfeld. Hier kann nur verlangt werden, dass Negativverbindungen nicht hergestellt werden (Anzeige für Zigaretten neben einem Beitrag über die Gefährlichkeit von Krebserkrankungen).

Im Allgemeinen werden von den Anbietern des Raumes für Werbemittel keine besonderen **Zuschläge für Platzierungen** erhoben. Eine Ausnahme bilden besondere Formen von Platzierungen, bei denen u.U. von besonderen Wirkungen ausgegangen werden kann (z.B. Textinselanzeigen, Rätsel usw.). Soweit die Art des

Werbemittels selbst nicht besondere Platzierungen erforderlich macht (z.B. Coupon-
anzeige an den Rand), sind Überlegungen über Platzierungen nicht von hervorra-
gender Wichtigkeit.

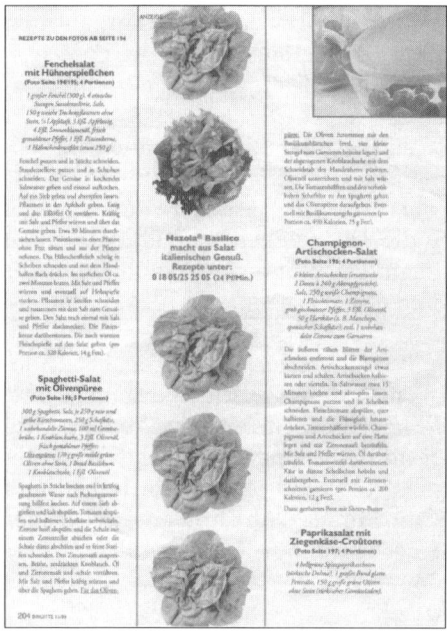 

Abb.: In redaktionellen Text integrierte angepasste Anzeige

Das Reihenfolgeproblem umschreibt die Frage, ob die Platzierung innerhalb einer
Sequenz von möglichen Werbeimpulsen am Anfang, in der Mitte oder Ende einer
Folge von Werbemitteln die größte Wirkung erzielen kann. Häufig wird angenommen, dass zu Beginn der Folge die Wirkung groß sei, dann langsam bis zu einem
Minimum abnimmt, um dann zum Ende wieder zu steigen. Diese Aussage kann
nicht generalisiert werden. Bezogen auf die Erinnerung als Indikator für Wirkung
mag das stimmen, wenn die Darbietung kontinuierlich erfolgt.

Zu Beginn der Impulsreihe ist die Aufmerksamkeit möglicherweise wohl relativ
groß. Gegen Ende ist die Reproduzierbarkeit der dargebotenen Reize wieder größer,
weil sie noch nicht so lange zurückliegen (*Behrens*, 1976, S. 122). Dieses Modell lässt
sich jedoch nur selten auf die reale Situation übertragen, da nicht davon ausgegangen werden kann, dass das Werbematerial kontinuierlich durchgearbeitet wird. Bei
zeitlich verteilten Impulsen, wie etwa im Fernsehen, können schon eher derartige
Effekte auftreten. Jedoch ist hier die zeitliche Entfernung zu der ökonomisch
möglichen Werbewirkung relativ groß.

Einen größeren Einfluss als die reine Verteilung in der Zeit dürfte die Nähe zu
interessanten Umfeldern haben. Diese haben in der Regel redaktionellen Charakter
und sind nicht exakt voraussehbar. Die Aufmerksamkeitswerte schwanken daher
über die ganze Darbietungsfolge.

redaktionelle Seite /Sportmode   Anzeigenseite (Sportuhr)

Abb.: Kontextbezogene Platzierung (Doppelseite) in einem Männer-Magazin

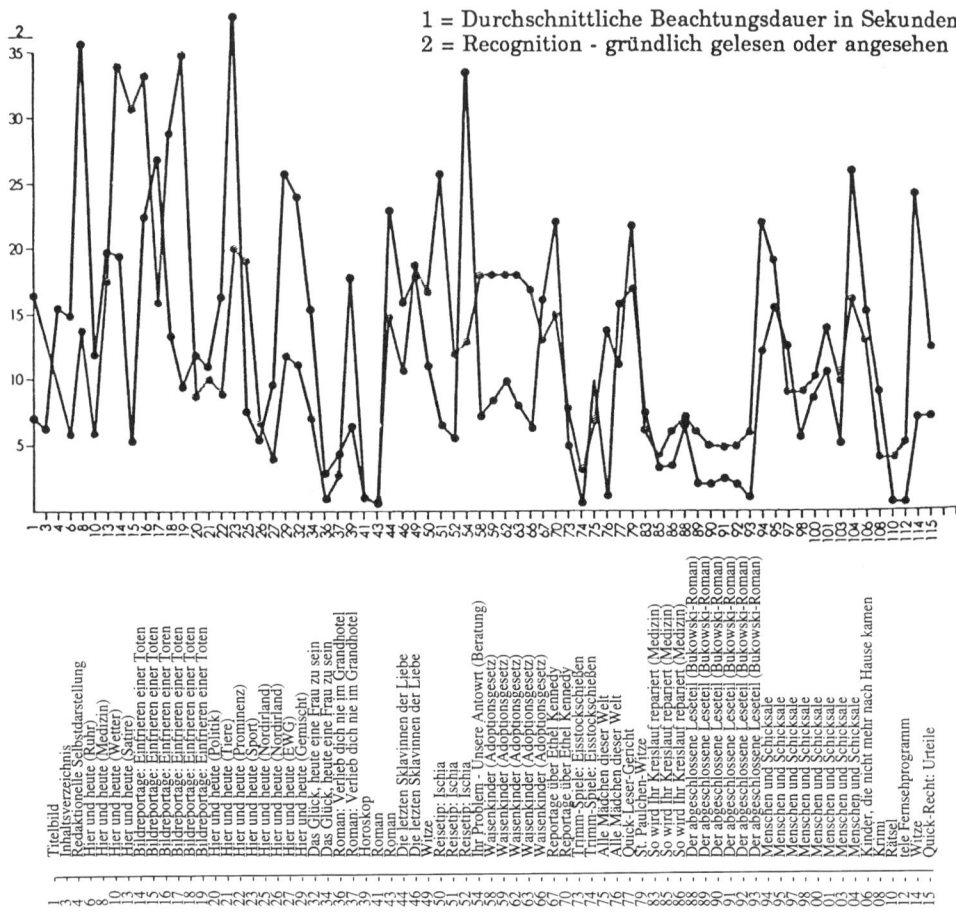

Abb.: Unterschiedliche Aufmerksamkeiten bei redaktionellen Beiträgen
Quelle: H. Bauer Verlag

Im Fernsehen kann im unmittelbaren Umfeld vom „Beiprogramm" mit höheren
Aufmerksamkeits- bzw. Einschaltwerten gerechnet werden. Bei Zeitungen und
Zeitschriften sind solche Umfelder u.a. durch thematisch gestaltete Seiten und
Journale erreichbar. Je größer die Spanne ist, innerhalb der platziert werden
könnte, umso unwichtiger dürften die Fragen der Platzierung werden. Besondere
Zuschläge für Platzierungen werden, abgesehen von Front- oder Rückseiten bei
Printmedien, nicht gemacht. Diese Zuschläge können mit der besonderen Berührungs-
chance (bei Offenliegen) begründet werden.

3. Größe/Form/Farbe

Werbemittel lassen sich in unterschiedlicher Größe oder Zeitausdehnung einsetzen.
Grundsätzlich kann von der Annahme ausgegangen werden, dass mit einer Verän-

derung der Größe (räumlich, zeitlich) eine bessere Kontaktchance mit dem Mittel besteht bzw. eine intensivere Auseinandersetzung mit dem Werbemittel und seinem Inhalt stattfinden kann. Je größer ein Mittel ist, umso mehr Wirkung kann u.U. erzielt werden. Auf einer größeren Fläche lassen sich mehr Informationen unterbringen. Ein größerer Raum- oder Zeitrahmen gestattet einen flexibleren Einsatz von Gestaltungsmitteln. Um praktisch damit arbeiten zu können, sind einige Einschränkungen bzw. Präzisierungen nötig.

Ein eventueller **Vergleich** kann nur innerhalb einer **Gattung** von Werbemitteln stattfinden. Im konkreten Fall dürfen sich die Überlegungen sogar nur auf eine bestimmte Ausgestaltung eines Mittels beziehen, da die erzielte Werbewirkung das Ergebnis der Gesamtheit von **Wirkungsfaktoren** ist. Dazu gehört nicht zuletzt die innere Gestaltung des Werbemittels (Motiv, Slogan, Botschaftsinhalt usw.). So gesehen kann ein Plakat nicht mit einer Anzeige verglichen werden. Noch schwieriger würde ein Vergleich werden, wenn die Maßeinheiten nicht unmittelbar miteinander vergleichbar sind. Eine Kleinanzeige lässt sich nicht mit einem Rundfunkspot vergleichen.

Mögliche Leistungsveränderungen durch Größenvariationen von Werbemitteln können nur sinnvoll beurteilt werden, wenn die damit verbundenen **Kostenänderungen** mit in die Betrachtung einbezogen werden. Kosten und Leistung sind immer im Gesamtzusammenhang zu sehen. Eine Ausdehnung der Raum- oder Zeitdimension verursacht mehr Kosten im Durchführungsbereich (Schaltkosten für größere Formate, längere Schaltzeiten, höherer Materialeinsatz usw.). Ob im konzeptionellen Bereich mehr Kosten entstehen, lässt sich nicht allgemein sagen. Es ist möglich, dass ein größerer Gestaltungsrahmen den Einsatz aufwändiger macht und daher teure Gestaltungsmöglichkeiten induziert (Aufwändige Bildgestaltung bei Großanzeige, einfacher Text bei Kleinanzeige). Im Prinzip ist eine solche Gegenüberstellung jedoch unzulässig.

Außerdem wird die Bearbeitung kleiner Formate möglicherweise schwieriger und von daher auch teurer, da relativ zeitaufwändiger. Es kann daher angenommen werden, dass mit zunehmender Größe eines Werbemittels die **relativen Kosten** abnehmen. Der degressive Kostenverlauf im Streubereich erklärt sich aus den üblichen Rabatten für größere Formate. Daneben können die Gestaltungskosten, graphische Entwürfe, Drehbücher usw. auf die Größe bezogen als fix angesehen werden (*Sundhoff*, 1976), da nur vergleichbare Inhalte miteinander verglichen werden dürfen. Sonstige Produktionskosten (Papier, Filmmaterial usw.) dürften nicht sehr stark ins Gewicht fallen. Unter der Voraussetzung, dass die Wirkungszunahme durch eine Größenerweiterung mindestens proportional verläuft, wäre damit eine Tendenz zu größeren Formaten sinnvoll. Lediglich die verfügbaren finanziellen Mittel dürften eine Begrenzung darstellen. Diese Schlussfolgerung ist jedoch nur solange richtig, wie die Art der Gestaltung als fest angenommen werden kann und keine (Kosten-)**Konkurrenz zwischen Gestaltung und Größe** besteht. Außerdem dürfen die Überlegungen jeweils nur auf der Grundlage von Grenzkostenbetrachtungen angestellt werden.

Über die Entwicklung der Werbewirkung bei veränderten Größenbedingungen sind sowohl theoretische Überlegungen als auch Versuche, experimentell Wirkungsverläufe nachzuweisen, angestellt worden. In Anlehnung an das Weber/Fechner'sche Gesetz (*Jacobi*, 1975, S. 446) wird angenommen, dass die Aufmerksamkeit, die einem Werbemittel gewidmet wird, proportional zur **Quadratwurzel der Flächenausdehnung** variiert. Das kann damit begründet werden, dass wir eine Figur (Fläche) als doppelt so groß empfinden, wenn sie sowohl in der Länge als auch der Breite verdoppelt wird. Tatsächlich liegt aber eine Vervierfachung vor. Der unterproportionale Wirkungsverlauf lässt eine Entscheidung für größere Formate nicht unbedingt sinnvoll erscheinen. Es gibt Experimente, die die Gültigkeit des Quadratwurzelgesetzes bestätigen (*Strong*, 1932; *Hotchkiss / Franke*, 1920). Andere Untersuchungen haben das nicht bestätigen können (*Scott*, 1919; *Seyffert*, 1931; *Fielitz*, 1955). Es sind sowohl überproportionale Wirkungsverläufe als auch s-förmige beobachtet worden.

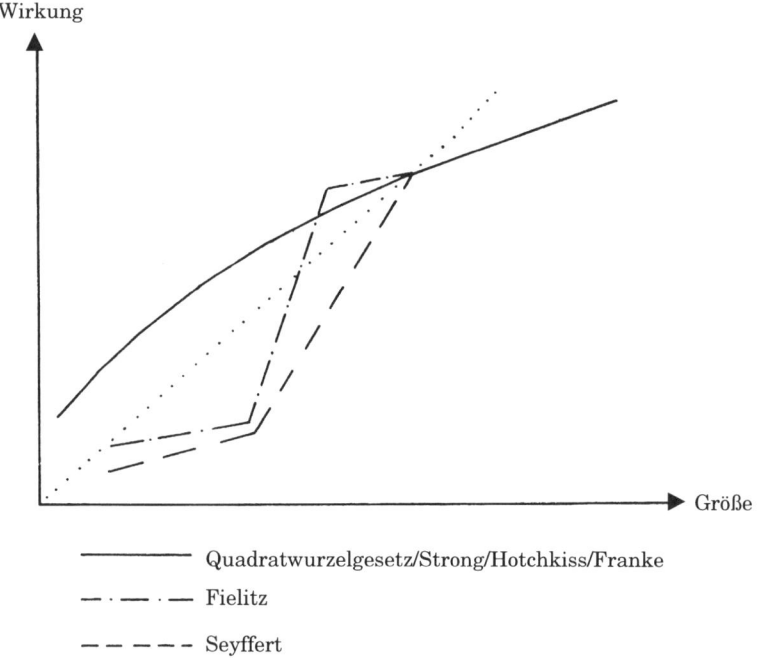

Abb.: Gegenüberstellung von Größenwirkungskurven

Die empirischen Ergebnisse lassen sich daher nicht zur Grundlage einer Entscheidung für oder gegen größere Formate oder längere Darbietungszeiten machen. Es werden mehrere Kritikpunkte und **Begründungen für die abweichenden Ergebnisse** angeführt. Die Anzahl der an den Tests teilnehmenden Versuchspersonen war im Allgemeinen zu gering. Die eingesetzten Methoden sind zu unterschiedlich. Es wurde abwechselnd mit farbigen oder schwarzweißen Vorlagen, sinnvollem oder Blindtext, echten Zeitschriften oder Testzeitschriften, mit oder ohne apparative

Unterstützung gearbeitet. Die Versuchssituationen waren ausschließlich Labor-situationen. Die Isolierung der Größe von anderen Wirkungsfaktoren ist umstritten.

Schließlich lassen sich Testergebnisse für Anzeigen, selbst wenn sie aussagekräftig sein sollten, nur schwer auf andere Werbemittel (Plakat, Funkspot, Fernsehspot, Werbebrief usw.) übertragen. Bei einem Werbebrief etwa könnte man die Meinung vertreten, dass die Neigung, ihn ungelesen beiseite zu legen, mit zunehmender Länge sogar steigt. Größenbetrachtungen lassen sich auch nicht mehr anstellen, wenn mehrfache Seitenbelegungen geplant sind.

Abb.: 2 x 1/2 Seiten (Doppelseite) zur Prozessdarstellung

Es wird sicherlich nicht falsch sein, wenn bei der Entscheidung für eine bestimmte Werbemittelgröße zunächst einem **mittleren Format** der Vorzug gegeben wird. Die Entscheidung für große oder kleine Werbemittel ist letztlich nicht so sehr von der erwarteten Größenwirkung abhängig als von den **Gestaltanforderungen der Botschaft**. Wenn es nur auf die Erzielung von Aufmerksamkeit ankommt, dann kann u.U. eine Mischstrategie sehr wertvoll sein: Zu Beginn der Kampagne wird eine relativ große Darbietungsform (1/1 oder 2/1 Seiten) gewählt. Dadurch entsteht zunächst eine relativ große Kontaktchance. Mit zunehmender Mittelgröße sinkt auch die Chance für Mitwettbewerber, im näheren Umfeld in Erscheinung zu treten. Im Nachgang zu einem späteren Zeitpunkt könnte dann auf kleinere Formate übergegangen werden. Die Aufmerksamkeitsraten für die kleineren Werbemittel können dann erheblich größer sein (*Waring*, 1986, S. 39), da bereits die „Grund-information" zur Verfügung steht. Die Größe kann nicht als Bruchteil einer Grund-einheit angesehen werden, sondern ist bezogen auf die Wirkung als abhängig von dem gewählten **Format** zu sehen. So sind eine Vielzahl unterschiedlicher Formate möglich (hoch, quer usw.), die zwar die gleiche Gesamtgrößendimension besitzen, aber auch verschieden wirken können und unterschiedliche Gestaltungsmaßnahmen erforderlich oder möglich machen. Die Größe ist nicht unabhängig von der Form. Es lassen sich so vielfältige Effekte erzeugen, die einen eigenen Aufmerksamkeitswert besitzen. So lässt sich beispielsweise auf einer Kleinanzeigenseite einer Tageszeitung eine größere Fläche belegen, indem die Werbebotschaft in kleinere Einheiten zerlegt und über die Seite verteilt wird. Es besteht daraufhin eine mehrfache Kontaktchance und ein möglicherweise positiver Wiederholungseffekt. Eine größere Aufmerksamkeit könnte sich auch durch eine größerformatige Anzeige erzielen lassen. Das würde aber u.U. nicht so sehr dem Charakter der Gesamtseite entsprechen. Eine ähnliche Wirkung lässt sich erzielen, wenn anstelle eines längeren Fernsehspots (30-60 sec.) mehrere kleinere Spots über die Sendezeit verteilt werden. Über die Größen und Formatwahl bzw. Längenwahl sollte in Abhängigkeit von dem Botschaftsinhalt entschieden werden. Die Auswahlpalette an Normal-Formaten und Sonder-Formaten ist groß.

Abb.: Verteilte (Klein-)Anzeigen zum Ausgleich der Größe

Das Hauptziel einer Größenvariation ist, auf die Aufmerksamkeitswirkung Einfluss zu nehmen. Da das Werbemittel in seiner Gesamtheit wirkt, ist zu überlegen, ob nicht andere **Abhebungsmöglichkeiten** den gleichen oder gar einen besseren Erfolg versprechen. Da es schließlich darum geht, das gestalterische Konzept nicht zu sehr zu verändern, geschieht das am besten über besondere Hervorhebungen. Die Verwendung einer **Zusatzfarbe** etwa kann eine Abhebung vom Umfeld erzielen. Empirische Untersuchungen haben generell eine verstärkte Aufmerksamkeits- und Erinnerungswirkung nachweisen können (*Laufer,* 1986, S. 14). Dieser Effekt ist allerdings nur solange wirksam, wie im Umfeld nicht die gleichen Farben benutzt werden. Dann kann es u.U. sogar ratsam sein, auf eine Hervorhebung durch Farbe zu verzichten. Auf den Assoziationsgehalt von Farben soll an dieser Stelle nicht weiter eingegangen werden. Die Kosten für die Schaltung von farbigen Werbemitteln sind selbstverständlich ebenfalls höher.

Mit der Verwendung von einer Zusatzfarbe erhöhen sich die Einschaltkosten in der Regel um ca. 30 %, bei Verwendung von vier Farben um ca. 75 %. Hinzu kommen die Kosten für die veränderte Gestaltung von Vorlagen. Die Wirkung der Farbe (Zusatzfarbe/vierfarbig) differiert in Abhängigkeit von der Gesamtgestaltung des Werbemittels. Bei mehr textorientierten Werbemitteln wird sicherlich die Aufmerksamkeit erhöht, während bei bildorientierten Werbemitteln die emotionale Wirkung der Farbe mehr in den Vordergrund treten dürfte.

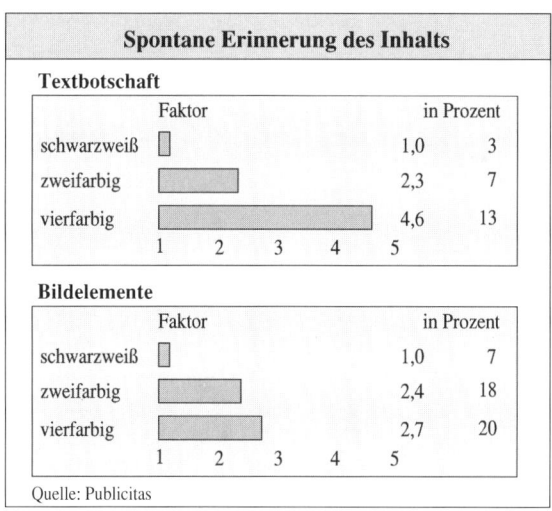

Quelle: W & V SPECIAL 47/94

Umrandungen und Rahmen können einem Werbemittel im Träger ebenfalls zu höheren Aufmerksamkeitswerten verhelfen, ohne dass der Inhalt wesentlich geändert oder angepasst werden müsste. Auch hier sind vielfältige Möglichkeiten gegeben. Der Grundsatz, dass eine Maßnahme nur solange besondere Wirkungen erzielen kann, wie sie sich von anderen abhebt, gilt nach wie vor.

Eine Diskussion über die Rolle der Werbemittelgröße auf die Werbewirkung kann ohne die Einbeziehung **gestaltpsychologischer** Gedankengänge nicht geführt werden. Selbst relativ „kleine" Werbemittel können durch Kontrastbildung in der Wirkung größeren Werbemitteln gleichkommen. Die Wirkungserfolge sind umso größer, je mehr sich das Mittel aus der Masse der sonst noch dargebotenen Werbemittel heraushebt. Bei homogener Mittelstruktur im Umfeld genügen daher kleine Änderungen (Farbe, Form, Rahmen usw.). Je heterogener die übrigen Werbemittel sind, umso mehr Anstrengungen sind vorzunehmen, um die Abhebung zu erreichen. Es sind dann schon weitergehende gestalterische Maßnahmen notwendig, die sich auf die **Gesamtkonzeption** bzw. den **Inhalt der Werbebotschaft** auswirken. Häufig können über die Maßnahmen der Mitwettbewerber bzw. das werbliche und redaktionelle Umfeld keine genauen Prognosen angestellt werden. Je mehr Wert daher auf eine unbeeinflusste Aufmerksamkeit gelegt wird, umso größer bzw. länger müssen Werberaum oder Werbezeit sein, um den Anteil des nicht selbst gestalteten Umfeldes zu reduzieren. Damit sind dann jedoch andere Gestaltungsanforderungen verbunden.

Sieht man die größere Ausdehnung eines Werbemittels in der Konkurrenz mit Gestaltungsfaktoren wie Verschiedenheit der Form, charakteristische Gestalt, besonders hervorstechende Merkmale usw., dann muss in der Regel die Größe zurückstehen. Werbewirkung ist das Ergebnis der Einflüsse vieler Faktoren von denen die Größe nur einer ist.

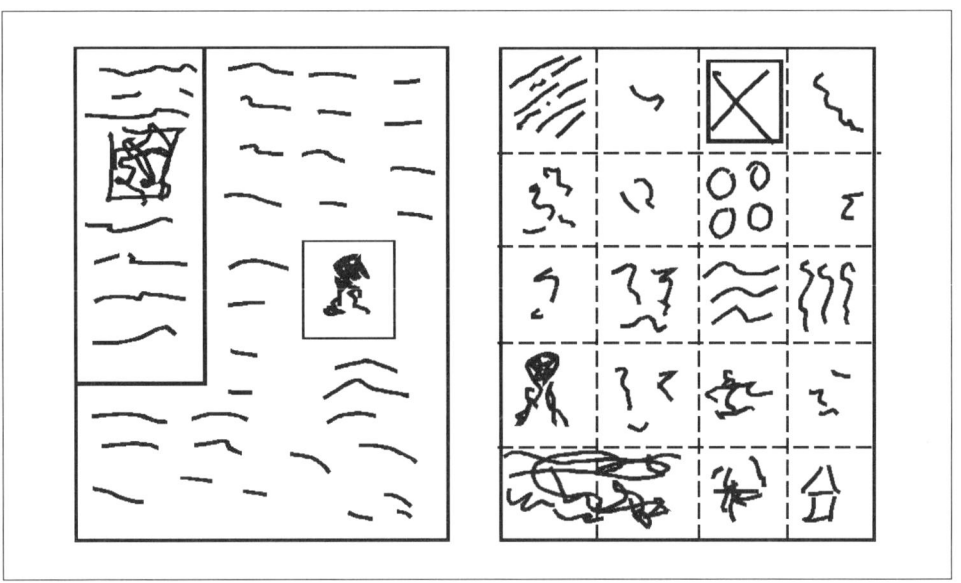

Abb.: Beispiel für Gestaltwirkungen von Werbemitteln

4. Inhaltsgestaltung

4.1 Einzelelemente der Gestaltung

Das Werbemittel als solches setzt sich aus verschiedenen Einzelelementen zusammen, die in ihrer Gesamtheit wirken, aber getrennt entwickelt werden. Die Gestaltung der Einzelbestandteile der Werbemittel ist zunächst unabhängig von dem Umfeld des Werbemittels im konkreten Einsatzfall. Das Ziel der **Umfeldgestaltung** liegt in erster Linie in der Erhöhung der **Kontaktchance** des Werbemittels im Vergleich zu anderen konkurrierenden Werbemitteln. Die **Aufmerksamkeitswirkung** der Werbemaßnahme ist in diesem Fall das Orientierungsziel. Die Gestaltung des Werbemittels im Besonderen muss sich darüber hinaus an weiteren Wirkungen bzw. Zielsetzungen ausrichten. Je größer die Umfeldkonkurrenz eines Werbemittels mit einem anderen Werbemittel ist, umso größer muss die Aufmerksamkeitswirkung sein.

Darüber hinaus konzentriert sich die angestrebte Werbewirkung auf die **Auseinandersetzung mit der Botschaft** und dem Botschaftsinhalt. Die Zielpersonen sollen sich nach der Kontaktaufnahme mit dem Werbemittel eingehender und bewusster mit den Werbeaussagen auseinander setzen, um schließlich zu für den Werbetreibenden **ökonomisch verwertbaren Entscheidungen** zu kommen. Die Werbewirkung lässt sich in **Teilkomponenten** zerlegen, die auf das Gefühl (Aktivierung, Anmutungsqualität), das Denken/Bewusstsein (Wahrnehmung, Verstehen, Gedächtnis) und die Gesamtheit der Stimmungen/Gemütszustände (Einstellungen) einwirken.

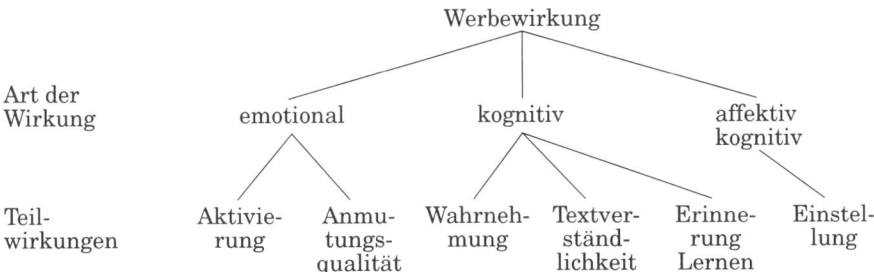

Abb.: Arten der Werbewirkung nach Barg/Bernhard
Quelle: *Hermanns*, A.: Konsument und Werbewirkung, Berlin – Köln 1979, S. 218

Daraus lässt sich ableiten, dass die Gestaltung sich sowohl nach den (psychologischen) **Eigenschaften der Zielgruppenmitglieder** als auch den besonderen **Eigenarten der Werbemittelkategorien** zu richten hat. Die Einzelelemente der Werbemittel üben in unterschiedlichem Maße Einfluss auf die einzelnen Komponenten der Werbewirkung aus. Auf besondere Wirkungszusammenhänge zwischen Teilelemente der Werbemittel und Wirkungsbestandteile der Werbewirkung kann in der kreativen Phase der Werbung eingegangen werden. Es darf jedoch nicht übersehen werden, dass das Werbemittel schließlich auch hier in seiner Gesamtheit wirkt. Der Kontakt mit dem Werbemittel soll eine positive **Hinstimmung** zum umworbenen Produkt oder zur Leistung erreichen. Die notwendigen Assoziationen sollen erzeugt werden. Das Werbemittel soll die für ein gestuftes Lernen und spätere Entscheidungen notwendigen **Informationen** bereit stellen. Botschaftsinhalte sollen von den Zielgruppenmitgliedern gespeichert und wieder aktiviert werden.

Die Erfolgswirksamkeit der Differenzierungs- bzw. Positionierungsmaßnahmen ist von der Erfüllung einer Reihe von Voraussetzungen an die Unterscheidungsmerkmale abhängig (*Kotler / Bliemel*, 1999, S. 474).

Für den Einsatz der Werbung könnten folgende Punkte von Bedeutung sein:

* Das Merkmal muss für eine genügende Anzahl von Konsumenten interessant genug (**Substantialität/Segmentgröße**) sein, um verwendet zu werden. Werbung kann hier unterstützend eingreifen, indem die Aufmerksamkeit auf das Merkmal gelenkt wird.

* Das Merkmal wird von anderen Anbietern nicht verwendet oder vom eigenen Unternehmen in einer besonders **hervorhebenswerten** Form verwendet (Hervorhebbarkeit). In der werblichen Kommunikation ist darauf zu achten, dass in der Argumentation keine zu großen Anlehnungen an die Mitwettbewerber stattfindet. Außerdem sollte man versuchen, sich vor Nachahmungen zu schützen, die die Sonderstellung der eigenen Merkmalsausprägung wieder zunichte machen. Viel zu oft wird in der Werbung einfach nur auf Nachahmung (z.B. Bierwerbung, Reinigungsmittel usw.) gesetzt.

* Der Unterschied sollte besser als andere Mittel zur Erlangung eines (gleichen) Vorteils geeignet sein (**Überlegenheit**). Durch Konzentration in der Gestaltung und Argumentation auf wenige Merkmale lässt sich diese Einschätzung eher erreichen. Konsumenten sind häufig nicht in der Lage, mehrere Merkmale gleichzeitig zur Beurteilung heran zu ziehen. Verwechslungen und Unsicherheiten sind die Folge. Die Hervorhebung eines einzigartigen Vorteils bzw. Versprechens (unique selling proposition, USP) ist ein Ausweg.

* Das Merkmal kann kommuniziert und von den Konsumenten identifiziert werden (**Kommunizierbarkeit**). Aufgabe der Werbung ist es, gerade diese Voraussetzung zu schaffen. Besonders bei Dienstleistungen, die keinen materiellen Charakter besitzen, ist das wichtig. Durch Werbeaussagen werden diese Eigenschaften überhaupt erst geschaffen.

* Das verwendete Merkmal kann von den Wettbewerbern nicht leicht nachgeahmt werden und sichert einen **Vorsprung** (Vorsprungssicherung). Die Werbung kann ihren Beitrag dazu liefern, indem die Merkmalsausprägung eindeutig den eigenen Produkten zugeordnet und im Bewusstsein der Konsumenten verankert wird. Nachahmungsversuche schaden dann den Wettbewerbern eher als dass sie nutzen, da jeder Vergleich dem Vergleichsobjekt zugute kommt. Sinnvollerweise wird man sich nur mit dem Besten vergleichen.

* Das Merkmal muss in der Lage sein, dauerhaft die gewünschte Positionierung zu erreichen und zu halten (**Nachhaltigkeit/Kontinuität**). Die Präferenzbildung soll nicht nur vorübergehender Natur sein. Werbung kann ihren Beitrag dazu

liefern durch prägnante, unverwechselbare Argumentation und die Art des Timing bzw. die beständige Wiederholung von Werbeauftritten.

- Die Umworbenen müssen das Gefühl haben, bei unterschiedlichen, insbesondere höheren Preisen auch das entsprechende Äquivalent zu bekommen (Bezahlbarkeit/**Nutzen-Kosten-Relation**). Werbung hat hier die Aufgabe, die Nachfragefunktion so zu verschieben, dass die Konsumenten bereit sind, auch einen höheren Preis zu bezahlen. Die Preissensibilität sinkt, wenn das kommunizierte Merkmal zu einer besseren Wertschätzung der Leistung führt (*Rogge*, 1979, S. 18).

erfolgreiche Frau	Auslobungsstil: haute couture

Abb.: Zielgruppen- bzw. medienangepasste Gestaltung/Argumentation

Die **gestaltbaren Elemente eines Werbemittels** lassen sich in folgender Form systematisch darstellen:

- **visuelle** Elemente für optische Einwirkungen
  - Schlagzeile
  - Hauptbildkomponente
  - ergänzende Bildelemente
  - Typografie
    - Schriftart
    - Schriftgröße
    - Schriftanordnung
  - Farbe
  - Bewegung
  - Animation

- **auditive** Elemente für akustische Einwirkungen
  – Slogan
  – Ton
    - Klang
    - Stärke
    - Geräusch
    - Musik

- **sonstige** Elemente
  – Geruch
  – Geschmack
  – Gefühl

Die optischen und akustischen Einwirkungsmöglichkeiten besitzen die größte Bedeutung in der Werbemittelgestaltung. Die Elemente sind in verschiedener Weise miteinander kombinierbar. Teilelemente stehen in unmittelbarem Zusammenhang miteinander. So sind etwa Schriftgröße und Schlagzeile in der Regel aneinander gekoppelt. Bildelemente und Farbe sind voneinander nicht zu trennen. Es soll an dieser Stelle nicht intensiv auf die Gestaltung der Teilelemente eingegangen werden. Der Betriebswirt muss im Bedarfsfall auf die Dienstleistung der Kreativen zurückgreifen. Um einen ungefähren Eindruck von der Wichtigkeit von Gestaltungsmaßnahmen und erste Hilfestellung für die Beurteilung von Gestaltungsentwürfen zu geben, soll kurz beispielhaft auf einige **Eigenarten der Gestaltungselemente** hingewiesen werden.

Die **Schlagzeile** (headline, bei akustischen Werbemitteln die ersten Aussagen) besitzt die Funktion des Blickfangs und ersten **Orientierung über die Einordnung der Werbeaussage**. Sie soll die Aufmerksamkeit des Umworbenen erregen und zur weiteren Beschäftigung mit den Botschaftsinhalten (Interesse) Anreiz sein. Auch wenn im Sinne einer Aufmerksamkeitssteigerung eine Verfremdung sinnvoll sein sollte, muss auf eine genügend starke Beziehung zur eigentlichen Werbeaussage (Produkt, Leistung, Unternehmen, Information) vorhanden sein. Eine Schlagzeile muss nicht notwendigerweise im oberen Bereich des Werbemittels angeordnet sein.

Die Schlagzeile ist nicht identisch mit dem **Slogan**, der die Werbeaussage prägnant zusammenfasst und die Grundlage für Erinnerung darstellt. Während die Schlagzeile im Interesse einer größeren Aufmerksamkeitswirkung öfter variiert werden kann, sollte der Slogan eine größere Kontinuität aufweisen. Kriterien zur Beurteilung von Slogans sind:

- Bezug zu vorstellbaren (realen) Eigenschaften,
- Knappheit/Merkfähigkeit,
- Interessenweckung,
- Prägnanz/Genauigkeit,
- Humorbezug,
- Einprägsamkeit,
- Eindeutigkeit der Zuordnung zur Leistung,
- Übereinstimmung von Aussage und Kommunikationsinhalt,

- Assoziationsfähigkeit,
- Abhebung von den Mitwettbewerbern,
- (positive) Gefühlswirkung,
- sprachliche Verständlichkeit,
- Übereinstimmung mit Selbstbild des Unternehmens bzw. der Mitarbeiter.

Brillengeschäft   Unfallversicherung

Abb.: Starke Aufmerksamkeitswirkung und Produktbezogenheit

Abb.: Aufmerksamkeitswirkung wahrscheinlich - Werbewirkung zweifelhaft

Abbildungen haben einerseits eine ähnliche Funktion wie Schlagzeilen und können diese u.U. voll ersetzen (Plakat). Sie dienen als Blickfang bzw. **Aufmerksamkeitserreger**. Darüber hinaus kann in Bildern jedoch ein ungleich größeres **Informationspotenzial** stecken. Bilder rufen **Assoziationen** hervor, erzeugen ein Vorstellungsbild beim Betrachter und bestimmen so die Einstellungen, Wünsche und Handlungen in vielfältiger Weise. Im Zusammenhang mit den Elementen Form und Farbe lassen sich die unterschiedlichsten Effekte erzielen. Ebenfalls über die Art des Abgebildeten können verschiedene Wirkungen erzielt werden. Grundsätzlich sollte darauf geachtet werden, dass auch Bilder eine genügend große **Nähe zum eigentlichen Werbeobjekt** aufweisen. Besonders aufmerksamkeitsstarke Bilder können auch negative Wirkungen haben, wenn sie von der eigentlichen Aussage ablenken oder den Bezug nicht genügend stark herstellen (z.B. Sexualität in der Werbung).

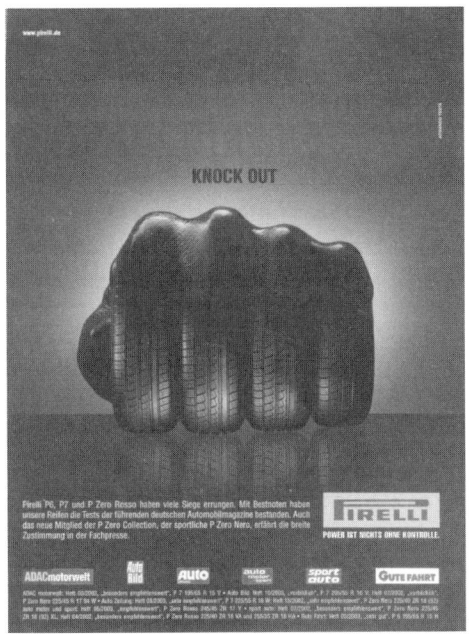 

Kraft/Stärke/Reifen   Schweiz/Schokolade

Abb.: Assoziationen

Schriftarten oder **Schriftgrößen** können in Abhängigkeit von der Zielgruppe **Assoziationen** hervorrufen. Leichte, dünne Schriften wirken modisch, vornehm. Fraktur wird mit Vergangenheitsepochen verbunden. Verschlungene Schriften symbolisieren Westernatmosphäre. Viele unterschiedliche Schriftarten in einem Werbemittel erzeugen Unruhe. Eine einheitliche Schriftart und Größe kann vor allem bei viel Text ausgesprochen langweilig wirken. Übergroße Buchstaben wirken bedrohlich und erdrückend. Die Beispiele können beliebig erweitert werden. Es leuchtet ein, dass Schriften letztlich nur im Gesamtzusammenhang beurteilt werden können.

Farben können zur besonderen Hervorhebung von Aussagenbestandteilen eingesetzt werden. Darüber hinaus kommt aber gerade Farben eine zusätzliche assoziative Wirkung zu. Schon allein die Verwendung von Farbe und Grautönen kann zu einer besonderen Einschätzung von Situationen führen. Ein TV-Spot in schwarz/weiß kann z.B. eine Vergangenheitssituation (unmodisch, altmodisch, nicht voll leistungsfähig) signalisieren. Die Farbe bringt dann Aktivität, Modernität, Fortschritt, Leistung. Farben eignen sich wegen ihrer Assoziationswirkung besonders für den Einsatz im Zusammenhang mit bestimmten Produktbereichen. Das kann allerdings auch zu Klischees führen, die schließlich zu einer Vereinheitlichung führen, sodass eine besondere Wirkung nicht mehr eintritt. So werden den Farben etwa z.B. folgende **Eigenschaften** (*Behrens, G.*, 1996, S. 55 ff.) nachgesagt:

- braun: typisch für Kaffee, Leder. Eignet sich als „warme" Farbe für Dinge, die Behaglichkeit ausstrahlen sollen;

- blau: kalt, nass, glatt, seriös, passiv, beruhigend, zurückgezogen. Wird von Erwachsenen bevorzugt. Typisch für Eisartikel, Werkzeug, Stahl, Kühlgeräte;

- grün: kühl, bitter, fruchtig, erfrischend, jung, gelassen, friedlich, signalisiert Gesundheit, Lebenskraft (Obst, Gemüse, Freizeit, Erholung);

- rot: heiß, laut, süß, fest, erregend, herausfordernd, mächtig, stark, Kinderfarbe, zählt ebenfalls zu den „warmen" Farben, signalisiert aber auch Gefahr (Verkehrsschilder!) oder Wichtigkeit;

- gelb: leicht, glatt, hell, sehnsüchtig, frei, wirkt anregend, heiter (Sonne);

- rosa: leicht, weich, verspielt, zärtlich, typisch weiblich. Babyartikel, Kosmetik;

- schwarz: drohend, vornehm.

Vor der Übernahme solcher Regeln sollte jedoch geprüft werden, ob sie auch tatsächlich zu den betreffenden Produkten und insbesondere Zielgruppen passen. Die Interpretation bzw. der Gefühlswert von Farben ist ebenso wie der von Symbolen stark kulturabhängig. Spätestens bei grenzüberschreitender Werbung ist darauf Rücksicht zu nehmen. Aber auch bei Inlandswerbung ist wegen einer kulturbedingten Durchmischung der Bevölkerung Sorgfalt geboten. So bekommt beispielsweise rot im asiatischen Kulturraum eine völlig andere Bedeutung und grün ist bei muslemischen Zielgruppen problematisch.

 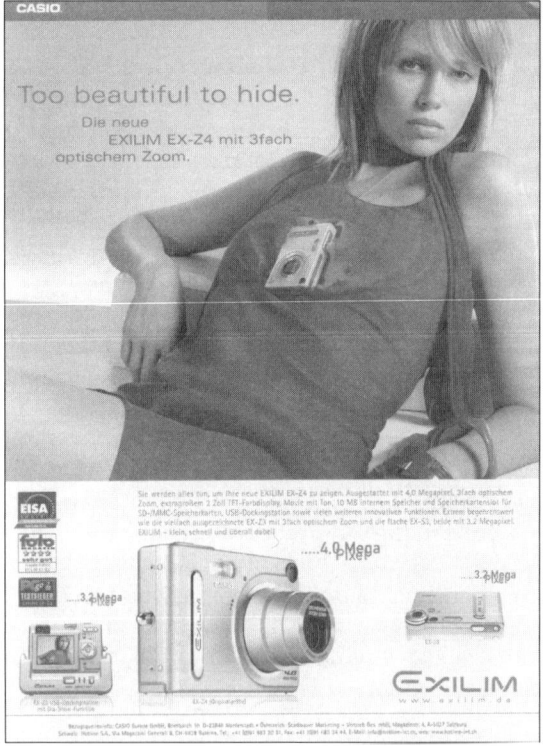

rational/sachbezogen ausgerichtet   emotional ausgerichtet

Abb.: Unterschiedliche Anspracheformen

Der Einsatz und die Gestaltung der Wirkungselemente ist abhängig von den Eigenarten der Zielgruppenmitglieder, den Eigenschaften des Werbeobjektes und den besonderen Eigenarten der verwendeten Mittelkategorie. Je nach Kategorie bekommen die Teilelemente eine eigene Bedeutung. Wenn man einmal davon ausgeht, dass die Grundvoraussetzung von Werbewirkung Aufmerksamkeit ist, die von allen Mitteln erregt werden muss, dann kann darüber hinaus zu den Werbemittelkategorien eine **Zuordnung** vorgenommen werden, die **für die Beurteilung von Gestaltungsmaßnahmen** von Wichtigkeit sein kann.

- Anzeige : Informationsübermittlung
- Plakat : Fundierung und Aktivierung von Erinnerung
- Fernsehspot : positive Hinstimmung
- Rundfunkspot : Erzeugung von Assoziationen und Erinnerung
- WWW-Seite : Informationsübermittlung
- WWW-Banner : Fundierung und Aktivierung von Erinnerung

Zeichencode \ Trägermedien-kategorie	Tages-zeitung	Publikums-Zeitschrift	Hörfunk	Fernsehen/WWW
gedruckte Wörter und Sätze (Schrift)	x	x		x
gesprochene Wörter und Sätze (Sprache)			x	x
Bilder im Sinne von Abbildungen	x	x		x
Bildsequenzen im Sinne von Film				x
Musik u. Geräusche			x	x

Abb.: Zuordnung von Zeichencodes zu Werbemittelkategorien

Es lassen sich aus dem bisher gesagten einige grundsätzliche Anforderungen ableiten, die an Gestaltungsmaßnahmen zu stellen sind.

- Im Rahmen einer Beachtungskonkurrenz muss Aufmerksamkeit durch gestalterische Mittel erregt werden, die das Mittel anders als andere erscheinen lassen.

- Das Mittel muss die umworbene Leistung sofort oder zumindest nach einer angemessen kurzen Zeit erkennen lassen.

- Die Ansprache und möglichen Assoziationen müssen zielgruppengerecht sein.

- Die Werbebotschaft muss (für die Zielgruppe) sowohl verbal als auch visuell verständlich sein.

- Der Stil des gestalteten Werbemittels muss weitgehend mit dem Stil bzw. dem Image des eingesetzten Werbeträgers übereinstimmen.

- Der Stil der Einzelelemente des Werbemittels muss aufeinander abgestimmt und verträglich sein.

- Der Stil der Einzelelemente und die Gesamtheit der Elemente muss den Vorstellungen bzw. den gewünschten Vorstellungen der Zielgruppe von den Werbeobjekten entsprechen.

- Die Gestaltung des Werbemittels muss auf das mögliche Umfeld des Werbemittels Rücksicht nehmen.

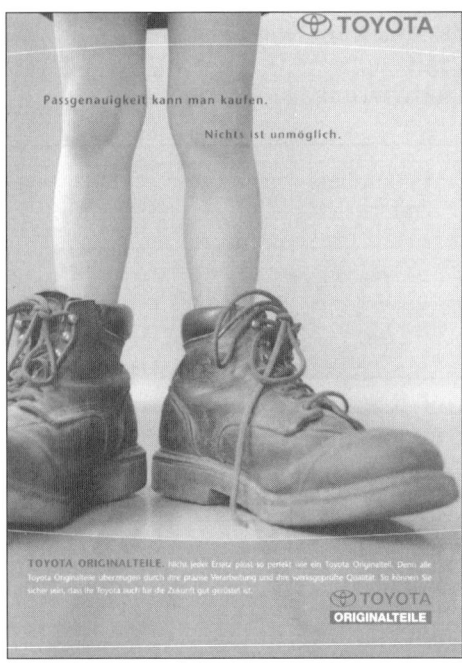

„Passgenauigkeit kann man kaufen.   „Trennen Sie sich vom Kabel.
Nichts ist unmöglich." Toyota   Nicht vom Netz." Siemens

Abb.: Entsprechung von Text und Bild

High Involvement   Low Involvement

Abb.: Mögliche Wirkung von Text- bzw. Bildorientierung

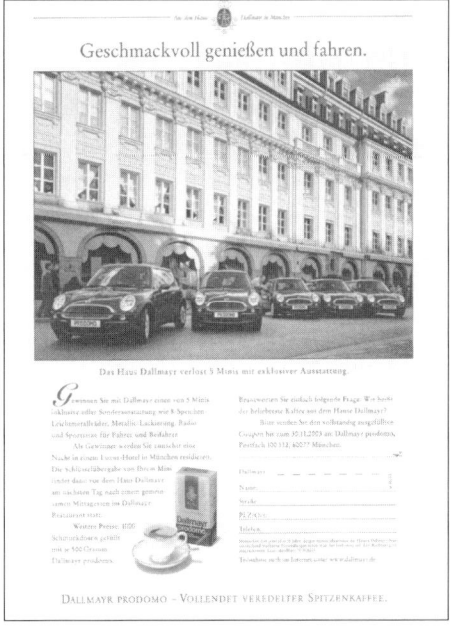

Abb.: Schaffung von Produkteigenschaften/Image durch exklusive Umfeldattribute in der Werbung

Aus einer Untersuchung zur Werbewirkung von Anzeigen (Bauer Media KG, 2003) lassen sich weitere Schlussfolgerungen ableiten, die allerdings immer in Relation zum Umfeld bzw. zur konkurrierenden Werbung zu sehen sind:

- Je größer eine Anzeige, umso höher ist ihre Nutzungschance.
- Je farbiger die Anzeige, umso höher ist ihre Nutzungschance.
- Je mehr Text enthalten ist, umso geringer wird die Lesebereitschaft.
- Die textliche Botschaft muss auf die Zielgruppe angepasst und verständlich sein.
- Die Produktabbildung ist ein wichtiger Bestandteil des Werbeerfolges.
- Marke und Logo spielen eine zentrale Rolle.
- Von der Norm abweichende Sonderwerbeformen und Werbestrecken werden überproportional genutzt.
- Kriterien wie sympathisch, originell und informativ wirken sich positiv aus.
- Produktinteresse und Involvement haben für die Auseinandersetzung mit der Werbung eine besondere Bedeutung.

4.2 Gestaltungsvorschläge

Jede Werbekampagne hat ihre Besonderheiten, was die Zielgruppe, das Werbeobjekt, das angestrebte Ziel usw. angeht. Reaktionen der Individuen ändern sich in Abhängigkeit vom Kenntnisstand der Individuen, dem Zeitgeschmack usw. Die Vorstellungen von Originalität und Ästhetik ändern sich bzw. neue Klischees entstehen im Zeitverlauf. Jede Situation ist anders. Schließlich ist Gestaltung im Wesentlichen ein **kreativer Prozess**, der in seinen Wirkungen **nicht prognostizierbar** ist, aber auch als solcher in seinen unmittelbaren Gestaltungsergebnissen stark vom Gestalter selbst abhängig ist. Es ist daher nicht möglich, allgemein gültige Regeln für die Entwicklung von erfolgreichen Werbemitteln aufzustellen. Rezepte lassen sich nicht geben.

Auf der anderen Seite scheint es angebracht, dem ökonomischen Werbeplaner für seine Zusammenarbeit mit den Kreativen einige Gestaltungsgrundsätze an die Hand zu geben, um die Zusammenarbeit und Verständigung zwischen beiden zu verbessern. Auch der Betriebswirt sollte **Vorstellungen** darüber haben, was machbar oder wünschenswert ist. Die Umsetzung im Einzelnen sollte allerdings anderen überlassen werden. In diesem Rahmen erscheint es uns möglich, ein paar **Grundregeln über die Gestaltung von Werbemitteln** als Orientierungsrahmen zu nennen. Da die Werbemittelkategorien sich teilweise in ihren Grundmerkmalen unterscheiden, erscheint eine Trennung nach Werbemittelkategorien angebracht. Die Regeln lassen sich häufig aus einer Analyse der Ist-Wirkungen von Werbemitteln ableiten. Insofern kann eine eingehende Beschäftigung mit (auch hier nicht genannten) Werbemitteln einschließlich dem Verhalten anderer Werbetreibender die Grundlage eigener Gestaltungsregeln sein. Eine solche listenhafte **Aufstellung des Istzustandes** findet sich z.B. bei Hermanns (*Hermanns*, 1979, S. 264 ff.).

- Anzeigen in **Tageszeitungen** und **Publikumszeitschriften**
  - das Lesen von Anzeigen ist eine aktive Tätigkeit
  - das Lesen von Anzeigen erfordert intellektuelle Anstrengung

- die Suchprozesse nach bestimmten Anzeigen sind relativ kurz
- für die Nutzung bestehen keine zeitlichen und räumlichen Beschränkungen
- Anzeigen sind weniger unterhaltsam
- Anzeigen lassen sich leicht aufbewahren und erneut nutzen
- die Übermittlung der Botschaft ist rein optisch
- als Zeichencodes lassen sich Bilder und Schriftzeichen verwenden
- Umfang und Dauer der Beschäftigung mit Anzeigen ist von der Art der verwendeten Zeichen und dem Format abhängig
- das Lesen von Anzeigen lässt kaum andere Beschäftigungsmöglichkeiten zu
- die Rezeption ist überwiegend durch den einzelnen möglich
- eine Störung beim Lesen kann durch die spätere Wiederholung aufgehoben werden
- die Reihenfolge der Identifikation der Zeichen wird weitgehend durch den Leser selbst bestimmt
- die Bedeutung der Zeichen wird durch den Leser selbst bestimmt
- die Anzeige kann das Nutzungsversprechen sowohl beschreibend durch Text als auch real durch Bilder ausdrücken

- Spots im **Hörfunk**

  - das Hören von Funkspots ist eine passive Tätigkeit
  - Hören erfordert eine geringere intellektuelle Anstrengung
  - die Suchprozesse nach bestimmten Spots dauern relativ lang
  - die zeitlichen und räumlichen Voraussetzungen sind relativ gering
  - Funkspots sind relativ unterhaltsam
  - Funkspots lassen sich nur mit entsprechenden technischen Einrichtungen mehrfach nutzen
  - die Nutzung der Spots erfolgt in der Regel nebenbei
  - die Vermittlung der Botschaft erfolgt rein akustisch
  - als Zeichencodes können gesprochene Wörter, Sätze und Geräusche verwendet werden
  - Umfang und Dauer der Auseinandersetzung hängt von der Dauer des Spots und den verwendeten Zeichen ab
  - die Nutzung von Funkspots kann auch von mehreren Personen gleichzeitig erfolgen
  - eine Störung beim Hören unterbricht die Wahrnehmung teilweise oder total
  - die Reihenfolge der Wahrnehmung ist durch den Spot bestimmt
  - der Spot kann in der Regel nur beschreibend vorgehen
  - die Realitätsnähe von Spots ist in der Regel nur gering

- Spots im **Fernsehen**

  - die Beschäftigung mit Fernsehspots ist mehr passiv
  - Fernsehspots erfordern eine relativ geringe intellektuelle Anstrengung
  - die Suchprozesse nach bestimmten Spots dauern relativ lange
  - die räumlichen und zeitlichen Voraussetzungen für Fernsehspots sind relativ streng
  - Fernsehspots sind in der Regel unterhaltsam
  - Fernsehspots lassen sich nur mit entsprechenden Geräten konservieren

- die Nutzung des Werbefernsehens hat häufig Berieselungscharakter
- die Vermittlung der Werbebotschaft erfolgt audiovisuell
- als Zeichencodes können gedruckte und gesprochene Wörter und Sätze, bewegte und unbewegte Bilder, Musik und Geräusche verwendet werden
- der Umfang bzw. die Dauer der Rezeption hängt von den verwendeten Zeichen und der Spotlänge ab
- das Zuschauen lässt zwar andere Aktivitäten zu, diese sind aber beschränkt
- die Nutzung der Spots kann einzeln und in Gruppen erfolgen
- eine Störung der Rezeption bedingt aufgrund der kurzen Spotlänge eine teilweise oder totale Rezeptionsunterbrechung
- die Reihenfolge der zu identifizierenden Zeichen und ihre Bedeutung sind durch den Spot festgelegt
- der Fernsehspot kann nicht nur beschreibend, sondern hochgradig real im Sinne eines Handlungsablaufes vorgehen

Aus den einzelnen Punkten, die jeweils positiv oder negativ gewertet werden können, lassen sich dann die betreffenden Gestaltungsrichtlinien im konkreten Fall ableiten. Die Gestaltungsrichtlinien können für andere Werbemittel als Anzeigen etwa folgendermaßen aussehen (*Gaede/Kernebeck/Landgrebe/Vogt,* o. J., P. 2.2.2).

- **Fernsehspot**

  - Der Fernsehspot wirkt in individueller, privater Umgebung. Er sollte daher immer wie ein freundlicher, einfacher, schlichter, persönlicher Verkäufer gestaltet sein.

  - Der Fernsehspot steht nicht in Konkurrenz mit dem Unterhaltungsprogramm. Es sollten keine falschen Unterhaltungswünsche beim Zuschauer geweckt werden. Am Ende muss eine produktbezogene Pointe stehen. Andererseits wird ein Fernsehspot umso eher aufgenommen, je pointenreicher er ist, da der Unterhaltungscharakter des Werbeträgers ausstrahlt.

  - Ein Fernsehspot dauert selten länger als 30 Sekunden und steht in Konkurrenz mit anderen Spots. Er sollte nur auf einer Idee aufbauen und nicht zu viele unterschiedliche Argumente bringen. Gerade wegen des raschen Wechsels der Spots sind Szenenfolgen notwendig, in denen sich die Seher schnell orientieren können und die nicht überladen sind, um die Merkfähigkeit zu steigern.

  - Die Handlung des Fernsehspots sollte vor allem durch bewegte Bilder mit entsprechender Tonuntermalung ausgedrückt werden. Tönende Dias oder (vorgelesene) Anzeigentexte sind anderen Medien vorbehalten. Die Dialoge sollten nicht zu lang sein.

  - Sprache und Musik ergänzen bzw. charakterisieren das Bild. Sprache wirkt durch inhaltliche Aussage bildunterstützend. Die menschliche Stimme, nach Höhe und Wärme gestaltet, gibt dem Spot zusammen mit Musik eine zusätzliche Emotionalität.

  - Der Fernsehschirm ist verglichen mit einer Kinoleinwand sehr klein. Die Großaufnahme ist daher der Totalaufnahme im Allgemeinen vorzuziehen. Auf einer kleinen Darstellungsfläche erzeugen viele Details nur den Eindruck von Chaos.

– Das Fernsehen hat eine unschärfere Wiedergabe als Filme. Daraus folgt die Verwendung von nicht zu vielen Details, keine überladenen, komplizierten Szenen, keine zu großen Helligkeits- und Kontrastunterschiede. Klare Formen und plastische Beleuchtung sind positive Merkmale einer Spotgestaltung.

– Die geplante Werbebotschaft sollte über die Länge des Spots entscheiden. Ein Pressen der Botschaft bzw. der Gestaltung in einen engen Rahmen (aber auch das Ausfüllen von zu großen Lücken) kann nur gestalterisch-kreativ negative Folgen haben.

- **Kinowerbefilm**

  – Der Kinofilm wird in einem öffentlichen, völlig abgedunkelten Raum vorgeführt. Die Personen kennen sich nicht untereinander. Die Ansprache im Werbefilm kann daher nicht so persönlich sein wie im Werbefilm. Dem steht entgegen, dass gerade durch die Dunkelheit und Großaufnahme ein unmittelbares Verhältnis zwischen Zuschauer und Geschehen auf der Leinwand entstehen kann.

  – Der Kinozuschauer geht ins Kino, um sich zu unterhalten. Der Werbefilm muss sich diesem Anspruch anpassen, um nicht als Fremdkörper empfunden zu werden. Die Botschaft muss in unterhaltsamer, sympathischer aber auch nicht aufdringlicher Form vermittelt werden.

  – Der Kinowerbefilm erreicht den Zuschauer häufig nur einmal. Er sollte daher alle wichtigen Argumente enthalten. Seine Wirkung baut auf Einzelwirkung und nicht auf serieller Einschaltung auf.

  – Der Kinowerbefilm kann wegen der Umfeldverhältnisse Farbe in viel besserem Maße als andere Medien darstellen. Das sollte bei der Gestaltung des Werbemittels genutzt werden.

  – Der Werbefilm kann Totalen mit vielen Details bringen.

- **Werbedia**

  – Alles was hervortreten soll, was wichtig ist, sollte helle Farben bekommen (Unwichtiges dunkle Farben). Farben sollten verwendet werden, um Anmutungen zu erzeugen. Durch Kontinuität in der Farbe können Hausfarben kreiert werden bzw., wenn diese bereits existieren sollten, in Dias Verwendung finden.

  – Wichtiges sollte von Unwichtigem deutlich getrennt werden.

  – Die Schrift sollte sehr gut lesbar sein.

  – Plakatentwürfe lassen sich nicht ohne weiteres auf Dias übertragen. Plakate haben häufig Hochformat, Dias aber Querformat. Durch die Formatänderung treten aber auch andere Wirkungen auf. Außerdem wirken Farbstimmung und Schrift auf einer Leinwand anders als auf einem Plakat.

– Die Textlänge sollte der Standlänge eines Dias angepasst sein. In 10 Sekunden Standzeit lassen sich etwa 30 Silben übermitteln. Mehr Text als gelesen werden kann, sollte auf keinen Fall im Dia enthalten sein.

• **Rundfunkspot**

– Der Spot sollte verständlich sein. Der Text muss für sich selbst sprechen. Die Verwendung einfacher Worte und einfacher Sätze erleichtert das Verständnis.

– Die Stimmen sollten dem Inhalt der Botschaft bezüglich Stimmlage und Stärke entsprechen.

– Hintergrundmusik kann die emotionale Wirkung erhöhen.

– Es ist auf die Hörbarkeit der geschriebenen Texte zu achten. Die Sprechweise und nicht die Schreibweise sind ausschlaggebend. Auf mögliche Differenzen zwischen Sprechweise und Schreibweise sollte im Interesse einer späteren Wiedererkennbarkeit geachtet werden.

– Die variierte oder stereotype Wiederholung von Kernsätzen bzw. Worten gibt Denk- und Gedächtnisstützen.

– Der Rundfunkspot wirkt in der Wiederholung, der Serie, darauf sollte geachtet werden. Das kann Portionierungen von Texten sinnvoll erscheinen lassen.

– Die Aufeinanderfolge von Spots kann zeitlich sehr kurz sein. Darauf ist ebenfalls im Sinne von Variabilität der Spots zu achten.

• **Internetpräsenz/WWW-Seite**

– Die Bildschirmseite wird gezielt aufgerufen und sollte daher in erster Linie informativ sein.

– Die Informationsmenge wird nicht an der Menge der Texte oder Bilder gemessen, sondern an der Möglichkeit des Zugangs zu den gewünschten Informationen. Klarheit ist daher oberstes Gebot.

– Die Internetseite konkurriert nicht mit Unterhaltungsmedien, auch wenn die Möglichkeiten gerade dazu verleiten (Infotainment). Inhalte, Animationen, Spiele usw. können zwar grundsätzliche Aufmerksamkeit erzeugen, lenken aber vom eigentlichen Thema ab. Ein zu hoher Unterhaltungswert schadet unter Umständen dem angestrebten Image.

– Die Verwendung von Bildern, Video- und Musikclips geht in der Regel zu Lasten der Lade- bzw. Wartezeiten. Der Abbruch der Verbindung oder das Nicht-Wiederaufsuchen der Seiten kann die Folge sein.

– Bilder dienen im Gegensatz zu anderen Medien nicht der Erzeugung von besonderer Aufmerksamkeit, da sie meist erst erscheinen, wenn der Text bereits gelesen worden ist bzw. werden konnte. Sie sollten entsprechend nur eingesetzt werden, wenn sie tatsächlichen zusätzlichen Informationscharakter oder auflockernden Illustrationscharakter besitzen.

– Bilder müssen eine genügend gute Auflösung haben, um auf dem Bildschirm überhaupt noch erkannt werden zu können. Da die Auflösung der Bildschirme bei den Nutzern unterschiedlich ist, sollte auf die „schlechteste" Auflösungsmöglichkeit abgestellt werden, um keine Ergebnisse zu erzielen, die negative Wirkungen bei den Informationssuchenden hervorrufen könnten.

– Die Verteilung der Informationsmenge über mehrere Seiten (Bildschirme) erhöht die Informationsaufnahme. Seiten die zu voll gepackt sind, erfordern einen lästigen „Scrollaufwand" und wirken abschreckend.

– Einfach gestaltete Seiten sind besser als aufwändige, die alle technischen Möglichkeiten ausnutzen. Da die Empfangssituation weitgehend vom Nutzer bestimmt werden kann über verschiedene Einstellungen bzw. Hardwareausrüstung, kann nicht sichergestellt werden, dass die Darstellung beim Empfänger so aussieht, wie vom Sender gewollt.

– Querverweise (Links) erleichtern den Informationszugang. Zu viele verwirren allerdings. Doppelnennungen bei den Verweisen sind nach Möglichkeit zu vermeiden.

– Das World Wide Web ist zwar ein vernetztes Medium, andererseits denken die meisten Nutzer linear. Klare Gliederungen der Informationsangebote am Anfang der Seiten und der Verlinkungen kommen den Informationsinteressen der Nutzer entgegen.

– Die einzelnen (zusammengehörigen) Seiten sollten nach einem einheitlichen Muster (ähnlich wie bei der Corporate Identity) gestaltet sein, um einerseits die Zusammengehörigkeit der Seiten deutlich zu machen und den Wiedererkennungswert zu erhöhen und andererseits die Wirkungen anderer Medien ausnutzen zu können.

– Die Seiten sollten so gestaltet sein, dass eine möglichst lange Verweilzeit gewährleistet ist. Links aus dem eigenen Angebot heraus sollten sparsam sein. Die Möglichkeit der Rückkehr sollte gegeben sein. Werbebanner mit Click-Möglichkeiten führen vom eigenen Angebot fort.

– Die Verwendung von technischen Möglichkeiten wie Add-Ons, Plug-Ins, Javaskripten, Cookies usw. sollen vorsichtig verwendet werden, da bei vielen Nutzern hier noch eine gewisse Zurückhaltung bzw. Abneigung zu beobachten ist.

Je mehr Sinnesorgane angesprochen werden können, umso mehr Gestaltungsspielraum eröffnet sich. Wenn die Möglichkeit besteht Text mit Bildern zu unterstützen, sollte von dieser Möglichkeit Gebrauch gemacht werden. Mit Bildern kann häufig sehr viel mehr als durch Worte ausgedrückt werden. Das gilt auch für reine Information. Allein die so genannte Visualisierung bietet vielfältige Ansatzpunkte für kreative Gestaltung.

Die Methoden der Umsetzung der Botschaft in Bilder lassen sich in ihren Grundsätzen auch auf Textumsetzungen verwenden. Gaede (*Gaede* 1982) hat in eindrucksvoller Weise die Verknüpfung von Textaussage und bildlicher Umsetzung systematisiert. Daraus lassen sich wertvolle Hiinweise für eine gelenkte Kreativität (*Rogge*, 1982) gewinnen.

Systematischer Überblick über Visualisierungsmethoden und visuelle Muster (in Anlehnung an *Gaede*):

Ähnlichkeit (Analogie): Die visuellen Zeichen sind inhaltsgleich bzw. -ähnlich zur verbalten Aussage bzw. Produkt.

- Inhaltsähnlichkeit (semantische Analogie)

  z.B. „Die Natur weiß, wie man Formen glättet. – Sie jetzt auch." – Bach mit glatt gewaschenen Steinen – Junger Frauenakt im Bachbett (Philips Cellesse Sense Active gegen Cellulite)

  – Sekundär-Analogie
  – Primär-Analogie
  – typografische Analogie

- Gestaltähnlichkeit (syntaktische Analogie)

  z.B. „Es gibt keine Zufälle" – Matterhorn/Schweiz – Schokolade in Dreiecksform (Toblerone)

  – figurale Ähnlichkeit
  – strukturale Ähnlichkeit
  – innovativ-ersetzende Ähnlichkeit

Beweis (visuelle Argumentation): Die verbale Aussage wird durch visuelle Zeichen verstärkt bzw. bewiesen.

- Beweis durch Augenschein (visuelle Evidenz)

  z.B. „Schmuck für die Beine" – Wohlgeformte Frauenbeine/Schuh mit eleganter Linienführung (Peter Kaiser)

  – Zustands-Evidenz
  – Ablauf-Evidenz

- Beweis durch Beispiel (visuelle Exemplifikation)

  z.B. „Wollen Sie schwimmen... oder Auto fahren?" – Reifen mit und ohne Aquaplaning (Uniroyal)

  – Konkretisierungs-Beispiel
  – Anwendungs-Beispiel
  – Wirkungs-Beispiel
  – Extrem-Beispiel
  – Analogie-Beispiel
  – Ad-absurdum-Beispiel

- Beweis durch Gegenüberstellung (visuelle Konfrontation)

  z.B. verkalkte Gläser/strahlender Glanz auf Gläsern (Geschirrspülmittel)

  – veranschaulichende Gegenüberstellung
  – mit und ohne Gegenüberstellung

Gedanken-Verknüpfung (visuelle Assoziation): Die verbale Aussage und visuelle Zeichen stehen in einem gedanklichen Zusammenhang.

- Bedeutungs-Assoziation (semantische Assoziation)

  z.B. „Chemie ist Leben" – Pflanzenkeim in trockenem Boden (chemische Industrie)

  – Verwandtschaft
  – Gegensatz
  – Unterordnung
  – Nebenordnung
  – Bedeutungsvielfalt
  – Bedeutungsübereinstimmung

- Erfahrungs-Assoziation (empirische Assoziation)

  z.B. „Mahl - Festmahl - Genießer wissen ..." – festlich gedeckter Tisch mit Hauptgericht - gleicher Tisch mit Glas und Kirschwasserflasche (Schladerer)

  – räumliche Nähe
  – zeitliche Nähe

- Wissens-Assoziation (szientifische Assoziation)

  z.B. „Bei uns stehen nicht nur Sie im Mittelpunkt. Sondern auch Ihre Zukunft." – eine Person in gleicher Haltung aber verschiedenen Altersstufen: jung - älter - alt - sehr alt (Sparkasse/Rentenversorge)

Teil-für-Ganzes (visuelle Stilfigur): Die inhaltliche Ganzheit der Aussage bzw. Bedeutung wird stellvertretend durch einen Teil des Ganzen unterstützt bzw. ausgedrückt.

z.B. „Spanien prägt Sie" – Männerkopf in typischer von Salvatore-Dali-Pose (spanisches Fremdenverkehrsamt)

- Einzelteil für Einzelding

  – materiell
  – personell

- Einzelobjekt für Objektkomplex

  – geografisch
  – institutionell
  – historisch

- Einzelwesen für Objektkomplex

  – geografisch
  – institutionell
  – historisch

- Art für Gattung

- Einzahl für Mehrzahl

Grund-Folge: Die Bedeutung wird durch Darstellungen unterstützt, die zur verbalen Aussage in einer logischen Grund-Folge-Beziehung stehen.

- visuelle Kausal-Beziehung

  z.B. „Diese werbefreie Zone widmet Ihnen Yahoo ..." – Reh auf stiller Wald-
  lichtung (Yahoo/Spamfilter)
  - Wirkung für Ursache
  - Ursache für Wirkung
- visuelle Instrumental-Beziehung

  z.B. „Lebt Ihre Heizung in Saus und Braus? Gas geben. Geld sparen. modernisie-
  ren. Jetzt!" – Sektkorken und Konfetti (Initiativkreis Erdgas & Umwelt)
  - Instrument für Handlung
  - Instrument für Zustand

Wiederholung (visuelle Repetition): Die verbale Aussage wird in einer bildlichen
Bedeutung widergespiegelt.

- Bedeutungswiederholung (synaktische Repetition)

  z.B. „Es gibt Dinge, die schaut man sich immer wieder gerne an. Zum Beispiel
  gutes Design" – Frau auf Schlafzimmerbett betrachtet Schrankwand bzw. in
  Schranktür verschwindenden Männerakt (hülsta)
  - gleichlaufende Bedeutungswiederholung (visueller Parallelismus)
  - vereinzelte Bedeutungswiederholung (visuelle Detaillierung)
- Zeichenwiederholung (semantische Repetition)

  z.B. „HIS Stretch Denim. Moves like you do." – Mädchen in Tanzhaltung/Jeans in
  Tanzhaltung/Fernseher zeigt Tanzformation
  - Molekularzeichen-Wiederholung
  - Elementarzeichen-Wiederholung

Steigerung (visuelle Gradation): Die Ausdruckskraft der verbalen Aussage wird
durch visuelle Zeichen unterstützt.

- Steigerung durch Vergrößerung (visuelle Expansion)

  z.B. „Extrem gut gebaut. Der Polo" – Luftaufnahme eines Polo mit Hubschrauber-
  landesymbol (H) auf dem Dach (VW)
  - Übertreibung
  - Stufensteigerung
  - Aussagen-Gegenüberstellung
- Steigerung durch Hervorhebung (visuelle Fokussierung)

  z.B. „Leistung aus Leidenschaft. Zupacken, umsetzen, leisten." – Männer im
  Anzug im Gespräch (Manager)/Ellenbogen eingeblendet mit aufgekrempeltem
  Hemdsärmel (Deutsche Bank)
  - hervorhebendes Hinweiszeichen
  - hervorhebendes Umrandungszeichen
  - hervorhebendes Farbzeichen
- Steigerung durch Mehrfachwiederholung (visuelle Iteration)

z.B. „In unserem Diesel haben sich Kraft und Geschmeidigkeit gefunden." – fahrender PKW und mehrere jagende Leoparden vor Savannenhintergrund (Honda)

- thematische Mehrfachwiederholung
- typografische Mehrfachwiederholung

Hinzufügung (visuelle Addition): Die Verbindung von Aussage und visuellen Zeichen ergeben erst die eigentliche Aussage.

- reihende Hinzufügung (sequentielle Addition)

  z.B. „Warten, bis die Kinder es abholen? Da verkauf ich's doch besser. Warum auf die Kinder warten? Ebay" – älterer Mann vor Garage mit Flohmarktobjekten (Ebay)

  - verbal-visuelle Folge
  - visuell-verbale Folge
  - verbal-visuelle Wechselfolge

- rhetorische Hinzufügung

  z.B. „Lass Blumen sprechen" – Handymodell mit verschiedenen MMS-Blumenmotiven auf dem Display

  - verbal-visueller Dialog
  - visueller Vergleich

Bedeutungs-Bestimmung (visuelle Determination): Die Bedeutung der verbalen Aussage wird durch visuelle Zeichen festgelegt.

- präzisierende Bedeutungsbestimmung

  z.B. „Mobile-Banking: Stecken Sie Ihre Bank in die Tasche!" – Handheldcomputer mit Homebanking auf dem Display (Volksbanken Raiffeisenbanken)

  - Finitzeichen-Präzisierung
  - Infinitzeichen-Präzisierung
  - Pronominalzeichen-Präzisierung

- konkretisierende Bedeutungsbestimmung

  z.B. „Freiliegende Zahnhälse, sensible Zähne? ... Sie brauchen ganz besonderen Schutz." – Baum mit freiliegender Borke/freiliegender Zahnhals (Elmex)

  - reales visuelles Beispiel
  - paradoxes visuelles Beispiel

- auswählend-steuernde Bedeutungsbestimmung

  z.B. „Jetzt können Sie Äpfel mit Birnen vergleichen." – Apfel und Birne mit Bio-Siegel (Bundesministerium für Verbraucherschutz, Ernährung und Landwirtschaft)

  - positiv steuernde Selektion
  - negativ steuernde Selektion

Verkoppelung (visuelle Konnexion): Das Aussageobjekt wird in eine Umgebung mit ausstrahlenden Eigenschaften gestellt.

- Gegenstandsverkoppelung

  z.B. „Pedigree is everything!" – Jaguar-Automobile in einer mittelalterlichen Halle (Jaguar)

  – Stillleben
  – Szenarium
  – Gegenstands-Arrangement

- Personenverkoppelung

  z.B. „Elegance is an attitude" – Audrey Hepburn/Damenarmbanduhr (Longines)

  – Ein-Person-Verkoppelung
  – Mehr-Personen-Verkoppelung

- Situationsverkoppelung

  z.B. „Genießen heißt, das Angenehme mit dem Nutzlosen verbinden." – leicht kräuselnder Zigarettenrauch (BAT)

  – Genrebild
  – situatives Arrangement

Verfremdung (visuelle Normabweichung): Die Aussage wird in einer normalerweise nicht erwarteten Form bzw. Zeichen ins Bild umgesetzt.

- verfremdende Bedeutungsinterpretation

  z.B. „Bleibt ein leben lang scharf?" – attraktive, tief dekolletierte junge Frau mit einem Messer in der Hand (Zwilling)

  – paradoxe Spezifikation
  – paradoxe Analogie
  – paradoxer Widerspruch

- verfremdendes Bedeutungsbeispiel

  z.B. „Licht an!- Spott aus" – leuchtende Straßenlaternen auf Promenade/Großaufnahme Kleinwagen auf Promenade (Renault Kangoo)

  – Mehrdeutigkeit
  – Wortwörtlichnehmen

- verfremdender Zeichenzusatz

  z.B. „Serveer eens een stier bij uw fruit de mer (Servieren Sie einmal einen Stier zu Ihren Meeresfrüchten)" – Kopfteil eines Krebses in der Form/Silhouette des Osborne-Stiers/Osborne-Flasche/Osborne-Stier (Osborne)

  – visuelle Integration
  – visuelle Fusion

- verfremdender Zeichenaustausch

  z.B. „Nichts korrigiert so schön wie Mey" – NiChTs koRRiGierT sO scHön wiE MeY. (Mey Unterwäsche)

  – Objekt-Austausch
  – Grafikzeichen-Austausch

– Typografiezeichen-Austausch

- verfremdende Zeichenumgebung

  z.B. „Epson Durabrite Tinte - unter Wasser so gut wie an Land" – Angelhaken mit Regenwurmfotoausdruck und angelockte Fische (Epson)

- Gestaltverfremdung
  – Zeichen-Weglassung
  – Zeichen-Versetzung
  – Zeichen-Perspektive
  – Zeichen-Dimension
  – Zeichen-Arrangement

Symbolisierung: Visualisierung von Aussagen durch die Verwendung von Symbolen.

z.B. „Denken Sie an was Sie wollen. Nur nicht an Kopfschmerzen." – sich küssendes Paar Gedanken-Symbolketten er: Herz; sie: Herz - Ringe - Baby - Geld - Haus - Baby - Hund

- wiederholend

- verkoppelnd

- steigernd

- hinzufügend

- analogisierend
  – analoge Symbolanordnung
  – analoge Symbolveränderung

- verfremdend
  – symbolische Bedeutungsverfremdung
  – verfremdender Symbolzusatz
  – verfremdender Symbolaustausch
  – verfremdende Symbolumgestaltung

Diese Muster können, auch in kombinierter Form, als Ausgangsgrundlage für Konzeptionsausarbeitungen gute Dienste leisten.

4.3 Beurteilungshilfen

Die vorgenannten Grundsätze können, soweit sie nicht bereits bei der Konzeptionserstellung durch die Werbeplaner eine Rolle spielen, als Beurteilungsmaßstäbe für eine Beurteilung von Entwürfen herangezogen werden. Die Bewertungen von Werbemittelentwürfen finden zweckmäßigerweise im Rahmen komplexerer Werbemitteltests und Werbewirkungskontrollen statt. Aber auch Checklisten können zur Beurteilung herangezogen werden. Die Checklisten sind an den Anforderungs-

profilen für die Werbemittelkategorien und der konkreten Werbezielsetzung zu
orientieren. So könnte eine **Checkliste** für erfolgreiche Anzeigen etwa folgendes
Aussehen haben (*Waring,* 1986, S. 63):

- Deutet die Anzeige auf einen Produktvorteil oder Neues hin? Hat sie informativen
  Wert?

- Vermittelt das Bild die Schlüsselbotschaft?

- Ist die Headline konkret, klar und direkt?

- Stehen Bild und Headline in enger Verbindung zueinander?

- Wird der Produkt- oder Firmenname hervorgehoben?

- Enthält die Anzeige Elemente, die ablenken oder zu viel geistige Arbeit verursachen?

- Wenn es sich um eine doppelseitige Anzeige handelt, wie steht es um die
  Integration?

- Insgesamt gesehen: Ist die Anzeige einfach direkt, aussagekräftig und anschaulich genug?

Die Methode lässt sich verfeinern, wenn anstelle von einfachen Ja/Nein Fragen für
einzelne Merkmale Punkte entsprechend der Realisierung vergeben werden. Diese
können dann addiert werden und gestatten somit einen Vergleich verschiedener
Entwürfe. Zweckmäßigerweise sollten die Merkmale mit der Wichtigkeit gewichtet
werden, die ihnen in der Gesamtwirkung zukommt. Solche **Gewichtungsschemata**
können ebenfalls in der Vorphase der Konzeption für die Entwicklung von Gestal-
tungsvorschlägen herangezogen werden.

Merkmal	**Ge-wicht**	**Aus-prägung**
Erkennbarmachung des Werbetreibenden/der angebotenen Ware/der Marke	5	
Erregung der Aufmerksamkeit	25	
Erregung von Interesse	5	
Beweis, Prüfbericht, Bestätigung der gemachten Aussage	2	
Zeitgemäßes, saisongerechtes Erscheinen	2	
Gute Qualität/Gütenachweis	3	
Behauptung/Angebot	1	
Vertrauen, das dem Angebot von den Verbrauchern entgegenge-bracht wird	1	
Persönliche Anrede des Nutzers	1	

Ernsthaftigkeit, Zuverlässigkeit	1
Blickfang, Brennpunkt, Mittelpunkt	5
Mindere Qualität	1
Nachteil, Ausfall, Verlust – offenbar infolge des Restwertes eines durch Neuanschaffung zu ersetzenden alten Gegenstandes	2
Wer, um wen handelt es sich	5
Anregung, sich zu entscheiden oder zu handeln	2
Ideenverbindung oder -kombination	3
Aufforderung, sich zu entscheiden oder zu handeln	2
Zweckabsicht, klares Ziel	1
Appelle an die Grundinstinkte oder -regungen im Menschen	10
Wille, Instinkt zu leben	7
Wille, Instinkt zur Fortpflanzung oder Arterhaltung	5
Wunsch nach Bequemlichkeit, Erleichterung	5
Wunsch hervorzutreten, nach Anerkennung	2
Aufriss und Bild	7
Aufeinanderfolge, zeitliche Folge	5
Typografie, Schriftgrad und -Bild	1

Abb.: Bewertungsschema für Werbeentwürfe (in Anlehnung an Townsend)

Wie ersichtlich, enthält die Liste bereits Elemente über Aussagen bzw. besondere Bedürfnisse, die für das Marketing wichtig sein könnten. Insoweit geht die Beurteilung über die der Gestaltung hinaus. Die angedeuteten Verfahren sind in vielfacher Weise umstritten, da sie versuchen, die Ergebnisse kreativer Prozesse quantitativ zu erfassen. Außerdem sind die Bewertungen stark subjektiv. Mit zunehmender Experteneigenschaft der Beurteiler wächst allerdings die Beurteilungsgüte. Tatsächlich lässt sich die Güte von kreativen Arbeiten bezogen auf die Realisierung der Werbeziele nur an der Reaktion der Konsumenten messen. Polaritätenprofile lassen sich auf der Grundlage von Befragungen bei Zielgruppenmitgliedern ermitteln. Gestaltungstests werden auch im Rahmen der Werbeerfolgskontrolle bzw. Prognose durchgeführt.

	ein-deutig	nicht ein-deutig	weder - noch	nicht ein-deutig	ein-deutig	
Vorherrschender Blickpunkt						Nichts sticht hervor, verschwommen, zerrissen
Anziehendes, ansprechendes Layout						Layout nicht anziehend, nicht ansprechend
Bewegung im Bild						Ruhend, keine Bewegung
Zahlreiche Absätze						Fortlaufender, ununterbrochener Text
Neuartigkeit, Frische in der Überschrift						Überschrift: Phrasen, anspruchslos, platt
Logischer Ablauf, Spannung im Text						Spannungslos, routinemäßig, langweilig
Zeigt Lebensbedürfnis, -Wünsche, -Probleme						Unmaßgeblich, unwichtig, unerheblich
Speziell, konkret, sachlich, aufklärend						Bedeutung unklar, verallgemeinernd
Erhebt im Leser Hoffnung, Geltung						Bedrückt Leser, unangenehme Assoziationen
Glaubhaft, überzeugend, eindrucksvoll						Unglaubhaft, zweifelhaft, übertrieben

Abb.: Werbemittelbeurteilung mittels der Methode des semantischen Differentials

Kontrollfragen

(1) Worin unterscheiden sich Werbemittel von Werbeträgern?

(2) Was beinhaltet die so genannte Abnutzungstheorie?

(3) Welche Überlegungen müssen beim mehrfachen Einsatz von Werbemitteln angestellt werden?

(4) Welche Grundfunktionen sind mit den verschiedenen Werbemitteln verbunden?

(5) In welcher Weise wirken verschiedene Werbemittel zusammen?

(6) In welcher Weise werden die Kosten beim (mehrfachen) Einsatz von Werbemitteln berücksichtigt?

(7) Wie wirkt sich die Platzierung bzw. Reihenfolge von Werbemitteln auf ihre Wirkung aus?

(8) Wovon ist die Wirksamkeit bestimmter Platzierungen abhängig?

(9) Inwieweit unterscheiden sich Platzierungsüberlegungen von Reihenfolgeüberlegungen?

(10) Gibt es gewisse Gesetzmäßigkeiten, die für die zeitliche Reihenfolgewirkungen gelten?

(11) Welche Zusammenhänge bestehen zwischen dem werblichen Umfeld und der Planung der Reihenfolge von Werbemitteln?

(12) In welchen Gesamtzusammenhang müssen Betrachtungen über Größe und Form von Werbemitteln gestellt werden?

(13) In welcher Beziehung stehen die Kosten von Werbemitteln mit ihrer Größe?

(14) Lassen sich Gesetzmäßigkeiten für die Größenwirkung von Werbemitteln formulieren?

(15) Welche Unzulänglichkeiten weisen die bisherigen Untersuchungen über die Größenwirkung von Werbemitteln auf?

(16) Welche Grundstrategien für Größenentscheidungen sind sinnvoll?

(17) Welchen Einfluss hat die Form eines Werbemittels auf seine Wirkung?

(18) Welche Bedeutung hat die Farbe bei der Gestaltung von Werbemitteln?

(19) Was versteht man unter der Gestaltwirkung von Werbemitteln?

(20) Welche Einzelfaktoren spielen bei der Inhaltsgestaltung von Werbemitteln eine Rolle?

(21) Welche Elemente der Werbemittel sind Gegenstand der Gestaltung?

(22) Stehen die Einzelelemente der Gestaltung untereinander in Verbindung?

(23) Welches Ziel wird mit der Schlagzeilengestaltung verfolgt?

(24) Welche Funktion haben Abbildungen bei der Gestaltung?

(25) Welche Aufgaben werden mit der Slogangestaltung verfolgt?

(26) Welche möglichen Wirkungen gehen von der Schriftgestaltung aus?

(27) Welche Wirkungen können mit Farben erzielt werden?

(28) Lassen sich den einzelnen Werbemitteln besondere Gestaltungsregeln zuordnen?

(29) Welchen Anforderungen müssen Gestaltungsmaßnahmen im Allgemeinen genügen?

(30) Wer ist der Träger von Gestaltungsmaßnahmen?

(31) Was muss ein Betriebswirt über Gestaltung wissen?

(32) Welche Grundsätze der Visualisierung lassen sich formulieren?

(33) Wie lassen sich Check-Listen für die Bewertung von Werbemitteln einsetzen?

(34) Wie lassen sich Check-Listen der Gestaltungsbeurteilung verbessern?

Lösungshinweise

Frage	Seite	Frage	Seite
(1)	305	(18)	319
(2)	305 f.	(19)	319 f.
(3)	307 f.	(20)	323 f.
(4)	307 f.	(21)	323 f.
(5)	308 f.	(22)	321
(6)	309	(23)	324
(7)	310 f.	(24)	326
(8)	312	(25)	324
(9)	312	(26)	327
(10)	312	(27)	327 f.
(11)	315	(28)	330 ff.
(12)	315	(29)	330 ff.
(13)	316	(30)	330
(14)	316	(31)	330
(15)	316 f.	(32)	332 ff.
(16)	317 f.	(33)	344
(17)	317 f.	(34)	345

Literatur

Behrens, K.C.: Absatzwerbung, Wiesbaden 1963

Behrens, G.: Werbewirkungsanalyse, Opladen 1976

Behrens, G.: Werbung, Opladen 1996

Bauer Media KG (Hrsg.): Einflussgrößen der Anzeigenwirkung, Hamburg 2003

Gaede, W.: Vom Wort zum Bild, Kreativ-Methoden der Visualisierung, München 1981

Gaede/Kernebeck/Landgrebe/Vogt: Werbe-Informations-System, Band 4, Werbemittel, Werbeorientierungs-Kreis II, Hamburg (BILD) o. J.

Hermanns, A.: Konsument und Werbewirkung, Berlin – Köln 1979

Hill, W.: Marketing, II, 3. Aufl., Bern und Stuttgart 1973

Jacobi, H.: Werbepsychologie, Wiesbaden 1963

Jacobi, H.: Die Planung der Werbestrategien, in: Behrens, K.C. (Hrsg.): Handbuch der Werbung, 2. Aufl., Wiesbaden 1975, S. 435 ff.

Kotler, P./Bliemel, F.: Marketing-Management – Analyse, Planung, Umsetzung und Steuerung, 9., überarb. u. akt. Auflage, Stuttgart 1999

Kroeber-Riel, W.: Konsumentenverhalten, 2. neu gef. u. erw. Aufl., München 1980

Kroeber-Riel, W./Weinberg, P.: Konsumentenverhalten, 8. Aufl., München 2003

Rogge, H.-J.: Grundzüge der Werbung, Berlin 1979

Rogge, H.-J.: Die Bedeutung planerischer und kreativer Tätigkeiten für die Werbung, Teil 1, in Marktforschung, 1981 b, S. 115 ff.

Rogge, H.-J.: Praxis der Werbeplanung in mittelständischen Unternehmen – Tendenzen und Hypothesen, Fachhochschule Osnabrück, Arbeitsberichte aus dem Fb Wirtschaft Nr. 6/82, Osnabrück 1982 a

Rogge, H.-J.: Die Bedeutung planerischer und kreativer Tätigkeiten für die Werbung, Teil 2, in Marktforschung, 1982 b, S. 59 ff.

Rogge, H.-J.: Marktsegmentierung durch Werbepolitikaktivitäten, in: Pepels, W. (Hrsg.): Marktsegmentierung – Marktnischen finden und besetzen, Heidelberg 2000, S. 227 ff.

Salcher, E.F.: Psychologische Marktforschung, 2. Aufl., Berlin – New York 1995

Seyffert, R.: Werbelehre, 2 Bände, Stuttgart 1966, S. 499 ff.

Sundhoff, E.: Die Werbekosten als Determinanten der Wirtschaftswerbung, Stuttgart 1976

Wimmer, R.M.: Die Auswirkungen von Kontaktwiederholungen – eine psychobiologische Untersuchung, Diss. Saarbrücken 1980

I. Werbeerfolgskontrolle

1. Arten der Kontrolle

Die Planung und Durchführung werblicher Maßnahmen ist mit Kosten verbunden bzw. führt zu Konsequenzen, die in Form von Kosten oder Erlösen die wirtschaftliche Existenz des Unternehmens berühren. Es ist daher sinnvoll, Informationen darüber zu beschaffen, die eine Beurteilung darüber ermöglichen, ob Kosten sinnvoll eingesetzt oder ob Fehlinvestitionen getätigt wurden, ob die Verfolgung der eingeschlagenen Richtung angebracht ist, ob konzeptionelle Ideen, Mittel oder Träger miteinander konkurrieren usw.

Werbewirkung und **Werbeerfolgskontrolle** sind zwei eng miteinander verknüpfte Begriffe. Die Werbewirkungsforschung beschäftigt sich mit den generellen Wirkungen, bzw. Folgen bestimmter Maßnahmen. Sie liefert das theoretische Grundgerüst für die spätere Kontrolle. Im Rahmen der Wirkungsforschung werden generelle Trends bzw. grundsätzliche Möglichkeiten behandelt. Die Werbeerfolgskontrolle hat die **Beurteilung einzelner Maßnahmen** zum Ziel und somit eine konkrete Situation zum Ausgangspunkt. Die Kontrolle kann nur vorgenommen werden anhand vorformulierter **Zielgrößen**. Daraus folgt im Prinzip die Notwendigkeit der Existenz von Zielgrößen (gewünschter Erfolg) ebenso wie von **operationalen Messkriterien**. Obschon Erfolg zumeist als wirtschaftliche Größe verstanden wird (Erlöse oder Differenz aus Erlösen und Kosten), ist der Werbeerfolg nicht auf den wirtschaftlichen Werbeerfolg beschränkt. Kosten, Erlöse, Absatzzahlen, Gewinne sind nur einige mögliche Größen der Werbeerfolgskontrolle neben anderen bekannten Größen der Werbewirkung.

Als **Werbeerfolg** wollen wir jede an einer Zielgröße orientierte bzw. beurteilte Wirkung der Werbung verstehen. So gesehen ist Werbeerfolg in gewisser Hinsicht eine **Abweichungsgröße**. Erfolg liegt vor, wenn ein Ziel erreicht oder übererreicht wurde. Misserfolg ist als nicht erreichtes Ziel definiert. Jede von einer Zielsetzung unabhängige Folge von Werbemaßnahmen (in Teilen oder in der Gesamtheit) ist demgegenüber „lediglich" eine Wirkung. Werbeerfolg bekommt damit nur im Zusammenhang mit Kontrolle einen Sinn.

Kontrolle ist nur möglich, wenn die zu kontrollierenden Maßnahmen real durchgeführt worden sind. So gesehen ist die Werbeerfolgskontrolle das zeitliche und logische Ende des Werbeprozesses. Andererseits können Teile von Maßnahmen bereits versuchsweise vor dem endgültigen und globalen Einsatz auf ihren Beitrag zur Zielerreichung überprüft werden. Das ermöglicht einerseits die adäquate Auswahl einzelner Maßnahmen aus einem umfangreichen Gesamtkatalog und gestattet andererseits die Anpassung und Veränderung falsch formulierter Ziele. Jede Kontrolle ist gleichzeitig ein Prognoseinstrument, wenn die Kontrollergebnisse als Eingangsinformationen für kontinuierliche Planungen verwendet werden. Die Kontrolle des Werbeerfolges im Stadium des Konzeptions- und Planungsprozesses wird daher auch als Werbeerfolgs- bzw. **Werbewirkungsprognose** bezeichnet.

Die Werbewirkungskontrolle kann nach dem zeitlichen Einsatzkriterium in so genannte **Pre-Tests** und Post-Tests unterschieden werden (*Salcher,* 1995, S. 254). Pre-Tests bezeichnen alle Arten der kontrollierten Werbeforschung, die sich auf die Überprüfung der Werbemaßnahmen vor dem eigentlichen Einschalten der Kampagne beziehen. Pre-Tests sind auf die Prüfung des Gesamtwerbekonzeptes und die Durchführung von Gestaltungstests beschränkt. Die Kontrolle von Schaltplänen ist nicht üblich und auch nicht sinnvoll. **Post-Tests** werden nach der Einschaltung vorgenommen und beziehen sich in erster Linie auf die Kontakt- bzw. Berührungswirkung sowie die Auswirkungen der Kampagne insgesamt. Das geschieht in erster Linie über die Erhebung von Bekanntheits-, Erinnerungs-, Image- und Einstellungswerten. Die gestalterischen Maßnahmen bleiben außer Betracht, da in diesem Stadium der Werbedurchführung in der Regel nur eine oder wenige Gestaltungsalternativen eingesetzt werden.

Ein verfeinerter Systematisierungsansatz (*Salcher,* 1995, S. 254) baut auf den (zeitlich gestaffelten) **Phasen der Werbeplanung** auf und geht nicht davon aus, ob die Kontrollarbeiten vor oder nach der Einschaltung der Streumedien stattfinden. In den einzelnen Phasen der Werbevorbereitung bzw. Planung sind Informationen über den Markt nötig, um aus unterschiedlichen Alternativen auswählen zu können und die Ergebnisse der Teilbereiche zu verbessern. An verschiedenen Stellen im Gesamtablauf befinden sich Schnittstellen zur Marktforschung.

Die wichtigsten **Bereiche der Werbeerfolgskontrolle** sind Tests der Werbekonzeption, Tests zur Überprüfung gestalteter Werbemittel und so genannte Werbewirkungsanalysen, die sich auf den mehr oder weniger abgeschlossenen Prozess beziehen. Salcher (*Salcher,* 1995, S. 255 ff.) bezieht empirische Untersuchungen über Zielgruppenzusammensetzungen mit in die Systematik der Werbewirkungsforschung ein. Werbekonzeptionstests und Gestaltungstests lassen sich der Kategorie der Pre-Tests zuordnen. Wirkungsanalysen der verschiedensten Art sind in der Regel Post-Tests. Das System der Werbe-(Kontroll-)Forschung ist ein **Stufenkonzept**. Der Sinn der Systematik liegt dann auch nicht darin, Hilfestellung zu leisten bei der Entscheidung, für welche der Kontrollmethoden man sich denn entscheiden solle, sondern vielmehr wann und in welcher Reihenfolge gegebenenfalls Tests durchgeführt werden sollen.

Die Effektivität werblicher Maßnahmen zeigt sich bei den Zielgruppen. Selbstverständlich können Wirkungen auch bei Nicht-Zielgruppenmitgliedern eintreten, sie sind dann aber zunächst nicht als mit dem ursprünglichen Ziel in Verbindung stehend anzusehen. Zielgruppendefinitionen sind Bestandteil der Zielsetzungen. Somit bilden Zielgruppenüberlegungen die Grundlage jeder Kontrollüberlegung. Die Tests müssen auf die Zielgruppen ausgelegt sein.

Werbekonzeptionstests sind im Anfangsstadium der Werbeplanung angesiedelt. Als Werbekonzeption soll in diesem Zusammenhang die Grundaussage, die generelle Botschaft bzw. die Art und Weise der allgemeinen Umsetzung der Werbeinhalte in die gestaltete Form verstanden werden. Es geht darum, ob die besonderen (positiven) Eigenschaften der zu vermarktenden Leistung in einer Form bei den Umworbenen ankommen, dass die Botschaftsinhalte auch verstanden und in der erwarteten Weise interpretiert werden. Die Zielgruppenabgrenzung spielt dabei eine nicht zu vernachlässigende Rolle. Die Tests richten sich auf eine vergleichende Bewertung unterschiedlicher Ideen der Botschaftsumsetzung. Sie verfolgen letztlich das Ziel aus mehreren konzeptionellen Möglichkeiten ein Hauptmotiv auszuwählen, das bei den Zielgruppen die Ziele am ehesten verfolgen hilft. Z.B. lässt sich ein Babynahrungsmittel einmal im Zusammenhang mit Bildelementen und Motiven aus der Märchenwelt darstellen und einmal durch die Darstellung von typischen (realen) Kinddarstellungen (*Salcher,* 1995, S. 260). Die Leistung eines Niedrigpreis-Warenhauses lässt sich durch lange Produkt- und Preislisten oder durch die bildhafte Darstellung nur einzelner (Marken-)Produkte mit entsprechendem Preishinweis dokumentieren. Für Automobile lässt sich die „Anpassungsfähigkeit" an die Natur durch ein Hineinstellen in abwechselnde reizvolle Landschaften hervorheben oder das Fassungsvermögen an Personen und Gepäck kann durch die Schilderung von „Anwendungssituationen" betont werden. Jedes dieser Konzepte unterscheidet sich bereits in der Grundaussage von den konkurrierenden.

Konzeptionstests überprüfen nicht die Teileelemente der gestalteten Botschaft, sondern nur die grundsätzliche Idee. Es ist ohne weiteres möglich, eine ausgewählte Werbeidee im konkreten Fall sehr differenziert zu gestalten und damit unterschiedliche Wirkungen zu erzielen. Konzeptionstests abstrahieren von den Wirkungen einzelner Elemente wie Schriftarten, Größen, Farben usw. Ein Vergleich der Wirkungen unterschiedlicher Werbemittel/ Werbeträger muss unterbleiben. Das **Testinstrumentarium** der Konzeptionstests sind Rohentwürfe (Scribble, Grob-Layout, Story-Board), die alle wesentlich erscheinenden Bestandteile der Idee in kommunizierbarer Form enthalten (Schlagzeile, Slogan, Bildmotiv, Textblock usw.). Die Einzelelemente sind in ihrer Ausgestaltung dabei jedoch rudimentär bzw. auf ihre Grundform beschränkt, sodass nur die Gesamtheit beurteilt werden kann.

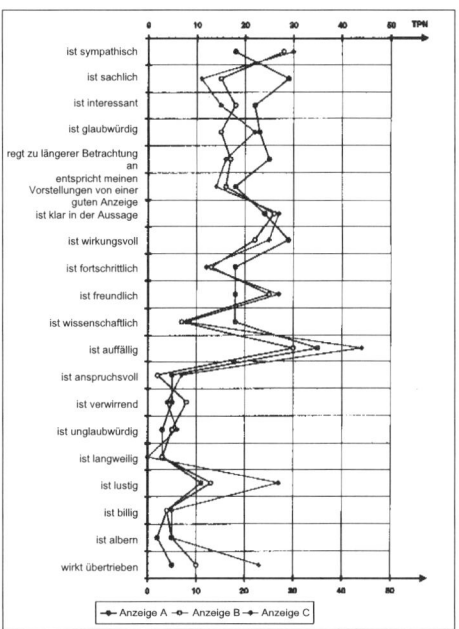

Abb.: Beispiel für einen Gesamtwirkungstest von Anzeigen
Quelle: Salcher, E.F.: Psychologische Marktforschung, 2. Aufl., Berlin - New York 1995

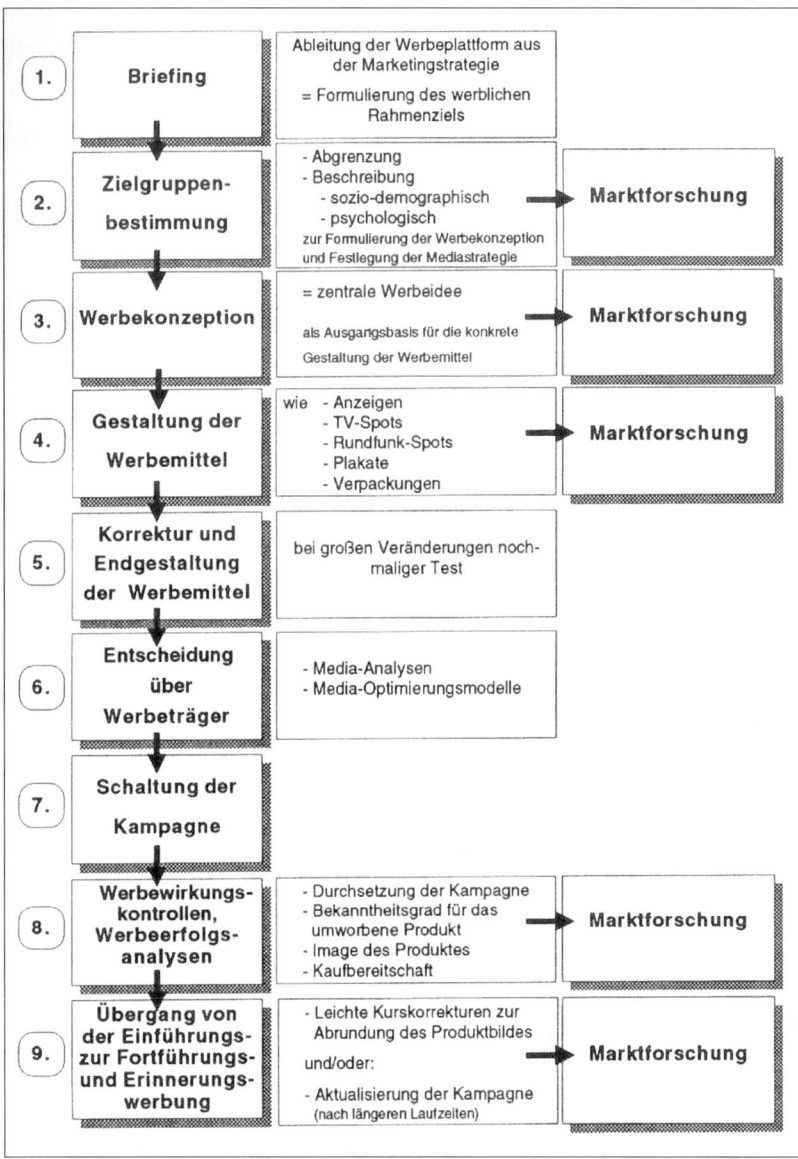

Abb.: Schnittstellen der Werbewirkungskontrolle (Marktforschung)in den Phasen der Werbeplanung
Quelle: Salcher, E.F.: Psychologische Marktforschung, 2. Aufl., Berlin - New York 1995, S. 253

Der **Vorteil** solcher Konzeptionstests liegt in der Schnelligkeit und Kostengünstigkeit. Da nur Entwürfe in die Tests einbezogen werden, ist es so möglich, relativ viel Entwürfe zu prüfen. Voraussetzung ist dafür jedoch, dass die Entwürfe sich auch wesentlich voneinander unterscheiden. Weiter ist ein starkes Abstraktionsvermögen bei den Personen nötig, die die Entwürfe beurteilen sollen. Das kann nicht immer vorausgesetzt werden. Die Prognosegenauigkeit von Konzeptionstests ist damit wesentlich eingeschränkt. Daher werden „Konzept-Tests häufig nur dann durchgeführt, wenn grundlegende Meinungsverschiedenheiten innerhalb der Agentur oder zwischen Agentur und Auftraggeber zur Unsicherheit über ein bereits entwickeltes Werbekonzept führten, oder wenn mehrere gleichermaßen interessant erscheinende Werbekonzepte parallel entwickelt wurden und die endgültige Auswahl und Entscheidung dem Verbraucher überlassen werden soll."(*Salcher*, 1995, S. 264).

Die Grundidee der Werbekonzeptions-Tests muss nicht notwendigerweise über externe Marktforschung realisiert werden, sondern kann durchaus auch als Planungs- und Entscheidungshilfe innerhalb des Konzeptionsteams eingesetzt werden.

Werbegestaltungs-Tests beschäftigen sich mit der werblichen Wirksamkeit einzelner Elemente der gestalteten Botschaft. Die Problemfrage ist, ob es gelungen ist, die Werbeidee so in eine konkrete Form zu bringen, dass bei den Umworbenen die Idee auch in der Art und Weise aufgenommen wird, dass die Kommunikationsziele optimal erfüllt werden. Die Gestaltungselemente müssen sowohl isoliert als auch in der Gesamtheit wirksam in Richtung des angestrebten Zieles sein.

Ein Hauptproblem der Gestaltung ist die Tatsache, dass ein einzelnes Gestaltungsmerkmal für sich gesehen optimal zu sein scheint, in der Gesamtwirkung aber verliert, weil das Verhältnis der Elemente zueinander nicht mehr stimmt. Die Schlagzeile kann beispielsweise eine besondere Aufmerksamkeit erzielen, lenkt inhaltlich aber möglicherweise zu sehr vom eigentlichen Produkt ab, sodass später keine Erinnerung stattfinden kann oder eine Falschassoziation die Folge ist. Die Bildelemente passen unter Umständen nicht zur Textaussage usw.

Werbegestaltungstests versuchen der Frage nachzugehen, welche Wirkung den einzelnen Bestandteilen, gemessen an der Gesamtwirkung, zukommt und ob bzw. wo Verbesserungen sowohl an einzelnen Gestaltungsmerkmalen als auch am Gesamtwerbemittel angebracht sind.

Die Gestaltungsmöglichkeiten und Anforderungen an Werbemittel sind unterschiedlich in Abhängigkeit von der Art der Werbemittelkategorie. Entsprechend werden auch die Testmöglichkeiten in Abhängigkeit von der Art des Werbemittels unterschieden.

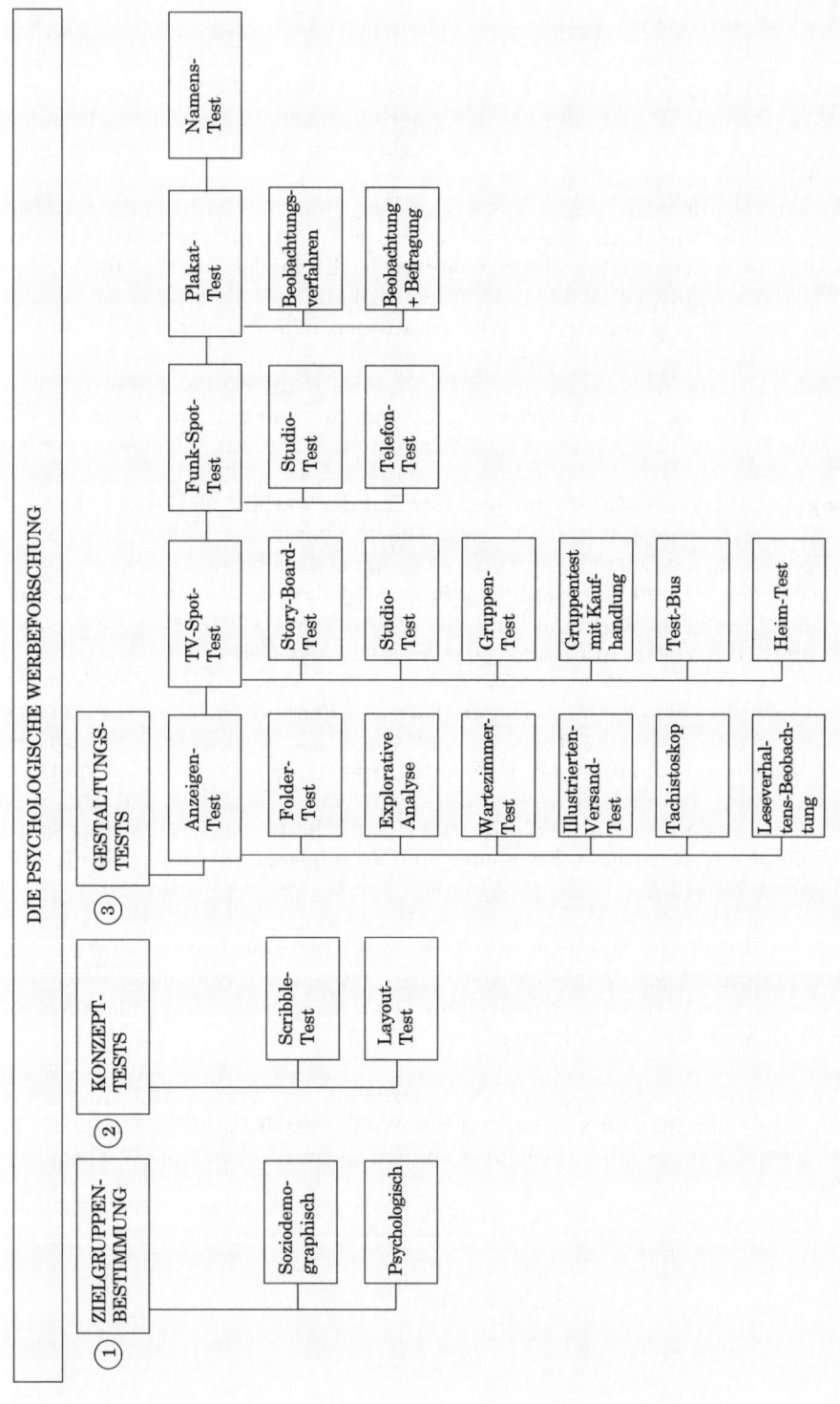

Abb.: Gestaltungstests

Quelle: *Salcher, E.F.*: Psychologische Marktforschung, Berlin – New York 1978, S. 253

Im Prinzip wird bei allen Tests Einzelpersonen oder Gruppen von Personen, die die Zielgruppeneigenschaften besitzen sollten, ein **Muster der zu prüfenden Werbemittel** vorgelegt. Im Anschluss daran wird versucht, auf eine Reihe von Fragen Antwort zu erhalten, die sich auf die Kommunikationswirkung der Werbemittel beziehen. Die Art bzw. Technik der „Fragestellung" ist grundsätzlich für jedes Werbemittel unterschiedlich. Die Inhalte bzw. die Anforderungen, denen die Werbemittel genügen müssen, um im Test positiv abzuschneiden, sind im Wesentlichen von der Art der Mittel unabhängig. Die Themeninhalte von Anzeigen-Tests (*Salcher*, 1995, S. 264 ff.) lassen sich auf andere Werbemittel übertragen. Die nachfolgende (erweiterungsfähige) Liste gibt einen Eindruck über interessante Fragenstellungen im Zusammenhang mit Werbegestaltungstests:

• Inhaltskriterium: **Aufmerksamkeit**

– Wird das Mittel von einer genügend großen Zahl von Nutzern bemerkt?
– Erregt das Mittel im Vergleich mit konkurrierenden Mitteln der gleichen Art genügend Aufmerksamkeit?
– Wie lange ist die Zuwendungsdauer zum Werbemittel?
– Wie liegt die Zuwendungsdauer zum Werbemittel im Vergleich mit konkurrierenden Werbemitteln im gleichen Werbeträger?
– Wie lange dauert es, bis die wesentlichen Aspekte der Werbebotschaft im Werbemittel erkannt werden?

• Inhaltskriterium: **Wahrnehmung**

– Gibt es Schwerpunkte bei der Aufmerksamkeitszuwendung und wo liegen diese?
– Wie lang ist die Beschäftigungsdauer mit einzelnen Elementen des Werbemittels?
– Gibt es einen besonderen Verlauf bzw. eine Reihenfolge bei der Beschäftigung mit den Elementen des Werbemittels?
– Bleiben bestimmte Teile nach Lage oder Gestaltungselemente völlig unbeachtet?
– Mit welcher Häufigkeit werden die einzelnen Elemente beachtet und ist die Beachtungsdauer bzw. Intensität genügend groß?

• Inhaltskriterium: **Erinnerung**

– Welche Aussagen oder Gestaltungselemente werden besonders stark erinnert?
– Gibt es einen Zusammenhang zwischen den erinnerten Elementen und dem Verständnis bzw. der Interpretation der eigentlichen Werbeaussage?
– Wie häufig und genau werden (wesentliche) Merkmale wie Produktname oder Produkteigenschaften erinnert?
– Welche Texte und mit welcher Genauigkeit werden sie erinnert?
– Werden Bildinhalte erinnert und in welcher Weise werden sie reproduziert?
– Wie hoch sind die Erinnerungswerte des Werbemittels im Vergleich mit konkurrierenden Werbemitteln der gleichen Art?

- Inhaltskriterium: **Assoziationsspektrum**

  – Gibt es spontane Assoziationen aufgrund des Werbemittelkontaktes und welcher Art sind diese?
  – Sind die Zuordnungen zum Produkt, zur Produktgattung oder zum Anwendungsfeld richtig bzw. eindeutig?
  – Wie häufig sind Falschzuordnungen von Produkt oder Marke?
  – Gibt es Zusammenhänge zwischen so genannten Fehlassoziationen und bestimmten Gestaltungselementen?
  – Welche Rolle spielt die Dauer des Kontaktes bzw. der Zuwendung zum Werbemittel oder einzelnen Gestaltungselementen für das Auftreten von Fehlassoziationen?

- Inhaltskriterium: **Anmutungs- und Stimmungsgehalt**

  – Sind besondere spontane Gefühle mit der Auseinandersetzung mit dem Werbemittel verbunden?
  – Welche erlebnismäßigen Eindrücke ruft das Werbemitel hervor und gibt es bestimmte Stimmungen, die das Werbemittel mehr oder weniger dauerhaft hervorruft?
  – Ist das Gefühls- und Stimmungsumfeld auf das Produkt bzw. die Marke bezogen?
  – Stehen die einzelnen Gestaltungselemente in einer Stimmungsharmonie oder stehen die Einzelelemente anmutungsmäßig im Widerspruch?

- Inhaltskriterium: **Verständnis der Botschaft**

  – Welche Vorstellungen von Produkt bzw. Botschaft werden durch das Werbemittel ausgelöst?
  – Werden besondere Eigenschaften der angebotenen Leistung besonders hervorragend erlebt?
  – Werden die Nutzen der Leistung als genügend attraktiv und interessant empfunden?
  – Hat die Botschaft einen entsprechenden Neuigkeitsgehalt?
  – Sind die Aussagen glaubhaft und überzeugend?
  – Ist die Aussage auf die Leistung bezogen bzw. für diese typisch?
  – Entspricht die Art der Botschaft (Äußerungsform und Inhalt) der Zielgruppe?
  – Hebt sich die Aussage zur Leistung bzw. die Leistung genügend stark von konkurrierenden Leistungen ab?

- Inhaltskriterium: **Text/Bild-Beurteilung**

  – Ist der Text nach Darstellung und Inhalt auf den ersten Eindruck leicht und eindeutig verständlich?
  – Ist der Text klar und einprägsam?
  – Ist der Informationsgehalt des Textes genügend groß?
  – Ist der Text mengenmäßig richtig auf die Zielgruppe und die anderen Gestaltungsbestandteile abgestimmt?
  – Haben die Bildteile einen genügend starken Aussagewert?

– Welche Stimmungsqualität haben die Bildbestandteile?
– Ist das Verhältnis von Bild- und Textteilen bezogen auf die Gesamtaussage und die Zielgruppe ausgewogen?

• Inhaltskriterium: **Akzeptanz und Identifikation**

– Wie werden die gezeigten Personen und Situationen beschrieben?
– Werden die Situationen und Personen als natürlich und lebensnah erlebt?
– Ist die Situation oder die Person glaubhaft mit der Verwendung der Leistung verbunden bzw. ist die Situation typisch für die Leistung?
– Wird die Erlebniswelt der Leistung durch die Darstellung der Situation oder Personen beeinflusst?
– Identifizieren sich die Nutzer des Werbemittels mit der dargestellten Situation oder den gezeigten Personen?

• Inhaltskriterium: **Kaufbereitschaft**

– Wird die Absicht, das Produkt bzw. die Leistung zu erwerben, durch die Auseinandersetzung mit dem Werbemittel beeinflusst?
– Gibt es Unterschiede in der Auseinandersetzung mit dem Werbemittel in Abhängigkeit zur Nutzungsintensität der umworbenen Leistung?

• Inhaltskriterium: **Attraktivität und Akzeptanz der Gesamtwirkung**

– Wird das Werbemittel in seiner Gesamtheit als Einheit empfunden?
– Entspricht das Werbemittel in seiner Gesamtheit der Zielsetzung, d.h. wird es global akzeptiert oder global abgelehnt?
– Gibt es Anhaltspunkte für mögliche Störfaktoren in der Gesamtbeurteilung?

Werbewirkungsanalysen unterscheiden sich von den Werbemitteltests im Prinzip nur dadurch, dass sie sich nicht nur auf einzelne Werbemittel bzw. deren Bestandteile beziehen, sondern auf alle bzw. die Werbung insgesamt. Es wird sozusagen die Gesamtwirkung in Form von Erinnerungswerten oder komplexen Image- und Einstellungsanalysen erfasst (*Salcher,* 1995, S. 255).

2. Maßstäbe

Die Kontrolle des Werbeerfolges steht und fällt mit der Wahl eines geeigneten Messkriteriums. Wenn der Maßstab definiert ist, dann lässt sich relativ leicht ein Verfahren entwickeln, das sich auf den Maßstab anwenden lässt. Es liegt auf der Hand, für die **Auswahl der Messkriterien** die Werbezielplanung heranzuziehen. Werbeziele basieren letztlich auf möglichen Werbewirkungen. Das System der Werbeerfolgskontrolle ist gedanklich als Bindeglied zwischen den Zielen der Werbung und den Werbemaßnahmen eingeordnet. Die Wirkungen der Maßnahmen werden in den gleichen Kategorien wie die Ziele gemessen und mit diesen verglichen. Eine Wirkungsmessung ohne entsprechendes Pendant im Zielkatalog ist für die konkrete

Erfolgskontrolle unbrauchbar. Das bedeutet jedoch nicht, dass allgemein interessierende Erkenntnisse über die Folgen von Werbemaßnahmen für die Verwendung in anderen Planbereichen nicht ohne Berücksichtigung in den Werbezielen gewonnen werden könnten.

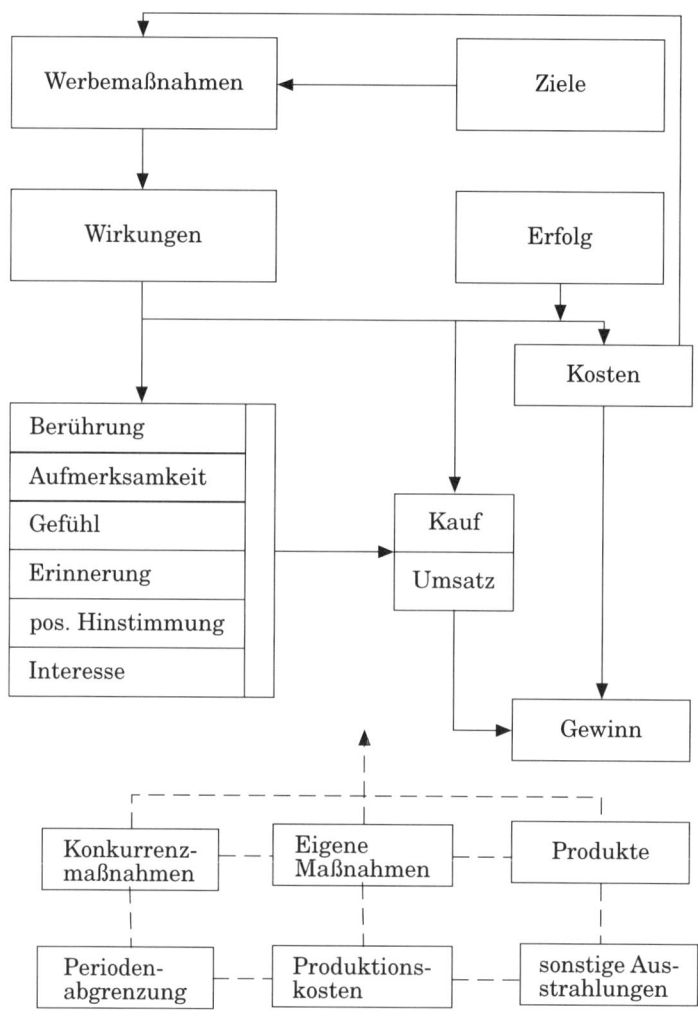

Abb.: System der Werbeerfolgskontrolle

Je genauer und detaillierter die **Zielplanung** ausfällt, umso eher kann sie als Grundlage der Werbeerfolgskontrolle dienen. Leider sind häufig die Angaben aus der Zielplanung nicht eindeutig genug, sodass erst im Nachhinein eine Festlegung der Größen erfolgt. Es muss bezweifelt werden, ob dann wirklich noch von Erfolg gesprochen werden kann. Durch die geschickte Wahl eines Messkriteriums, bei dem der „Erfolg" offensichtlich ist, kann eine Werbekampagne trotz anderer verfolgter Ziele erfolgreich beurteilt werden. Wenn das eigentliche Ziel beispielsweise die

Veränderung der Einstellung war, aber schließlich die Bekanntheit des Produktes oder die Berührung mit dem Werbemittel gemessen wird, dann sagen diese Maßstäbe über den tatsächlichen Werbeerfolg nichts aus. Um dem Problem zu begegnen, ist daher eine **schriftliche Fixierung** von Ziel- und Kontrollgrößen im Vorhinein notwendig (*Anton*, 1975). Eine Trennung von Planung, Ausführung und Kontrolle ist aus dem gleichen Grunde angebracht.

Die Kategorien des Werbeerfolges lassen sich nach den gleichen Kriterien ordnen wie die Werbeziele bzw. Werbewirkungen. Auf die Unterscheidung in **außerökonomische** und **ökonomische** bzw. auf das gesamte Werbeverfahren (Kampagne) oder einzelne Komponenten des Verfahrens (Teil- und Stufenwirkungen) braucht hier nicht noch einmal eingegangen zu werden. Die Problematik der Zuordnung von Erfolgsgrößen (Wirkungen) zu der auslösenden Maßnahme (Werbung) ist offenkundig. Je näher die Erfolgsgröße dem absatzwirtschaftlichen Ziel Kauf oder Verwendung ist, umso globaler ist die Maßgröße. Damit nimmt ihre Zuordnungsmöglichkeit zu bestimmten (Teil-)Maßnahmen ab. Die Messung der Größe selbst ist zwar relativ genau, aber es kann nur ungenau bestimmt werden, ob das Messergebnis auch wirklich auf die Wirkung der Werbung zurückzuführen ist. Je mehr sich die dem Messvorgang zu Grunde liegende Erfolgskategorie von dem wirtschaftlichen (Haupt-)Ziel Kauf oder Verwendung entfernt, umso genauer kann sie einzelnen Maßnahmen zugeordnet werden. Die Messgrößen entstammen dann der psychologischen Sphäre und enthalten ein neues Unsicherheitsmoment. Es ist nicht sicher, ob die Messkriterien auch wirklich das beschreiben, was sie messen sollen.

Für die Beantwortung der Frage, ob eine Kampagne insgesamt als erfolgreich oder weniger erfolgreich angesehen werden kann, sind ökonomische (globale) Messgrößen geeignet. Die daraus folgenden möglichen Entscheidungen können sich entsprechend auch nur darauf beziehen, ob die Kampagne in der (alten) Form fortgesetzt werden soll und ob der Etat bei dem betreuenden Beratungsunternehmen verbleiben soll. Notwendige Änderungen, vor allem die Art der notwendigen Verbesserungen, lassen sich aus Ergebnissen der ökonomischen Erfolgsmessung nicht ableiten. Das ist mit ein Grund, warum ökonomische Werbeerfolgsgrößen erst zum Abschluss der Werbearbeiten im Rahmen von Post-Tests Einsatz finden können. Die kontakt-, wahrnehmungs- und kognitiv orientierten Erfolgsgrößen können dann auch Hinweise darauf geben, an welchen Stellen im Einzelnen Veränderungen notwendig sind. Die Testgrößen können während verschiedener Planungsphasen (Pre-Tests) und am Ende von Kampagnen eingesetzt werden. Die Aussagefähigkeit von Werbeerfolgskontrollen steigt, wenn mehrere Messkriterien und Verfahren parallel eingesetzt werden.

Nachfolgend wird der Versuch unternommen, ausgehend von verschiedenen **Stufen der Werbewirkung**, diesen Messkriterien zuzuordnen, die im Rahmen von Erfolgskontrollen Verwendung finden können. Die Diskussion über die Berechtigung von Stufenmodellen soll an dieser Stelle nicht wieder aufgenommen werden. Ebenso soll nicht darüber diskutiert werden, ob bestimmte Wirkungen tatsächlich Wirkungen sind oder nur notwendige Voraussetzungen von Wirkungen. Selbst die Berührung mit dem Werbemittel als notwendige Voraussetzung kann durch die

Wahl des Werbeträgers und seine Einstellung in einen Mediaplan beeinflusst werden.

Wirkungsstufe	Messkriterium
Sinneswirkung/Berührung	Kontakte mit dem Werbeträger Seitenkontakte Anzahl der mit der Werbung sinnlich in Berührung Gekommenen (Lesen/Hören): Werbeberührte (Perzeptionszahl) Erinnerte Berührungen: Recognition, Recall
Aufmerksamkeitswirkung	Anzahl derjenigen, die die rationalen und emotionalen Reize des Werbemittels aufgenommen haben (Apperzeptionszahl)
Gedächtniswirkung/ Erinnerungswirkung	Menge und Art des Erinnerten als Wiedererkennung (Recognition) oder Reproduktion (Recall) Anzahl der Erinnerer (Rekordationszahl)
Vorstellungswirkung	Image Einstellung
Gefühlswirkung	„körperliche" Reaktionen – Hautwiderstand – Pulsfrequenz – Blutdruck usw.
Bedürfniswirkung	Anzahl der Bedürfnisträger Anzahl der neuen Bedürfnisträger
Informationswirkung	Bekanntheitsgrad Anzahl der Informierten nach Art und Menge der Informationen (Produkteigenschaften, Verwendungszwecke)
Überzeugungswirkung	Image Einstellung Überzeugtenzahl
Interesseweckungswirkung	Verwendungs-Interessiertenzahl negatives Kaufinteresse positives Kaufinteresse
Willenswirkung	Kaufabsicht Verwendungsabsicht

Weiterpflanzungs-wirkung	Konsumdemonstration Weitergabe von Informationen und Tipps (Propagationszahl)
Kaufwirkung	Probierkäufe Erstkäufe Wiederholungskäufe Kaufintensität Kauffrequenz Kaufzeit
Umsatzwirkung	Umsatz
Gewinnwirkung	Gesamtgewinn Gewinn aus Werbeerlös und Werbegewinn (Grenzgewinn)

Die Maßzahlen sind in ihrer absoluten Ausprägung im Allgemeinen noch nicht besonders aussagefähig. Daher erscheint es sinnvoll, sie zu relativieren, indem sie an anderen Größen ausgerichtet werden. Durch die Bildung von Relationen einzelner aus verschiedenen Stufen entstammender Maßgrößen lassen sich so eine Vielzahl von Relationen bilden (*Behrens*, 1963, S. 106 ff.), die eine bessere Beurteilung des Werbeerfolges zulassen.

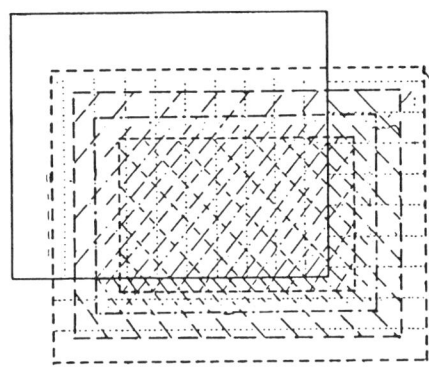

————— Werbegemeinte (Adressatenzahl)
- - - - Werbeberührte (Berührtenzahl)
— — Werbebeeindruckte (Beeindrucktenzahl)
—•— Interessenten (Interessentenzahl)
— — — Werbeerfüller (Erfüllerzahl)

Abb.: Abstufung verschiedener Erfolgskategorien als Grundlage von Erfolgsrelationen
Quelle: *Behrens, K.C.*: Absatzwerbung, Wiesbaden 1963, S. 122

Als **Beeindruckungserfolg** ist dann beispielsweise folgende Relation definiert (*Behrens*, 1963, S. 112):

Werbegemeinte insgesamt (Zielgruppenangehörige)
. /. nicht beeindruckte Werbegemeinte

= **geplant (beabsichtigt) beeindruckte Werbegemeinte**
+ **ungeplant (unbeabsichtigt) Werbebeindruckte**

= **Werbebeindruckte insgesamt (geplant und ungeplant)**

Die Relationen können auch in Form von Quotienten (Prozentzahlen) dargestellt werden. Je nach Eingangsgrößen lassen sich verschiedene Kennziffern ermitteln. Aus solchen Relationen ist sowohl das Verhältnis der Wirkung gegenüber dem Plan ersichtlich als auch die stufenweise Fortpflanzung bestimmter Erfolgskategorien im Sinne einer Vorbedingung.

3. Erhebungsmethoden

Zur Messung der genannten Erfolgskategorien steht das gesamte Instrumentarium der ökoskopischen, demoskopischen und psychologischen Marktforschung zur Verfügung. Bei Seyffert findet sich z.B. folgende **Systematik von Prüfungsmethoden zur Werbewirkung** (*Seyffert*, 1966, S.1352 ff.) :

- Subjektive Beurteilungsverfahren
  – Eigenbeurteilungen
  – Begutachtung durch Sachverständige (Expertise)
  – Gesprächsweise Exploration Einzelner
  – Gesprächsweise Exploration mit Gruppen

- Methoden der Werbeanalyse
  – Gesamtbefragung
  – Einzel-, Typen-, Kleinkreisbefragungen
  – Auswahlbefragungen aufs Geratewohl
  – Gezielte Auswahlbefragungen (Quotenverfahren)
  – Befragungen einzelner nach Wahrscheinlichkeitsstichprobe

- Psychotechnische Methoden

- Werbewirkungsstatistik und Methoden der rechnungsmäßigen Erfassung der Werbewirkung
  – Werbewirkungsstatistik
  – Rechnungsmäßige Erfassung der Werbewirkung
  – Dispersionszahlenmessung

Die Gruppe der so genannten subjektiven Verfahren ist nicht in dem Sinne subjektiv, dass die Ergebnisse verfälscht sind. Die Urteile von Experten bzw. Eigenurteile sind unter Umständen sogar besser zu verwenden als die Ergebnisse der so genannten objektiven (quantitativen) Erhebungen. Ergebnisse apparativer Tests müssen nicht sicherer sein als die Ergebnisse von Befragungen oder psychologischen Tests. Grundsätzlich gilt für die Verfahren von Werbewirkungsforschungen der gleiche Anforderungskatalog (*Rogge,* 1981, S. 58 ff.) wie für andere Bereiche der Marktforschung: Vollständigkeit, Messgenauigkeit, Signifikanz, Validität, Reliabilität.

Weitgehend an der Art der zu messenden Wirkung orientiert sich der **Methodenkatalog** von Jaspert (*Jaspert,* 1963):

- Methoden der Wirkungsprüfung

- Methoden zur Prüfung aktueller Wirkungen
  – Methoden der Wahrnehmungsprüfung
  – Methoden der Verständnisprüfung
  – Methoden der Aussageprüfung
  – Schätzungs- und Wertungsmethoden

- Methoden zur Prüfung erinnerter Wirkungen
  – Reproduktionsmethoden
  – Wiedererkennungsmethoden
  – Erinnerungsmethoden

- Methoden zur Prüfung des Ausdrucks der Werbewirkung
  – Mimische Ausdrucksprüfung
  – Gestische Ausdrucksprüfung
  – Sprachliche Ausdrucksprüfung
  – Vasomotorische Ausdrucksprüfung

- Feststellung von Verhaltensweisen und Sachverhalten zur Klärung der Werbewirkung
  – Feststellung bei Erzeugern, Händlern und Umworbenen
  – Feststellung für Werbeträger
  – Feststellungen an Werbemitteln

Der Katalog ist weiter in Untergruppen spezifiziert, die einzelne Methoden enthalten. Die Liste ist weitgehend überschneidungsfrei und kann gut als Vorbereitung bzw. **Check-Liste** bei der Methodenwahl dienen. Andere Listen (*Rehorn,* 1978, S. 48) sind ähnlich aufgebaut, tragen dazu aber noch dem Umstand Rechnung, dass gleiche Methoden zur Erfassung verschiedener Wirkungskriterien geeignet sind.

Andere (*Schmalen,* 1985, S. 69 ff.) teilen die Verfahren der Wirkungsprüfung nach ihrer prognostischen Eigenschaft in Verfahren der **Wirkungsprognose** und Verfahren der Wirkungskontrolle ein. Das entspricht weitgehend der Zuordnung zu den Kategorien Pre-Test und Post-Test. Der Pre-Test wird als Prognose verstanden und der Post-Test der Kontrolle zugeordnet. Selbstverständlich können die Kontrollergebnisse ebenso für Prognosezwecke nutzbar gemacht werden, ebenso wie die Ergebnisse von Pre-Tests für (Vor-)kontrollen verwendet werden. Die Zuordnung der Verfahren zur Wirkungsprognose und Erfolgskontrolle ist nicht eindeutig.

Bestimmte Verfahrensgruppen (Recognition, Recall, Techniken der Befragung usw.) können in beiden Bereichen eingesetzt werden.

- Methoden der **Wirkungsprognose** (Pre-Test)
  - Laborexperimente
    - Augenkamera
    - Durchblickspiegel
    - Herz-, Atem-, Pulsfrequenzmesser
    - Schnellgreifbühne
    - Kaufbereitschaftsskalen
    - Satzergänzungen (Assoziationen)
    - Sprechblasen
  - Marktexperimente (Testmarkt)

- Wirkungskontrolle (Post-Test)
  - Recall-Test
  - Recognition-Test
  - Messung von Verkaufserfolgsänderungen
  - Messung von Marktanteilsänderungen
  - Messung des Streuerfolges

Schließlich findet man Systematisierungsansätze, in denen die schwerpunktartige Zuordnung zu bestimmten allgemeinen Methoden der **Datenerhebung** (Beobachtung, Befragung) die Ausgangsbasis bildet (*Bender,* 1976, S. 151) und der Befragung ein starkes Gewicht gegeben wird.

- Beobachtung des Verhaltens
- Befragungsverfahren
  - Abfrage von Wissen (Bekanntheit)
    - aktives Wissen
    - passives Wissen
  - Abfragen zum Image
    - Befragungsgespräche (Explorationen)
    - projektive Verfahren
    - semantisches Differential (Polaritätenprofil)
  - Abfragen zur Einstellung
    - Einfachfragen
    - Statementbatterien
      - Stimulus-Skalierung
      - Response-Skalierung

Alle Systematisierungsversuche zeigen, dass viele Methoden der Werbeerfolgkontrolle in ihrer Anwendung nicht auf den Bereich der Werbung beschränkt sind, sondern vielmehr ein breites Anwendungsgebiet im Marketing und darüber hinaus der psychologischen (Motiv- und Einstellungs-)Forschung haben. Das trifft insbesondere zu auf die Verfahren der Befragung, explorative Tests und die Methoden der mathematisch-statistischen Auswertung. Gerade komplexere multivariate Methoden haben in den letzten Jahren zunehmend an Bedeutung gewonnen (*Green/Tull,*

1982; *Rogge*, 1981; *Salcher*, 1978). An dieser Stelle soll nur auf einige Besonderheiten der Werbeerfolgskontrolle eingegangen werden.

Die Brauchbarkeit von Untersuchungsdaten ist von den **Methoden der Datenerhebung**, der Weiterverarbeitung bzw. Auswertung, der Erhebungsinstanz usw. abhängig (*Rogge,* 1981, S. 58 f.). Damit im Zusammenhang steht die Ableitung von so genannten **Datenklassen** (*Steffenhagen,* 1984, S. 25):

Experimentelle Daten	-	Historische Daten
Labordaten	-	Felddaten
Objektreihendaten	-	Zeitreihendaten

Im Prinzip sind die Begriffspaare jeweils voneinander unabhängig. Für die Werbeerfolgskontrolle zeigt sich jedoch, dass die Begriffe doch stark miteinander korrelieren. Jede Begriffspalte insgesamt scheint eine besondere und häufig vorkommende Situation im Rahmen der Werbeerfolgskontrolle zu kennzeichnen.

Experimentelle Daten werden gewonnen, indem Situationen planvoll angelegt und die Untersuchungsparameter je nach Aufgabenstellung systematisch variiert werden. Experimentelle Daten beziehen sich daher auf „isolierte" Einzelmerkmale. **Historische Daten** werden zwar auch planvoll gesammelt, es besteht aber kein Einfluss auf die Gestaltung der Umweltparameter oder die Isolierung besonderer Einflüsse. **Labordaten** entstammen einer künstlich geschaffenen Kommunikationssituation. Die Testsituation ist nur eine mehr oder weniger präzise Abbildung der Normalsituation. **Felddaten** hingegen entstammen der natürlichen Umwelt. Die Kommunikationssituation soll weitgehend lebensecht sein (biotisch). Das bedeutet noch nicht, dass die Daten auch tatsächlich richtig sind. **Objektdatenreihen** schließlich beziehen sich auf einen Vergleich unterschiedlicher Objekte (Produkte, Werbemittel usw.), während Zeitreihen als Hauptdifferenzierungsmerkmal die Zeitkomponente besitzen. In der Marktforschung sind dafür die Hauptgebiete der Marktanalyse (Querschnittbetrachtung) und Marktbeobachtung (zeitlicher Längsschnitt) bekannt (*Rogge,* 1981, S. 44 ff.).

Für die Werbeerfolgskontrolle ergeben sich daraus drei Bereiche, die sie von der „klassischen" Marktforschung abheben:

- Experimente mit **apparativer** Unterstützung,
- Experimente in **quasi-biotischen** Situationen,
- zeitbezogene (ökonomische) Felduntersuchungen.

Der Hauptvorteil experimenteller Versuchsanordnungen besteht darin, dass die wesentlich erscheinenden Variablen isoliert werden können. Das heißt, es besteht die Möglichkeit, die Daten von „verzerrenden" Einflüssen frei zu halten. Auf der anderen Seite kommt gerade durch die „künstliche" Gestaltung der Umwelt bei der Erhebungsarbeit mit Menschen ein verzerrendes Element in die Erhebung. Die Versuchspersonen verhalten sich unter Umständen in einer speziellen **Testsituation** anders, als sie es in einer „Normalsituation" täten. Im Rahmen von Pre-Tests während der laufenden Planungs- und Entwicklungsarbeit kommen im Prinzip nur experimentell gestützte Verfahren infrage. Daher wird versucht, eine möglichst lebensechte Testsituation zu erzeugen. Man spricht dann von quasi-biotischen Tests, wenn es gelingt, die Testsituation möglichst genau der normalen Umwelt anzupassen. Die Testpersonen wissen zwar, dass sie an einem Test teilnehmen, es ist ihnen aber nicht bewusst, welcher Art der Test ist.

Als Beispiel für quasi-biotische Testsituationen kann der so genannte **Folder-Test** dienen. Ein Folder ist eine Zusammenstellung einer Reihe von Anzeigen in Form einer kleinen bzw. dünnen Zeitschrift oder Zeitung. Die Mappe enthält tatsächliche (echte) und nur für den Test erstellte Elemente. Die Mischung der Anzeigen simuliert das Anzeigenumfeld. Den Testpersonen wird der Folder in die Hand gegeben mit der Bitte, diesen einmal durchzublättern. Anschließend werden die Testpersonen zu den gesehenen Anzeigen befragt (Erinnerung, Anmutung, Image). Die Situation lässt sich variieren bzw. ergänzen.

Beim **Wartezimmer-Test** werden die Versuchpersonen mit der Bitte, an einem Test teilzunehmen, in ein Teststudio gebeten, das wie ein Wartezimmer eingerichtet ist. Die Testpersonen wissen über die Art des Tests nichts. In dem Wartezimmer liegt eine Testzeitschrift (Folder) aus, die die zu testenden Objekte enthält. Die Testperson wird gebeten noch etwas zu warten. Man lässt sie allein, in der Hoffnung, dass in der Wartezeit die Testzeitschrift zur Hand genommen wird. Durch eine **apparative** Einrichtung (Durchblickspiegel, Kamera o. Ä.) wird beobachtet, ob die Testzeitschrift gelesen wird. Wenn das geschehen ist, wird die Testperson zum eigentlichen Interview gebeten und im Zusammenhang mit anderen Fragen wird auf die Werbewirkung (Erinnerung usw.) eingegangen.

Der Versand von **Testzeitschriften** hat ebenso quasi-biotische Elemente wie das Zeigen von Filmen in **Teststudios** oder die Installation von **Aufzeichnungsgeräten** an Fernseh- oder Rundfunkgeräten (Tammeter, Audimeter). Auch die Einrichtung von Panels (*Rogge,* 1981) oder besonderen Testmärkten mit technischer Einrichtung, wie der Versuch mit Aufzeichnungsgeräten für elektronische Medien, und die zusätzliche Ausstattung mit besonderen Identifikationskarten für den Einkauf und die Erfassung durch Scanner-Kassen im verkabelten Bereich Hassloch (GfK-Behavior-Scan), kann als quasi-biotische Testsituation angesehen werden. Es ist allerdings nicht auszuschließen, dass die Testteilnehmer sich in realen Situationen doch anders verhalten würden.

Die Verfahren der **psycho-biologischen** Werbewirkungsforschung stützen sich weitgehend auf den Einsatz **apparativer Hilfsmittel** (Blickaufzeichnungsgerät, Augenkamera, psycho-galvanische Hautwiderstandsmessung usw.). Die Testsituation kann bei starker apparativer Unterstützung in der Regel nicht biotisch sein. Auf der anderen Seite ist das bei derartigen Testsituationen auch nicht von so großem Belang, da die gemessenen Kriterien bewusster Beeinflussung in der Regel nicht zugänglich sind. Es handelt sich im Wesentlichen um so genannte aktivierende Prozesse (Emotion, Motivation, Einstellung), die als Vorbedingung für weitere Werbewirkungen verstanden werden. Im Ansatz sind apparative Verfahren bereits seit Jahrzehnten bekannt. Technischer Fortschritt und Forschung (Computerisieren, Miniaturisierung) haben in den letzten Jahren zu bedeutenden Verfeinerungen der Methodik geführt. Gerade in der jüngeren Zeit ist ein „neuer" Streit um die Einsatzmöglichkeiten apparativer Testmethoden im Vergleich mit nicht apparativ gestützten (Befragungs-)Methoden entflammt (*Neibecker, Rehorn, Sauermann, v.Keitz, Weichert*), der teilweise die Ausmaße eines Glaubenskrieges annimmt. Im Grunde geht es nicht um die Erhebungsmethodik, sondern um die Verwendung des Beurteilungskriteriums bzw. ob Erinnerungsmaße einen größeren Wert als Variablen der Aktivierungsmessung besitzen. Wenn berücksichtigt wird, dass es nicht um ein „Entweder-oder" beim Methodeneinsatz geht, sondern dass die Methoden sich auch durchaus gegenseitig ergänzen können bzw. ihr Einsatz von der jeweiligen Gesamtzielsetzung und dem Informationsbedarf abhängt, relativiert sich die Diskussion. Es gibt zur Zeit nur wenige Institute, die Tests mit apparativer Unterstützung durchführen.

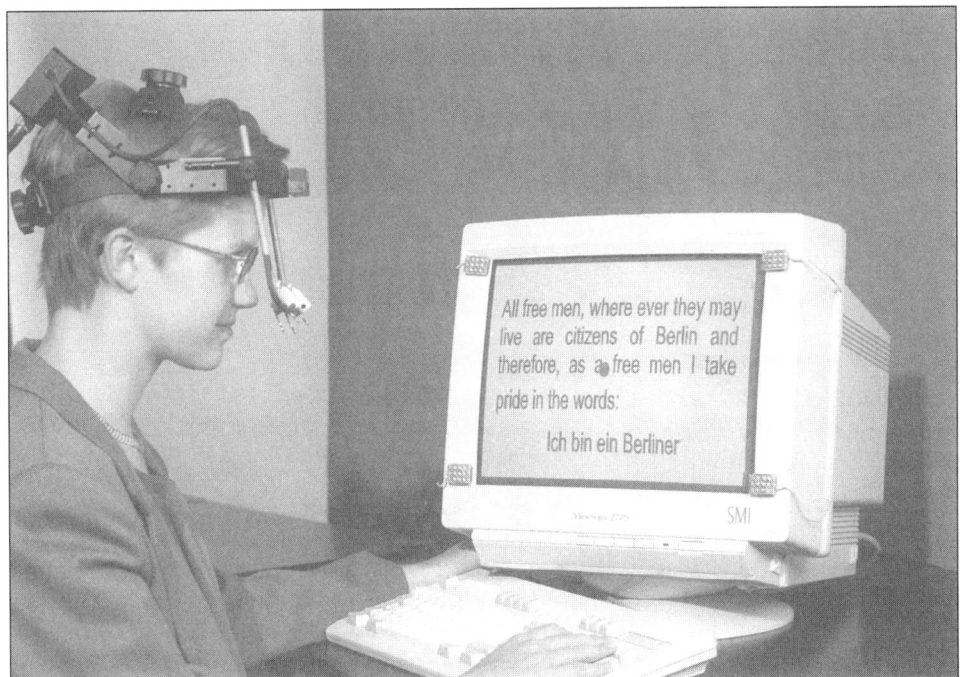

Abb.: Blickregistrierungsbrille

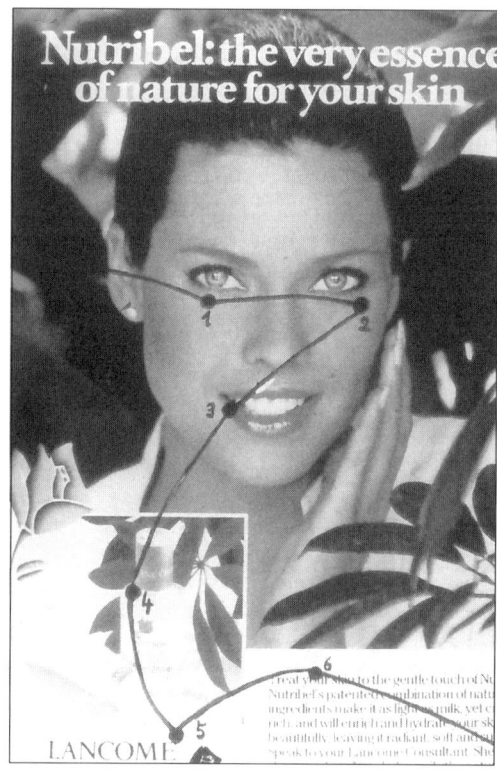

Abb.: Beispiel für Blickverlauf beim Betrachten einer Anzeige
Quelle: Kroeber-Riel/Weinberg: Konsumentenverhalten, 7. Aufl., München 1999

Die Kategorien des **ökonomischen Werbeerfolges** sind Absatzzahlen, Umsätze, Kosten und Gewinne. Da diese Größen auf den Gesamtprozess der Werbung bezogen sind, lassen sie sich in der Regel erst nach Abschluss aller Werbemaßnahmen ermitteln. Die Werbewirkung tritt nicht immer unmittelbar nach einer werblichen Maßnahme ein, sondern es kann erhebliche **Verzögerungen** im Eintreten der Wirkungen geben, ebenso wie die Werbewirkungen über eine **längere Zeitspanne** anhalten können. Das genaue Ausmaß der zeitlichen Verzögerung ist von der Art der Produkte, der Art der Werbung und den Eigenschaften der Umworbenen abhängig. Die ökonomischen Folgen (Kaufentscheidung usw.) stehen am Ende des Konsumentenentscheidungsprozesses. Die verzögerte Wirkung von Werbung ist daher für die ökonomischen Erfolgskategorien noch ausgeprägter.

Um den besonderen Einfluss der Zeit auf die ökonomischen Werbewirkungen zu bestimmen und wegen der Schwierigkeit, andere nicht werbliche Beeinflussungsfaktoren (eigene nicht- werbliche absatzpolitische Maßnahmen, Konkurrenzverhalten, konjunkturelle Einflüsse usw.) zu kontrollieren, ist eine Betrachtung der Erfolgskriterien im Zeitvergleich (Zeitreihenanalyse) angebracht. Die Höhe der Absatzzahlen, Umsätze usw. wird den Werbemaßnahmen gegenübergestellt und speziell auf Unterschiede in den Phasen vor und nach dem Werbeeinsatz untersucht.

Das Instrumentarium der Korrelations- und Regressionsanalyse gestattet bei genügend umfangreicher Datenbasis die Bestimmung der zeitlichen Verzögerung der ökonomischen Werbewirkung und die Stärke des Zusammenhanges.

Nichtwerbliche Einflüsse auf die gemessenen Erfolgsgrößen können ebenfalls annäherungsweise mit der multiplen Regressionsanalyse isoliert werden. Je mehr weitere Einflussgrößen in die Betrachtung einbezogen werden, umso größer muss die Anzahl der Datenpaare sein. Bei einer Zeitreihenanalyse lässt sich das nur über eine Erhöhung des so genannten Basiszeitraumes erreichen. Die mögliche Verbesserung der Zuordnung von Werbeerfolg und Werbemaßnahme wird mit einer zeitlich verzögerten Verfügbarkeit der Daten erkauft. Zeitreihenanalysen haben im Rahmen der Werbeerfolgskontrolle daher in der Regel nur einen begrenzten Wert.

Das Dilemma lässt sich lösen, indem die Betrachtung zeitpunktbezogen organisiert wird. Das erfordert die Ausdehnung der räumlichen Dimension. In räumlich abgegrenzten Gebieten (Testmärkte) werden unterschiedliche Werbemaßnahmen bzw. keine Werbemaßnahmen durchgeführt. Die Testmärkte müssen nach einem bestimmten Schema ausgewählt bzw. aufgebaut werden (*Rogge*, 1981, S. 131), um eine Isolierung und Zuordnung der Werbewirkung zu ermöglichen. Es sind im Prinzip mindestens zwei Testregionen für die Kontrolle auszuwählen, damit die Wirkung der Werbemaßnahmen aus der Differenz der ökonomischen Gesamtergebnisse unter Mitwirkung von Werbung und ohne diese ermittelt werden kann. Gelingt das nicht, dann verbleibt nur der Vergleich im Zeitverlauf (vorher/nachher). Gebietsverkaufstests mit mehreren Testregionen sind zwar bekannt (*Bidlingmaier*, 1975, S. 793), aber selten. Einer der Hinderungsgründe dürfte neben der Schwierigkeit, repräsentative Testgebiete zu finden, in den stark steigenden Kosten liegen.

Die Dauer von **Testperioden** ist so zu wählen, dass die möglichen zeitlichen Verzögerungen auch wirksam werden können. Das stellt ein weiteres Handikap bezüglich der Brauchbarkeit von Ergebnisse dar, weil sich die Bedingungen in der Zwischenzeit geändert haben könnten. Als Testgebiete können auch einzelne Geschäfte ausgewählt werden. Für Werbetreibende mit mehreren Standorten lässt sich das Instrumentarium relativ leicht einsetzen. Die Eigenschaften von Großfilialisten sind dafür nicht notwendig. Mit der Beschränkung des Testgebietes auf einzelne Läden ist allerdings auch eine Verringerung der Testmöglichkeiten verbunden. Es kann nicht mehr das gesamte Werbekonzept geprüft werden, sondern nur einzelne Maßnahmen (Anzeigen, Handzettel, Direkt Werbung usw.), die für das verkleinerte Testgebiet isoliert werden können. Die zeitliche Verzögerung der Wirkungen ist möglicherweise bei einer Verkleinerung des räumlichen Wirkungsgebietes ebenfalls geringer. Die Datenerhebungsinstrumente sind bei Werbetestmärkten die gleichen, wie bei anderen Testmärkten. Insbesondere werden die Beobachtung, die strukturierte Befragung und das Panel eingesetzt. Durch technische Weiterentwicklungen (Scanner, Verkabelung) sind teilweise mittlerweile recht detaillierte Datensammlungen und Zuordnungen möglich. Das Testmarktgebiet Hassloch (GfK-Behavior-Scan) ist ein Beispiel dafür.

Für **Gebietsverkaufstests** kann folgender Ansatz zur Ermittlung des Werbeerfolges verwendet werden (*Bidlingmaier*, 1975, S. 795):

Umsatz im Testmarkt nach der Werbeaktion (U_{tn})
- {Umsatz im Testmarkt vor der Werbeaktion (U_{tv})
+ [Umsatz im Kontrollmarkt nach der Werbeaktion (U_{kn})
- Umsatz im Kontrollmarkt vor der Werbeaktion (U_{kv})]}

= Umsatzerfolg der Werbung (U_w)
===

Bezieht man die Werbekosten mit der gleichen zeitlichen Zuordnung mit in die Betrachtung ein, dann kann daraus ein Erfolgs-bzw. Gewinnkoeffizient (E_W) mit folgender Struktur (*Bidlingmaier,* 1975, S. 795) abgeleitet werden:

$$
E_W = \frac{U_{t_n} - [\, U_{t_v} + (U_{k_n} - U_{k_v}\,)]}{W_{t_n} - [\, W_{t_v} + (W_{k_n} - W_{k_n}\,)]}
$$

Bei der so genannten NETAPPS-Methode nach Starch (*Bidlingmaier,* 1975, S. 800 ff.) sind die erhobenen Kriterien scheinbar differenzierter:

• Zahl der Personen, die die Werbebotschaft wahrgenommen haben,

• Zahl der Umworbenen, die die Werbebotschaft wahrgenommen haben und das Werbeobjekt innerhalb einer bestimmten Zeit gekauft haben,

• Zahl derjenigen Werbesubjekte, die die Werbemittel nicht wahrgenommen haben,

• Zahl von Personen, die die Werbebotschaft nicht wahrgenommen, aber innerhalb der Wirkungszeit gekauft haben.

Nachteilig ist an dem Ansatz, dass die Wirkung zeitlich als sehr beschränkt angesehen wird. NETAPPS ist ein Akronym und steht für **N**et-**A**d-**P**roduced-**P**urcha**S**es.

Das **Noreen'sche Modell** (*Bidlingmaier,* 1975, S. 797 ff.) arbeitet mit vier Testgebieten, in denen systematisch abwechselnd mehrere Alternativen über einen längeren Zeitraum getestet werden. Abgesehen von den Unzulänglichkeiten, die generell mit der Einrichtung von Testmärkten zusammenhängen und den Einschränkungen, denen die Ergebnisse unterliegen, weil die Einflüsse der Konkurrenzmaßnahmen usw. nicht vollständig isoliert werden können, dauert es beim Noreen'schen Modell relativ lange, bis die Ergebnisse vorliegen. In Deutschland ist darüber hinaus wegen der großen Zahl nötiger Testgebiete diese Testanordnung nur schwer durchführbar.

Die ökonomische Werbeerfolgskontrolle sollte die Aktivitäten der **Mitwettbewerber** mit berücksichtigen. Ein zwischenbetrieblicher Vergleich wäre angebracht. Bisher stehen hier jedoch kaum Testmethoden zur Verfügung. Das liegt daran, dass nur unter erschwerten Umständen Angaben über die Maßnahmen und Erfolge der

Mitwettbewerber (Mitwerber) zu erhalten sind. Aus Panel-Erhebungen lassen sich solche Angaben noch am ehesten ableiten. Außerdem sind Daten über Wirkungen von Maßnahmen anderer und Wirkungen bei anderen wegen des hohen Aggregationsgrades noch am leichtesten in Form ökonomischer Maßgrößen zu erhalten (Schmidt & Pohlmann). Das Modell Marktmechanik berücksichtigt Vergleiche über die Branchen hinweg und stellt entsprechende Angaben für prognostische Zwecke zur Verfügung (MARKTMECHANIK).

Auf der Grundlage relativ weniger Informationen über Umsatzerlöse und Werbeaufwendungen lässt sich ein „einfacher", aber aussagekräftiger, operations-research-orientierter Beurteilungsansatz ableiten (*Bidlingmaier,* 1975, S. 800 ff.). Die eigenen Umsätze (U_e) und die Umsätze der anderen Anbieter (U_a) ohne den Einsatz von Werbeaktivitäten, die entsprechenden Umsätze unter Einsatz der Werbung ($U_{e_t}^*$, U_{a_t}) sowie die eigenen Werbeaufwendungen (W_{e_t}) und die der anderen Marktteilnehmer (W_{a_t}) bilden die Ausgangsgrößen der Rechnung. Als Erfolgsmaßstab lässt sich der zusätzliche Verkaufserlös definieren, der durchschnittlich auf eine Einheit der Werbeaufwendungen entfällt. Diese Erfolgsfaktoren müssen für das eigene Unternehmen ebenso bestimmt werden (p_e) wie für die Mitwettbewerber (p_a). Werbebeeinflusste und nichtwerbebeeinflusste Umsätze stehen dann in folgender Relation:

$$U_{e_t}^* = U_{e_t} + p_e \, W_{e_t}$$

Unter der Voraussetzung, dass das Verhältnis aus den eigenen Umsätzen und denen der Mitwettbewerber ohne die Einwirkung der Werbung über einen längeren Zeitraum annähernd konstant ist, lässt sich daraus folgende Relation ableiten.

$$\frac{U_{e_t}}{U_{a_t}} = \frac{U_{e_t}^* - p_e \cdot W_{e_t}}{U_{a_t}^* - p_a \cdot W_{a_t}}$$

Eine Umformung ergibt schließlich den Ausdruck

$$p_{e_t} \, W_e - cp_a \, W_{a_t} + cU_{a_t}^* - U_{e_t}^* = 0$$

in dem die unbekannten p_e, p_a und c als Koeffizienten auftreten. Da die Erfolgsfaktoren als Durchschnittsgrößen angesehen werden, müssen in einzelnen Perioden Abweichungen auftreten. Offensichtlich ist eine Schätzung der unbekannten Gesamt-Größen p_e, cp_a und c dann am besten, wenn die Abweichungen möglichst klein sind. Bildet man die Summe aller Abweichungen, dann liegt das Minimum der Abweichungen dort, wo die einzelnen Ableitungen nach den unbekannten Größen jeweils Null sind. Daraus lassen sich die Schätzungen für die bisher unbekannten

Größen berechnen, wenn eine genügend große Zahl von Periodenwerten zur Verfügung steht.

Der Einsatz bzw. die **Durchführung von Werbeerfolgskontrollen** ist in deutschen Unternehmen noch stark unterentwickelt. Bei einer Befragung stellte sich heraus, dass weniger als die Hälfte der befragten Unternehmen Erfolgskontrollen „manchmal" oder „immer" durchführen (*Neske*, 1983, S. 362). Als Gründe wurden methodische Schwierigkeiten, fehlende Mitarbeiter oder fehlende finanzielle Mittel angegeben.

Generell sind bereits mit der Wirkungserfassung als Grundlage der Werbeerfolgskontrolle einige Grundprobleme verbunden:

* Ungleichheit der Summe von Einzelwirkungen und Gesamtwirkung bzw. Interdependenzen der Einzelmaßnahmen,

* schwierige bzw. fehlende kausale Zuordnung von Wirkungen und Wirkungskriterien zu Maßnahmen und Kommunikationsinstrumenten,

* ungenügende Informationen im Zusammenhang mit der Auswahl von Zielen auf der Grundlage von Wirkungsprognosen,

* ungenügende Kenntnisse über die Zusammenhänge von Maßnahmen und Wirkungen (Ziel-Mittel-Relation),

* unterschiedliche Auswirkungen von Nebenbedingungen (Konkurrenzmaßnahmen, Umwelt usw.) auf die Kommunikationswirkung,

* zeitliche Zuordnungsprobleme (Messzeitpunkt, Messzeitraum, carry-over-Effekte usw.),

* Mängel in der Messmethodik.

Gegen die methodischen Schwierigkeiten lässt sich grundsätzlich einwenden, dass auch ein methodisch verbesserungswürdiger Ansatz immer noch besser ist als überhaupt keiner. Die fehlenden Mitarbeiter oder mangelnde eigene Methodenkenntnisse und technische Möglichkeiten lassen sich durch die Zusammenarbeit mit Spezialinstituten lösen. Das finanzielle Argument müsste schließlich um die Nutzenkomponente einer verbesserten Informationslage erweitert werden.

Die Probleme lassen sich weitgehend bewältigen, wenn folgende Grundregeln bei der Arbeit mit Wirkungsanalysen und Werbeerfolgskontrollen befolgt werden:

* Aufteilung des Gesamtproblemkomplexes in überschaubare Teilprobleme,

* Entwicklung eines „einfachen" Modells (Grundstruktur) über die Zusammenhänge der Teilbereiche,

* Bildung von Einflussrichtungen zur Entwicklung einer Hierarchie der Teilbereiche

* Zuordnung von Zielen zu den Teilbereichen,

* Ableitung von Ziel-Mittel-Beziehungen in den Teilbereichen,

* Auswahl von erreichbaren Zielen zur Auswahl geeigneter Maßnahmen,

* Überprüfung der Alternativen.

Methoden zur Messung des Werbeerfolges (Mehrfachnennungen)

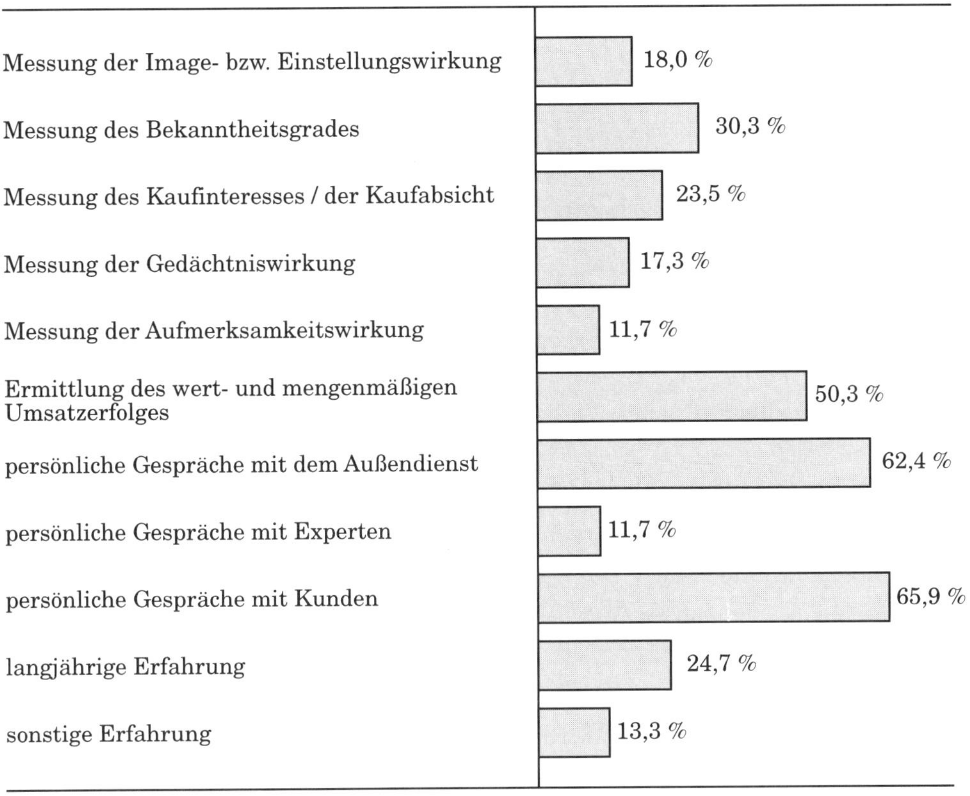

Messung der Image- bzw. Einstellungswirkung	18,0 %
Messung des Bekanntheitsgrades	30,3 %
Messung des Kaufinteresses / der Kaufabsicht	23,5 %
Messung der Gedächtniswirkung	17,3 %
Messung der Aufmerksamkeitswirkung	11,7 %
Ermittlung des wert- und mengenmäßigen Umsatzerfolges	50,3 %
persönliche Gespräche mit dem Außendienst	62,4 %
persönliche Gespräche mit Experten	11,7 %
persönliche Gespräche mit Kunden	65,9 %
langjährige Erfahrung	24,7 %
sonstige Erfahrung	13,3 %

Abb.: In der Unternehmenspraxis geläufige Methoden zur Messung des Werbeerfolges
Quelle: ZAW-Service

Die Liste der Methoden, die zum Einsatz kommen, lässt deutlich eine Bevorzugung der **„ökonomisch" orientierten Kontrollmethoden** erkennen. Außerdem liegt ein starkes Gewicht auf so genannten subjektiven Informationsquellen wie Außendienstberichten, Gesprächen mit Experten, Erfahrungen usw. Wenn diese Quellen systematisch erschlossen und quantifiziert werden, liegt darin sicherlich auch eine brauchbare Quelle für Werbeerfolgskontrollen und Prognosen.

Eine solche Systematisierung liegt sicherlich auch in dem sogenannten **BuBaW-Verfahren** (**B**estellung **u**nter **B**ezugnahme **a**uf **W**erbemittel) vor. Hier wird versucht, direkt an das Werbemittel eine Rückkoppelungsbeziehung zu knüpfen, indem beim eigentlichen Kaufakt eine Abfrage des jeweiligen Werbemittels stattfindet. Das lässt sich besonders leicht bei allen Direkt-Werbe-Aktionen und gekoppelter Bestellung erreichen. Auch bei Coupon-Anzeigen oder Werbemitteln, die eine direkte Bestellung initiieren und diese durch Kennziffern, Abteilungsnamen usw. auseinander halten, ist das möglich. Die Einsatzbereiche dieses einfachen und effektiven Kontrollmittels sind aber nur auf kaufauslösende Wirkungen und wenige Fälle beschränkt. Sie setzen im Übrigen voraus, dass das Auftragswesen streng organisiert ist.

20

Kontrollfragen

(1) In welcher Beziehung stehen Werbewirkungsforschung und Werbeerfolgskontrolle?

(2) Wie lässt sich Werbeerfolg definieren?

(3) Steht die Werbeerfolgskontrolle überwiegend am Ende des Werbeprozesses?

(4) Was ist ein Pre-Test?

(5) Was ist ein Post-Test?

(6) In welchen Phasen des Werbeplanungsprozesses sind Schnittstellen zur
Marktforschung zu finden?

(7) Welche Teilbereiche der Werbung werden durch die Werbeerfolgskontrolle
abgedeckt?

(8) Welche Bedeutung haben Zielgruppen bei der Werbeerfolgskontrolle?

(9) Was versteht man unter einem Konzeptionstest?

(10) Welche Inhalte können mit Konzeptionstests überprüft werden?

(11) Welche Instrumente werden im Zusammenhang mit Konzeptionstests eingesetzt?

(12) Welche Unzulänglichkeiten sind mit Konzeptionstests verbunden?

(13) Was versteht man unter Werbegestaltungstests?

(14) Welche Inhalte haben Gestaltungstests?

(15) Wie sieht das Grundmuster von Konzeptions- und Gestaltungstests aus?

(16) Sind Werbeerfolgstests an bestimmte Werbemittel bzw. Werbeträger gebun-
den?

(17) Welche Inhaltskriterien können mit Gestaltungstests erfasst werden?

(18) Welche konkreten Fragen lassen sich den einzelnen Inhaltskriterien zuordnen?

(19) Welchen Planbereichen entstammen die Messkriterien der Werbeerfolgskontrolle?

(20) Welche Formvorschriften werden sinnvollerweise bei der Formulierung von
Messkriterien der Werbeerfolgskontrolle eingehalten?

(21) Lassen sich Werbeerfolgskriterien und Werbemaßnahmen eindeutig zuordnen?

(22) Worin liegen die Unterschiede zwischen ökonomischen und nichtökonomischen Erfolgsgrößen?

(23) Welche Messkriterien lassen sich den unterschiedlichen Wirkungsstufen
zuordnen?

(24) Wie lassen sich absolute Messzahlen relativieren?

(25) Welche Ziele werden mit Relationen aus Maßkriterien verfolgt?

(26) Welche Erhebungsmethoden stehen zur Datengewinnung im Rahmen der Werbeerfolgskontrolle zur Verfügung?

(27) Welchen planerischen Wert haben Systematiken der Erhebungsmethoden für die Werbeerfolgskontrolle?

(28) Worin liegen die Unterschiede von Werbeerfolgskontrolle und Werbeerfolgsprognose?

(29) Sind die Erhebungsmethoden der Werbeerfolgskontrolle auf diesen Anwendungsbereich beschränkt?

(30) Wovon ist die Brauchbarkeit der Daten aus der Werbeerfolgskontrolle abhängig?

(31) Wie lassen sich die Erhebungssituationen im Rahmen der Werbeerfolgskontrolle beschreiben und welche Folgerungen lassen sich daraus für die Brauchbarkeit der Erhebungsdaten ziehen?

(32) Wie lassen sich biotische Testsituationen erzeugen?

(33) Was versteht man unter apparativen Testverfahren?

(34) Welche Messkriterien werden im Rahmen der ökonomischen Werbeerfolgskontrolle herangezogen?

(35) Welche Rolle spielen zeitliche Verzögerungen bei der Werbeerfolgskontrolle?

(36) Wie lassen sich zeitliche Verzögerungen ermitteln?

(37) Sind die Zeitreihenanalyse und die Einrichtung von Testmärkten konkurrierende Datengewinnungs- bzw. Auswertungsverfahren?

(38) Welche Bedingungen müssen erfüllt sein, damit Testmärkte geeignete Methoden der (ökonomischen) Werbeerfolgskontrolle sind?

(39) Welche Varianten bzw. Anordnungsmuster von Testmärkten finden in der Werbeerfolgskontrolle Anwendung?

(40) In welcher Weise lassen sich Daten der werbetreibenden Konkurrenz in der Werbeerfolgskontrolle verwenden?

(41) Welche Methoden der Werbeerfolgskontrolle werden überwiegend in der Unternehmenspraxis eingesetzt?

(42) Welche Möglichkeiten der Problembeseitigung sind denkbar im Rahmen der Werbeerfolgskontrolle?

Lösungshinweise

Literatur

Anton, M.: Die Ziele der Werbung in Theorie und Praxis, Wiesbden 1975

Behrens, K.C.: Absatzwerbung, Wiesbaden 1963

Behrens, G.: Werbewirkungsanalyse, Opladen 1976

Bender, M.: Die Messung des Werbeerfolges in der Werbeträgerforschung, Würzburg – Wien 1976

Bidlingmaier, J.: Festlegung der Werbeziele, in: Behrens, K.C. (Hrsg.): Handbuch der Werbung, 2. Aufl., Wiesbaden 1975, S. 403 ff.

Bidlingmaier, J.: Die Kontrolle des wirtschaftlichen Werbeerfolges, in: Behrens, K.C. (Hrsg.): Handbuch der Werbung, 2. Aufl., Wiesbaden 1975, S. 773 ff.

Ehrmann, H.: Marketing-Controlling, 2. Aufl., Ludwigshafen (Rhein) 1995

Fischerkoesen, H.M.: Experimentelle Werbeerfolgsprognose, 1957

Green, P.E. und Tull, D.S.: Methoden und Techniken der Marktforschung, 4. Aufl., Stuttgart 1982

Hermanns, A.: Konsument und Werbewirkung, Berlin – Köln 1979

HÖR ZU — FUNK UHR (Hrsg.): Marktmechanik 1, 2 und 3

Jaspert, F.: Methoden zur Erforschung der Werbewirkung, Stuttgart 1963

Jaspert, F.: Werbeerfolgskontrolle und -prognose, in: Tietz, B.: Handwörterbuch der Absatzwirtschaft, Stuttgart 1974, Sp. 2224 ff.

Johannsen, U.: Methoden der Werbeerfolgskontrolle in psychologischer Sicht, Behrens, K.C. (Hrsg.): Handbuch der Werbung, 2. Aufl., Wiesbaden 1975, S. 753 ff.

v. Keitz, B.: Psychologische Werbewirkungsforschung, in: Werbeforschung und Praxis, 2/1986, S. 41 ff.

v. Keitz, B.: Werbung: apparativ testen und verkaufen, in: Werbeforschung und Praxis, 6/1986, S. 226 ff.

Kroeber-Riel, W./Weinberg, P.: Konsumentenverhalten, 8. Aufl., München 2003

Neibecker, B.: Apparative Marktforschung: Ein Beitrag zur Werbewirkungsanalyse, in: Werbeforschung und Praxis, 1/1987, S. 19 ff.

Neske, F.: Gabler-Lexikon Werbung, Wiesbaden 1983

Prochazka, W.: Werbewirkungskriterien und Modelle, in: Werbeforschung und Praxis, 2/1987, S. 35 ff.

Rehorn, J.: Test mit Tücken, in: Manager Magazin, 1978, NR. 7, S. 48 ff.

Rehorn, J.: Werbetests, Neuwied 1988

Rogge, H.-J.: Marktforschung, 2. Aufl., München – Wien 1992

Rogge, H.-J.: Praxis der Werbeplanung in mittelständischen Unternehmen – Tendenzen und Hypothesen, Fachhochschule Osnabrück, Arbeitsberichte aus dem Fb Wirtschaft, Nr. 6/82, Osnabrück 1982

Salcher, E.F.: Psychologische Marktforschung, 9. Aufl., Berlin – New York 1995

Schmalen, H.: Kommunikationspolitik, 2. Aufl., Stuttgart – Berlin – Köln – Mainz 1992

Seyffert, R.: Werbelehre, 2 Bände, Stuttgart 1966, S. 499 ff.

Steffenhagen, H.: Kommunikationswirkung – Kriterien und Zusammenhänge, Hamburg 1984

Steffenhagen, H.: Ansätze der Werbewirkungsforschung I u. II, in: Planung und Analyse, 5/1985 und 6/1985

Sundhoff, E.: Die Ermittlung und Beurteilung des Werbeerfolges, in: betriebs-wirtschaftliche Forschung und Praxis, 1954, S. 129 ff.

Tietz, B. und Zentes, J.: Die Werbung der Unternehmung, Reinbek bei Hamburg 1980

Weichert, D.: Psychobiologische Werbewirkungsforschung, in: Werbeforschung und Praxis, 6/1986, S. 224 ff.

Übungsteil

Aufgaben/Fälle

Die im Übungsteil formulierten Aufgaben sollen Denkanstöße zur Problem-
formulierung und Problemlösung geben. Das Phänomen Werbung ist so komplex,
dass sich die Aufgaben nicht auf einzelne Teilbereiche beschränken lassen. Zu ihrer
Lösung sind immer übergreifende Überlegungen notwendig. Aus diesem Grunde
können die Aufgaben durchaus verschiedenen Teilbereichen zugeordnet werden.
Die Lösungsvorschläge sind keine allein gültigen Musterlösungen, sondern sollen
lediglich den Lösungsweg skizzieren. Andere Lösungen sind denkbar.

1 : Rechtfertigung der Werbung in der Öffentlichkeit

Eine Deutschlehrerin spricht einen Bekannten, der im Werbebereich tätig ist, auf
die Wirkungsweise und Funktion der Werbung an. Die Lehrerin möchte im Unterricht das Thema Werbung behandeln und bittet um Unterlagen bzw. Zahlenmaterial darüber, was Werbung koste und was sie bewirke bzw. wie viel durch
Werbung mehr verkauft würde. Sie äußert insbesondere die Meinung, Werbung
koste ja erhebliches Geld und führe somit zwangsläufig zu einer Verteuerung der
Waren und Dienstleistungen. Außerdem würden die Konsumenten zu Kaufentscheidungen veranlasst, die sie eigentlich nicht hätten treffen wollen. Welche
Informationen können der Lehrerin gegeben werden und was ist zu ihren Vorstellungen zu sagen?

2 : Organisatorische Voraussetzungen der Werbung

Sie sind als Assistent der Geschäftsleitung in ein mittleres Unternehmen eingetre-
ten und sollen sich unter anderem der bisher vernachlässigten Kommunikation
widmen. Welche Schritte würden Sie einleiten bzw. welche Vorschläge machen Sie
zur Lösung dieser Aufgabe.

3 : Briefing

Der Rat einer mittleren Großstadt ist mit seinem Image in der Öffentlichkeit nicht
voll zufrieden. Die hauptsächlichen Kommunikationsaktivitäten sind in einem
Verkehrsamt vereinigt, das eine Geschäftsstelle in der Innenstadt unterhält und
dort in erster Linie Broschüren und Souvenirs verschiedener Art anbietet. Die
verschiedenen Ämter und Dienste der Stadt sind über das ganze Stadtgebiet verteilt
und nach außen nicht immer als solche erkennbar. Sie werden gebeten, sich
Gedanken über eine Verbesserung der Kommunikation zu machen. Entwickeln Sie
Vorstellungen für ein Kommunikationskonzept.

4 : Werbeziele

Im Gespräch mit einem Unternehmer äußert dieser die Meinung, die Hauptaufgabe der Werbung sei das Verkaufen. Schließlich beweise das ja auch die alte AIDA-Regel. Werbung, die sich nicht unmittelbar in Verkaufsziffern äußere, sei für ihn nicht tragbar. Deswegen arbeite er auch nur mit Direct Mailings, bei denen der Erfolg unmittelbar überprüfbar sei.

Ist diese Meinung haltbar bzw. vernünftig und was folgt daraus?

5 : Agenturzusammenarbeit

Ein Unternehmen, das bisher wenig für Werbung getan hat, beschließt, mehr mit Werbung zu arbeiten. Man hat festgestellt, dass den Mitarbeitern zwar gelegentlich „kernige" Sprüche einfallen, dass es letzlich aber am Pfiff bzw. gewissen Etwas fehlt. Man entschließt sich, auf das kreative und planerische Potenzial einer Werbe-agentur zurückzugreifen und macht sich nun Gedanken über die Zusammenarbeit.

Wie lässt sich diese gestalten

1) wenn bisher relativ geringe Etatmittel für Werbezwecke zur Verfügung standen?

2) wenn ein relativ hoher Etat für Werbung und Verkaufsförderung zur Verfügung steht?

3) wenn bereits bestimmte konkrete Vorstellungen über den Einsatz (insbesondere Streuung) der Werbemittel bestehen?

6 : Briefing und Agenturzusammenarbeit

Ein werbetreibendes Unternehmen hat bisher mehr oder weniger sporadisch Auf-träge an Werbeagenturen, Druckereien usw. vergeben. Es ist mit den Ergebnissen nicht zufrieden, u. a. weil man nicht das bekommen hat, was man sich versprochen hatte.

Welche Gründe könnten dafür verantwortlich sein und welche Vorschläge können gemacht werden, um den Zustand zu ändern?

7 : Agenturauswahl

Es wird an eine Zusammenarbeit mit Werbeagenturen gedacht, um sich im Rahmen einer Arbeitsteilung das Knowhow der Werbeprofis zu sichern. In einem Prospektblatt, das von mehreren kleineren Agenturen gemeinschaftlich herausgegeben wird, kann man einige kleinere Fallbeispiele über Werbekampagnen (Anzeigenserien, Slogans, Texte usw.) aus verschiedenen Bereichen lesen. Weiter enthält der Prospekt eine Aufzählung von Vorteilen, die sich besonders auf die Betriebsgröße beziehen:

• unkomplizierte und reibungslose Organisation,

• schnelle Entscheidungen und Abstimmungsprozesse,

• kein personeller und ‚apparativer' Ballast,

• besondere Kreativität,

• Leistungs- und Einsatzwillen wegen günstiger arbeitspsychologischer Bedingungen,

• aktiv mitarbeitende Inhaber, die daher besonders motivieren und begeistern können,

• Kontinuität auch bei Personalwechsel wegen der Überschaubarkeit des Gesamtunternehmens usw.

Kann mit diesen Informationen eine Auswahl von Agenturpartnern vorgenommen werden bzw. welche zusätzlichen Informationen werden gegebenenfalls noch benötigt?

8 : Zielgruppenplanung

Ein Unternehmen handelt mit Zubehör und Programmen für Mikrocomputer. Es plant eine Produktpalette zur Pflege und Wartung (Reinigungsmaterial, Spannungsschutz usw.) von PCs und Arbeitsplatzrechnern besonders werblich zu unterstützen.

Welche Zielgruppen sollten die Basis der Werbearbeit sein und nach welchen Kriterien sollte die Zielgruppenplanung vorgenommen werden?

9 : Zielgruppenansprache

Ein Unternehmen der Lebensmittelbranche, das vorwiegend mit dem Preisargument an die Öffentlichkeit tritt, möchte sich von seinen Mitwettbewerbern absetzen, die ständig durch Sonder- und Lockvogelangebote ihre Leistungsfähigkeit dokumentieren. Es wird der Vorschlag gemacht, die besondere Preiskonsequenz der Dauerniedrigpreise in den Vordergrund zu stellen und auf die mögliche Unseriosität von Sonderpreisen hinzuweisen, die ja letztlich durch höhere Preise in anderen Bereichen kompensiert werden müssen. Dazu soll mit echten Preisgegenüberstellungen von Einstandspreis und Angebotspreis die besondere Preiswürdigkeit unterstrichen werden.

Was ist von diesem Vorhaben zu halten?

10 : Zielgruppenansprache, Trägereinsatz

In einer mittleren Großstadt ist ein Unternehmen ansässig, das mit anthroposophischen Artikeln handelt (Naturheilmittel, makrobiotische Lebensmittel, pädagogisch wertvolles Spielzeug, Mineralien und Fossilien, Literatur zu Erziehungs und Weltanschauungsfragen usw.). Das dazugehörige Ladengeschäft ist kürzlich aus einer abgelegenen Seitenstraße in eine belebtere Straße in der Nähe einer Fußgängerzone verlegt worden.

Welche Konsequenzen ergeben sich daraus und welche Schritte sind bezüglich der Entwicklung einer möglichen Werbekonzeption zu unternehmen?

11 : Zielgruppenbestimmung, Mittelgestaltung

Ein größeres Reisebüro veranstaltet u. a. Studienreisen. Für eine 2-wöchige Studienreise über Ostern nach Andalusien sind zu Beginn des Jahres noch etwa 8 Plätze nicht besetzt. Der Gesamtreisepreis beträgt knapp 2.000 €. über eine Werbung in der regionalen Tageszeitung (Seitenpreis ca. 29.000 € brutto) könnte unter Umständen die Reise relativ schnell ausgebucht werden.

Welche Vorgehensweise kann im Hinblick auf die Ausbuchung der Reise und die sonstigen werblichen Aktivitäten bzw. die Gesamtwerbekonzeption des Reisebüros vorgeschlagen werden?

12 : Medienbeurteilung nach Zielgruppen

In den Mediaunterlagen eines Verlages finden Sie folgende Hypothesen:

„Personen mit spezifischem Produktinteresse, d. h. Personen mit bewusster ‚Lernhaltung' gegenüber ganz bestimmten Produktbereichen, erzielen durch Konfrontation mit Werbebotschaften, die ihren Informationsbedürfnissen entsprechen, die größten Lernfortschritte, wenn Sie in Printmedien stattfindet."

„Personen ohne spezifisches Produktinteresse erzielen durch Konfrontation mit Botschaften im Werbefernsehen und in BILD generell größere Lernfortschritte als in Zeitschriften."

Welche Verhaltensregeln können Sie daraus für Ihre eigene Arbeit ableiten, z. B. die Werbung für Fotoapparate und optische Geräte?

13 : Stützung der Planung durch quantitative Verfahren

Die Verwendung quantitativer Daten und Planungsmethoden im Bereich der Werbung (z. B. Etatfestlegungsmethoden, Media- Selektion usw.) wird häufig – vor allem von kleineren Unternehmen – sehr zurückhaltend (bis hin zu Äußerungen: „So ein Quatsch") beurteilt.

Überlegen Sie, ob man dieser Haltung aus betriebswirtschaftlicher Sicht zustimmen kann und wie Sie sich bezüglich Ihrer eigenen Werbeplanung verhalten werden.

14 : Werbeträgerauswahl und Beurteilung

Das Angebotsprogramm eines Unternehmens aus dem Elektronikbereich soll werblich unterstützt werden. Insbesondere handelt es sich um Software (Utilities für die Datenträgerverwaltung, Betriebssystemvereinfachungen, Desktop-Unterstützung) und PC-Zubehör (Disketten, Diskettenlaufwerke, Farbbänder, Computermöbel usw.) Welcher Weg soll beschritten werden, um einen (oder mehrere) geeignete Werbeträger für das Angebotsprogramm zu finden.

15 : Basismedienentscheidung

Ein im Prinzip lange bekanntes Küchengerät (Wasserkocher) soll in einem neuen
moderneren und ansprechenderen Design auf den Markt gebracht werden. Als
Verwender kommen sowohl Frauen und Männer im Küchenbereich als auch Verwender im Bürobereich infrage. Preislich soll das Produkt leicht über den herkömmlichen Geräten liegen.

Welche Art von Medieneinsatz und welcher Werbezeitpunkt bieten sich an?

16 : Intermediavergleich

Sie werden häufiger von verschiedenen Kunden daraufhin angesprochen, ob elektronische Medien günstiger als Printmedien seien oder umgekehrt.

Welche Antwort können Sie darauf geben?

17 : Mediaselektion, zeitlicher Werbeeinsatz

Beim Studium von Fachliteratur stoßen Sie auf folgende Situationsskizze:

Bei einer Einschränkung von Werbeausgaben sind es vor allem die Lokalzeitungen,
die aufgrund ihrer gegenüber den regionalen und überregionalen Tageszeitungen
hohen Tausenderpreise die stärksten Einbußen zu erwarten haben. Diese Argumentation wird gestützt, wenn man die Werbegepflogenheiten in der Rezession betrachtet. Die in wirtschaftlichen schwachen Jahren stagnierenden oder gar schrumpfen-
den Werbeausgaben bedeuten für die kleineren Zeitungen die verhältnismäßig
höchsten Einnahmeausfälle, da diese Presseorgane zu anderen Zeiten lediglich zur
Abrundung der Streupläne herangezogen werden.

Ist eine solche Vorgehensweise zweckmäßig und welche Schlüsse lassen sich daraus
ziehen? Insbesondere interessiert, wann sie angebracht und wann sie nicht angebracht ist.

18 : Konzeptionsbeurteilung

Ein Handelsunternehmen verkauft Teppichböden und Möbel an den Endverbrau-
cher. Das Unternehmen kann in die Gruppe der so genannten Discounter eingeordnet werden. Hauptverkaufsargumente sind der niedrige Verkaufspreis und eine

relative Sortimentsbreite. Die potenziellen Kunden kommen überwiegend aus der näheren Umgegend. Für die Werbung sind Entwürfe für die Anzeigenwerbung gemacht worden, die nun zur Beurteilung und weiterer Entscheidung vorgelegt werden.

Die Entwürfe lassen sich in zwei grobe Kategorien einteilen. Ein Entwurf enthält inhaltlich in erster Linie emotionelle Argumente. Er setzt sich aus mehreren plakativen Elementen und kernigen Sprüchen zusammen. Die Gesamtfläche der Anzeige wird nur zum Teil mit Text ausgefüllt. Verschiedene Schwerpunkte mit emotionalen Aussagen sind erkennbar. Der andere Entwurf enthält im Wesentlichen eine Liste mit ausgepreisten Produktangeboten sowie einer Ortsangabe für das Unternehmen. Die Anzeigenfläche wird nahezu vollständig mit den Produktinformationen ausgefüllt.

Neben der Auswahl eines Entwurfes wird eine Aussage über die zukünftige Größen- und Zeitstrategie sowie über den Einsatz der Werbeträger erwartet.

19 : Konzeptionsentwicklung

Ein Unternehmen des Lebensmittel- und Discounteinzelhandels zeichnet sich dadurch aus, dass es mit weitgehend festen aber niedrigen Preisen operiert. Die Werbestrategie sieht bisher so aus, dass wöchentlich in den regionalen Medien (Anzeigenblätter, Tageszeitung) Anzeigen erscheinen, die ganz- bzw. halbseitig eine große Liste der Produkte des Sortimentes mit den dazugehörigen Mengen- und niedrigen Preisangaben im Stile eines Telefonbuches (Schweinebauchanzeigen) enthalten. Es wird der Gedanke geäußert, man müsse endlich diese langweilige Form der Werbung ändern und sich vor allem von den Mitwettbewerbern absetzen, die im Wesentlichen im gleichen Stil werben. Vor allem eine mehr erlebnisbezogene Werbung durch die Wahl besonderer wöchentlich wechselnder Motive (z. B. ein Dialog zwischen den personifizierten „Produkten" zur Hervorhebung besonderer Produktvorteile) und durch mehr Farbe oder Fotos sei angebracht. Sie würde dem kreativen Charakter der Werbung mehr Rechnung tragen.

1) Wie schätzen Sie generell die geäußerte Kritik an der bisherigen Werbung ein und welche Möglichkeiten der Strategieänderung können Sie vorschlagen?

2) Welche Vorschläge können gemacht werden, um die Konzeptionsvorschläge zu überprüfen?

20 : Werbewirkungstest

Ein Einzelhandelsunternehmen handelt mit Stoffen, Schnittmustern und Kurzwaren. Es unterhält in mehreren kleineren Städten Ladengeschäfte. Die Kundschaft ist in erster Linie Stammkundschaft. Bisher wurde mehr oder weniger regelmäßig Werbung in Form von Sonderangebotsanzeigen in den Lokal- bzw. Regionalzeitungen betrieben. Bisher hat man sich für die Wirkung der Werbung bzw. einen möglichen Zusammenhang von Werbaufwendungen und Werbeerfolg nicht interessiert. Das möchte man nun ändern.

Wie soll vorgegangen werden?

Lösungen

1 : Rechtfertigung der Werbung in der Öffentlichkeit

Die globale Vorstellung von der Wirkungsweise der Werbung im Sinne einer allgemeinen Erhöhung der Absatzzahlen lässt sich nicht aufrecht erhalten. Zahlenmaterial für eine Gegenüberstellung von Werbeausgaben und Absatzzahlen ist nicht allgemein verfügbar. Diese Gegenüberstellungen werden zwar von einzelnen Unternehmen für eigene Zwecke gemacht aber nicht veröffentlicht. Es lassen sich allerdings sehr wohl Angaben über die Werbeausgaben in bestimmten Medienbereichen machen. Allgemein zugängliche Unterlagen sind die Veröffentlichungen des ZAW z. B.:

- ZAW-Jahrbuch,
- Werbung in Grenzen,
- Deutscher Werberat - Ordnung, Leistungen & Ergebnisse,
- Spruchpraxis Deutscher Werberat,
- Werbung: Ansichten - Aussichten,
- Unterschwellige Werbung - Neun Thesen,
- Post von der Werbung

und Veröfffentlichungen in der Fachpresse.

Aus den Gesamtausgaben für Werbung lässt sich auf die volkswirtschaftliche Bedeutung der Werbung schließen. Weitere Informationsquellen sind die für Lehrer bestimmten Unterichtsmaterialien des ZAW:

- Werbung, Aufgaben, Grenzen und Kanäle (Oberstufe),
- Werbung, Wirtschaft und Gesellschaft (Haupt-, Realschulen, Gymnasien),
- Was ist Werbung (Primarstufe, Grundschule).

Die Behauptung der Verteuerung von Waren und Dienstleistungen lässt sich in der generellen Form nicht aufrecht erhalten. Für die Vorbereitung von Kaufentscheidungen werden Informationen benötigt, für deren Beschaffung Anstrengungen und Kosten aufgewendet werden müssen. Die Werbung stellt Informationen zur Verfügung, die die Anstrengungen und Kosten bei den Konsumenten senken. Selbst wenn die Werbekosten der Unternehmen zu einer Verteuerung der Preise führen sollte, sinken dadurch die Kaufnebenkosten bzw. unter Umständen das Risiko einer Fehlentscheidung aufgrund einer Mangelinformation. Daneben gilt aber, dass Preise im Allgemeinen auf der Markttragfähigkeit basieren. Hohe Werbekosten gehen daher lediglich zu Lasten des verbleibenden Gewinnes. Darüber hinaus kann (und soll) nachfrageförderende Wirkung der Werbung sich in Kostenverminderungen niederschlagen. Entsprechend hohe Nachfrage lässt das Gesetz der Massenproduktion wirksam werden. Kostenkurven verlaufen degressiv. Darüber hinaus können durch Werbekosten andere Kosten substituiert werden.

Konsumenten kaufen nicht allein wegen werblicher Apelle, auch nicht bei mehrfacher Wiederholung der Kaufaufforderung, sondern lediglich wenn ein bereits latent vorhandenes Bedürfnis geweckt wird bzw. wenn andere Lösungsmöglichkeiten für bereits vorhandene und anderweitig befriedigte Bedürfnisse bekannt werden. Werbung wirkt sich somit nicht unbedingt in einer generellen Erhöhung der Nachfrage aus, auch wenn das nicht ausgeschlossen werden kann, sondern vielmehr in einer Umschichtung von Bedarfen.

Werbung ist letzlich ein Spiegelbild der Gesellschaft. Das Thema Werbung sollte daher im Unterricht mehr im Sinne einer Gesellschaftsanalyse behandelt werden. Dabei spielt Werbung nicht die aktiv verändernde Rolle sondern die zustandsbeschreibende Rolle.

2 : Organisatorische Voraussetzungen der Werbung

Folgende Schritte bzw. Teilaufgaben müssen bewältigt werden, um der Werbung in der Unternehmung einen angemessenen Platz zu beschaffen:

• Definition und Abgrenzung dessen, was im Unternehmen als Kommunikation verstanden werden soll (klassische Werbung, Öffentlichkeitsarbeit, Corporate Identity, Verkaufsförderung, Sponsoring);

• Klärung der Zuständigkeitsbereiche für die Kommunikation (Einzelaufgaben und Koordination);

• Entwicklung eines Organigrammes;

• Sammlung von Werbezielinhalten und Unternehmenszielen sowie Zuordnung auf Teilbereiche,

• Vorbereitung bzw. Forderung nach Etatmitteln für die Werbung (nicht nur für Streuaufgaben), Vorkalkulation der notwendigen Kosten;

• Entwicklung eines Konzeptes einer Langfriststrategie als Leitfaden für die innerbetriebliche Arbeit und die Zusammenarbeit mit Agenturen;

• Aufbau eines „Werbeinformations-Systems" durch systematische Aufzeichnungen über selbst durchgeführte Aktionen, Beobachtung der Konkurrenzmaßnahmen und Sammlung von Kostenhinweisen;

• Vereinheitlichung aller nach außen gerichteten Kommunikationsmaßnahmen.

3 : Briefing

Zunächst muss die Stadt in ihren Einzelheiten beschrieben und analysiert werden, um daraus die Ziele für die Kommunikation, Zielgruppen, eine Aussagenkonzeption, Mediaplan und Budgetvorstellungen zu entwickeln. Als Merkmale bzw. Kommunikationsinhalte kommen u. a. folgende infrage:

- besondere Bildungseinrichtungen (Hochschulen, Schulen),
- geografische Lage (Naherholung),
- kulturelles Leben (Theater, Stadthalle, Konzerthalle, Gemeinschaftszentren, bekannter Sportverein),
- Industrie, Handel, Handwerk (Infrastruktur, Bauland und Industrieansiedlungen).

Daraus lassen sich verschiedene Zielsetzungen ableiten wie

- Förderung des Tourismus,
- Erhöhung des Stadtimage in der Region als Einkaufsstadt,
- Förderung der Wirtschaft allgemein,
- Attraktivität der Stadt als Arbeitsplatz,
- Verbesserung des Verhältnisses Bürger/Stadt,
- Stadt als kulturelles Zentrum usw.

Für jede Zielsetzung sind andere Zielgruppen als Ansatzpunkte notwendig:

- Industrie- und Handelsbetriebe als Wirtschaftspartner,
- Handel als Kooperationspartner für gemeinsame Aktionen,
- Studenten,
- Touristen,
- Konsumenten,
- Bürger/Vereine usw.

Spezielle Medien könnten sein:

- Ausstellungen,
- Presse/Funk für Tourismus,
- Fachmedien für die Industrie,
- Stadtveröffentlichungsreihe über/für Bürger und Leistungen ,
- Sonderveranstaltungen,
- Vortragsreihen.

Als Hauptkonsequenz muss an eine Vereinheitlichung der Ämter und Regiebetriebe im Sinne einer einheitlichen äußeren Erscheinungsweise angestrebt werden. Es muss ein Rahmenschema für die Kommunikations-Handlungen in den Teilbereichen zur Koordinierung der Informationspolitik und der Außenvertretung der Stadt geschaffen werden.

4 : Werbeziele

Grundsätzlich ist es richtig, dass Werbung das ökonomische Ziel des Verkaufens unterstützt. Die AIDA-Regel besitzt auch einen didaktischen Wert. Andererseits führt die starre Anwendung zu möglichen Fehlentscheidungen.

Der ökonomische Erfolg kann sich erst einstellen, wenn die kontaktmäßigen und psychologischen Grundlagen dafür geschaffen worden sind. Der Werbeerfolg darf daher nicht nur in Kategorien des Umsatzes oder Gewinnes gemessen werden. Die Werbewirkung setzt nicht sofort, sondern auch zeitlich verzögert ein. Der Abstand zwischen werblicher Maßnahme und ökonomischer Wirkung kann rein zeitlich sehr groß sein. Auch Direct Mailings setzen eine bestimmte Akzeptanz bei den Empfängern voraus, die durch den Einsatz der unterschiedlichen Medien verbessert wird. Die Konsequenz ist, dass ein werblich richtiges Verhalten erst vorliegt, wenn verschiedene Medien, die auf verschiedene Stufen wirken, gemeinsam eingesetzt werden.

Für die Planung einer Werbekampagne sind die ökonomischen Ziele wichtig. Daneben müssen aber andere Zielsetzungen ebenfalls mit in die Überlegungen einbezogen werden. Insbesondere sind die gegenseitigen Beeinflussungen und zeitlichen Verzögerungen mit zu berücksichtigen.

5 : Agenturzusammenarbeit

Zu 1)
Ein ausgesprochen niedriger Etat für Werbezwecke lässt darauf schließen, dass auch in Zukunft wenig Etatmittel zur Verfügung stehen werden, da Etaterhöhungen erst gegenüber der Geschäftsleitung durchgesetzt werden müssen. Die Agenturleistungen werden daher in erster Linie im Bereich der kreativen Unterstützung liegen. Eine Zusammenarbeit mit einer Agentur auf Honorarbasis nach vorheriger Bestimmung des Leistungsumfanges zur Begrenzung der entstehenden Kosten ist eine geeignete Form.

Für eine fest umrissene Teilaufgabe (Erstellung eines Plakatentwurfes, Formulierung von Slogan und Anzeigentext, Anzeigenlayout usw.) wird ein befristeter Auftrag erteilt. An den Ergebnissen lässt sich beurteilen, ob eine weitere Zusammenarbeit sinnvoll ist. Weiter zeigt sich danach, welche weiteren Maßnahmen ergriffen werden müssen und mit welchen Kosten diese verbunden sind. Das kann dann die Grundlage für die Erstellung eines Maßnahmenkataloges sein, mit dem die zukünftigen finanziellen Mittel für den Etat begründet werden. Eine Vergabe von Teilaufträgen an verschiedene Auftragnehmer ist wegen der geringen Mittel nicht angebracht.

Zu 2)

Zunächst ist ein genauer Aufgaben- und Maßnahmenkatalog zu erstellen. Daraufhin muss eine Agentur bestimmt werden, die in der Lage zu sein scheint, die einzelnen Aufgaben zu übernehmen. Beurteilungskriterien können dabei Referenzen und die Vorlage von früheren Arbeiten sein. Organigramme und Beschreibungen des Prozessablaufes in der Agentur sind weitere Hilfsmittel.

Größere Etats lassen in der Regel auch größere Medienanteile zu bzw. gestatten die Durchführung von Fremdarbeiten, die nicht nur von einer Agentur geleistet werden (z. B. Marktforschung, Spezialaufnahmen usw.). Zur besseren Koordination kann der Etat in eine Hand gegeben werden. Abwicklung der Zusammenarbeit auf der Grundlage von Provisionen oder Service-Fee bietet sich an. Ebenso wie im ersten Fall ist eine schriftliche Fixierung des Maßnahmenkataloges und vorherige Klärung des Auftragsumfanges wichtig.

Zu 3)

Wenn bereits Vorstellungen über die Streuung der Medien bestehen, so entfällt unter Umständen ein Planungsproblem. Um in den Genuss von Medienprovisionen zu kommen und um die Abwicklung der Belegung zu überwachen, ist die Splittung der Etatsumme in mehrere Teile und die Vergabe an unterschiedliche Spezialagenturen (Mediaagenturen usw.) sinnvoll.

6 : Briefing und Agenturzusammenarbeit

Ein wesentlicher Grund für die mangelnde Zufriedenheit liegt vermutlich darin, dass bisher kein System in der Zusammenarbeit mit Werbemittlern und Beratern lag und das Unternehmen u. U. nicht in der Lage war, seine eigenen Ansprüche zu artikulieren. Um ein System der Zusammenarbeit zu entwickeln und diese überprüfen zu können, sind grundsätzlich folgende Schritte notwendig:

- Erstellung eines Anforderungskatalogs über das, was man mit der Werbung erreichen möchte (Ziele, Briefing);

- Erstellung von Maßnahmenkatalogen für die Zielerreichung;

- Generelle Zuordnung von Maßnahmen zu Mitarbeitern und/oder betriebsfremden Dienstleistern (Agentur, Grafiker usw.);

- Einholung von Tätigkeits- und Leistungsbeschreibungen von Dienstleistern und Vergleich mit den eigenen Anforderungen;

- eventuelle Verteilung der Aufgabe auf mehrere kompetente Dienstleister;

- Einholung eines Vorangebots über die Wahrnehmung einzelner Aufgaben;

- Überprüfung auf Vollständigkeit und Abschätzung der Eignung für die Aufgabenerfüllung;

- Fixierung des Auftragsumfanges und des Kostenvolumens;

* Bestimmung einer Kontaktperson sowohl in Unternehmen zur Koordination der Werbemaßnahmen als auch eines Ansprechpartners im Unternehmen des Auftragnehmers.

7 : Agenturauswahl

Die genannten Eigenschaften stellen im Prinzip alle auf zwischenmenschliche Kommunikation ab. Diese ist eine wesentliche Voraussetzung für die Zusammenarbeit in der Werbung. Daneben sind weitere sachliche und inhaltliche Voraussetzungen nötig. Die kleinen Fallbeispiele sind nicht aussreichend, um das Gesamtleistungsprofil einer Werbeagentur zu beschreiben. Andererseits sind die Eigenschaften gerade für kleinere Unternehmen wichtig, bei denen häufig noch eine Schwellenangst in Bezug auf die Zusammenarbeit mit externen Beratern besteht. Diese kann unter Umständen eher abgebaut werden bei einem Gesprächspartner, von dem man eher Verständnis für die eigenen Probleme erwartet.

Zusätzliche Informationen sollten in einem persönlichen Gespräch eingeholt werden, bei dem die eigene Problemsituation kurz andiskutiert wird. Darüber hinaus sollte eine genaue Auflistung über Einzelleistungen und ihre Kosten (Preis- und Leistungsverzeichnis) sowie die Art der Zusammenarbeit (Abrechnungsmodus) vorher eingesehen werden. Arbeiten aus früheren Perioden oder anderen Kunden können wirklich nur Beispielcharakter haben, da jeder Einzelfall anders gelagert ist und auch eine eigene Lösung verlangt. Werbung die lediglich kopiert kann auf Dauer nicht erfolgreich sein.

8 : Zielgruppenplanung

Für die Zielgruppenbildung muss grundsätzlich zwischen den Kategorien der verhaltensbeschreibenden und verhaltensdisponierenden Zielgruppenmerkmalen unterschieden werden.

Vordergründig sind verhaltensdisponierende Zielgruppenmerkmale oder demografische Merkmale geeignet. Alter und Einkommen könnten einen Ausgangspunkt bilden, wenn man davon ausgeht, dass einerseits die jüngere Generation dem Computer gegenüber weniger verschlossen ist als es ältere Leute sind. Das Einkommen bzw. die Kaufkraft könnte eine Rolle spielen wegen der nötigen finanziellen Mittel. Andererseits sind diese Merkmale wenig geeignet, da die Abneigung gegen Computer quer durch alle Schichten geht, ebenso wie Nutzer von Rechnern nicht hinreichend mit demografischen Merkmalen beschrieben werden können.

Eine Unterscheidung nach dem Nutzerverhalten scheint weiter zu führen, zumal der Bedarf von Pflegematerialien für Rechner stark von der Nutzung von Rechnern abhängig ist. Als Kriterien der Nutzung kommen infrage:

• Häufigkeit und Intensität der Nutzung,
• Erfahrungen im Umgang mit Arbeitsplatzrechnern,
• technischer Wissenshintergrund des/der Nutzer,
• Art der Nutzung (Spiele, Programmentwicklung, Anwendungssoftware),
• Ort der Nutzung (am Arbeitsplatz, zu Hause),
• Finanzierung der Materialien (Firmenetat, Privatbudget),
• unternehmerischer Hintergrund (Unternehmensgröße, Art und Größe der An-
  wendungsabteilung),
• Informationsverhalten.

Am meisten Erfolg dürfte die Zielgruppe der mehr oder weniger professionellen
Anwender sein, die den Rechner häufig und intensiv für gewerbliche Zwecke am
Arbeitsplatz und gegebenenfalls parallel zu Hause nutzt. Die Gruppe der nicht-
professionellen Anwender ist mehr an Software und lustbetontem Zubehör interessiert. Wegen der Einbindung in die Unternehmen ist daher eine Doppelzielgruppe
(Personenmerkmale und Unternehmensmerkmale) sinnvoll. Die Argumentation
muss sachlich und informativ sein

9 : Zielgruppenansprache

Zielgruppenpersonen sind die preisbewussten Käufer, die bewusst und gezielt
einkaufen und Vorräte anlegen. Grundsätzlich ist die Argumention mit dauerhaften
niedrigen Preisen als unterscheidendes Merkmal zu den Mitwettbewerbern richtig.
Andererseits legt die Nennung von Einstandspreisen und Angebotspreisen die
Kalkulationsstruktur des Unternehmens in einer Weise offen, die sich werblich
nicht unbedingt auszahlt. Vielmehr muss damit gerechnet werden, dass der Konsument mit der Preisinformation über Einstandspreise die Preisanzeigen der Mitanbieter studiert und zu dem Ergebnis kommt, dass tatsächlich in Teilbereichen bei
anderen Anbietern ein besonderer Preisvorteil vorliegt, der objektiv überprüfbar ist.

Besonders bei Markenartikeln oder markenartikelähnlichen Produkten wird der
Konsument sich von dieser Information leiten lassen, da die Preisinformation nicht
mehr als Ersatzmaßstab für eine Qualitätsbeurteilung herangezogen werden muss
und eine direkte Vergleichbarkeit der Angebote vorliegt. Anstelle einer Verbesserung der eigenen Position wird die besondere Stärke der Mitwettbewerber noch
hervorgehoben. Diese Art der Werbung fordert zu einem Vergleich der Werbeaussagen und Angebote geradezu heraus.

10 : Zielgruppenansprache, Trägereinsatz

Es kann davon ausgegangen werden, dass die bisherige Kundschaft des Laden-
geschäftes in erster Linie Stammkundschaft war, die schon wegen der welt-

anschaulichen Ausrichtung genügend Motive hatte, um in diesem Geschäft zu kaufen, dieses bewusst aufzusuchen und auch längere bzw. unbequemere Wege dafür zu unternehmen. Mit dem Umzug in eine neuere Umgebung ändert sich vieles. Die bisherigen Stammkunden müssen über die Standortverlagerung informiert werden. Neue Kunden eventuell gewonnen werden.

Die sachlichen Gründe für den Umzug können die inhaltliche Grundlage für die werbliche Argumentation abgeben:

- bessere Erreichbarkeit,
- Angebots- und Flächenerweiterung,
- bessere Ladengestaltung.

Die Ansprache und Kontaktaufnahme bei den Stammkunden kann am besten über eine Direktwerbung geschehen (Brief mit neuem Standort, Standort- bzw. Verkehrsskizze, Einladung zur Eröffnung), die möglichst persönlich sein sollte.

Eine große Anzeigenserie zur allgemeinen Bekanntmachung des neuen Standortes ist nicht unbedingt sinnvoll, da dadurch der exklusive bzw. intime Charakter des Unternehmens beeinträchtigt werden kann. Dem steht nicht entgegen, eine Kurzreportage (bezahlte Anzeige) in die lokalen Medien über die Neueröffnung zu bringen, mit Hinweisen auf die besonderen Zielsetzungen des Unternehmens. Obwohl derartige Unternehmen traditionell der Werbung etwas zurückhaltend gegenüberstehen, ist Kommunikationspolitik unumgänglich.

Es sollte eine Beschränkung auf bestimmte Zielgruppen

- Anthroposophen,
- Alternative usw. stattfinden.

Geeignete Medien sind

- alternative Stadtblätter,
- Studentenzeitungen usw. ,
- Handzettel, Prospekte,
- Plakate an Orten, die verstärkt durch die Zielgruppenmitglieder besucht werden,
- andere Geschäfte,
- Galerien,
- Cafes, Restaurants,
- Begegnungsstätten usw.

Hochglanz oder besondere Aufmachungen sind nicht notwendig, unter Umständen sogar schädlich. Die Werbeaussage darf allerdings nicht so gestaltet sein, dass sie von vorneherein alle Nichtzielgruppenangehörigen abstößt.

11 : Zielgruppenbestimmung, Mittelgestaltung

Wenn die einzige Zielsetzung des Reiseunternehmens darin bestehen würde, die noch nicht besetzten Plätze der Reise zu besetzen, dann würde eine Kleinanzeige in der örtlichen Tageszeitung kurz vor Reisebeginn genügen. Die Kosten wären entsprechend niedrig, der Verkaufserfolg optimal. Zusätzlich könnte eine Reduzierung des Buchungspreises die Erfolgswahrscheinlichkeit noch erhöhen. Andererseits könnte eine Herabsetzung des Reisepreises, wegen der Homogenität der Leistung, bei den regulär Buchenden Verärgerungen hervorrufen.

Kleinanzeigen werden verstärkt von Schnäppchenjägern genutzt. Sollte es häufiger notwendig sein, kurz vor Reiseantritt auf diese Art für die Restplätze zu werben, dann könnte der Eindruck entstehen, dass der Veranstalter häufig Belegungsschwierigkeiten hat. Das würde sich auf das Gesamtimage nicht positiv auswirken. Eine rechtzeitige Kommunikation ist daher angebracht.

Als Zielgruppe kommen Reisende infrage, die nicht nur an Erholung, sondern auch an Bildung und Kultur interessiert sind. Sie müssen sowohl zeitlich als auch finanziell in der Lage sein, sich eine solche Reise zu erlauben. Die Zielgruppe ist also eine Personengruppe, die entweder in selbstständigen Berufen oder Bildungsberufen mit großzügiger Zeitregelung tätig ist, über ein höheres Einkommen verfügt und ein höheres Bildungsniveau besitzt. Außerdem haben die Zielgruppenmitglieder ein verstärktes Interesse an Dienstleistungen und Komfort (Hotelbuchungen, Transfers, wissenschaftliche Reiseleitung usw.) und sind auch bereit, dafür zu zahlen. Das Reiseunternehmen ist daran interessiert, diese Zielgruppe dauerhaft anzusprechen und von seinen Leistungen insgesamt zu überzeugen, um sie als Dauerkunden oder Multiplikatoren zu gewinnen.

Die Informationen, die von dem Reiseunternehmen ausgegeben werden, müssen sowohl inhaltlich aussagekräftig und glaubwürdig sein als auch die richtige Zielgruppe ansprechen. Die regionale (größere) Tageszeitung besitzt als solche bei den Zielgruppenmitgliedern die nötige Seriosität, um als Informationsträger eingesetzt zu werden. Eine Anzeige auf einer größeren Fläche (ca. 1/8 Seite) bietet genügend Möglichkeit, um die Reise in ihrer Gesamtheit und den wesentlichen Leistungen darzustellen. Die Gestaltung sollte so sein, dass genügend Aufmerksamkeit gegenüber den Umfeldanzeigen erreicht wird und die Reise als gehobene Reise (kein Sonderangebot) erkannt werden kann. Der Hinweis auf die beschränkte Platzzahl sollte erscheinen, aber nicht besonders heraus gestellt werden.

Die Anzeige für diese eine Reise muss die Gesamtleistungen des Reiseveranstalters hervorheben und sollte exemplarischen Charakter für das sonstige Angebot haben, um Auslöser für andere Reisebuchungen sein zu können. Die anderen Reisen sollten aber nicht in einer Anzeige zusammengefasst werden. Es ist sinnvoller, für jede Veranstaltung eine eigene Anzeige zu wählen. Eine räumliche Nähe ist nicht notwendig. Durch Aufspaltung ergibt sich ein kumulativer Effekt wegen der damit verbundenen Mehrfachkontaktchance. Die Anzeigen sollen durch ihr äußeres

Erscheinungsbild auf Dauer die Assoziation zum werbetreibenden Unternehmen stützen und dieses als Spezialisten für gehobene Reisen kennzeichnen.

Für eine Erfolgsbeurteilung darf der Einschaltpreis nicht auf die unmittelbar zugeordnete umworbene Leistung bezogen werden, da alle Leistungen und Angebote des Reiseunternehmens zusammen mit der dazugehörigen Werbung sich gegenseitig beeinflussen und nur im Gesamtzusammenhang beurteilt werden können.

12 : Medienbeurteilung nach Zielgruppen

Bevor Werbung geplant und gestaltet wird, muss überlegt werden, für welche Zielgruppen sie bestimmt ist und in welcher Beziehung die möglichen Käufer zu den Produkten stehen. Bei hohem Involvement wird mehr Information bewusster aufgenommen, die in entsprechenden Titeln gesucht wird. Da die Informationsaufnahme für den Konsumenten wiederholbar sein muss, bieten sich in der Tat Printmedien (Spezialinterest-Zeitschriften wie Fotofachzeitschriften, Reisezeitschriften u. Ä.) an.

Die inhaltliche Gestaltung muss darauf Rücksicht nehmen, indem die Botschaft viel Sachinformation enthält. Das Werbematerial wird von den potenziellen Käufern als Informationsquelle für Entscheidungen vor (Angebotsüberblick, Produktvergleich) und nach dem Kauf (Beseitigung kognitiver Dissonanz) herangezogen.

Entsprechend genau muss auch die Zielgruppendefinition sein. Grundsätzlich könnte nach folgendem Zielgruppenschema vorgegangen werden.

- Fotografen nach der Art der Vorbildung bzw. beruflichem Hintergrund

  - Berufsfotografen
  - Fotohobbyisten (Semiprofesionelle)
  - Urlaubsfotografen
  - Gelegenheitsfotografen

- Fotografen nach der Art der Aufnahmeobjekte und dem Aufnahmematerial

  - Schwarz/Weiß-Fotografie
  - Colorfotografie
  - Diafotografie

- Reisefotografie

  - Familienfotografie
  - Landschaftsfotografie

- Schnappschussfotografen nach der Art der verwendeten Kamera

  - Systemkamera
  - Einfachkamera
  - Einfachstkamera.

Weitere Aufteilungen sind möglich. Je spezieller die Zielgruppe wird, umso gezielter müssen Spezialmedien eingesetzt werden. Andersfalls, wenn es nur auf eine Berührung und breite Streuung ankommt (Gelegenheitsfotografen, Schnappschuss-fotografen usw.), können diese durch entsprechende Massenmedien erreicht werden.

Das grundsätzliche Problem besteht darin, dass auch nicht immer für die angedeuteten Zielgruppen genau festgestellt werden kann, wie hoch das Produktinteresse allgemein ist.

13 : Stützung der Planung durch quantitative Verfahren

Zunächst ist zu überlegen, welche Gründe die Werbetreibenden zu diesen Aussagen veranlassen könnten. Eine Möglichkeit besteht in der besonderen Betonung der Kreativität. Quantitative Planung und Kreativität schließen sich aber nicht aus, zumal der Mediabereich von der Aussagenkonzeptionsentwicklung wenigstens teilweise getrennt behandelt werden kann. Ein anderes Argument könnte in den hohen Kosten bzw. der erwarteten Schwierigkeit im Umgang mit den Modellen liegen.

Dem steht entgegen, dass die Kosten häufig von den Medien übernommen werden und von daher keine Rolle zu spielen brauchen. Eine Proberechnung für vordefinierte Zielgruppen oder die Evaluierung durch Computerprogramme der Medienanbieter sollte durchaus versucht werden. Die Ergebnisse bestätigen entweder bereits getroffene Entscheidungen oder machen auf neue Aspekte aufmerksam. Auf jeden Fall zwingt der Einsatz quantitativer Methoden die Werbeplaner, ihre Probleme zu strukturieren. Wenn Verständnisschwierigkeiten auftreten, dann kann über die Ergebnisse mit Spezialisten gemeinsam gesprochen werden.

Vorsicht ist lediglich insofern geboten, dass den Modellergebnissen kein blindes Vertrauen geschenkt werden darf. Die Modelle täuschen unter Umständen eine Scheingenauigkeit vor, die nicht vorhanden ist. Wenn man aber darum weiß, dann kann das bei der Beurteilung der Ergebnisse berücksichtigt werden.

14 : Werbeträgerauswahl und Beurteilung

Die Produktpalette umfasst Produkte, die in die Kategorie der erklärungsbedürftigen Produkte gehören bzw. wesentliche Produktkenntnisse bei den Nachfragern voraussetzen. Daher kommen grundsätzlich verstärkt Werbeträger infrage mit Fachcharakter. Weiter ist zunächst zu klären, um welche Art von Zielgruppen es sich handelt, denen die Produkte angeboten werden sollen. Je nachdem ob es sich um private oder gewerbliche Nachfrager handelt, sind die Werbeträger unterschiedlich geeignet.

Unabhängig davon leistet eine Funktionsanalyse der möglichen Werbeträger gute Dienste. Neben regelmäßig und in kürzeren Abständen zu versendenden Katalogen erstreckt sich diese Funktionsanalyse in erster Linie auf Printmedien. Folgende Systematik kann Ordnung in das umfangreiche Medienangebot bringen.

- Firmenkatalog
- unabhängiger Gesamtkatalog
- Messekatalog
- Zeitungen für das Computerwesen
- Zeitschriften zur Bürokommunikation (allgemein)
- Zeitschriften zur Büroorganisation (allgemein)
- Zeitschriften für Mikrocomputer (MC)
- Zeitschriften für Homecomputer und Spiele

  - allgemeine MC-Zeitschriften
  - Zeitschriften für kommerzielle MC-Anwender
  - MC-Branchen-Zeitschriften
  - technisch orientierte MC-Zeitschriften.

Die Unterscheidung nach professionellen, semi-professionellen und privaten Lesern bzw. Anwendern, Zuordnung zu Maschinentypen, Anwendern und Einsatzbereichen (privat, geschäftlich) liefert interessante Hinweise für die Zielgruppenansprache und Botschaftsgestaltung. Dazu ist neben der Art der Anzeigen in den Medien (Kleinanzeigen, Anzeigenverzeichnisse, Kontakt- und Abrufkarten, Thematik der redaktionellen Beiträge, Zusammenhänge zwischen Beiträgen und Werbung) auch das Nutzungsumfeld der Werbeträger von Wichtigkeit.

15 : Basismedienentscheidung

Da das Gerät als solches bereits in einfachen Formen seit langem am Markt ist, ist es nicht notwendig, die besondere Funktionsweise des Gerätes zu erklären. Es kommt vielmehr auf die Hervorhebung des modernen ästhetischen Designs an. Die Ästhetik tritt in den Vordergrund vor die Funktionalität, die als unbestritten gelten kann.

Entsprechend muss einerseits ein Medium eingesetzt werden, das besonders die gestalterische (ästhetische) Seite betonen kann, und andererseits eine Botschafts- und Mittelgestaltung vorgenommen werden, die diese „äußerlichen" Eigenschaften betont. Es muss eine Assoziationsfolge möglich sein, die die Vorteile des ‚alten' Produktes in eine neue dynamischen Umwelt stellt. Durch den Einsatz von Farbe, Tonhintergrund und Bewegung können entsprechende Stimmungsbilder erzeugt werden. Auf jeden Fall kann auf die optische Darstellung nicht verzichtet werden.

Das Werbefernsehen kann ein geeignetes Medium darstellen. Printmedien der gehobenen Art bzw. Spezialtitel (Schöner Wohnen, Kreditkarten-Organisationen usw.) sind ebenfalls geeignet.

Für den zeitlichen Einsatz bieten sich besondere Anlässe an (z. B. Vorweihnachtszeit). Parallel muss aber unbedingt darauf geachtet werden, dass das Produktangebot auch tatsächlich gleichzeitig in den entsprechenden (exklusiven) Geschäften erfolgt. Andererseits ist die Werbung von vorneherein wirkungslos.

16 : Intermediavergleich

Die Frage lässt sich generell nicht in einer bestimmten Richtung beantworten. Vielmehr ist die Antwort abhängig von mehreren Einflussfaktoren und der Art des Kunden bzw. seinen Zielen. Insbesondere ist die Antwort abhängig von folgenden Faktoren:

• Verbreitungsgebiet bzw. der Absatzradius des werbetreibenden Unternehmens,
• Produkteigenschaften,
• Inhalte der Werbeaussage,
• Nutzungsgewohnheiten der Umworbenen,
• Zielsetzung der gesamten Werbekonzeption.

Je weiter ausgedehnt die Absatzgebiete sind und je weniger differenziert die Zielgruppen sind und je mehr auf eine abwechslungsreiche und unterhaltsame Botschaftsübermittlung Wert gelegt wird, umso günstiger werden die Funkmedien gegenüber den Printmedien. Auf keinen Fall lässt sich die Frage auf eine reine Beurteilung der absoluten Kosten reduzieren, sondern ist vielmehr durch verschiedene Erfolgsmaßstäbe (Teilwirkungen) zu relativieren.

Bisher konnte davon ausgegangen werden, dass Funkmedien in erster Linie für überregional tätige und große Unternehmen sinnvoll einsetzbar sind. Im Zuge der zunehmenden Regionalisierung des Funk/Fernsehangebotes und die zunehmende Angebotsvielfalt, die auch eine feinere Differenzierung der Zielgruppen erlaubt, werden Funkmedien in Verbindung mit Printmedien auch für kleinere Unternehmen und regional begrenzt tätige Unternehmen interessant.

17 : Mediaselektion, zeitlicher Werbeeinsatz

Offensichtlich wird hier ein zyklischen Werbeverhalten beschrieben, das an sich bereits kritisiert werden kann. In Zeiten der Stagnation sollte nicht auf Werbung verzichtet werden. Im Gegenteil, verstärkte Werbeaufwendungen sind angebracht. Grundsätzlich ist ein zyklisches Verhalten abzulehnen.

Bezüglich der Beurteilung der Zweckmäßigkeit kann nach verschiedenen Kriterien differenziert werden. Die Produktart, die Art der Zielgruppen sowie die Größenstruktur bzw. die Marktbedeutung des werbetreibenden Unternehmens können Unterscheidungsmerkmale sein. Weiter ist die Funktion der Lokalzeitung genauer zu untersuchen. Inhaltsanalyse (Funktionsanalyse) sowie eine Verbreitungs- und Nutzeranalyse sind Ausgangspunkte der Beurteilung.

Es gibt Werbebereiche, in denen die kleineren Titel auch zur Abrundung nicht herangezogen zu werden brauchen, da die Nutzer nicht zur Zielgruppe gehören oder bereits über andere Medien genügend erreicht werden. Die Frage der Konjunktur ist dafür unbedeutend. Exklusive Produkte oder mit einer starken überregionalen Verbreitung gehören dazu.

Andererseits gibt es spezielle Zielgruppen und Produkte mit einem regional begrenzten Absatzgebiet für die sich solche Titel geradezu anbieten. Der Vergleich von Tausenderpreisen ist erst dann sinnvoll, wenn die spezielle Zielgruppe die Grundlage der Berechnung ist. Dann verändert sich aber die Situation. Die Tausenderpreise der Medien mit den größeren Verbreitungsgebieten steigen im Verhältnis zu den kleinen. Die absoluten Einschaltpreise sind in jedem Falle niedriger. Außerdem ist zu berücksichtigen, dass die Nutzer solcher Medien häufig eine besondere Bindung zu diesen Titeln haben. Medien mit begrenzten (räumlichen) Verbreitungsgebieten eignen sich für den gezielten regionalen Einsatz unabhängig von der konjunkturellen Lage. Die Tausenderpreise sind entsprechend zu modifizieren. Für einen flächendeckenden Einsatz sind sie nur bedingt einsetzbar.

18 : Konzeptionsbeurteilung

Für die Wahl des Werbeträgers ist zunächst grundsätzlich zu überlegen, auf welchem Wege die potenziellen Kunden angesprochen werden sollen. Davon ist auch die Entscheidung für die Anzeigenentwürfe abhängig. Da das Einzugsgebiet des Unternehmens regional begrenzt ist, bietet sich ein Träger mit regionalen Schwerpunkten bzw. Reichweiten an. Eine regionale Überstreuung wird dadurch in Grenzen gehalten.

Als mögliche Werbeträger kommen die örtliche (regionale) Tageszeitung infrage sowie verschiedene Anzeigenblätter mit unterschiedlichen Erscheinungsterminen (1 x wöchentlich bis monatlich). Allen Trägern gemeinsam ist die relative Unschärfe in Bezug auf die Streuung. Da die Konsumenten bei der Art der angebotenen Ware grundsätzlich aus allen Bevölkerungsschichten kommen können, kann das hingenommen werden. Die Möglichkeit eines regionalen Splits sollte allerdings in Erwägung gezogen werden, nicht zuletzt, um Aktionsschwerpunkte in Abhängigkeit von „unterentwickelten" Gebieten bilden zu können.

Für diese Maßnahmen ist die Kenntnis der Herkunftsgebiete der Konsumenten nötig. Entsprechende Maßnahmen zur Gewinnung solcher Informationen können aus einer Rechnungs- und Scheckanalyse bestehen. Nach Möglichkeit sollten alle genannten Werbeträger in das Streukonzept eingehen. Aus Kostengründen ist jedoch eine Beschränkung angebracht. Eine Verteilung der Werbeaktivitäten (Aufwendungen) über einen längeren Zeitraum erscheint sinnvoll.

Die skizzierten Entwürfe bieten einen Ansatzpunkt auch für das zeitliche Vorgehen. Die Erkenntnisse aus konzentrierter Werbung lassen sich zusammen mit denen der verteilten Werbeimpulse einsetzen. Die emotional gestalteten Anzeigen können die Aufmerksamkeit für das Produktangebot aktivieren und eine gewisse Bekanntheit erzeugen. Solche Anzeigen sollten möglichst großflächig ausfallen und als Blickfang wirken mit wechselnden Aussageinhalten zum gleichbleibenden Grundthema.

Die Erscheinungstermine können sich schwerpunktartig an bestimmten Kaufgelegenheiten (Frühjahrsreparaturen, Weihnachten, lange Öffnungszeiten usw.) orientieren. In der Tageszeitung reichen größere Erscheinungsintervalle (3-4 Wochen) mit halb bis ganzseitigen Anzeigen (wenig Text auf großer Fläche). Die Anzeigenblätter können ständig belegt werden.

Der Anzeigenentwurf mit den reinen Preisinformationen dient der gezielten Informationsabgabe. Er kann in kleinerem Format (1/16 - 1/8 Seite oder Kleinanzeige) in kürzeren Abständen (mehrmals wöchentlich) geschaltet werden. Wenn die Aufmerksamkeit grundsätzlich gegeben ist (allgemeine Bekanntheit oder durch den anderen Anzeigenentwurf), werden diese Anzeigen verstärkt gelesen und im Rahmen der Kaufvorentscheidung und des Preisvergleiches genutzt und bewusst gesucht. Die Gestaltung der unterschiedlichen Anzeigen muss eine gegenseitige Zuordnung bzw. Identifikation ermöglichen, wenn sie nacheinander oder parallel geschaltet werden.

19 : Konzeptionsentwicklung

Zu 1):

Die Produkte der genannten Kategorie sind im Prinzip Produkte des täglichen oder periodischen Bedarfes. Das Sortiment des Anbieters umfasst in erster Linie mittlere und niedrige Preisklassen und unterscheidet sich nicht oder nur unwesentlich von dem anderer Anbieter. Von einer besonderen Exklusivität der Produkte oder des Sortimentes kann daher nicht gesprochen werden. Als Hauptkaufentscheidungskriterium gilt für derartige Produkte die räumliche Nähe und die Preisgünstigkeit.

Die bisher geschalteten Anzeigen sind in die Kategorie der informativen und konkurrenzsuchenden Anzeigen einzuordnen. Die so genannte Langweiligkeit ist daher nicht unbedingt negativ wirksam. Die Konsumenten (in erster Linie Frauen bzw. Eheleute gemeinsam) informieren sich zu jeweils relativ festen Zeiten über das derzeitige Preisniveau bzw. Angebot aller Anbieter. Die Anzeigen erfüllen eine bestimmte Informationsfunktion und fungieren als Merkposten für den bevorstehenden „Großeinkauf". Wichtig ist lediglich, dass im Zeitpunkt des Lesens eine genaue Zuordnung zum werbenden Unternehmen möglich ist. Kontinuität und Einheitlichkeit im Gesamtbild sind daher wichtiger als die Abhebung als solche.

Das Image der besonderen Preiswürdigkeit wird durch ständige Wiederholung und real niedrige Preise gestärkt. Eine besondere Erlebnisorientierung steht auf dem ersten Blick nicht in einem unmittelbaren Zusammenhang mit der bisherigen Preisorientierung der Marketingstrategie.

Die Änderung der Werbekonzeption setzt eine Änderung der gesamten Marketingstrategie voraus. Die vorgeschlagenen Motive (Dialog zwischen den Produkten zur Hervorhebung besonderer Produktvorteile) können sich immer nur auf wenige (bzw. ein) Produkte beziehen. Bei dem Umfang des Sortimentes ist eine Beschränkung auf ein einzelnes Produkt aber rein willkürlich. Wenn eine neue Orientierung erreicht werden soll, so kann das nur über eine Hervorhebung ganzer Sortimentsbestandteile unter einem bestimmten Motto (z.B. gesundheitsbewusste Ernährung, Energieorientierung, Städtepartnerschaft, Völkerfreundschaft, Verbessung der Lebensqualität usw.) geschehen. Das sind Ansätze, wie sie im Rahmen der Verkaufsförderung bereits durchgeführt werden.

Zu 2):

Die Überprüfung der Konzeption bzw. der Maßnahmen geschieht zweckmäßigerweise in einem Feldexperiment, bei dem in regional getrennten Märkten gleichzeitig die alte und die neue Kampagne gefahren werden und sowohl Aufzeichnungen über die unmittelbar feststellbaren Umsatzveränderungen gemacht werden als auch im Zuge einer Primärerhebung (Befragung) bei den Konsumenten eine Veränderung des Images bzw. der Einstellungen festgestellt wird. Dazu ist es notwendig, dass bereits vor der Wirkungskontrolle der Werbung eine feststellende Imageanalyse vorgeschaltet wird. Der Erhebungs- und Analyseprozess kann nur langfristig ablaufen.

Im Rahmen einer kurzfristigen Konzeptions- und Gestaltungsprüfung können im Teststudio Foldertests durchgeführt werden. Entwürfe der neuen und der alten Anzeigenmotive, die aber so ausgereift sein müssen, dass sie über das Scribble hinausgehen, werden in einer Mappe mit anderen Anzeigen zusammengefasst und den Testpersonen vorgelegt. Die anschließende Befragung kann aber nur Werte über Beachtung, Aufmerksamkeit, Verweilzeiten und Empfindungen bringen. Eine mögliche Imageveränderung lässt sich erst in einem umfangreicheren nachfolgenden Test nachweisen.

20 : Werbewirkungstest

Es muss zunächst ein geeigneter Maßstab für den Werbeerfolg gefunden werden. Leicht messbare Größen wie Umsatz, Gewinn usw. bieten sich an, sind aber nicht unbedingt sehr brauchbar. Sie können nur herangezogen werden, wenn alle anderen Einflussfaktoren als nicht relevant angesehen werden können. Mögliche Werbewirkungen, die näher an der eigentlichen Werbung liegen, sind vorzuziehen.

Die möglichen Erfolgsmaßstäbe sind aber nur dann brauchbar, wenn sie bereits bei der Planung und Entwicklung der Werbung bekannt waren und in diese eingegangen sind. Nur der Soll/Istvergleich der schriftlich fixierten Größen kann als Grundlage einer Beurteilung gelten. Da die Kundschaft im vorliegenden Fall hauptsächlich aus Stammkunden bestehen, können z. B. folgende Kontrollmaßstäbe gewählt werden:

- Kontaktchance bzw. Berührung bei den Stammkunden,
- Bekanntheit von Unternehmen und Produktangebot,
- Motivation zum Kauf bzw. Besuch der Geschäfte von Nichtstammkunden,
- Veränderung des Einkaufsrhythmus nach Werbeeinschaltungen,
- Veränderungen der Käufe im Anschluss an Werbeeinschaltungen,
- zeitliche Wirksamkeit von Werbeimpulsen,
- Wirkungen unterschiedlicher Motive und Größen.

Die besondere Situation des Unternehmens erlaubt ohne große Aufwendungen die Einrichtung eines „Testmarktes". Durch die bereits vorhandenen Filialen in kleineren Städten ist es möglich, in diesen gezielt die Werbung in den lokalen Medien einzusetzen und zu verändern. Folgendes Maßnahmenschema skizziert den Vorgang:

- Erklärung verschiedener Filialen bzw. Städte mit genügend großem Abstand zu Testgebieten und Kontrollgebieten;

- Schalten von Anzeigen zu festgesetzten Terminen;

- Analyse der Verkaufsunterlagen vor und nach den Einschaltungen über einen längeren Zeitraum;

- Aufzeichnung der Kundenfrequenzen;

- Befragung der Kundinnen im Geschäft durch ausgelegte Fragebogen (Besser noch: mündliche Befragung) zum Themenbereich Kaufmotive, Anzeigenberührung;

- Analyse der Ergebnisse.

Stichwortverzeichnis

Stichwortverzeichnis

MODERNES MARKETING FÜR STUDIUM UND PRAXIS
Herausgeber Hans Christian Weis

Verkauf
von Prof. Dr. Hans Christian Weis

Verkaufsgesprächsführung
von Prof. Dr. Hans Christian Weis

Marktforschung
von Prof. Dr. Hans Christian Weis
und Prof. Dr. Peter Steinmetz

Internationales Marketing
von Prof. Jürgen Bruns

Direktmarketing
von Prof. Jürgen Bruns

Marketing-Kommunikation
von Prof. Dr. Harald Vergossen

Marketing-Controlling
von Prof. Dr. Harald Ehrmann

Werbung
von Prof. Dr. Hans-Jürgen Rogge

Produktpolitik
von Prof. Dr. Klaus Hüttel

Dienstleistungsmarketing
von Prof. Dr. Ingo Bieberstein

Handels-Marketing
von Prof. Dr. Sabine Haller

*Bestellung per Telefon: 06 21 / 635 02-0, per Fax: 06 21 / 635 02-22,
per E-Mail: bestellung@kiehl.de oder in Ihrer Buchhandlung!*
Leseproben und das aktuelle Verlagsverzeichnis finden Sie im Internet!

Kiehl Verlag · 67021 Ludwigshafen · www.kiehl.de